DESIGN OF STEEL STRUCTURE

강구조설계

정창용 · 은희창 · 이민수 · 이승국 공저

도서출판 구미서관

머 리 말

강구조는 건축에서 고층건물, 장스팬의 건물, 공장 등에 주로 쓰이고, 현대 건축 구조형식 중에서도 필수적인 구조형식입니다. 이러한 강구조는 대학의 학부과정에서 학습하게 되는데, 건축공학을 전공하는 학생들의 교재뿐만 아니라 일반 건축기술인들의 참고서로 이용할 수 있도록 이 책을 집필하였습니다.

그리고 이 책은 강구조의 구조해석에 관한 일반적인 원리와 이를 적용하여 부재와 골조를 설계하는 방법을 설명하는 것을 내용으로 하고 있습니다. 또한 강구조를 이해하기 쉽게 설명하는데 중점을 두었으며, 각각의 장에서 예제와 연습문제를 많이 실어 강구조의 이해도를 높였습니다. 이 책은 필요 적절한 내용을 엄선하여 전체 8장으로 구성되었는데, 1장과 2장에서는 강구조의 일반사항과 강재의 성질 및 접합, 3장에서 6장까지는 한계상태설계법에 의한 부재의 해석과 설계법을, 7장에서는 합성부재의 설계를 다루었으며, 8장에서는 접합부의 설계에 관한 내용을 실었습니다.

이 책의 내용은 국토해양부 고시 KDS (Korean Design Standard) 2017에 따라 편집하였으며, 향후 기준의 개정에 따른 수정과 보완을 할 것입니다.

출판에 즈음하여, 원고정리와 편집 및 출간에 적극 협력하여 주신 구미서관에 감사의 뜻을 전합니다.

2018년 2월

저자 일동

목 차

CHAPTER 1. 개 요

CHAPTER 2. 재료의 역학적 거동과 부재접합

CHAPTER 3. 인장재(Tension member) 설계

CHAPTER 4. 압축재(Compression member) 설계

CHAPTER 5. 휨재(Bending member) 설계

CHAPTER 6. 보-기둥(Beam-column) 설계

CHAPTER 7. 합성부재설계

CHAPTER 8. 접합부(Connection) 설계

부록 부재일람표 및 각종 제원

CHAPTER 1 개 요

CHAPTER 1. 개 요

강재가 구조물 건설에 사용되기 시작한 이후, 과거나 현재까지 장대한 구조물에 사용되어 왔다. 강재강도는 콘크리트강도의 약 10배로 건축물 시공에 유용하게 사용되는 이상적인 재료이다. 단위중량에 비해 큰 강도를 기대할 수 있으므로 고층건물과 장경간의 구조물과 교량에 콘크리트보다 경제적으로 사용되고 있다. 강구조물은 짧은 공기로 시공되어 조기 사용이 가능하므로 경제적이다. 강구조물은 연성적이며 인성이 크므로 지진과 같은 큰 하중에 견딜 수 있으며, 부재의 내력을 개선하기 위해 용이한 개선 및 보수를 할 수 있다. 자연친화적 재료인 강구조물은 부재별로 해체가 가능하다. 따라서, 시공, 유지관리 및 해체 경비를 포함한 강구조물의 생애주기 비용이 콘크리트에 비하여 적게 든다. 강재는 공장에서 양질의 품질관리로 생산되어 높은 신뢰도와 안전성을 지닌다. 강재는 부식과 화재에 저항하도록 설계되고 보호되어야 하며, 용이한 조립과 시공을 위해 상세도가 필요하다. 여러 구조요소들의 적절한 조립을 통한 품질관리가 필요하며 온도에 대한 영향이 고려되어야 한다. 피로와 지진하중으로 균열 발생을 억제하기 위하여 접합부 특히 용접접합이 적절하게 설계되어야 한다.

고강도 강재의 출현으로 철근콘크리트 구조 등과 같은 구조보다 강구조가 신뢰받고 있으며 원자재 사용의 필요성이 줄어들게 되었다. 현대 시공에서 중공업 시설, 고층건물, 교량, 타워, 공항터미널 등과 같은 거의 모든 형태의 구조물에 사용되고 있다.

축력, 휨, 전단, 비틀림 혹은 조합하중을 받는 여러 부재들을 조립하여 설치되는 강구조물은 전체 하중에 저항해야 하고 안전하게 지반에 전달해야 한다. 부재들은 리벳, 핀 혹은 용접을 통해 접합된다.

1.1 강구조의 장단점

강구조는 재료, 설계 및 시공에서 가장 경제적인 구조이다. 제조 및 설치비용이 저렴하고 타 구조보다 유지관리가 덜 요구된다. 강구조는 천연의 미를 취할 수 있으며, 장경간에도 사용이 가능하고 필요시에는 자연채광도 유도할 수 있다. 공장에서 조립되고 현장에서 기술자들에 의해 빠른 시간 내에 설치될 수도 있다. 극한 하중이나 혹독한 기후 조건에도 지탱이 가능하다. 강구조의 장·단점을 다음에 요약하였다.

(1) 강구조의 장점

① 단위중량당 강재의 높은 강도는 구조물의 중량을 줄일 수 있다. 이런 이유로 장경간의 교량이나 고층건물에 많이 사용되고 있다.

② 철근콘크리트 구조물과 달리 시간경과에 따라 강재는 성질이 변하지 않는다.

③ 강재는 높은 응력까지 Hooke의 법칙을 만족하기 때문에 많은 재료들과 비교할 때, 설계과정의 가정과 유사한 거동을 한다. 예를 들어 철근콘크리트 부재와 비교하여 강재의 단면2차모멘트는 정확히 산정될 수 있다.

④ 유지관리가 적절하게 행해지면 강구조물의 내구년한은 무한하다.

⑤ 재료특성으로 연성(ductility)은 파괴에 이르지 않고 높은 인장응력 하에 큰 변형을 유지하는 재료의 성질을 의미한다. 저탄소강재의 인장실험에 의하면 파괴에 이르는 시점에서 상당량의 단면감소와 큰 신장이 발생하는 것을 관찰할 수 있다. 이런 성질이 없는 재료는 매우 단단하며 취성적(brittle)이므로 순간적인 충격에 파괴된다. 수직하중을 받는 부재에서는 높은 응력의 집중이 여러 점들에서 나타난다. 구조형강의 연성적인 성질로 인하여 이들 점에서 국부적으로 항복하며 조기의 파괴를 방지하게 된다. 또한 이런 연성적인 성질은 과하중을 받을 때, 큰 처짐을 보이나 급격한 파괴를 사전에 예고하게 된다.

⑥ 구조형강은 강도와 연성을 나타내는 강인한 특성을 지닌다. 강재의 인성(toughness)으로 큰 변형을 보일 때까지 하중을 받는 강구조부재는 높은 외력에도 저항할 수 있다. 많은 양의 에너지를 흡수하는 능력을 인성이라 한다. 파괴없이 조립이나 설치하는 동안 강구조부재가 큰 변형이 일어나기 때문에 인성은 매우 중요한 특성이다.

⑦ 강구조물은 기존 강구조물과 교량을 증축하는데도 적합하다.

⑧ 기타 특성으로 용접과 볼트를 포함하여 단순한 접합방법에 의해 접합되는 능력, 시공속도, 구조물 해체 후에 재사용 등을 들 수 있다.

(2) 강구조의 단점

① 강재는 대기나 수중에 노출될 경우에 부식되기 쉬우므로 내후성강재를 사용할 수도 있으나, 정기적으로 페인트칠을 하여 사용한다. 내후성강재를 사용할 경우에 비용을 절약할 수 있다. 내후성강재가 부식을 막는데 효과적일지라도 사용이 제한적이어서

부식이 실제로 문제가 될 수도 있다. 가령, 강구조부재가 부식환경 속에서 반복응력을 받게 되면 부식-피로파괴가 발생하게 된다. 또한 화학약품의 환경 속에서 반복하중을 받을 경우에 부재의 피로강도는 현저히 감소하게 된다.

② 구조부재들이 불연성이라도 화재 시에 다른 재료들이 탈 때, 열에 의해 강도는 현저히 감소한다. 강재는 우수한 열도전체다. 비내화적인 강구조부재는 부재와 접하는 재료들에 점화할 수 있는 정도의 열을 전달하게 된다. 그러므로 강구조의 골조는 절연처리된 재료로 보호되어야 하며 스프링클러 시스템을 설치하여야 한다.

③ 압축부재의 길이와 세장비가 증가하면 좌굴의 위험성이 증가하게 된다. 대부분의 구조물에서 강재기둥은 높은 강도와 중량비 때문에 매우 경제적으로 설계된다. 좌굴이 일어나지 않도록 추가로 강재를 보강하는 경우에 경제성이 떨어질 수도 있다.

④ 강재의 또 다른 단점은 다수의 반복응력 혹은 인장응력의 변화로 발생하는 피로(fatigue)에 의해 강도를 감소시킬 수 있다.

⑤ 연성의 성질을 잃을 경우에 응력이 집중하는 부분들에서 취성파괴가 일어난다. 강재는 피로하중과 저온에서 보다 취성적일 수 있다. 3축응력조건은 또한 취성파괴를 일으킨다.

1.2 역사적 배경

강은 이미 선사시대로부터 사용되어 왔으나, 인간이 최초로 어떻게 철을 광석에서 얻었는 지는 알 수가 없다. 하중을 지지할 목적으로 철이 사용된 초기에는 주철이 사용되었으며, 18세기에 영국의 Abraham Darby(1677~1717)가 용광로의 연료로 석탄에서 얻은 코크스를 사용한 것이 주철 생산의 시작으로 볼 수 있다. 1779년 영국에서 주철로 된 Coal Brookdale교가 처음 세워졌다.

주철제의 보가 건물에 사용되기 시작한 것은 18세기 말로 볼 수 있다. 주철은 부스러지기 쉽고 인장보다 압축에 강하기 때문에 상하 플랜지 단면이 나타나게 되었다. 주철 구조물의 파괴원인은 주철의 취성적인 성질때문이다. 연철은 주철보다는 인장에 강하고 충격에 의한 손상도 작다. 그러나 생산 가격의 차이로 연철이 주철을 대신하여 사용되지는 못하였다.

19세기말, 연철을 대체하여 주철의 사용에 큰 진전이 있었다. Ditherington Flax Mill은 1797년에 강철 골조로 시공된 세계 최초의 건물이다. 1792년 William Strutt는 주철기둥과 바닥판을 형성하는 블록아치 높이의 목재보를 사용하여 내화적인 공장을 시공하였다. 노출

된 보의 처마안쪽은 회반죽으로 마감하여 화재에 대비하였다. Belper 공장은 내화적으로 시공한 세계 최초의 건물이다.

강구조물의 시공은 Henry Bessemer이 강재를 생산하기 위한 제련법을 최초로 개발한 1850년대 후에 가능하게 되었다. 1858년에 주철을 주강으로 변환하는데 성공하여, 단철과 주철을 연강으로 대치하게 되었다.

1889년, 유럽에서 마지막으로 축조된 연철조의 에펠탑 시공은 약 7,300톤의 철이 사용되었다. 그 후로 강이 연철보다 강하므로 연철을 대신하여 강이 사용되기 시작하였다.

현대의 강구조는 강재의 높은 강도 때문에 고층 건축물과 장경간 구조물에 사용되고 있다. 고층 건물에서 기념비적인 것은 1931년에 건립된 앰파이어 스테이트 빌딩(102층, 381m)이다. 이 외에 1968년에 완공된 시카고의 죤 행콕센터(99층, 344m), 1973년 뉴욕 맨하튼에 위치한 세계무역센터(110층, 412m, 2001년 소실), 1974년 시카고의 시어즈 타워(110층, 442m) 등은 대표적인 고층 건물로 분류될 수 있다.

우리나라에서 강구조가 건축물에 최초로 사용된 것은 분명하지 않으나, 1900년 전후로 추정된다. 1988년 12월경에 덕수궁의 석조전 보수 공사 과정에서 석조전의 바닥구조가 강구조로 되었다는 것이 발견되었다. 일제시대에는 강구조 건축물이 매우 희소하였으나, 철도와 항만시설, 발전소, 제철소, 비료공장 등 각종 기간 산업시설 중에 강구조물이 일본 기술자에 의해 설계되었다. 1955년경을 전후하여 문경 시멘트 공장, 한국유리 인천공장, 호남비료 등 각종 공장 시설이 강구조로 건설되었다. 1957년경 대한중공업 인천 평로 공장(현재의 인천제철)은 우리 기술자가 직접 설계에 참여한 최초의 사례로 평가되고 있다. 1960년대의 장경간 강구조물로서 기록에 남는 건축물은 직경 80m의 강 돔구조인 장충체육관과 부산의 구덕체육관을 들 수 있다. 1960년대 말부터 본격적으로 국내에 강구조물이 건설되었다. 1970년대 초반에는 초고층 강구조 건축물의 건설이 매우 저조하였으나, 중반 이후에 서울 도심일원에 활기를 띠기 시작하였다. 1967년 한진사옥인 KAL 빌딩, 1969년 삼일로 빌딩, 1988년 55층의 한국종합무역센터, 1992년 부산직할시 신청사 등이 강구조로 시공되어 사용 중에 있다.

1.3 사용재료

(1) 강의 종류

강재는 탄소, 규소, 망간, 인, 황 및 기타 화학성분으로 구성된다. 탄소량이 증가하면 항복점, 인장강도, 경도는 증가되지만 신장율, 수축율, 연성은 감소한다. 규소량의 증가는 인장강도, 항복점이 증가하고 0.2%~0.4% 정도에서 신장율 및 수축율도 급격히 증가한다. 망간은 강도 및 압연성을 개선시킬 수 있으며, 취성을 감소시키고 충격특성에 영향을 미친다. 인은 내후성 개선에는 효과적이나 용접성, 냉간가공성, 충격특성을 저하시킬 수 있다. 황은 온도취성, 연실율, 강도, 충격특성에 영향을 미친다.

일반적으로 탄소 함유량이 0.12~0.25% 정도의 보통강을 연강(mild steel) 또는 저탄소강이라 하며, 강재로는 인장강도 400N/mm^{2}급 이하의 강에 해당한다. 인장강도가 500N/mm^2 이상을 고장력강(high strength steel)이라 한다. 고장력강은 성분상 저합금강과 탄소강이 있다. 고장력강 중에 인장강도가 500N/mm^2 정도의 것은 비조질강이며, 580N/mm^{2}의 것은 조질강이다. 강구조에 사용되는 강재의 형상, 명칭, 규격·표시 방법 등을 표 1.1에 나타내고 있다.

표 1.1 구조용 형강의 단면 형상과 치수 표시

종류	단면모양	표시방법	종류	단면모양	표시방법
ㄱ 형강	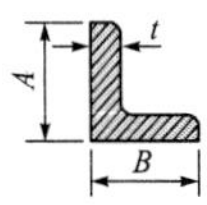	L　A×B×t−L	립 ㄷ 형강	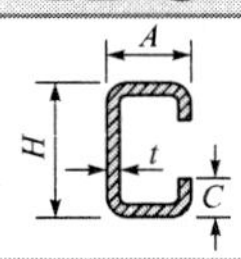	C　H×A×C×t−L
I 형강	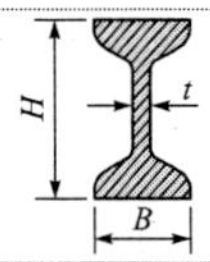	I　H×B×t−L	환 강	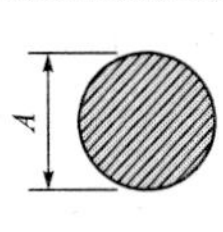	보통 ϕA−L
ㄷ 형강	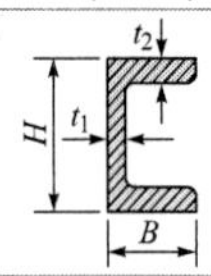	ㄷ　H×B×t_1×t_2−L	강 관	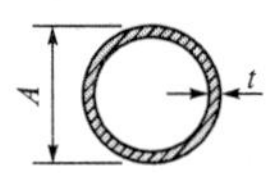	ϕA×t−L
T 형강	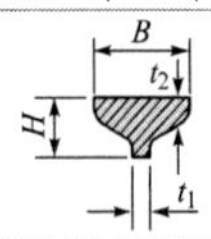	T　B×H×t_1×t_2−L	각 강관	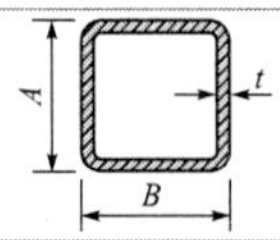	ㅁ　A×B×t−L
H 형강	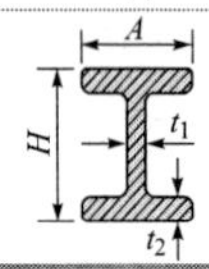	H　H×A×t_1×t_2−L	각 강	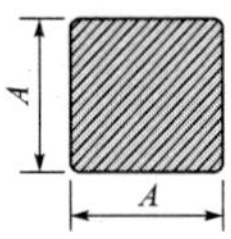	ㅁ　A−L

표 1.2에 강재의 종류 및 특성을 요약하였다. 일반구조용 압연강재(Steel Structure, SS재)는 가장 많이 사용하는 강종으로 일반적으로 열처리를 하지 않으며, 접합부가 용접 보다는 고장력볼트에 의한 경우에 사용하는 일반구조용(SS275) 강재이다. 용접은 보통 탄소당량과 관련이 있다. 용접구조용 압연강재(Steel for Marine, SM)는 탄소당량을 규제하며, 용접성이 우수하고 균열 등이 생기지 않는 강재로, A, B, C 순으로 용접성이 좋아진다.

강재의 강도를 높이려고 합금원소를 많이 넣으면 용접성이 나빠지는 단점이 있다. 이를 보완하기 위해 합금원소를 적게 넣어 강도를 높이는 TMCP(Thermo-Mechanical Controlled rolling Process) 강재가 출현하였다. TMCP강이란 강재의 용접성이 좋으면서도 강도와 인성이 좋은 강재를 만드는 방법으로 열간압연을 하고 급속히 판재를 냉각하여 미세한 결정립 조직을 갖는 강판을 만드는 압연법을 말한다. 이 TMCP강재는 강도와 인성이 높고 용접성도 좋아서 고품질의 고장력강인 두꺼운 판으로 생산되며, 구조물 재료로 고층 건축물에 매우 유리하다.

일반적으로 많이 사용하는 구조용강재의 항복강도 F_y 및 인장강도 F_u를 표 1.3~1.6에 나타내었으며, 강구조설계기준에서 정하는 강재의 역학적인 특성을 표 1.7에 요약하였다.

표 1.2 강재의 종류

번 호	명 칭
KSD 3503	일반구조용 압연강재 (SS 275)
KS D 3515	용접구조용 압연강재 (SM 275A, B, C,D, SM 355A, B, C, D, -TMC, SM420A, B, C, D, -TMC, SM 460B, C, -TMC)
KS D 3529	용접구조용 내후성 열간압연강재 (SMA 275AW, AP, BW, BP, CW, CP SMA 355AW, AP, BW, BP, CW, CP)
KS D 3530[1)]	일반구조용 경량형강 (SSC 275)
KS D 3558[1)]	일반구조용 용접경량 H형강 (SMH 275, SMH 275L)
KS D 3602[1)]	강제갑판(데크플레이트) (SDP 1, 2, 3)
KS D 3632[1)]	건축구조용 탄소강관 (SNT 275E, SNT 355E, SNT 275A, SNT 355A)
KS D 3861[1)]	건축구조용 압연강재 (SN 275A, B, C, SN 355B, C)
KS D 3866[1)]	건축구조용 열간압연형강 (SHN 275, SHN 355)

번 호	명 칭
KS D 3864[1)]	건축구조용 각형탄소강관 (SNRT 295E, SNRT 275A, SNRT 355A)
KS D 5994[1)]	건축구조용 고성능 압연강재 (HSA 650)
KS D 3503[1)]	일반구조용 압연강재 (SS 315, SS 410)
KS D 3566[1)]	일반구조용 탄소강관 (SGT 275, SGT 355)
KS D 3568[1)]	일반구조용 각형강관 (SRT 375, SRT 355)
KS D 3710[2)]	탄소용 단강품 (SF 490A, SF 540A)
KS B 1010[3)]	마찰접합용 고장력 6각볼트·6각너트·평와셔 세트 (1종: FST/F10/F35, 2종: F10T/F10/F35, 3종: F13T/F13/F35

※ 주 1) 냉가공재 및 주강의 재질규격

주 2) 용접하지 않은 부분에 사용되는 강재의 재질 규격

주 3) 각각 볼트/너트/와셔의 종류

표 1.3 주요 구조용 강재의 재료강도 (MPa)

<table>
<tr><th>강도</th><th>강재 기호 / 판두께</th><th>SS275</th><th>SM275
SMA275</th><th>SM355
SMA355</th><th>SM420</th><th>SM460</th><th>SN275</th><th>SN355</th><th>SHN275</th><th>SHN355</th></tr>
<tr><td rowspan="4">F_y</td><td>16mm 이하</td><td>275</td><td>275</td><td>355</td><td>420</td><td>460</td><td rowspan="2">275</td><td rowspan="2">355</td><td rowspan="3">275</td><td rowspan="3">355</td></tr>
<tr><td>16mm 초과
40mm 이하</td><td>265</td><td>265</td><td>345</td><td>410</td><td>450</td></tr>
<tr><td>40mm 초과
75mm 이하</td><td rowspan="2">245</td><td>255</td><td>335</td><td>400</td><td>430</td><td rowspan="2">255</td><td rowspan="2">335</td></tr>
<tr><td>75mm 초과
100mm 이하</td><td>245</td><td>325</td><td>390</td><td>420</td><td>–</td><td>–</td></tr>
<tr><td rowspan="2">F_u</td><td rowspan="2">100mm 이하</td><td rowspan="2">410</td><td rowspan="2">410</td><td rowspan="2">490</td><td rowspan="2">520</td><td rowspan="2">570</td><td rowspan="2">410</td><td rowspan="2">490</td><td>410</td><td>490</td></tr>
<tr><td>–</td><td>–</td></tr>
</table>

표 1.4 주요 구조용 강재의 재료강도 (MPa)

강도	강재 기호 / 판두께	SM275 –TMC[1)]	SM355 –TMC[1)]	SM420 –TMC[1)]	SM460 –TMC[1)]	HSA650[1)]
F_y	80mm 이하	275	355	420	460	650
F_u	80mm 이하	410	490	520	570	800

※ 주 1) TMC 강재 및 HSA650 강재의 적용두께는 80mm 이하

표 1.5 냉간가공재 및 주강의 재료강도 (MPa)

강재기호		SSC275 SWH275	SGT275 SRT275 SNT275	SNT355	SNRT 275A	SNRT 295E	SNRT 355A
판두께(mm)		2.3 ~ 6.0[1]	2.3 ~ 40.0[2]	6.0 ~ 40.0[2]			
강도	F_y	275	275	355	275	295	355
	F_u	410	490	490	410	400	490

※ 주 1) SWH275의 판두께는 12mm 이사

주 2) SGT275, SRT275, SNRT295E의 판두께는 22mm 이하

표 1.6 용접하지 않는 부분에 사용하는 강재 등의 재료강도 (MPa)

강도	강재기호 / 판두께	SS315	SS410	SGT355 SRT355[1]	SF490A	SF540A315
F_y	16mm 이하	315	410	355	245	275
	16mm 초과 40mm 이하	305	400			
	40mm 초과 100mm 이하	295	–	–	–	–
F_u	40mm 이하	490	540	500	490	540
	40mm 초과 100mm 이하		–	–	–	–

표 1.7 강재의 재료정수

정수 / 재료	탄성계수(E) (MPa)	전단탄성계수(G) (MPa)	푸아송비 ν	선팽창계수(α) (1/°C)
강 재	210,000	81,000	0.3	0.000012

(2) 접합재료의 강도

1차원과 2차원 요소들로부터 공간 구조물로 결합하기 위해서, 그리고 다른 재하 조건 하에서 구조물의 안전성을 확보하기 위해 접합이 필요하다. 접합은 일체의 강구조를 만들기 위해 필수적이다. 접합은 볼트와 용접접합으로 분류된다.

고장력볼트와 볼트의 재료강도를 표 1.8과 1.9에 각각 나타내었으며, 용접재료의 강도를 표 1.10에 나타내었다.

표 1.8 고장력볼트의 재료강도 (MPa)

등급 / 강도	F8T	F10T	F13T[1]
F_y	640	900	1170
F_u	800	1000	1300

※ 주 1) KS B 1010에 의하여 수소지연파괴민감도에 대해여 합격된 시험성적표가 첨부된 제품에 한하여 사용하여야 한다.

표 1.9 일반볼트의 재료강도 MPa

강 종	4.6[1]
F_y	240
F_u	400

※ 주 1) KS B 1002에 따른 강도 구분

표 1.10 용접재료의 강도

용접재료	강도(MPa)		적용가능강종
	F_y	F_u	
KS D 7004 연강용 피복아크 용접봉	345	420	인장강도 400MPa급 연강
KS D 7006 고장력 강용 피복아크 용접봉	390	490	인장강도 490 MPa－780 MPa 고장력강
	410	520	
	490	570	
	500	610	
	550	690	
	620	750	
	665	780	
KS D 7104 연강, 고장력강 및 저온용 강용 아크용접 플럭스코어선	340	420	인장강도 400MPa급 연강 인장강도 490MPa, 540MPa, 590MPa급 고장력강
	390	490	
	430	540	
	490	590	
KS D 7025 연강 및 고장력강 마그용접 솔리드 와이어	345	420	인장강도 400MPa급 연강 인장강도 490MPa, 590MPa급 고장력강
	390	490	
	490	570	
KS D 7101 내후성강용 피복아크 용접봉 KS D 7106 내후성강용 탄산가스 아크용접 솔리드 와이어 KS D 7109 내후성강용 탄산가스 아크용접 플럭스충전 와이어	390	490	인장강도 490MPa－570MPa급 내후성 고장력강
	490	570	

1.4 하중저항계수설계법

구조물과 구조부재들은 충분한 강도, 강성 인성을 지녀야 하며, 사용기간동안 소정의 기능을 확보하여야 한다. 사용하중 이상의 잉여강도를 확보할 수 있도록 설계가 이루어져야 하며, 즉 과하중에 대한 가능성을 염두해두어야 한다. 과하중은 설계용도를 변경하였을 경우에, 구조해석에서 지나친 근사설계에 의한 하중영향의 과소평가, 혹은 시공과정에서의 변화 등에 의해 발생하게 된다. 부재크기의 편차, 사용재료의 낮은 강도 등도 과하중의 원인이 될 수 있다.

구조설계는 충분한 안전율이 확보되도록 과하중과 감소된 강도에 대하여도 규정에 고려되어 있다. 한계상태는 구조물이 소정의 기능을 중지하는 조건을 일컫으며, 강도와 사용성으로 대별하여 설명된다. 강도한계상태는 최대의 연성강도, 좌굴, 피로, 파단, 전도, 미끄러짐과 같은 현상을 포함한다. 사용성한계상태는 처짐, 진동, 영구변형, 균열과 같은 건물의 점유와 관련된 내용을 포함한다.

각 부재와 연결부는 시공성, 경제성, 미관 및 유지관리를 고려한 안전성 및 사용성을 확보하기 위하여 규정된 한계상태에 대해 설계한다. 구조물에 작용하는 하중과 하중에 저항강도는 고려해야 하는 주요요소이다. 저항하중 R이 작용하중 Q를 초과할 때, 안전의 여유가 있다. 일반적으로 구조물의 안전요구조건은 다음을 충족하여야 한다.

$$\phi R_n \geq \left[R_u = \sum \gamma_i Q_i\right] \qquad (1 \cdot 1)$$

여기서, 식 (1 · 1)의 좌변은 부재의 강도 혹은 저항을 나타내며, 우변은 예상되는 하중을 나타낸다. 설계강도는 공칭저항강도 R_n에 강도저항계수 ϕ의 곱으로 표현한다. 우변의 하중항은 하중계수 γ_i를 곱한 계수하중의 합으로 나타낸다. 과하중과 저감된 강도를 얻기 위해 γ_i는 1 보다 큰 값으로, ϕ는 1미만의 값을 정하고 있다.

강재로 된 부재 또는 다른 재료와 강재가 합성으로 된 부재는 제작, 운반, 시공 및 사용중의 각 단계에서 검토해야 한다. 한계상태에서 적용하는 하중, 하중계수, 저항계수 등은 구조물별 설계기준에 따른다. 즉, 부재와 연결부의 강도 및 국부적 또는 전체적 안전성을 설계 시에 고려하는 강도한계상태, 사용하중상태에서 응력, 변형 또는 균열들을 고려하는 사용한계상태, 피로 및 재료의 인성에 관계된 파괴를 고려하는 피로 및 파단한계상태, 지진, 홍수 또는 선박충돌 등의 극한적 상황을 고려한 극한하중상태를 들 수 있다.

CHAPTER 2 재료의 역학적 거동과 부재접합

2.1 강재의 응력-변형률 관계

2.2 하중

2.3 하중조합

2.4 볼트접합설계

2.5 용접접합설계

CHAPTER 2. 재료의 역학적 거동과 부재접합

2.1 강재의 응력-변형률 관계

응력-변형률 관계곡선은 강재가 거동하는 방법을 이해하는데 필요한 기본사항을 포함한다. 만약 이런 기본사항이 없다면 기준을 만족하는 강구조설계를 행할 수 없을 것이다. 연성의 구조강재가 초기에 인장력을 받으면 늘어나기 시작한다. 인장력이 일정비율로 증가하면 신장량은 선형으로 증가하게 된다. 예를 들어 응력이 40MPa에서 80MPa로 증가하면 늘어난 길이 역시 두 배가 된다. 인장응력이 강재의 종국강도의 3/4에 달하면 좀더 큰 비율로 길이가 신장되기 시작한다.

저탄소강재의 응력-변형률 관계곡선을 그림 2.1에 나타내었다. 응력-변형률 곡선에서 선형증가 부분의 최고점 혹은 Hooke의 법칙이 적용되는 가장 큰 응력을 비례한도(proportional limit)라 한다. 영구변형없이 재료가 지지할 수 있는 가장 큰 응력을 탄성한계(elastic limit)라 한다. 그러나 이 값은 좀처럼 측정이 되지 않으므로 비례탄성한도(proportional elastic limit)라 명명한다.

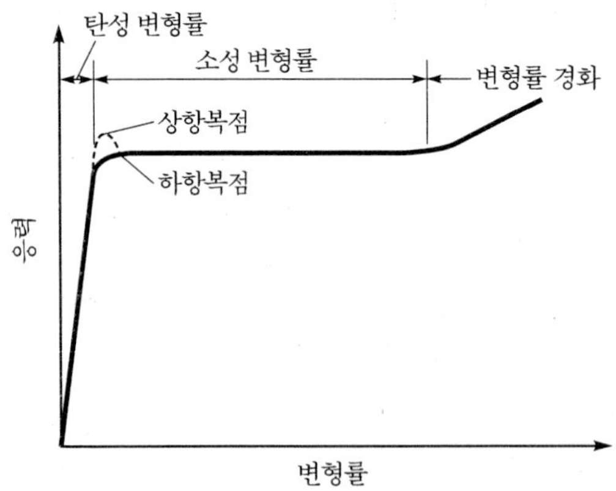

그림 2.1 강재의 응력-변형률 관계 곡선

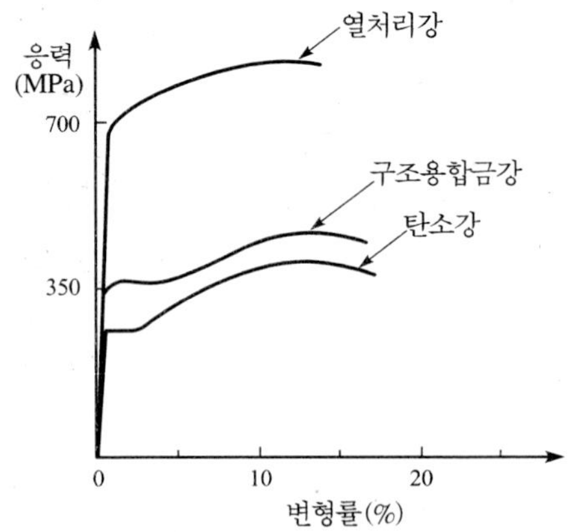

그림 2.2 압연형강의 응력-변형률 관계 곡선

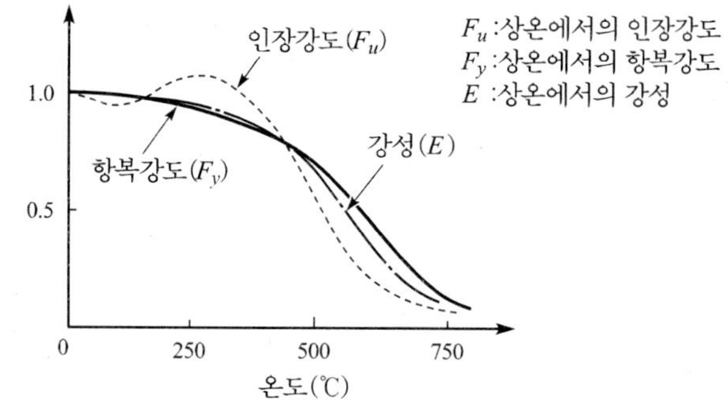

그림 2.3 온도에 따른 강재특성의 변화

응력의 증가없이 신장 혹은 변형률이 급격히 증가할 때에 응력을 항복응력(yield stress)이라 한다. 응력-변형률 곡선의 기울기가 수평으로 시작되는 점이 된다. 항복응력은 강재의 가장 중요한 성질이며 이 값을 사용하여 설계가 이루어진다. 항복응력 이후에는 응력의 변화없이 크게 변형률이 증가하는 영역이 된다. 항복응력 이전에 변형률은 탄성변형률(elastic strain)이며, 이후에 일정한 응력에 해당하는 변형률은 소성변형률(plastic strain)이라 일컫는다. 소성변형률은 탄성변형률의 10~15배에 있다.

연성인 강구조물의 한 점에서 응력이 항복점에 달하면 그 부분은 응력의 증가없이 국부적으로 항복하며 파괴를 지연시킨다. 연성의 특성은 강구조물에서 응력을 재분배하는 역할을 한다. 강구조물은 과하중이나 갑작스런 충격에 저항할 수 있는 소성변형률을 보인다. 만약 이런 능력이 없다면 유리나 다른 유사한 물질처럼 급작스런 파괴를 일으키게 될 것이다.

소성변형률 이후에 응력 및 변형률이 추가로 증가하는 영역을 변형률 경화(strain hardening)라 한다. 변형률이 크지 않기 때문에 이 영역은 중요하지 않다. 보통 강재가 파괴할 때에 전체 변형률은 탄성변형률의 150~200배에 해당한다. 부재단면의 갑작스런 감소(네킹, necking)는 부재 파괴 직전에 발생한다.

그림 2.1의 응력-변형률 곡선은 연성인 구조강재에서 나타나며, 인장과 압축에서 동일한 형태를 취한다고 가정한다. 응력-변형률 곡선은 재하속도, 강재의 형태, 온도에 따라 변한다. 이런 변화 중에 하나가 그림에서 점선으로 표시된 상항복점(upper yield)이 된다. 이런 형태의 응력-변형률 곡선은 보통 강재가 급격하게 재하될 때 발생하며, 재하속도가 느릴 경우에는 하항복점(lower yield)으로 나타난다.

그림 2.2는 항복응력이 다른 강재에 대한 전형적인 응력-변형률 관계곡선을 나타낸다. 그림 2.1과 2.2의 응력-변형률 곡선은 상온에서 실험한 결과에 근거한다. 용접이나 화재

시에 강구조부재는 매우 높은 온도에 있다. 95°C 이상의 온도에 응력-변형률곡선은 보다 둥글고 비선형이며, 항복점이 명확히 나타나지 않는다. 높은 탄소당량을 포함하는 강재는 약 370°C의 온도로 가열될 때 인장강도가 조금 증가한다. 온도가 430°C~540°C로 증가하면 강도는 급격히 감소하며, 650°C에서는 강도의 일부가 남게 된다.

그림 2.3은 상온부터 750°C까지 온도가 증가할 때에 강재의 물리적인 성질의 변화를 나타내고 있다. 화재 시 강구조부재에, 용접 시 부재의 일부면에, 주조공장 내 부재에서 이들 온도에 달할 수 있다. 강구조단면이 0°C 이하로 냉간압연된다면 강도는 조금 증가하지만 연성과 인성은 감소한다. 응력을 받는 구조물의 중요한 성질 중에 하나는 항복점 이내의 범위에서 하중을 제거하면 변형된 상태에서 원 길이로 되돌아간다는 것이다. 만약 항복점 이후에서 하중을 제거하면 구조물은 원래로 돌아가지 않고 잔류변형이 발생한다.

강재는 98% 이상이 철로 이루어진 합금이다. 일부는 탄소, 실리콘, 망간, 황, 인 그리고 기타요소들로 이루어졌다. 탄소는 강재의 성질에 크게 영향을 미친다. 강재의 경도(hardness)와 강도는 탄소 함유량이 증가할수록 증가한다. 탄소 함유량이 0.01% 증가하면 강재의 항복강도는 약 3.5MPa 까지 증가한다. 그러나 탄소 함유량이 보다 증가하면 취성적인 성질을 띠며 용접성에 부작용이 발생하게 된다. 만약 탄소 함유량이 감소하면 강재는 보다 연성적이 되지만 강도가 약해진다. 크롬, 실리콘 그리고 니켈과 같은 요소들을 첨가하면 강재를 고강도화할 수 있다. 이들을 첨가한 강재는 고비용이나 조립이 용이하지 않을 수 있다.

취성인 강재의 전형적인 응력-변형률 곡선을 그림 2.4에 나타내었다. 작은 연성이나 취성은 강재의 고강도화와 연관된다. 취성인 강재는 과응력에 걸렸을 때에 경고없이 갑자기 파괴되므로 설치과정 중에 충격에 의해 파괴될 수 있다. 취성의 강재는 응력과 변형률이 비례하는 구간이 크지만 항복응력이 명확치가 않다. 만약 탄성한계를 벗어나서 하중을 제거하면 변형률이 0인 점으로 되돌아오지 않는다. 하중을 제거하면 그림 2.4에서 초기 직선에 평행한 점선으로 나타낸 것처럼 새로운 경로를 따르며, 영구 혹은 잔류변형률(residual strain)이 된다.

담금질한 강재의 응력-변형률 곡선은 점차적으로 직선으로부터 변해서 명확한 항복점을 나타내지 않는다. 그런 강재들에 대해 하중 제거 시에 0.002의 잔류변형률을 나타내는 응력을 항복응력이라 정의하며, 이를 0.2%오푸셋(offset) 변형률이라 한다. 0.2% 변형률 점에서 응력-변형률 곡선의 초기 직선과 평행하게 선을 연결하여 응력-변형률 곡선과 만나는 점을 항복응력이라 한다.

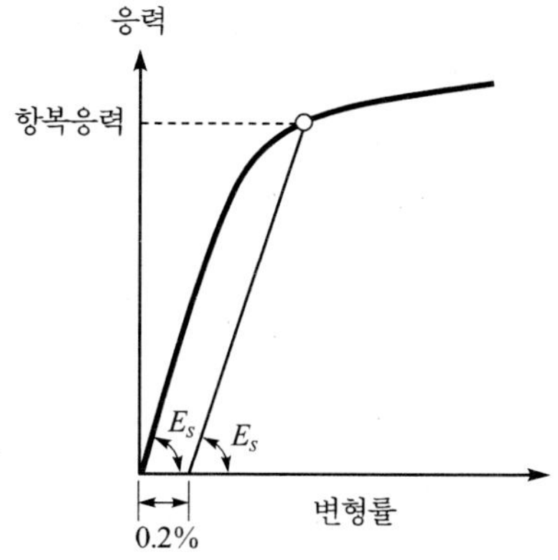

그림 2.4 취성적인 강재의 응력-변형률 관계 곡선

2.2 하중

건축물의 구조설계를 행할 경우, 건물에 작용하는 최초 하중을 설정하는 것이 중요하다. 사전에 예측된 하중을 지지하도록 건물의 각 부재는 설계되어야 한다. 하중은 바닥판인 슬래브에 작용하고 슬래브를 지지하는 보, 그리고 이 보를 지지하는 기둥 혹은 벽체를 따라 기초 및 지반으로 전달된다. 하중의 전달경로를 따라 모든 부재는 그 힘에 저항할 수 있도록 설계되어야 한다.

건물에 작용하는 하중은 우선 중력 방향으로 작용하는 하중을 들 수 있다. 거주자, 사용자, 각종 실내외 설비, 기타 건물의 용도에 해당되는 각종 기기들은 건축물의 수직 혹은 중력 방향으로 작용하며, 수직하중에 대한 지반의 반력으로 힘의 평형을 유지하여야 한다. 또한 바람이나 지진 혹은 지하층에 작용하는 흙의 토압이나 지하수위에 의한 수압은 수평으로 작용한다. 이들 수평으로 작용하는 하중에 또한 저항할 수 있도록 설계되어야 한다. 구조 설계 시에는 건축물의 용도, 중요성, 안전성 등을 고려한 하중을 설계하중이라 한다.

(1) 정하중과 동하중

정하중은 건축물에 서서히 그리고 거의 일정하게 작용하는 힘을 일컫으며 자중을 예로 들 수 있다. 동하중은 시간에 따라 변하는 하중으로서 자동차와 같은 이동하중, 반복하중과 충격하중을 포함한다. 반복하중은 여러 차례 반복하여 작용하는 하중이며, 모터와 같은 기계에 의해 발생하는 하중을 예로 들 수 있다. 충격하중은 짧은 시간 내에 작용하는 하중으로 작용속도가 빠를수록 가해지는 충격은 더 크게 작용된다. 몸무게 측정을 위해 서서히 체중계에 올라가는 경우 보다 급격히 체중계에 올라설 경우에 더 큰 몸무게를 나타내는 것이나 돌풍은 충격으로 설명될 수 있다.

(2) 고정하중과 활하중

건물의 자중에 의한 하중을 고정하중이라 한다. 고정하중은 내력 구조물, 천장, 바닥, 칸막이, 커튼, 저장 탱크, 기계·전기 분배 시스템 등의 중량과 같이 영구적으로 작용하며, 중력방향으로 작용한다. 고정하중과 반대로 활하중은 영구적으로 작용하지 않으며, 변화가 많고 예측이 힘든 하중을 일컫는다. 활하중은 시간에 따라 변하며 용도 및 유형에 따라 달라지며, 점유하중(사람, 가구, 책, 서류, 캐비넷 등), 시공하중, 축적된 물, 눈 등이 이에 속한다. 최근 들어 건축물은 경량화로 고정하중을 줄일 수 있으므로 활하중의 영향이 점차 증가하고 있다. 건설교통부가 제정한 건축물의 구조기준 등에 관한 규칙에서 용도별 기본등분포활하중을 표 2.1에 나타내었다.

표 2.1 기본등분포활하중 단위: kN/m^2

용 도			활하중
(1)	주 택	주거용 건축물의 거실	2.0
		공동주택의 공용실	5.0
(2)	병 원	병실	2.0
		수술실, 고용실, 실험실	3.0
		1층 외의 모든 층 복도	4.0
(3)	숙박시설	객실	2.0
		공용실	5.0
(4)	사무실	일반사무실	2.5
		특수용도 사무실	5.0
		문서보관실	5.0
		1층 외의 모든 층 복도	4.0
(5)	학 교	교실	3.0
		일반 실험실	3.0
		중량물 실험실	5.0
		1층 외의 모든 층 복도	4.0
(6)	판매장	상점, 백화점(1층)	5.0
		상점, 백화점(2층 이상)	4.0
		창고형 매장	6.0

	용 도		활하중
(7)	집회 및 유흥장	모든 층 복도	5.0
		무대	7.0
		식당	5.0
		주방	7.0
		극장 및 집회장(고정좌석)	4.0
		집회장(이동좌석)	5.0
		연회장, 무도장	5.0
(8)	체육시설	체육관 바닥, 옥외경기장	5.0
		스탠드(고정좌석)	4.0
		스탠드(이동좌석)	5.0
(9)	도서관	열람실	3.0
		서고	7.5
		1층 외의 모든 층 복도	4.0
(10)	주차장 및 옥외 차도[1)]	총 중량 30kN 이하의 차량(옥내)	3.0
		총 중량 30kN 이하의 차량(옥외)	5.0
		총 중량 30kN 초과 90 kN 이하의 차량	6.0
		총 중량 90 kN 초과 180 kN 이하의 차량	12.0
		옥외 차도와 차도 양측의 보도	12.0
(11)	창 고	경량품 저장창고	6.0
		중량품 저장창고	12.0
(12)	공 장	경공업 공장	6.0
		중공업 공장	12.0
(13)	지 붕	점유·사용하지 않는 지붕(지붕활하중)	1.0
		산책로 용도	3.0
		정원 또는 집회 용도	5.0
		출입이 제한된 조경구역	1.0
		헬리콥터 이착륙장	5.0
(14)	기계실	공조실, 전기실, 기계실 등	5.0
(15)	광 장	옥외광장	12.0
(16)	발코니	출입 바닥활하중의 1.5배 (최대 5.0 kN/m^2)	
(17)	로비 및 복도	로비, 1층 복도	5.0
		1층 외의 모든 층 복도(병원, 사무실, 학교, 집회 및 유흥장, 도서관은 별도 규정)	출입 바닥활하중
(18)	계단	단독주택 또는 2 세대 거주 주택	2.0
		기타의 계단	5.0

※ 주 1) 총 중량 90kN 초과 180kN 이하의 차량은 「건축구조기준」(2015.10.30) 0303.4의 규정에 따를 수 있다. 총 중량 180kN을 초과하는 중량차량의 활하중은 「건축구조기준」(2015.10.30) 0303.4의 규정에 따라야 한다.

(3) 풍하중

바람은 풍속과 풍향으로 정의된다. 어느 시각의 풍속 및 풍향이란 그 시각전의 10분간 평균 풍속 및 풍향을 그 시간의 풍속 및 풍향이라 한다. 하루 내내 10분 동안의 평균풍속을 연속적으로 기록하여 그 날의 최대치를 일최대풍속이라 한다. 하루를 통해서 연속적으로 기록한 순간풍속의 최대치를 일최대 순간풍속이라 한다.

건축물에 작용하는 풍하중의 크기는 풍속, 건물의 형상 및 바람의 변동 특성 등 여러 요인들에 의해 정해진다. 건축물에 대한 최대 풍속은 그 지방의 풍속에 관한 과거의 기록에 기초하여 통계적으로 구해야 하지만 정확한 풍속은 지리적인 위치와 고도에 따라 달라지므로 일반적으로 설계 규정에 주어진 풍속대 지도로부터 구한다. 풍속대지도는 각 지역 기상대의 풍속 기록을 근거로 통상 50년 재현 기간의 지상 특정 고도에서의 최대 풍속을 나타낸다. 풍속은 고도에 따라 증가하므로 지상 고도는 매우 중요하다. 건설교통부가 제정한 건축물의 구조기준 등에 관한 규칙에서 지역별 기본풍속을 표 2.2에 나타내었다. 여기서 기본풍속이란 노풍도구분[1] C인 지역의 지표면으로부터 10 m 높이에서 측정한 10분간 평균풍속에 대한 100년 재현기대풍속이며 지형을 고려하여 정한 풍속이다.

표 2.2 지역별 기본풍속 (V_o) 단위: m/sec.

지 역		기본풍속
서울특별시, 인천광역시, 경기도	옹진	30
	인천, 강화, 안산, 시흥, 평택	28
	서울, 김포, 구리, 수원, 군포, 오산, 화성, 의왕, 부천, 고양, 안양, 과천, 광명, 의정부, 동두천, 양주, 파주, 포천, 남양주, 가평, 하남, 성남, 광주, 양평, 용인	26
	안성, 연천, 여주, 이천	24
강원도	속초, 양양, 강릉, 고성	34
	동해, 삼척, 홍천, 정선, 인제	30
	양구	26
	철원, 화천, 춘천, 횡성, 원주, 평창, 영월, 태백	24
대전광역시, 충청남북도	서산, 태안	34
	당진	32
	서천, 보령, 홍성, 청주, 청원	30
	예산, 세종, 대전, 공주, 부여	28
	아산, 계룡, 진천	26
	천안, 증평, 청양, 논산, 금산, 음성, 충주, 제천, 단양, 괴산, 보은, 영동, 옥천	24

1) 노풍도구분은 지표면 조도구분으로 일정지역의 지표면 조도에 해당하는 장애물이 바람에 노출된 정도의 구분을 말한다.

지 역		기본풍속
부산광역시, 대구광역시, 울산광역시, 경상남북도	울릉(독도)	40
	부산	38
	포항, 경주, 기장, 통영, 거제	36
	양산, 김해, 나해, 울산, 울주	34
	영덕, 고성	32
	울진, 창원, 사천, 영천	30
	청손, 대구, 경산, 청도, 밀양, 하동	28
	영양, 군위, 칠곡, 성주, 달성, 함안, 고령, 창녕, 진주	26
	봉화, 영주, 예천, 문경, 상주, 추풍령, 안동, 의성, 구미, 김천, 의령, 거창, 산청, 합천, 함양	24
광주광역시, 전라남북도	완동, 해남	36
	진도, 여수, 고흥, 신안, 무안, 장흥	34
	목포, 부안, 영암, 강진	32
	영광, 함평, 나주	30
	익산, 김제, 순천, 고창, 광양	28
	광주, 보성, 완주, 전주, 장성	26
	무주, 진안, 장수, 임실, 정읍, 순창, 남원, 담양, 곡성, 구례	24
제주도	서귀포, 제주	44

바람의 속도는 그림 2.5(a)와 같이 일정한 값의 평균 속도와 순간 최대 속도로 구분하여 생각할 수 있다. 평균 풍속은 그림 2.5(b)와 같이 고도가 높아질수록 증가되는데 그 증가율은 지표의 조도(組度, roughness)에 따라 다르다. 바람은 지표면 부근의 마찰로 감속되기 때문에 지형이나 나무, 건물 등의 주변 물체에 의한 장애요인이 커질수록 최대 풍속(V_{max})이 나타나는 고도가 그림 2.5(b)와 같이 높아지게 된다.

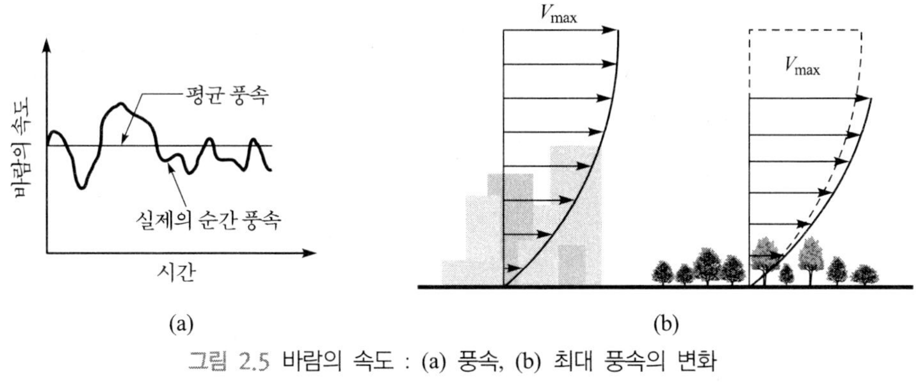

그림 2.5 바람의 속도 : (a) 풍속, (b) 최대 풍속의 변화

(4) 지진하중

1978년 홍성 지진이후, 1988년 1월부터 건축물의 구조 기준 등에 관한 규칙에 내진설계를 하도록 정하고 있다. 최근에는 경주 및 포항지역에서 발생한 지진으로 사회적 관심이 증대되었다. 지구의 지각이 서로 마주칠 때, 충격 파동의 형태로 확산되는데 이를 지진이라고 한다. 지진파는 압축, 전단 그리고 표면파의 세 가지 형태로 구별된다. 압축과 전단파는 지구내부에 진원지로부터 표면으로 전달된다. 압축파는 지표면에 먼저 도달하며 이를 P파(primary waves)라고 한다. 전단파는 S파(secondary waves)라고 하며 압축파와 같이 빨리 지표면에 도달하지 않으나, P파보다 더 많은 에너지를 전달하며 건축물에 더 많은 피해를 입힌다(그림 2.6 참조).

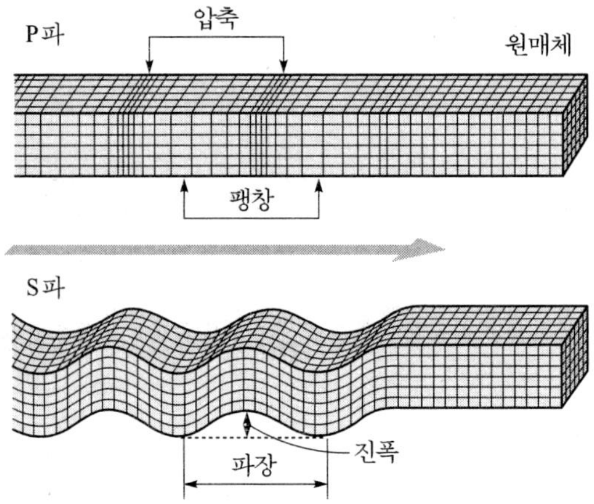

그림 2.6 지진파의 형태

1935년 리히터(Charles F. Richter)는 지진의 강도를 측정하는 리히터 지진계를 개발하였다. 규모는 지진계에 의해 기록된 진폭의 로그 스케일로 결정된다. 규모는 소수점으로 표현되며, 5.3은 중진, 7.3은 강진, 7.5 이상은 초강진이라고 하며, 2.0 이하일 경우는 미진으로 구분한다. 전세계를 통하여 규모 6의 지진은 매일 발생하며, 규모 7의 지진은 매주, 그리고 규모 8의 지진은 해마다 발생한다. 그러나 큰 규모의 지진은 대부분 인구 밀도가 낮은 지역에서 발생하므로 거의 주목을 받지 못하고 있다.

그림 2.7에서와 같은 지진에 대해 리히터 규모 M은 그림 2.8의 도표와 다음의 과정에 의해 결정된다.

① P파와 S파의 도착 시간의 차이를 결정한다.

② 최대 진폭을 결정한다.

③ 그림 2.8 도표의 좌측에 도착 시간 차와 우측의 최대 진폭을 서로 연결한다.

④ 도표 중앙에 리히터 규모를 읽는다.

⑤ 도표의 좌단에 진원지까지의 거리를 읽는다. 진원지의 위치는 3개의 지진계 각각으로부터 측정하여 결정한다.

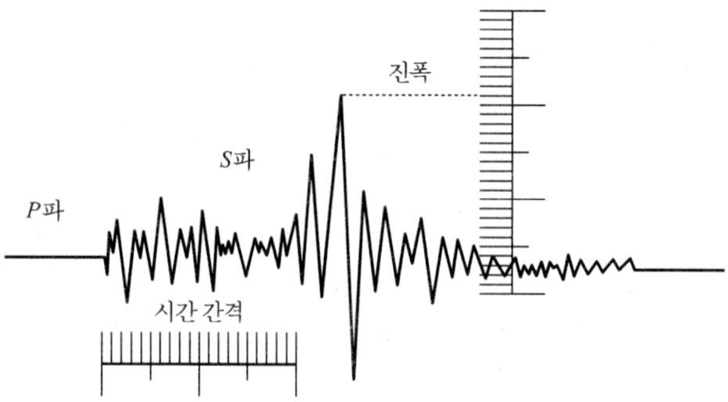

그림 2.7 지진기록계

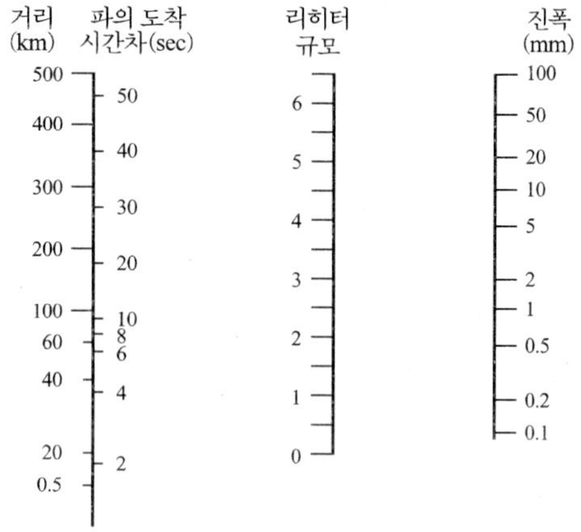

그림 2.8 리히터 규모 측정용 도표

(5) 적설하중

구조물에 작용하는 눈의 하중을 적설하중이라 한다. 지붕 적설하중은 지상 적설하중의 기본값을 기준으로 하여 건축물의 주변 환경, 난방 상태, 중요도 및 지붕의 형상과 기타 눈의 분포 상태 등을 고려하여 산정한다. 건설교통부가 제정한 건축물의 구조기준 등에 관한 규칙에서 지역별 기본지상적설하중의 기본값은 표 2.3과 같다.

표 2.3 기본지상적설하중 $S_g(\mathrm{kN/m^2})$

지 역	지상적설하중$(\mathrm{kN/m^2})$
서울, 수원, 춘천, 서산, 청주, 대전, 추풍령, 포항, 군산, 대구, 전주, 울산, 광주, 부산, 통영, 목포, 여수, 제주, 서귀포, 진주, 이천	0.5
정 읍	0.65
인천, 울진	0.8
동 해	1.6
속 초	2.0
강 릉	3.0
울릉도, 대관령	7.0

2.3 하중조합

탄성범위 내에서 사용하중을 지지하며 부재력을 안전하게 유지하도록 과하중의 하중계수를 사용한다. 부재력은 부재가 지지할 수 있는 최대하중을 일컫는다. 부재력은 부재가 항복하는 힘의 1.3~1.4 사이에 있다. 하중계수는 하중조합식에 사용되며 하중형태에 따라 그 크기는 달리 한다.

하중계수의 크기는 하중의 예측정도에 의한다. 예를 들어 고정하중에 사용하는 하중계수는 활하중의 하중계수 보다 작게 규정된다. 이유는 고정하중이 활하중 보다 예측이 가능하기 때문으로 동일한 안전계수를 필요치 않는다. 한계상태설계법을 근거로 강구조물을 설계하는 경우에 설계하중 U는 다음에 의한다.

가. $U=1.4(D+F)$

나. $U=1.2(D+F+T)+1.6L+0.5(Lr \text{ or } S \text{ or } R)$

다. $U=1.2D+1.6(Lr \text{ or } S \text{ or } R)+(1.0L \text{ or } 0.65W)$

라. $U=1.2D+1.3W+1.0L+0.5(Lr \text{ or } S \text{ or } R)$

마. $U=1.2D+1.0E+1.0L+0.2S$

바. $U=0.9D+1.3W$

사. $U=0.9D+1.0E$

여기서, D : 고정하중 또는 이에 의해 생기는 단면력

L : 활하중 또는 이에 의해 생기는 단면력

Lr : 지붕활하중 또는 이에 의해 생기는 단면력

S : 적설하중 또는 이에 의해 생기는 단면력

W : 풍하중 또는 이에 의해 생기는 단면력

E : 지진하중 또는 이에 의해 생기는 단면력

R : 강우하중 또는 이에 의해 생기는 단면력

주차장과 공공집회장소를 제외하고 기본등분포활하중이 5.0kN/m^2 이하인 용도에 대해서는 위의 다, 라, 마의 활하중 L에 대한 하중계수를 0.5로 감소할 수 있다.

2.4 볼트접합설계

볼트와 용접은 구조형강의 접합에 사용되고 있으며, 리벳은 거의 사용되고 있지 않다. 강구조물에서 볼트접합은 리벳팅이나 용접 보다 능숙한 기술을 요하지 않는 현장설치 기법이다. 고장력볼트 구입비용이 리벳보다 몇 배는 비싸지만 실제로는 노무비, 부속장치 비용, 그리고 소요갯수 등을 고려할 때에 보다 경제적이다. 강구조에 가장 많이 사용하는 볼트접합과 용접접합을 표 2.4에 비교하였다.

표 2.4 용접과 볼트접합의 비교

	장 점	단 점
용접접합	◦ 펀칭이나 드릴링이 필요없음 ◦ 복잡한 접합부를 단순화 함	◦ 볼트접합보다 고급으로 숙련된 기술을 요함 ◦ 볼트접합보다 고가 ◦ 용접검사가 필요하며 고비용임
볼트접합	◦ 현장에서 부재접합에 용이함 ◦ 현장조립이 현장용접보다 저가임	◦ 드릴링이나 펀칭이 필요함

2.4.1 볼트접합

강구조물에서 볼트접합은 리벳이나 용접접합보다 덜 숙련된 기술자들에 의해 빠르게 조립이 가능한 접합형태이다. 이 접합은 다른 접합방법 보다 경제적인 장점이 있다. 볼트는 일반볼트와 고장력볼트로 대별된다.

1) 일반볼트

① 일반볼트는 영구적인 구조물에 구조용으로는 사용할 수 없으며, 가체결용으로만 허용한다.
② 일반볼트의 인장과 전단강도는 표 2.5에 따른다.
③ 일반볼트의 접합에서 인장과 전단의 조합의 경우에는 2.4.3절에 따른다.
④ 일반볼트 구멍의 지압강도는 2.4.4절에 따른다.

2) 고장력볼트

① 모든 고장력볼트는 너트회전법, 직접인장측정법, 토크관리법, T/S볼트 등을 사용하여 표 2.5에 주어진 설계볼트장력 이상으로 조여야 한다.
② 마찰접합에서 하중이 접합부의 단부를 향할 때는 적절한 설계지압강도를 갖도록 2.4.4절에 따라 검토해야 한다.

③ 다음의 경우에는 밀착조임을 사용할 수 있다. 여기서, 밀착조임이란 임팩트렌치로 수회 또는 일반렌치로 최대로 조여서 접합되는 판들이 서로 충분히 밀착된 상태가 된 볼트조임을 말한다. 밀착조임은 설계도면과 시공도면에 명확히 표기해야 한다.

가. 지압접합

나. 진동이나 하중변화에 따른 고장력볼트의 풀림이나 피로를 설계에 고려할 필요가 없는 F8T의 경우

표 2.5 볼트의 공칭강도 (MPa)

강도 \ 볼트등급(강도구분)		고장력볼트			일반볼트
		F8T	F10T	F13T	4.6
공칭인장강도, F_{nt}		600	750	975	300
지압접합의 공칭전단강도, F_{nv}	나사부가 전단면에 포함될 경우	320	400	520	160
	나사부가 전단면에 포함되지 않을 경우	400	500	650	200

※ $F_{nt} = 0.75F_u$, $F_{nv} = 0.5F_u$ 또는 $F_{nv} = 0.4F_u$

F 10 T
- T: 인장강도 (tensile strength)
- 10: 인장강도 (10N/mm)
- F: 마찰접합 (Friction grip joint)

볼트접합은 현장에서 부재들을 접합하는 방법이다. 볼트접합 시에 엇모로 배치된 볼트를 공압식렌치로 조일 때 보다 용이한 방법이다. 고장력볼트는 밀착접합과 마찰접합으로 구분되며, 밀착접합은 지압접합으로도 명명되며, 마찰접합의 볼트는 재료의 말뚝을 잡아주는 조임쇠 역할을 한다. 압형 접합은 전단면(shear plane)에 포함되거나 포함되지 않는 나사산을 갖는다. 전단면에 나사산을 포함할 경우에 접합강도의 약 25%까지 줄일 수 있다. 볼트의 길이방향으로 작용하는 하중은 축방향인장의 볼트로 여긴다. 만약 인장파괴가 발생한다면 나사산 단면에서 일반적으로 발생한다.

표 2.6 고장력볼트의 공칭구멍직경(mm), KS B 1010

고장력볼트의 직경	표준구멍의 직경	과대구멍의 직경	단슬롯	장슬롯
M16	18	20	18×22	18×40
M20	22	24	22×26	22×50
M22	24	28	24×30	24×55
M24	27	30	27×32	27×60
M27	30	35	30×37	30×67
M30	33	38	33×40	33×75

※ 주) 지름 앞에 알파벳 'M' 은 미터계 나사를 의미함

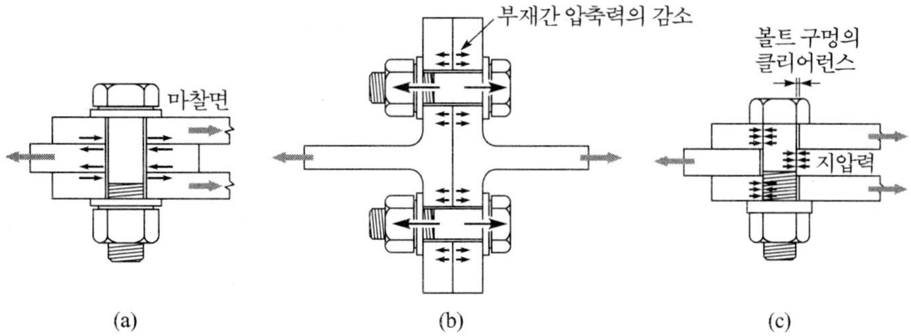

그림 2.9 볼트접합의 분류 : (a) 마찰접합, (b) 인장접합, (c) 지압접합

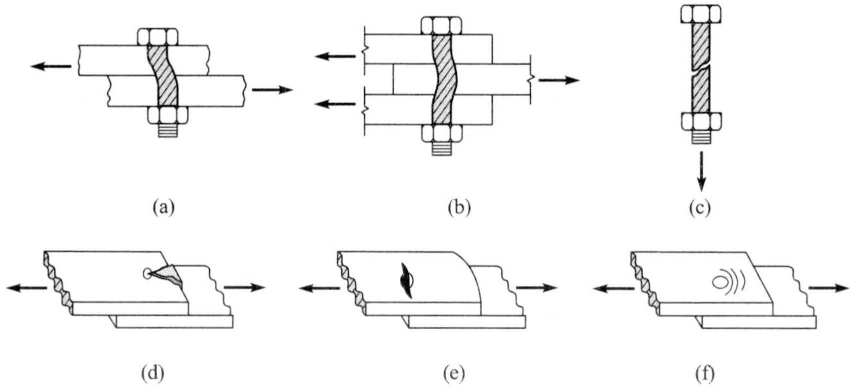

그림 2.10 볼트접합의 파괴양상 : (a) 1면 전단파괴, (b) 2면 전단파괴, (c) 인장파괴, (d) 연단부파괴, (e) 측단부파괴, (f) 지압파괴

볼트접합에는 하중이 역으로 작용하거나 피로의 경우에 접합부에 슬립을 방지하여야 한다. 볼트접합에는 마찰접합 (그림 2.9(a)), 인장접합 (그림 2.9(b)), 지압접합 (그림 2.9(c)), 그리고 나사산을 통한 전단접합을 들 수 있다. 볼트접합에서 수 개의 가능한 파괴모드가 고려되어야 할 필요가 있으며 각 경우에 해당하는 설계강도가 산정된다. 파괴모드로는 볼트의 전단파괴, 인장파괴, 파단, 블록전단 기타의 사유에 의한 연결된 부재의 파괴, 접합된 플레이트의 연단 찢어짐 혹은 파단, 두 볼트 구멍 사이에 접합된 플레이트의 찢어짐과 파단, 볼트구멍에서 과도한 지압변형을 들 수 있다 (그림 2.10).

2.4.2 하중전달과 접합부 형태

그림 2.11(a)의 겹침이음을 고려하자. 한 무리의 지압볼트를 사용하여 플레이트를 접합한다고 가정하자. 플레이트가 압착되도록 볼트는 충분히 조여지지 않는다.

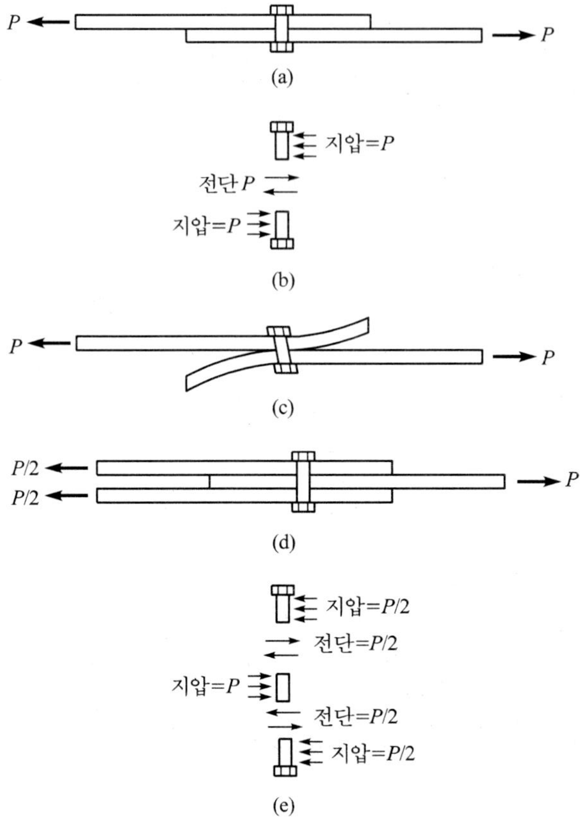

그림 2.11 볼트접합 : (a) 겹침이음 (1면전단), (b) 겹침이음부에 하중전달,
(c) 겹침이음부에서의 휨, (d) 2면전단 (e) 2면전단에서 하중전달

플레이트 사이에 거의 마찰이 없다고 한다면 작용하중으로 인하여 조금 미끄러질 것이다. 그 결과로 플레이트에 작용하는 하중은 플레이트 접촉면에서 결합재에 전단으로 작용하거나 그림 2.11(b)에서와 같이 볼트면에 지압력으로 작용하게 된다. 이들 결합은 1면전단과 지압으로 일컫는다. 볼트는 이들 힘들에 저항하기 위하여 충분한 강도를 보유하여야 하며, 접합을 구성하는 부재들은 파단을 방지하도록 충분한 강도를 지녀야 한다.

전달하중이 마찰저항 보다 크지 않으면 모든 힘은 마찰에 의해 저항하며 볼트는 전단이나 지압에 저항하게 된다. 전달하중이 마찰저항을 상회하면 미끄러짐이 발생하며 볼트는 전단과 지압에 저항하게 된다.

그림 2.11(a)의 겹침이음은 한 부재에 힘의 중심선이 다른 부재의 중심선과 일치하지 않는 단점이 있다. 그림 2.11(c)에서 보는 바와 같이 접합부에서 예기치 않은 휨이 발생할 수 있다. 이런 이유에서 휨파괴의 가능성을 줄이기 위하여 부재의 길이방향으로 평행한 선을

따라 최소한 2개의 파스너를 설계하여야 한다.

그림 2.11(d)에서와 같이 3개의 부재들을 접합할 때, 맞댄이음이라 한다. 부재들 사이에 미끄럼에 대한 저항이 무시할 정도로 작다면 부재들은 조금 미끄러지며 동시에 부재들 사이에 두 개의 접촉면에서 볼트에 전단으로 작용하게 된다. 부재들이 볼트에 저항을 하면 2면전단과 지압이라 한다. 맞댄이음이 겹침이음에 비해 다음과 같은 장점이 있다.

① 맞댄이음에서 전단력 P가 두 개로 나뉘어지도록 부재들이 배열되며, 각 접촉면에 부담되는 힘은 겹침이음의 약 1/2에 해당한다. 2면전단의 재하능력은 동일한 수의 1면전단의 2배에 해당한다.

② 보다 대칭적인 재하조건을 허용한다.

이중면접합(double-plane connection)은 볼트들이 단일전단과 지압을 받지만 이때에 휨모멘트 발생을 방지할 수 있다. 그림 2.12(a)의 접합에서 볼트는 단일전단을 받고 있다. 볼트접합은 겹침이나 맞댄이음 혹은 이들의 조합으로 구성된다. 그림 2.12(b)에서 볼트에 작용하는 전단은 4개의 접촉면에 작용하는 것을 볼 수 있다. 이 접합부에 볼트들이 2개의 접촉면 이상에 전단력이 작용할지라도 실무에서는 강도계산에서 2면전단 이상을 고려하지 않는다.

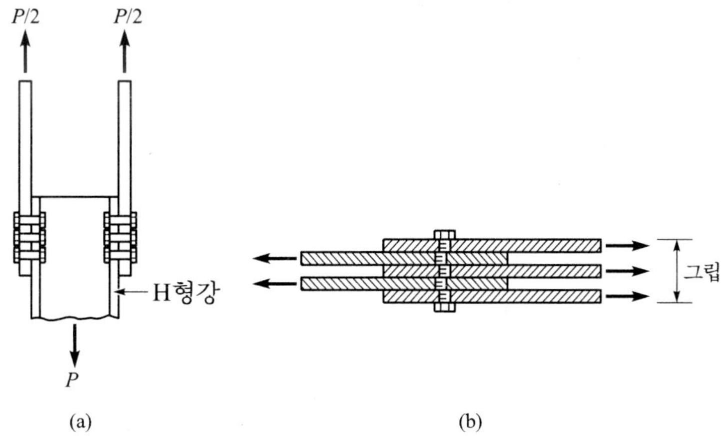

그림 2.12 전단접합 : (a) 이중전단면, (b) 다중전단면의 볼트

그림 2.13은 볼트접합에서 일어나는 파괴양상들을 나타내고 있다.

① 부재들 사이 접촉면(1면전단)에서 볼트의 전단에 의한 겹침이음에서 파괴(그림 2.13(a))

② 볼트구멍을 따라 플레이트의 인장파괴(그림 2.13(b))

③ 볼트와 플레이트 사이에 지압에 의한 파괴(그림 2.13(c))

④ 부재의 외곽으로 전단으로 인한 파괴(그림 2.13(d))

⑤ 2개의 플레이트를 따라 볼트의 전단파괴(2면전단)(그림 2.13(e))

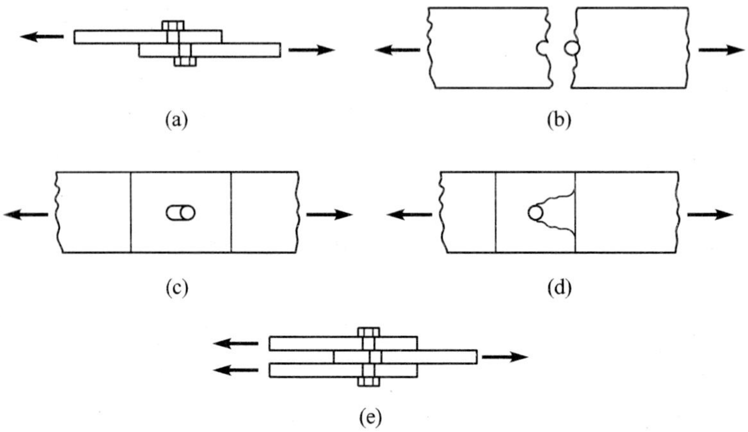

그림 2.13 볼트접합 파괴양상 : (a) 볼드의 1면전단파괴, (b) 플레이트의 인장파괴, (c) 플레이트의 지압압괴, (d) 볼트 뒷면 플레이트의 전단파괴, (e) 2면전단파괴

2.4.3 볼트의 전단 및 인장강도

볼트접합은 일반적으로 전단에 저항한다. 그림 2.14(a)에서와 같이 나사산을 통한 전단력이 하나의 플레이트로부터 다른 플레이트로 전달되는 힘 P가 전달된다. 이 경우에 한 면을 따라 볼트는 전단력을 받으며, 1면전단 (single shear) 볼트라 한다. 2개의 플레이트가 중앙 플레이트에 접합되어 있는 그림 2.14(b)의 배열은 중앙플레이트로부터 양면의 플레이트로 하중 $P/2$가 전달된다. 1면전단의 볼트는 2면전단 (double shear) 볼트보다 2배의 전단강도를 받는다.

밀착조임 볼트, 장력도입 볼트, 또는 나사강봉의 설계인장강도 또는 설계전단강도 ϕR_n ($\phi = 0.75$)은 인장파단과 전단파단의 한계상태에서 다음과 같이 산정한다.

$$R_n = F_n A_b N_s \qquad (2 \cdot 1)$$

여기서, F_n : 표 2.5에 따른 공칭인장강도 F_{nt}, 또는 공칭전단강도 F_{nv} (MPa)

A_b : 볼트 또는 나사강봉의 나사가 없는 부분의 공칭단면적 (mm^2)

N_s : 전단면의 수(마찰접합 및 지압접합에만 적용)

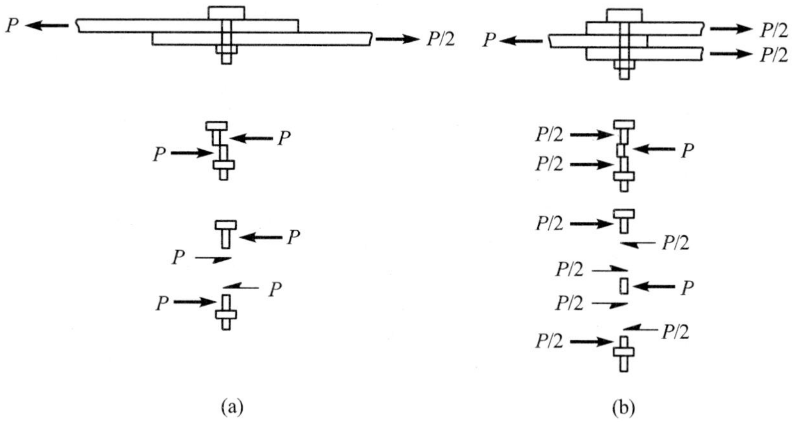

그림 2.14 볼트파괴형상: (a) 1면전단, (b) 2면전단

볼트의 공칭강도는 나사산이 전단면에서 포함되지 않는 경우와 포함되는 경우로 분류된다 (그림 2.15). 각 경우에 공칭강도를 산정하기 위해서 나사산의 면적이 사용되기 때문에 나사산이 전단면에 포함되지 않으면 $F_{nv} = 0.5F_u$ 이고, 포함되면 $F_{nv} = 0.4F_u$ 을 사용하게 된다.

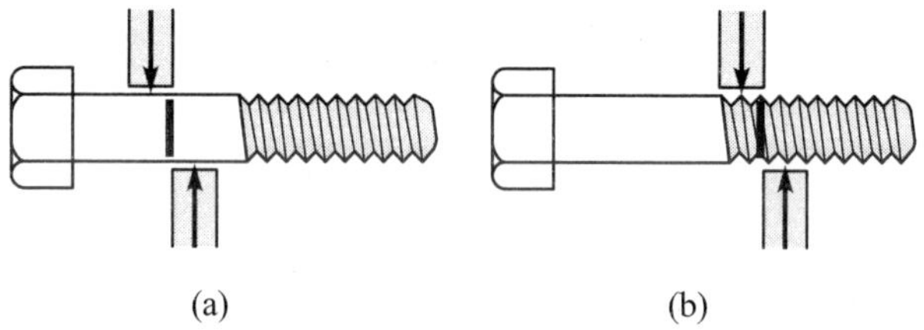

그림 2.15 나사산의 면적 : (a) 나사산이 포함되지 않은 경우,
(b) 나사산이 포함된 경우

이음부에서의 설계제한사항은 다음과 같다 (그림 2.16).

① 볼트 구멍의 크기는 실제 볼트의 공칭직경보다 크게 설정한다. 고장력볼트의 공칭구멍직경은 표 2.6에 따른다.

② 고장력볼트의 구멍중심간의 거리는 공칭직경의 2.5배를 최소거리로 하고 3배를 표준거리로 한다.

③ 고장력볼트의 구멍중심에서 피접합재의 연단까지의 최소거리(L_e)는 연단부 가공방법을 고려하여 표 2.7에 따른다.

④ 고장력볼트의 구멍중심에서 볼트머리 또는 너트가 접하는 부재의 연단까지의 최대거리는 판 두께의 12배 이하 또한 150mm 이하로 한다.

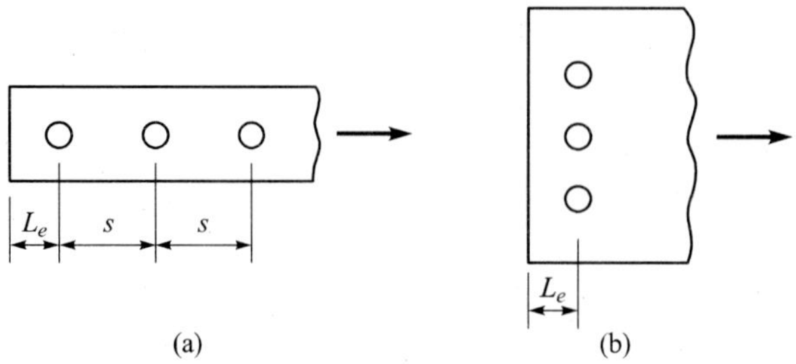

그림 2.16 L_e 정의 : (a) 측단거리, (b) 연단거리

표 2.7 볼트중심에서 연단 및 측단까지 최소거리 (mm)

볼트의 공칭직경(mm)	연단 및 측단부의 가공방법	
	전단절단, 수동가스절단	압연, 자동가스절단, 기계가공마감
16	28	22
20	34	26
22	38	28
24	42	30
27	48	34
30	52	38
30 초과	$1.75d$	$1.25d$

예제 2.1

그림 2.17과 같은 1면전단과 2면전단 마찰접합에 대해 M22(F8T) 볼트의 설계전단강도를 결정하라. 단, 강재의 재질은 SS275이며, 나사부가 전단면에 불포함된 공칭전단강도는 400N/mm^{2}이다.

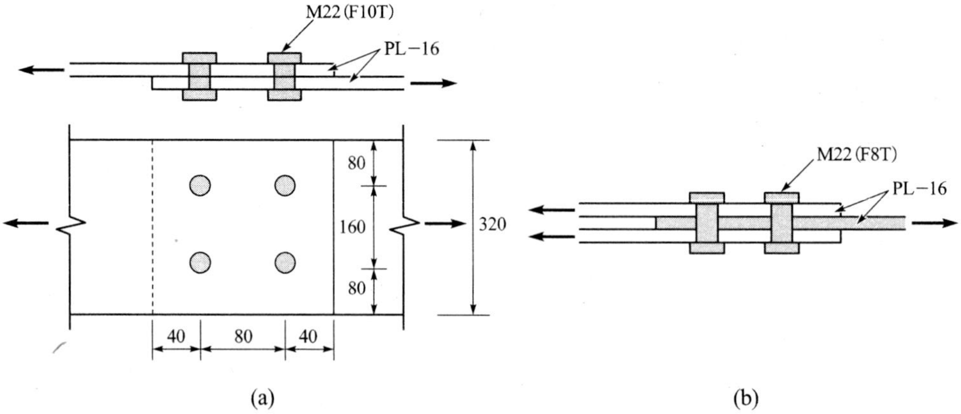

그림 2.17 **예제 2.1** 의 1면전단 접합 : (a) 1면전단, (b) 2면전단 (단위: mm)

풀이

(1) 1면전단 설계전단강도

$\phi R_n = \phi n_b F_{nv} A_b N_s$,

$\phi = 0.75$, n_b: 볼트 개수(4개), $F_{nv} = 400\text{N/mm}^2$

$$\phi R_n = 0.75 \times 4 \times 400 \times \frac{\pi(22)^2}{4} \times 10^{-3} = 456.2\ \text{kN}$$

(2) 2면전단 설계전단강도

$$\phi R_n = 0.75 \times 4 \times 400 \times \frac{\pi(22)^2}{4} \times 2 \times 10^{-3} = 912.3\ \text{kN}$$

2.4.4 볼트의 지압접합

볼트의 재료강도는 연결재료의 강도보다 크므로 연결되는 부재의 재료에 대한 볼트의 지압이 검토되어야 한다. 지압응력은 볼트가 아니라 접합 플레이트에 작용하므로 볼트형태와 관련이 없다. 접합되는 재료의 전단과 재료의 압괴에 의한 2가지 형태의 지압강도한계상태가 검토되어야 한다.

구멍의 가장자리로부터 부재의 연단 혹은 이웃한 구멍까지의 순거리가 볼트 구멍의 2배 미만일 경우, 연단의 찢어짐에 의한 플레이트의 전단한계상태가 지배한다 (그림 2.18(a)).

$$R_n = 0.6F_u(2L_c)t = 1.2L_c t F_u \qquad (2 \cdot 2)$$

여기서, $0.6F_u$: 접합재료의 종국전단강도 (MPa)

F_u : 피접합재의 공칭인장강도 (MPa)

t : 피접합재의 두께 (mm)

L_c : 하중방향 순간격 (그림 2.19),

구멍의 끝과 피접합재의 끝 또는 인접구멍의 끝까지의 거리 (mm)

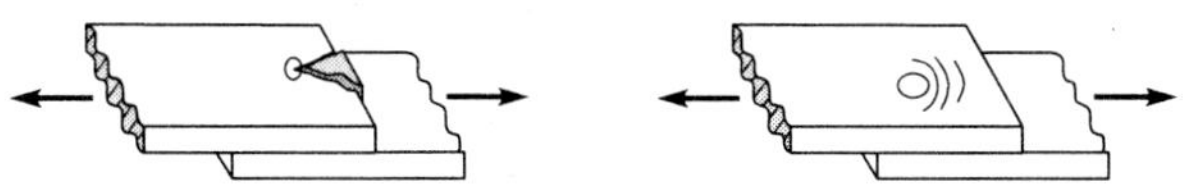

(a) (b)

그림 2.18 접합부재의 파괴: (a) 플레이트의 전단파괴, (b) 볼트에 의한 지압파괴

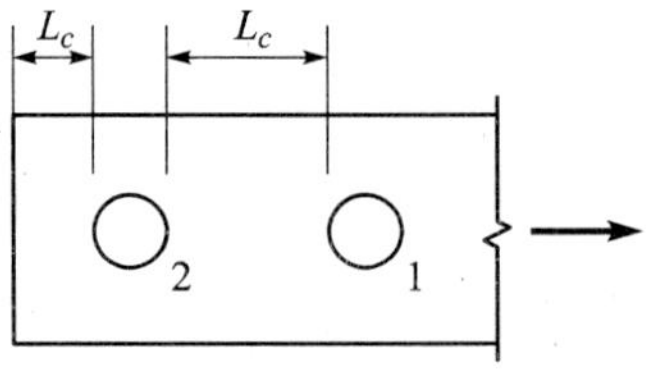

그림 2.19 순간격 L_c

만약 순간격이 $2d$를 초과하면 접합재료의 지압이 한계상태를 지배한다 (그림 2.18(b)). 이 경우에 한계상태는 구멍의 일그러짐으로 나타나며 다음으로 산정된다.

$$R_n = 2.4\,d_b t F_u \tag{2 · 3}$$

여기서, d_b : 볼트 공칭직경 (mm)

① 지압강도 한계상태에 대한 볼트구멍에서 설계강도 $\phi R_n (\phi = 0.75)$은 다음과 같이 산정한다.

가. 표준구멍, 과대구멍, 단슬롯의 모든 방향에 대한 지압력 또는 장슬롯이 지압력방향에 평행할 경우

가) 사용하중상태에서 볼트구멍의 변형을 설계에 고려할 필요가 있는 경우

$$R_n = 1.2 L_c t F_u \le 2.4 d_b t F_u \tag{2 · 4}$$

나) 사용하중상태에서 볼트구멍의 변형을 설계에 고려할 필요가 없는 경우

$$R_n = 1.5 L_c t F_u \le 3.0 d_b t F_u \tag{2 · 5}$$

나. 장슬롯 구멍의 방향에 직각방향으로 지압력을 받을 경우

$$R_n = 1.0 L_c t F_u \le 2.0 d t F_u \tag{2 · 6}$$

여기서, d : 볼트 공칭직경 (mm)

F_u : 피접합재의 공칭인장강도 (MPa)

L_c : 하중방향 순간격, 구멍의 끝과 피접합재의 끝 또는 인접구멍의 끝까지의 거리 (mm)

t : 피접합재의 두께 (mm)

② 접합부에 대하여 지압강도는 각각 볼트의 지압강도의 합으로 산정한다.

③ 지압접합과 마찰접합 모두에 대하여 볼트구멍의 지압강도를 검토해야 한다.

예제 2.2

그림 2.20과 같은 접합부에서 지압설계강도를 결정하라. 고장력볼트 구멍의 변형을 고려하고 나사부가 전단면에 불포함된 것으로 가정하라. M22(F10T)의 고장력볼트가 사용되었으며, 사용강재는 SM275이다.

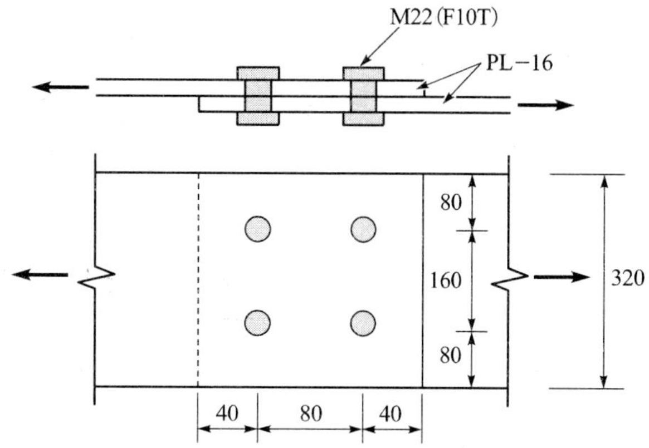

그림 2.20 **예제 2.2** 의 볼트접합 (단위: mm)

풀이

(1) 설계전단강도

$A_b = 380\text{mm}^2$, $F_{nv} = 500\text{MPa}$ (표 2.5)

$\phi R_n = \phi F_{nv} A_b = 0.75 \times 500 \times 380 \times 10^{-3} = 142.5\text{kN}$

접합부에서의 전단강도: $4 \times 142.5 = 570\text{kN}$

(2) 볼트의 배열 검토

최소연단거리: M22 고장력 볼트에 대해 28mm 〈 40mm 만족 (표 2.7)

볼트간 최소거리: $2.5d_b = 2.5 \times 22 = 55\text{mm} < 80\text{mm}$ 만족

볼트간 표준거리: $3d_b = 3 \times 22 = 66\text{mm} < 80\text{mm}$ 만족

(3) 접합부재의 설계지압강도

① 연단거리: $L_c = 40 - (22+2)/2 = 28\text{ mm}$

설계지압강도

$\phi R_n = \phi(1.2 L_c t F_u) = 0.75 \times (1.2 \times 28 \times 16 \times 410) \times 10^{-3} = 165.3\text{ kN}$

〈 $\phi(2.4 d_b t F_u)[= 0.75 \times (2.4 \times 22 \times 16 \times 410) \times 10^{-3} = 259.8\text{ kN}]$

그러므로 설계지압강도 $\phi R_n = 165.3\text{ kN}$

② 내부 볼트: $L_c = 80 - (22+2) = 56\text{ mm}$

$\phi R_n = \phi(1.2 L_c t F_u) = 0.75 \times (1.2 \times 56 \times 16 \times 410) \times 10^{-3} = 330.6\text{ kN}$

〉 $\phi(2.4 d_b t F_u)[= 0.75 \times (2.4 \times 22 \times 16 \times 410) \times 10^{-3} = 259.8\text{ kN}]$

그러므로 설계지압강도 $\phi R_n = 259.8\text{ kN}$

볼트구멍에서의 설계지압강도: $\phi R_n = 2 \times 165.3 + 2 \times 259.8 = 850.2\text{ kN} > 570\text{kN}$

설계전단강도가 설계지압강도 보다 작으므로 지압접합부의 설계는 전단강도가 지배

예제 2.3

그림 2.21과 같은 지압접합부에서의 설계강도를 결정하라. 작용하는 계수하중은 230kN이며, 사용하중 상태에서 고장력볼트 구멍의 변형을 고려하고 나사부가 전단면에 불포함된 것으로 가정하라.
M20(F8T)의 고장력볼트가 사용되었으며, 가셋 플레이트와 접합부재의 사용강재는 SM275이다.

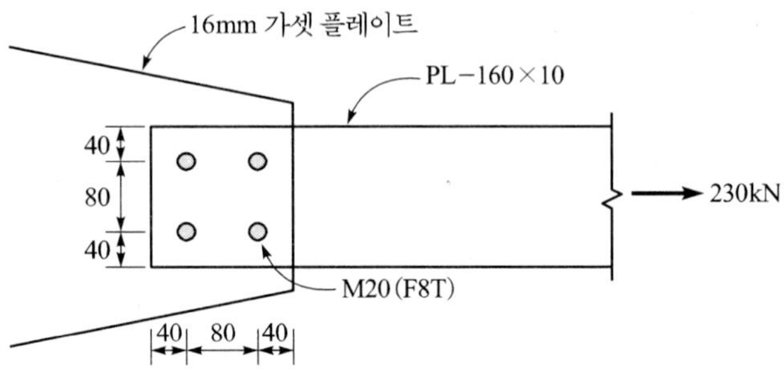

그림 2.21 **예제 2.3** 의 지압접합부 (단위: mm)

풀이

(1) 설계전단강도

$A_b = 314\text{mm}^2$, $F_{nv} = 400\text{MPa}$

$\phi R_n = \phi F_{nv} A_b = 0.75 \times 400 \times 314 \times 10^{-3} = 94.2\text{kN}$

접합부에서의 전단강도: $4 \times 94.2 = 376.8\text{kN}$

(2) 볼트의 배열 검토

최소연단거리: M20 고장력 볼트에 대해 26mm 〈 40mm 만족 (표 2.7)

볼트간 최소거리: $2.5d_b = 2.5 \times 20 = 50\text{mm} < 80\text{mm}$ 만족

볼트간 표준거리: $3d_b = 3 \times 20 = 60\text{mm} < 80\text{mm}$ 만족

(3) 접합부재의 설계지압강도

볼트구멍에서의 지압강도 (PL − 160 × 10)

① 연단: $L_c = 40 - (20+2)/2 = 29\text{ mm}$

설계지압강도

$\phi R_n = \phi(1.2 L_c t F_u) = 0.75 \times (1.2 \times 29 \times 10 \times 410) \times 10^{-3} = 107.0\text{ kN}$

〈 $\phi(2.4 d_b t F_u)[= 0.75 \times (2.4 \times 20 \times 10 \times 410) \times 10^{-3} = 147.6\text{kN}]$

그러므로 설계지압강도 $\phi R_n = 107.0\text{ kN}$

② 내부 볼트: $L_c = 80 - (20+2) = 58\text{ mm}$

$\phi R_n = \phi(1.2 L_c t F_u) = 0.75 \times (1.2 \times 58 \times 10 \times 410) \times 10^{-3} = 214.0\text{ kN}$

〉 $\phi(2.4 d_b t F_u)[= 0.75 \times (2.4 \times 20 \times 10 \times 410) \times 10^{-3} = 147.6\text{ kN}]$

그러므로 설계지압강도 $\phi R_n = 147.6\text{ kN}$

볼트구멍에서의 설계지압강도: $\phi R_n = 2 \times 107.0 + 2 \times 147.6 = 509.2\text{ kN}$

(4) 가셋플레이트의 설계지압강도 (16mm 플레이트)

① 연단: $L_c = 40 - (20+2)/2 = 29\,\mathrm{mm}$

설계지압강도

$\phi R_n = \phi(1.2L_c tF_u) = 0.75 \times (1.2 \times 29 \times 16 \times 410) \times 10^{-3} = 171.2\,\mathrm{kN}$

$< \phi(2.4d_b tF_u)[= 0.75 \times (2.4 \times 20 \times 16 \times 410) \times 10^{-3} = 236.2\,\mathrm{kN}]$

그러므로 설계지압강도 $\phi R_n = 171.2\,\mathrm{kN}$

② 내부 볼트: $L_c = 80 - (20+2) = 58\,\mathrm{mm}$

$\phi R_n = \phi(1.2L_c tF_u) = 0.75 \times (1.2 \times 58 \times 16 \times 410) \times 10^{-3} = 342.4\,\mathrm{kN}$

$> \phi(2.4d_b tF_u)[= 0.75 \times (2.4 \times 20 \times 16 \times 410) \times 10^{-3} = 236.2\,\mathrm{kN}]$

그러므로 설계지압강도 $\phi R_n = 236.2\,\mathrm{kN}$

볼트구멍에서의 설계지압강도: $\phi R_n = 2 \times 171.2 + 2 \times 236.2 = 814.8\,\mathrm{kN}$

(5) 그러므로 접합부재와 가셋플레이트의 지압 강도보다 작은 값을 나타내는 접합부의 전단강도가 설계강도를 지배

2.4.5 지압접합에서 인장과 전단의 조합

볼트가 전단과 인장을 동시에 부담할 때, 공칭볼트인장강도를 산정할 경우, 전단응력의 영향을 포함하여야 한다.

① 지압접합이 인장과 전단의 조합력을 받을 경우, 볼트의 설계강도는 다음의 인장과 전단파괴의 한계상태에 따라 산정한다 ($\phi = 0.75$).

$$R_n = F_{nt}' A_b \qquad (2 \cdot 7)$$

여기서, F_{nt}' : 전단응력의 효과를 고려한 공칭인장강도 (MPa)

전단 혹은 인장소요응력이 설계응력의 20% 이하일 때, 조합응력의 영향을 무시한다. 소요응력이 20% 한계를 초과한다면 인장응력은 다음과 같이 수정하여야 한다.

$$F_{nt}' = 1.3F_{nt} - \frac{F_{nt}}{\phi F_{nv}} f_v \le F_{nt} \qquad (2 \cdot 8)$$

여기서, F_{nt} : 표 2.5에 의한 공칭인장강도 (MPa)

F_{nv} : 표 2.5에 의한 공칭전단강도 (MPa)

f_v : 소요전단응력 (MPa)

② 볼트의 설계전단응력이 단위면적당 전단소요응력 f_v 이상이 되도록 설계한다.

③ 전단 또는 인장에 의한 소요응력 f가 설계응력의 20% 이하이면 조합응력의 효과를 무시할 수 있다.

예제 2.4

고정하중 $P_D = 90\text{kN}$, 활하중 $P_L = 120\text{kN}$이 작용하는 그림 2.22와 같은 접합부를 지압접합으로 가정하여 고장력볼트의 설계강도를 결정하고 적정성을 검토하라. 1면전단의 표준구멍에 사용된 고장력볼트는 4-M22(F10T)이며, 볼트의 공칭인장강도와 전단강도는 각각 $F_{nt} = 750\ \text{MPa}$와 $F_{nv} = 400\text{MPa}$이다.

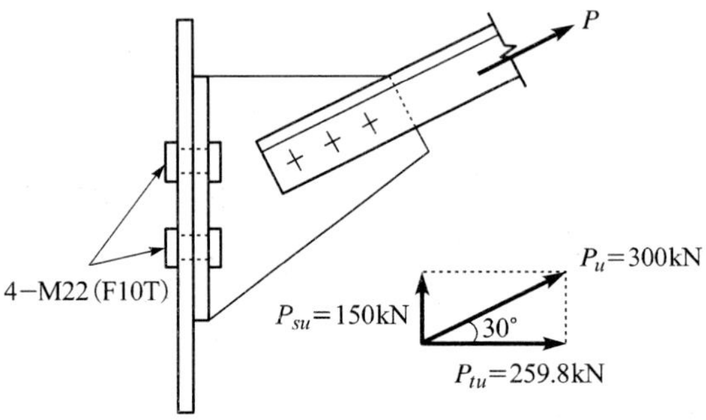

그림 2.22 **예제 2.4** 의 지압접합부

풀이

(1) 계수하중

$P_u = 1.2P_D + 1.6P_L = 1.2 \times 90 + 1.6 \times 120 = 300\ \text{kN}$

인장력 $P_{tu} = P_u \cos 30^\circ = 300\cos 30^\circ = 259.8\ \text{kN}$

볼트 1개당 분담하는 하중$= 259.8/4 = 65.0/$볼트

전단력 $P_{su} = P_u \sin 30^\circ = 300\sin 30^\circ = 150\ \text{kN}$

볼트 1개당 분담하는 하중$= 150/4 = 37.5\,\text{kN}/$볼트

(2) 인장과 전단을 받는 볼트의 설계강도, $\phi = 0.75$

볼트 단면적: $A_v = 380.1\ \text{mm}^2$

$$f_v = \frac{P_{su}}{A_b} = \frac{37.5 \times 10^3}{380.1} = 98.7\ \text{MPa}$$

설계인장강도

$$F'_{nt} = 1.3F_{nt} - \frac{F_{nt}}{\phi F_{nv}} f_v = 1.3 \times 750 - \frac{750}{0.75 \times 400} \times 98.7 = 728.3\ \text{MPa} < 750\,\text{MPa}$$

$F'_{nt} < F_{nt}$

그러므로 볼트 1개당 설계강도

$\phi R_n = \phi F'_{nt} A_b = 0.75 \times 728.3 \times 380.1 \times 10^{-3} = 207.6\ \text{kN} > P_{tu}$ 만족

예제 2.5

그림 2.23과 같이 고정하중이 200 kN, 활하중이 150kN일 때, M22(F10T) 고장력 볼트의 접합부 A에서의 설계강도를 검토하라. 단, 볼트는 지압접합을 가정하고, 공칭인장강도와 전단강도는 각각 750N/mm^2와 400N/mm^2이다.

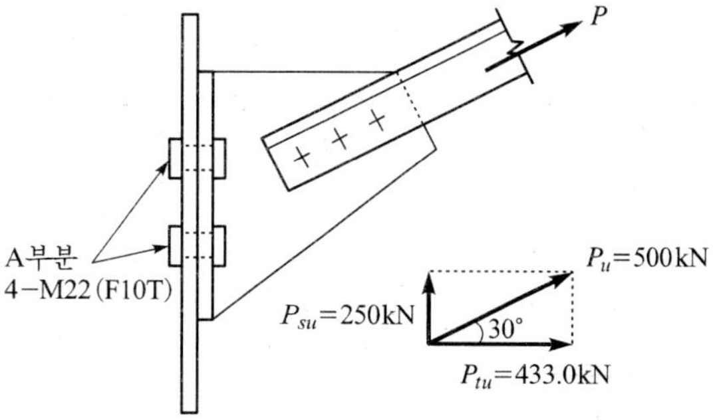

그림 2.23 **예제 2.5** 의 볼트접합부

풀이

(1) 소요강도

$$P_u = 1.2\times 150 + 1.6\times 200 = 500\,\text{kN}$$

(2) 볼트 1개당 인장 및 전단소요강도

$$P_{tu} = \frac{P_u \cos 30^\circ}{4} = \frac{500\cos 30^\circ}{4} = 108.3\text{ kN}$$

$$P_{su} = \frac{P_u \sin 30^\circ}{4} = \frac{500\sin 30^\circ}{4} = 62.5\text{ kN}$$

(3) 인장력과 전단력을 동시에 받는 볼트의 설계인장강도

$$F_{nt}' = 1.3F_{nt} - \frac{F_{nt}}{\phi F_{nv}} f_v \le F_{nt}$$

여기서, $F_{nt} = 750\text{N/mm}^2$, $F_{nv} = 400\text{N/mm}^2$

$$f_v = \frac{P_{su}}{A_b} = \frac{62.5\times 10^3}{\frac{\pi\times 22^2}{4}} = 164.4\text{ N/mm}^2$$

따라서,

$$F_{nt}' = 1.3\times 750 - \frac{750}{0.75\times 400}\times 164.4 = 564\text{ kN} \le F_{nt}$$

(4) 볼트 1개당 설계강도 검토

$$\phi R_n = \phi F_{nt}' A_b = 0.75\times 564\times \frac{\pi\times 22^2}{4}\times 10^{-3} = 160.8\,\text{kN} > P_{tu} \text{ 만족}$$

2.4.6 고장력볼트의 미끄럼강도

미끄러짐의 한계상태는 마찰접합과 관련이 있다. 마찰접합은 사용한계로써 혹은 소요강도한계상태와 같이 미끄러짐을 방지하도록 설계된다. 접합부가 피로하거나 접합부가 과대구멍이나 하중방향에 평행한 슬롯이 있을 때 사용된다.

① 마찰접합은 미끄럼을 방지하고 지압접합에 의한 한계상태에 대하여도 검토해야 한다.

② 마찰볼트에 필러를 사용할 경우에는 미끄럼에 관련되는 모든 접촉면에서 미끄럼에 저항할 수 있도록 해야 한다.

③ 미끄럼 한계상태에 대한 마찰접합의 설계강도는 다음과 같이 산정한다.

$$R_n = \mu h_f T_o N_s \tag{2・9}$$

가. 표준구멍 또는 하중방향에 수직인 단슬롯에 대하여 $\phi = 1.00$

나. 과대구멍 또는 하중방향에 평행한 단슬롯에 대하여 $\phi = 0.85$

다. 장슬롯구멍에 대하여 $\phi = 0.70$

여기서, μ : 미끄럼계수

= 0.5 (페인트 칠하지 않은 블라스트 청소된 마찰면)

h_f : 필러 계수

= 1.0 : 필러를 사용하지 않는 경우와 필러 내 하중의 분산을 위하여 볼트를 추가한 경우 또는 필러 내 하중의 분산을 위해 볼트를 추가하지 않은 경우로서 접합되는 재료 사이에 1개의 필러가 있는 경우

= 0.85 : 필러 내 하중의 분산을 위해 볼트를 추가하지 않은 경우로서 접합되는 재료 사이에 2개 이상의 필러가 있는 경우

T_o : 표 2.8의 고장력볼트의 설계볼트장력 (kN)

N_s : 전단면의 수

마찰접합이 인장하중을 받아 장력이 감소할 경우 식 (2・9)에서 산정된 설계미끄럼강도에 다음 계수를 사용하여 감소한 후 산정한다.

$$k_s = 1 - \frac{T_u}{T_o N_b} \tag{2・10}$$

여기서, N_b : 인장력을 받는 고장력볼트의 수

T_o : 표 2.8에 따른 설계볼트장력 (kN)

T_u : 소요인장강도 (kN)

표 2.8 고장력볼트의 설계볼트장력

볼트의 등급	볼트의 호칭	공칭단면적 (mm^2)	설계볼트장력[1] (T_o) kN
F8T	M16	201	84
	M20	314	132
	M22	380	160
	M24	453	190
F10T	M16	201	106
	M20	314	165
	M22	380	200
	M24	453	237
F13T[2]	M16	201	137
	M20	314	214
	M22	380	259
	M24	453	308

※ 주 1) KS B 1010에 의하여 수소지연파괴민감도에 대하여 합격된 시험성적표가 첨부된 제품에 한하여 사용하여야 한다.

주 2) 설계볼트장력은 볼트의 인장강도의 0.7배에 볼트의 유효단면적을 곱한 값, 볼트의 유효단면적은 공칭단면적의 0.75배

예제 2.6

예제 2.5 와 동일한 조건 하에 접합부 A가 마찰접합인 경우의 설계 미끄럼강도를 검토하라. 단, 설계볼트장력 $T_o = 200\text{kN}$이며, 무기질 아연말 프라이머 도장표면과 필러를 사용하지 않은 것으로 가정하라.

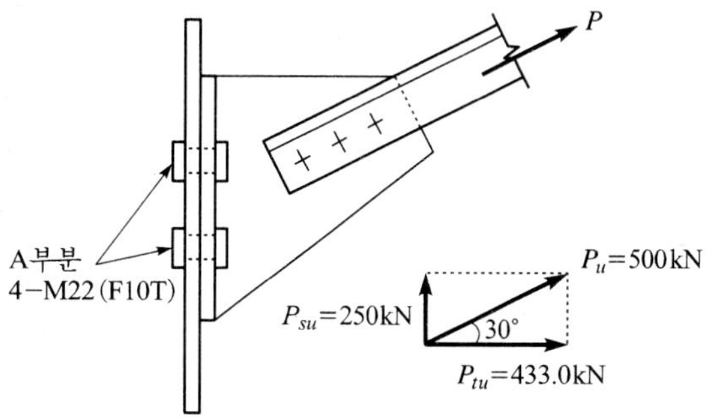

그림 2.24 **예제 2.6** 의 볼트접합부

풀이

(1) 소요강도

$$P_u = 1.2 \times 150 + 1.6 \times 200 = 500\,\text{kN}$$

(2) 볼트 1개당 인장 및 전단소요강도

$$P_{tu}=\frac{P_u\cos 30°}{4}=\frac{500\cos 30°}{4}=108.3\text{ kN/볼트}$$

$$P_{su}=\frac{P_u\sin 30°}{4}=\frac{500\sin 30°}{4}=62.5\text{ kN/볼트}$$

(3) 고장력볼트의 설계미끄럼강도(인장하중의 작용으로 인한 장력 감소)

$\phi k_s R_n \geq P_{su}$ 검토

여기서, $\phi=1.0$ (표준구멍은 사용성 한계상태로 설계)

$$k_s=1-\frac{T_u}{T_o}=1-\frac{108.3}{200}=0.46$$

$$R_n=\mu h_f T_o N_s=0.45\times 1.00\times 200\times 1=90\text{ kN}$$

$$\phi k_s R_n=1.0\times 0.46\times 90=41.4\text{ kN}<P_{su}\quad \text{불만족}$$

2.4.7 볼트접합면에서의 편심하중

편심하중을 받는 볼트 접합부는 편심의 전단력을 받는 경우와 전단과 인장을 받는 경우로 대별되며, 여기서는 그림 2.25와 같이 전단력을 받는 경우로 국한하여 다룬다. 볼트는 단지 전단하중을 받지만 편심으로 작용하는 하중으로 발생한 모멘트 때문에 각 볼트는 동일하게 하중을 분담하지 않는다.

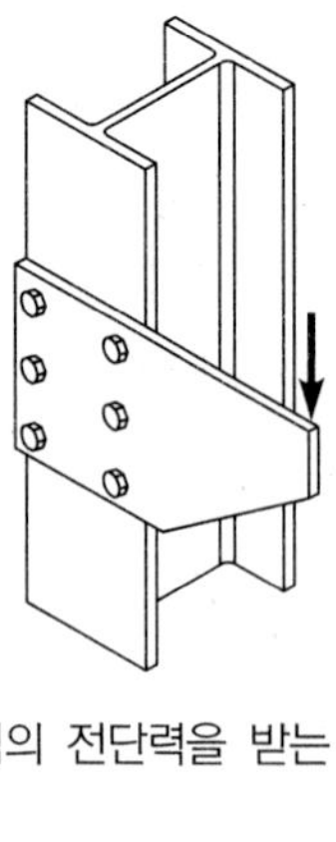

그림 2.25 편심의 전단력을 받는 볼트 접합부

그림 2.26 (a)에서와 같이 작용하중 P는 볼트군의 도심을 통과하지 않기 때문에 접합부에 모멘트로 작용한다. 하중은 볼트군의 도심에 작용하는 하중 P와 비틀림모멘트 $M_t(=Pe)$으로 구분한다(그림 2.26(b)). 여기서, e는 볼트군의 중심으로부터 작용하중까지의 편심거리이다.

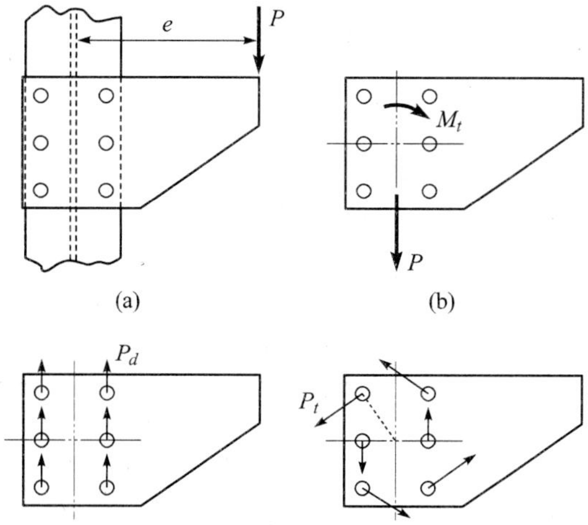

그림 2.26 편심을 받는 볼트접합부의 응력 산정 : (a) 편심하중, (b) 볼트군의 중심에 작용하는 하중과 모멘트, (c) 각 볼트에 작용하는 하중, (d) 각 볼트에 작용하는 비틀림하중

각 볼트는 볼트군의 중심에서 집중하중과 비틀림하중으로 성분분해된다. 그림 2.26(c)의 집중하중 P_d는 볼트 중심에 작용하며 작용하중을 볼트의 수로 나눈 값이 되어 볼트는 모두 동일한 하중을 분담한다. 그림 2.26(d)의 편심으로 인한 비틀림하중은 모멘트에 저항하며, 비틀림하중의 크기는 도심으로부터 볼트까지의 거리에 따라 변하며 방향은 도심에 관한 볼트의 상대적인 위치에 따라 결정된다.

그림 2.27은 볼트에 작용하는 힘의 분포를 나타내고 있다. 임의 위치에서 볼트에 대한 비틀림하중 P_t의 방향은 볼트로부터 볼트군의 중력중심까지의 반경에 수직이 된다. 비틀림하중은 x와 y성분으로 분해되며 그 크기는 볼트군의 중력중심까지의 거리에 따라 결정된다. 단일볼트에 대한 비틀림하중의 x와 y성분은 다음으로 산정된다.

$$P_{tx} = \frac{M_t y}{\sum x^2 + \sum y^2} \tag{2・11}$$

$$P_{ty} = \frac{M_t x}{\sum x^2 + \sum y^2} \tag{2・12}$$

여기서, M_t는 힘과 편심에 의한 모멘트를 나타내며, x와 y는 볼트군의 중심으로부터 볼트까지의 거리를, P_{tx}와 P_{ty}는 비틀림하중 P_t의 x와 y성분을 나타낸다. 분모의 합은 볼트군의 극2차모멘트를 나타내며, 모든 볼트를 포함한다. 집중하중과 비틀림하중이 볼트에 대해 결정되면 볼트에 작용하는 합력은 다음으로 계산된다.

$$P_r = \sqrt{(P_{dx} + P_{tx})^2 + (P_{dy} + P_{ty})^2} \qquad (2 \cdot 13)$$

여기서, P_r : 볼트에 작용하는 하중의 합력

P_{dx}, P_{dy} : 집중하중 P_d의 x와 y성분

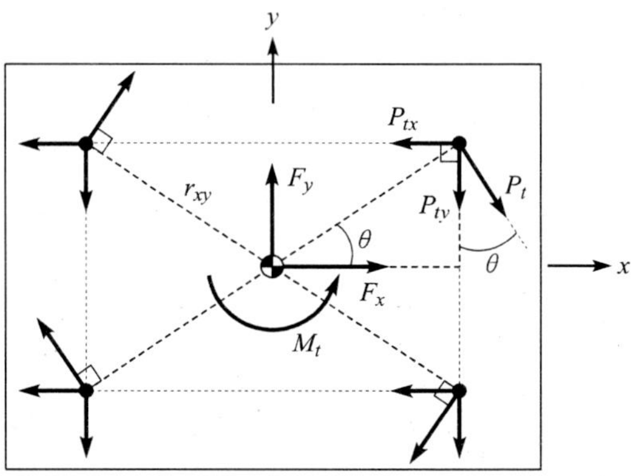

그림 2.27 볼트접합부의 분담하중

예제 2.7

그림 2.28과 같이 M20(F10T) 의 볼트로 접합된 볼트군의 중심을 결정하라.

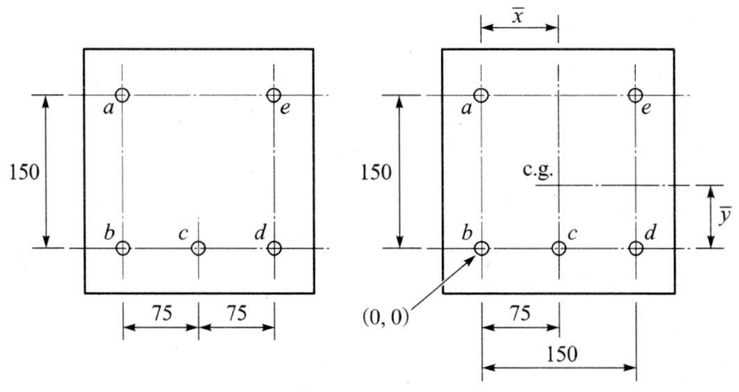

그림 2.28 볼트군의 중심 (단위: mm)

풀이

아래 표와 같이 동일한 단면의 볼트로 구성된 볼트군의 중심은 각 좌표들의 합을 평균한 값이 된다. 즉 평균값인 $\bar{x}$= 75mm 와 $\bar{y}$= 60mm 가 볼트군의 도심 좌표가 된다.

볼트	x좌표	y좌표
a	0	150
b	0	0
c	75	0
d	150	0
e	150	150
평균	75	60

예제 2.8

그림 2.29와 같은 하중을 받는 ϕ25mm 인 볼트접합에서 최대전단응력을 결정하라.

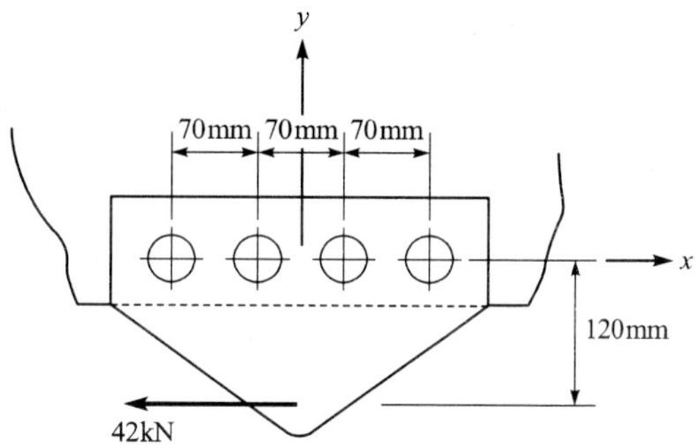

그림 2.29 **예제 2.8** 의 볼트접합

풀이

(1) 집중하중

$$P_{dx} = \frac{42\,\text{kN}}{4} = 10.5\ \text{kN/볼트},\ \ P_{dy} = 0$$

(2) 비틀림모멘트

$$M = 42 \times 0.12\ \text{m} = 5.04\,\text{kN} \cdot \text{m}$$

(3) 볼트군의 중심은 y축에 대해 대칭이므로 x축 선상에 위치한다.

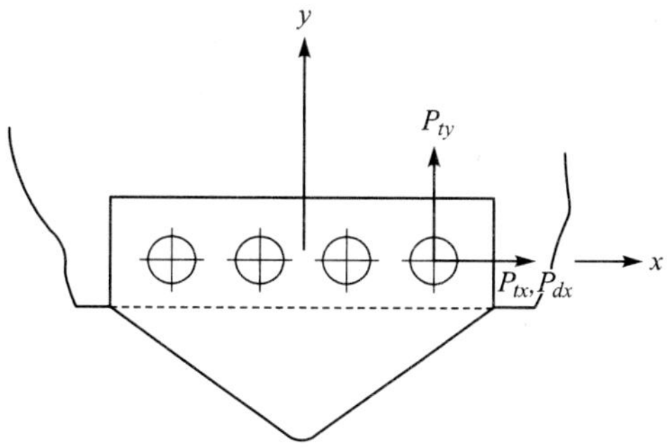

(4) 거리의 합

$$\sum x^2 = 2 \times 0.105^2 + 2 \times 0.035^2 = 0.0245\,\text{m}^2$$

$$\sum y^2 = 0$$

(5) 최대전단응력은 중심으로 가장 먼거리에 위치한다.

$$P_{tx} = \frac{M_t y}{\sum x^2 + \sum y^2} = 0$$

$$P_{ty} = \frac{M_t x}{\sum x^2 + \sum y^2} = \frac{5.04\ \text{kN} \cdot \text{m}(0.105\ \text{m})}{0.0245\,\text{m}^2} = 21.6\ \text{kN}$$

(6) 볼트에 작용하는 합력

$$P_r = \sqrt{(P_{dx}+P_{tx})^2+(P_{dy}+P_{ty})^2} = \sqrt{10.5^2+21.6^2} = 24\ \text{kN/볼트}$$

(7) 최대전단응력 $\tau = \dfrac{24\times 10^3}{\dfrac{\pi\times 25^2}{4}} = 48.9\ \text{MPa}$

예제 2.9

그림 2.30과 같은 하중을 받는 ϕ22의 볼트접합에서 볼트 A가 부담하는 하중을 결정하라.

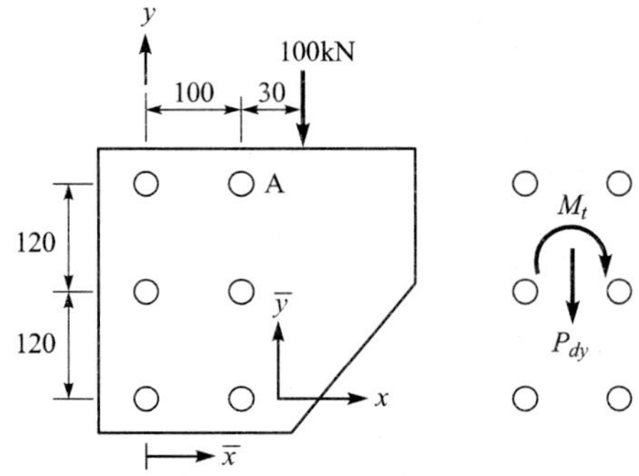

그림 2.30 예제 2.9 의 볼트접합

풀이

(1) 중심위치

$$\bar{x} = \frac{100\times 3}{6} = 50\ \text{mm},$$

$$\bar{y} = \frac{2\times 120 + 2\times 240}{6} = 120\ \text{mm}$$

(2) 집중하중

$$P_{dx} = 0,\ P_{dy} = \frac{100\ \text{kN}}{6} = 16.7\ \text{kN}$$

(3) 비틀림모멘트 $M_t = 100\times 0.13\ \text{m} = 13\ \text{kN}\cdot\text{m}$

(4) 거리의 합

$$\sum x^2 = 3\times 100^2\times 10^{-6} = 0.03\text{m}^2$$

$$\sum y^2 = (2\times 120^2 + 2\times 240^2)\times 10^{-6} = 0.144\ \text{m}^2$$

(5) 볼트 A에 작용하는 비틀림하중

$$P_{tx} = \frac{M_t\bar{y}}{\sum x^2+\sum y^2} = \frac{13\ \text{kN}\cdot\text{m}\times 0.24\ \text{m}}{0.03+0.144} = 17.93\ \text{kN}$$

$$P_{ty} = \frac{M_t\bar{x}}{\sum x^2+\sum y^2} = \frac{13\ \text{kN}\cdot\text{m}\times 0.1\ \text{m}}{0.03+0.144} = 7.47\ \text{kN}$$

(6) 볼트 A에 작용하는 합력

$$P_r = \sqrt{(P_{dx}+P_{tx})^2+(P_{dy}+P_{ty})^2} = \sqrt{(17.93)^2+(16.7+7.47)^2} = 30.1\ \text{kN}$$

(7) 전단응력 $\tau = \dfrac{30.1\times 10^3}{\dfrac{\pi(22)^2}{4}} = 79.2\ \text{MPa}$

2.4.8 핀접합

① 휨모멘트를 받는 핀의 설계강도 ϕM_n은 다음과 같이 산정한다.

$$\phi = 0.90$$

$$M_n = 1.00F_y Z \qquad (2 \cdot 14)$$

여기서, F_y : 핀의 항복강도 (MPa)

Z : 핀의 소성단면계수 (mm^3)

② 휨모멘트를 받는 핀의 설계전단강도 ϕV_n은 다음과 같이 산정한다.

$$\phi = 0.90$$

$$V_n = 0.65F_y A_p \qquad (2 \cdot 15)$$

여기서, A_p : 핀의 단면적 (mm^2)

2.5 용접접합설계

접합되는 두 모재 사이에 추가적인 금속을 녹여 강재를 접합하는 과정을 용접이라 한다. 균열이나 흠집없이 용접을 통해 여러 형태의 강재들을 접합하는 용이성을 용접성(weldability)이라 한다. 대부분의 구조형강은 예기치 않은 결함없이 용접되어야 한다. 용접성은 강재의 화학성분과 모재의 두께와 관련된다.

고가의 노동비 때문에 현장용접이 강재 골조에서 가장 소요경비가 많은 부분이다. 용접은 순금속 위에 행해지며 현장용접 보다 공장용접을 선호한다. 용접재료가 모재의 강도 보다 고강도이어야 한다. 단일용접이 다중용접 보다 경제적이다.

가장 많이 사용되는 용접방법은 아래와 같다.

실드메탈아크용접(Shielded metal arc welding, 피복아크용접)는 가장 많이 사용하는 용접방법으로 피복제를 바른 용접봉과 모재 사이에 발생하는 아크의 열을 이용하여 모재의 일부와 용접봉을 녹여서 용접하는 방법이다. 서브머지드아크용접(Submerged arc welding, 잠호용접)은 플럭스(flux)를 외부에서 공급하며 용접불꽃이 플럭스에 덮어 스파터(spatter)는 없고 용접속도가 빠르고 일정한 품질의 유지가 가능하여 자동용접으로 사용된다.

가스메탈아크용접(Gas metal arc welding)은 피복재가 없는 심선을 용접봉으로 사용하고 불활성 가스를 공급하여 용접한다. 플럭스코어드아크용접(Flux cored arc welding)은 실드메탈아크용접과 달리 피복재가 심선의 중앙에 있으며, 용접봉이 자동으로 공급되며, 외부에서 CO_2 가스를 공급하여 용접부를 보호한다.

2.5.1 용접의 형태

필릿용접, 그루브용접, 플러그용접, 슬롯용접과 같이 4가지의 기본용접형태들이 강구조 공사에 사용된다. 이들 용접을 그림 2.31에 나타내었다. 플러그와 슬롯용접은 용접재료를 사용하여 구멍이나 슬롯을 채운다.

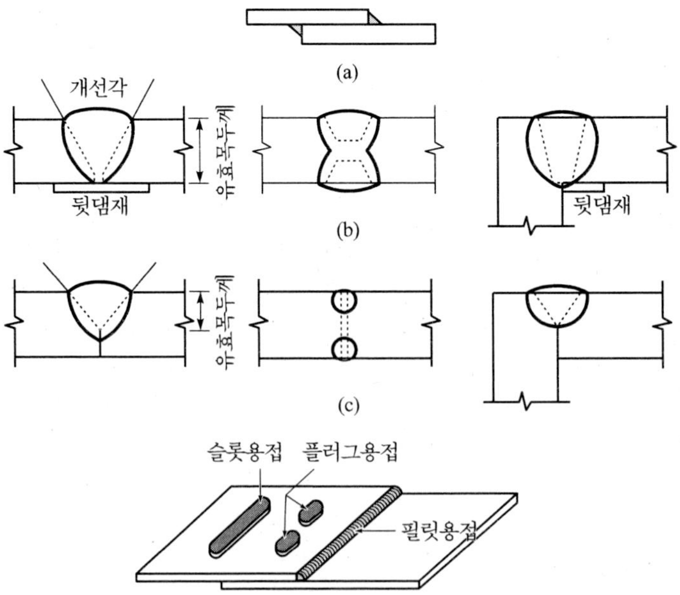

그림 2.31 용접의 종류 : (a) 필릿용접, (b) 완전용입 그루브용접,
(c) 부분용입 그루브용접, (d) 플러그와 슬러그용접

그림 2.31(a)는 필릿용접을 나타낸다. 필릿용접은 직교하는 2개의 면을 결합하는 삼각형의 크기로 용접하는 방법을 말한다. 그루브용접은 접합하는 모재사이의 호 부분에 행하는 용접을 말한다. 그루브용접은 그림 2.31(b)와 (c)에서의 완전용입 그루브용접(complete joint penetration groove weld)과 부분용입 그루브용접 (partial joint penetration groove weld)으로 분류된다. 그림 2.31(d)의 플러그용접은 접합하는 모재의 한쪽에 구멍을 뚫고 판재의 표면까지 차도록 용접하여 다른 모재와 접합하는 용접방법을 말한다. 슬롯용접은 접합하기 위하여 겹쳐놓은 두 부재의 한쪽에 둥근 구멍 대신 좁고 긴 홈을 만들어 놓고 그 곳을 용접하는 방법을 말한다. 용접방법에 따른 용접강도를 표 2.9에 나타내었다.

표 2.9 용접강도

용접구분	응력구분	공칭강도(F_w)
완전용입 용접	유효단면에 직교인장	F_y
	유효단면에 직교압축	
	용접선에 평행한 인장, 압축	
	유효단면에 전단	
부분 용입용접	유효단면에 직교압축	F_y
	용접선에 평행한 인장, 압축	
	용접선에 평행한 전단	
	유효단면에 직교인장	
필릿용접	용접선에 평행한 전단	$0.6F_y$
플러그 및 슬롯용접	유효단면에 평행한 전단	$0.6F_y$

필릿과 그루브용접이 모든 구조물의 용접에 다수를 차지한다. 필릿용접의 강도는 용접목 치수에 직접적으로 비례한다. 용접능력은 용접목의 치수와 길이에 관계된다. 용접이음부에서의 설계제한사항은 다음과 같다.

① 응력을 전달하는 필릿용접의 최소유효길이는 공칭용접사이즈의 10배 이상 또한 30mm 이상을 원칙으로 한다.

② 응력을 전달하는 겹침이음은 2열 이상의 필릿용접을 원칙으로 하고, 겹침길이는 얇은 쪽 판 두께의 5배 이상 또한 20 mm 이상으로 한다.

힘을 전달하는 용접이음은 그루브용접 또는 연속 필릿용접이음으로 한다. 그루브용접의 목두께는 그림 2.32와 같이 연결되는 부재의 두께로 하고 두께가 다를 경우에는 얇은 쪽 부재의 두께로 한다. 필릿용접의 목두께는 그림 2.33과 같이 하며 용접부 루트를 꼭지점으로 하는 내접이등변삼각형의 높이로 한다. 그림에서 a는 목두께를, s는 다리길이를 나타낸다.

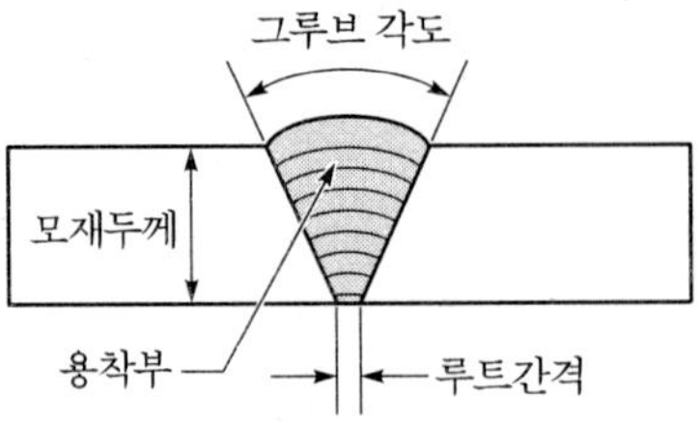

그림 2.32 그루브용접

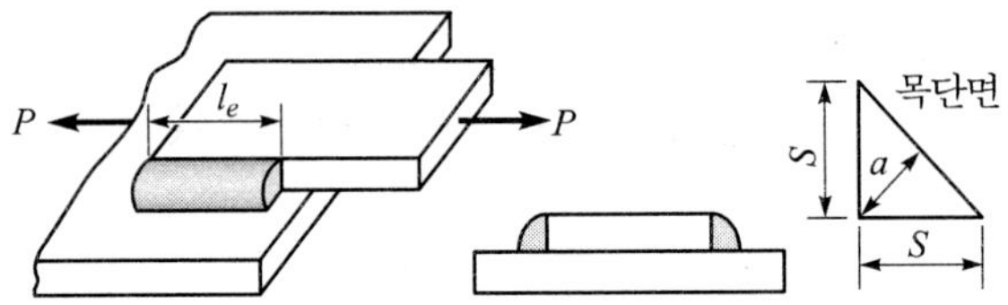

그림 2.33 필릿용접이음

응력계산에 사용하는 용접의 유효길이 l_e는 그림 2.33에서와 같이 설계상의 목두께를 확보할 수 있는 용접부의 길이로 한다. 그루브용접에서 용접선이 힘 작용방향에 직각이 아닌 경우의 유효길이는 실제의 용접길이를 힘 작용방향에 직각인 면에 투영한 길이로 한다. 필릿용접에서 단부돌림용접을 한 경우에는 단부돌림용접 부분은 유효길이에 포함시키지 않는다. 그루브용접으로 단면이 다른 주요부재를 맞대기이음 한 경우에는 크기가 서로 다른 두께 및 폭은 그림 2.34에 나타낸 바와 같이 길이 방향의 경사가 1/2.5 이하가 되도록 서서히 변해야 한다. 두께가 다른 부재를 용접할 때 두꺼운 쪽 판의 두께가 얇은 쪽 판의 두께의 2배 보다 커서는 안된다. 휨부재의 인장플랜지는 가용접을 해서는 안된다. 용접방법에 따른 용접모재의 공칭강도를 표 2.10에 나타내었다.

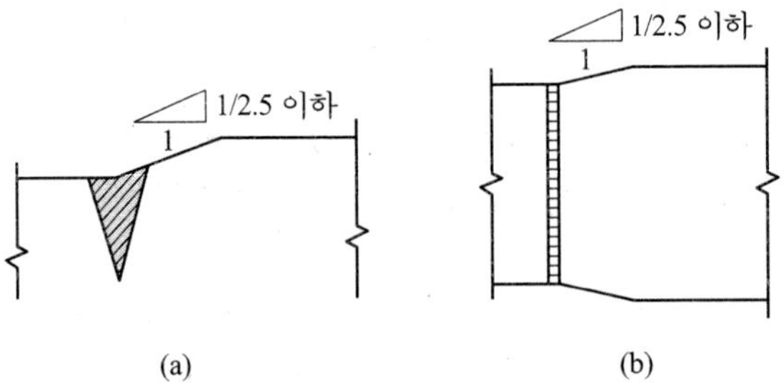

그림 2.34 두께나 폭이 다른 그루브 용접 : (a) 두께가 다른 경우, (b) 폭이 다른 경우

표 2.10 용접모재의 공칭강도 (MPa)

용접구분	응력구분	적용재료	저항계수 (ϕ)	공칭강도 (F_{nBM}, F_{nw}) (MPa)	유효면적 (A_{BM}, A_{we}) (mm^2)
완전용입 그루브용접	용접축에 직교인장	용접조인트 강도는 모재에 의해 제한된다.			
	용접축에 직교압축	용접조인트 강도는 모재에 의해 제한된다.			
	용접축에 평행한 인장, 압축	용접에 평행하게 접합된 요소들에 작용하는 인장 또는 압축은 그 요소들을 접합하는 용접부 설계에 고려할 필요가 없다.			
	전단	용접조인트 강도는 모재에 의해 제한된다.			
부분용입 그루브용접	용접축에 직교인장	모재	0.75	F_u	접합부재의 설계강도 참조
		용접재	0.80	$0.6F_w$	그루브용접 참조
	기둥주각부와 기둥이음부의 압축	해당 용접부 설계에서 압축응력은 고려하지 않아도 된다.			
	기둥을 제외한 부재의 지압접합부의 압축	모재	0.90	F_y	접합부재의 설계강도 참조
		용접재	0.80	$0.6F_w$	그루브용접 참조
	지압응력을 전달할 수 있도록 마감되지 않은 접합부의 압축	모재	0.90	F_y	접합부재의 설계강도 참조
		용접재	0.80	$0.9F_w$	그루브용접 참조
	용접선에 평행한 인장, 압축	용접에 평행하게 접합된 요소들에 작용하는 인장 또는 압축은 그 요소들을 접합하는 용접부 설계에 고려할 필요가 없다.			
	전단	모재	접합부재의 설계강도 참조		
		용접재	0.75	$0.6F_w$	그루브용접 참조
필릿용접	전단	모재	접합부재의 설계강도 참조		
		용접재	0.75	$0.6F_w$	필릿용접참조
	용접축에 평행한 인장, 압축	용접에 평행하게 접합된 요소들에 작용하는 인장 또는 압축은 그 요소들을 접합하는 용접부 설계에 고려할 필요가 없다.			
플러그, 슬롯용접	유효면적의 접합면에 평행한 전단	모재	접합부재의 설계강도 참조		
		압축재	0.75	$0.6F_w$	

2.5.2 필릿용접

필릿용접의 사이즈는 용접 단면의 형상이 이등변삼각형이 되는 등치수를 원칙으로 한다. 다만, 주요부재의 힘 작용 방향에 수직인 필릿용접은 응력방향으로 긴 사이즈를 갖는 부등사이즈로 하고 필요에 따라 다듬질해야 한다. 필릿용접의 사이즈는 표 2.11의 최소사이즈 이상, 용접부의 얇은 쪽 모재 두께 미만의 범위로 한다. 필릿용접의 최대사이즈는 표 2.12에 나타내었다. 필릿용접의 최소 유효길이는 용접사이즈의 10배 이상 또는 80mm 이상으로 한다. 단부돌림용접의 길이는 용접사이즈의 2배 이상으로 한다.

표 2.11 필릿용접의 최소사이즈(mm)

접합부의 얇은 쪽 소재 두께 t	필릿용접의 최소사이즈
$t \le 6$	3
$6 < t \le 13$	5
$13 < t \le 19$	6
$19 < t$	8

표 2.12 필릿용접의 최대사이즈(mm)

접합재 단부 판두께, t	필릿용접의 최대사이즈, s
$t < 6$	$s = t$
$t \ge 6$	$s = t - 2\text{mm}$

용접다리는 용접금속과 모재금속 사이에 접촉면을 따라 측정된다. 용접목(throat)은 그림 2.35에서와 같이 용접의 가장 짧은 사이즈이다. 필릿용접은 대부분 45° 의 각과 대칭이기 때문에 목두께(a)는 다리길이(s)에 0.7을 곱한 값이 된다. 필릿용접의 크기는 다리사이즈에 의해 주어진다.

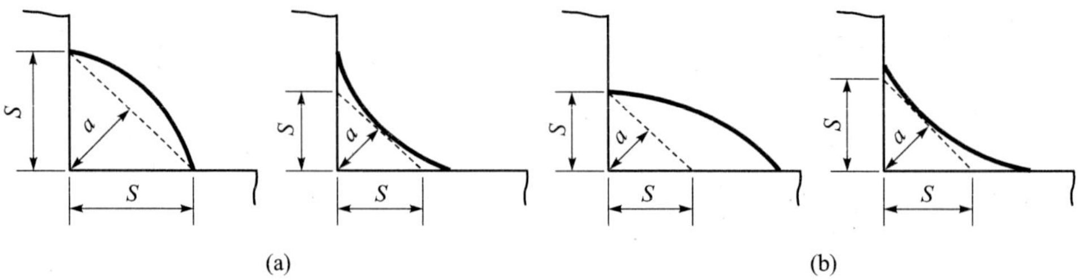

그림 2.35 필릿용접의 목두께: (a) 등각의 경우, (b) 부등각의 경우

하중은 용접목을 통해 전단으로 전달되며, 용접파단강도는 용접봉의 성질에 따라 결정된다. 용접의 전단강도는 다음으로 산정된다.

$$R_n = F_w A_w \tag{2 · 16}$$

여기서, F_w : 단위면적당 용접금속의 공칭강도 $(= F_{EXX})$

A_w: 용접의 유효면적

F_{EXX} : 용접강도

$\phi = 0.75$

필릿용접의 유효면적은 다음과 같이 산정된다.

① 필릿용접의 유효면적(A_w)은 유효길이(l_e)에 유효목두께(a)를 곱한 값으로 한다.

② 필릿용접의 유효길이는 필릿용접의 총길이에서 용접사이즈의 2배를 공제한 값으로 한다.

③ 필릿용접의 유효목두께는 용접루트로부터 용접표면까지의 최단거리로 한다. 단, 이음면이 직각인 경우에는 필릿사이즈의 0.7배로 한다.

④ 구멍필릿용접과 슬롯필릿용접의 유효길이는 목두께의 중심을 잇는 용접중심선의 길이로 한다.

필릿용접에 대한 제한사항은 다음과 같다.

① 필릿용접의 최소사이즈는 표 2.11에 따른다.

② 겹침이음의 필릿용접 최대사이즈 s는 연단이 용접되는 판의 두께 t에 대해서

가. $t < 6\text{mm}$일 때, $s = t$ mm

나. $t \geq 6\text{mm}$일 때, $s = t - 2$ mm

③ 강도를 기반으로 하여 설계되는 필릿용접의 최소길이는 공칭용접사이즈의 4배 이상으로 하여야 한다. 또는 유효용접사이즈는 그 유효길이의 1/4 이하로 하여야 한다.

④ 평판 인장재의 단부에 길이방향으로 필릿용접이 될 경우 각 필릿용접의 길이는 이들 용접의 직각방향 간격 보다 길게 해야 한다. 이때 인장재의 유효 순단면적은 3.2.3절에 따른다.

⑤ 부재 단부에 용접된 필릿용접의 길이가 용접사이즈의 100배 이내인 경우에는 실제 용접된 길이를 유효길이로 사용할 수 있다. 용접길이가 용접사이즈의 100배를 초과하고, 300배 이하인 경우에는 실제 용접된 길이에 다음의 감소계수 β를 곱한 값을 필릿용접의 유효길이로 한다.

$$\beta = 1.2 - 0.002\left(\frac{l}{s}\right) \leq 1.0 \qquad (2 \cdot 17)$$

여기서, l : 부재 단부 필릿용접의 실제 길이 (mm)

w : 필릿용접의 사이즈 (mm)

용접길이가 용접사이즈의 300배를 초과하는 경우에는 $180w$를 필릿용접의 유효길이로 한다.

⑥ 단속필릿용접은 접합부나 접합면을 따라 응력을 전달하고 빌트업 부재의 요소들을 연결하는데 활용한다. 단속필릿용접에서 모든 부위의 길이는 용접사이즈의 4배 이상이면서 최소 38mm 이어야 한다.

⑦ 겹침이음에 있어서의 최소겹침길이는 얇은 부재 두께의 5배가 되어야 하고 최소 25mm 이어야 한다. 수직방향 필릿용접으로만 축방향 응력을 전달하는 겹침이음의 경우 양쪽단부를 필릿용접해야 한다. 그러나 최대하중 시 겹친 부분의 처짐이 접합부의 열림현상을 충분히 방지할 수 있도록 구속될 경우에는 예외로 한다.

⑧ 돌출요소의 유연성이 요구되는 접합부에서 단부돌림용접이 사용되는 경우, 단부돌림용접의 길이는 공칭용접사이즈의 4배 이하, 용접되는 부분 폭의 1/2 이하이어야 한다.

예제 2.10

그림 2.36과 같은 필릿용접 이음부의 설계강도를 결정하라.

단, 고정하중과 활하중은 각각 50kN과 30kN을 가정하고 사용강재는 SM275이며, 용접재의 인장강도 $F_{uw} = 420\text{N/mm}^2$를 가정하라.

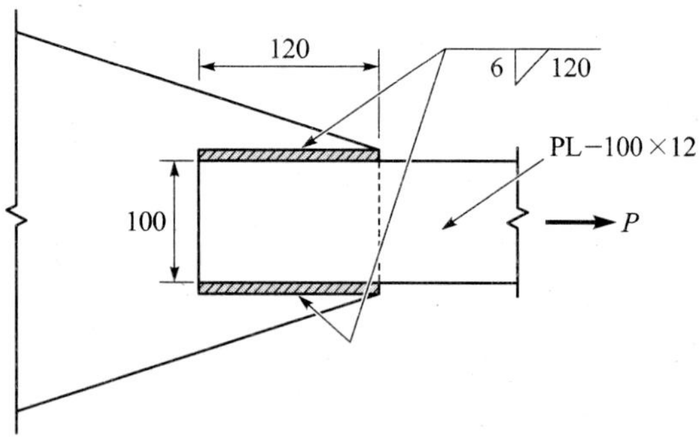

그림 2.36 **예제 2.10** 의 용접접합부

풀이

(1) 소요하중

$P_u = 1.2 \times 50 + 1.6 \times 30 = 108\text{ kN}$

(2) 필릿용접 이음부의 설계강도 ($\phi = 0.9$)

목두께 $a = 0.7s = 0.7 \times 6 = 4.2\text{ mm}$

유효길이 $l_e = 2(l-2s) = 2(120-2\times 6) = 216\,\text{mm}$

용접유효면적 $A_w = a\times l_e = 4.2\times 216 = 907\text{mm}^2$

용접부의 공칭강도 $F_w = 0.6F_{uw} = 0.6\times 420 = 252.0\text{N/mm}^2$

설계강도 $\phi R_n = 0.75F_wA_w = 0.75\times 252.0\times 907\times 10^{-3} = 171.4\text{kN} > P_u$ 만족

예제 2.11

그림 2.37과 같은 필릿용접 이음부의 설계강도를 결정하라.
사용강재는 SM275이며 용접재의 인장강도는 $420\,\text{N/mm}^2$, 고정하중과 활하중이 각각 $P_D = 40\,\text{kN}$과 $P_L = 40\text{kN}$일 때에 접합의 적정성을 검토하라.

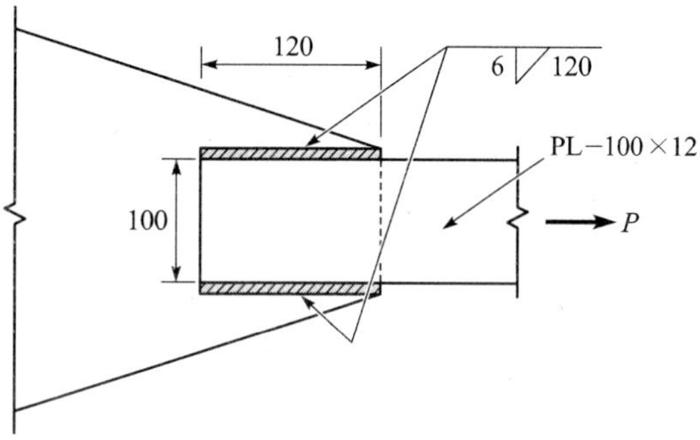

그림 2.37 **예제 2.11** 의 용접접합부 (단위: mm)

풀이

(1) 접합부의 설계강도

$a = 0.7s = 0.7\times 6 = 4.2\,\text{mm}$

$l_e = 2\times(l-2s) = 2\times(120-2\times 6) = 216\,\text{mm}$

$A_w = a\times l_e = 4.2\times 216 = 907.2\,\text{mm}^2$

$F_w = 0.6F_{uw} = 0.6\times 420 = 252.0\text{MPa}$

$\phi P_w = \phi F_w A_w = 0.75\times 252.0\times 907.2\times 10^{-3} = 171.5\,\text{kN}$

(2) 적정성 검토

계수하중: $P_u = 1.2P_D + 1.6P_L = 1.2\times 40 + 1.6\times 40 = 112\,\text{kN} \langle\ \phi P_w$ 적정

예제 2.12

그림 2.38과 같은 인장부재와 접합부의 설계강도를 결정하라. 장방형의 인장재 단면은 100mm×10mm이며, 12mm의 가셋플레이트에 필릿용접되어 있다. 인장부재의 항복과 파단강도, 용접부재와 접합부재의 전단강도를 결정하라. 사용강재는 SS275를, 용접재의 인장강도 $F_{uw} = 420\ \text{N/mm}^2$를 가정하라.

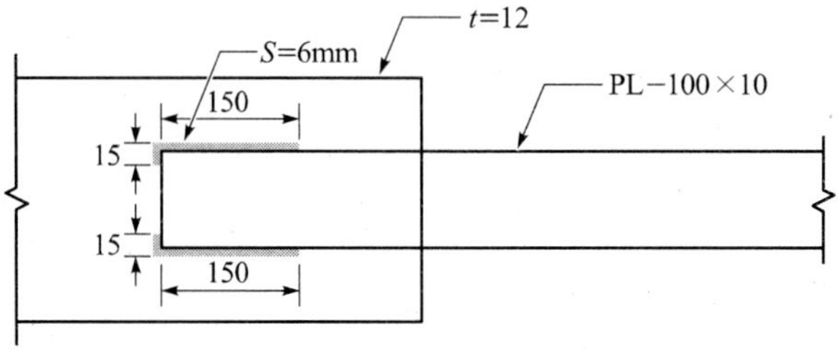

그림 2.38 **예제 2.12** 의 용접접합부 (단위: mm)

풀이

(1) 용접의 제한사항 검토

$t_{min} = 10\text{mm}$ (용접부재)

$t_{max} = 12\text{mm}$ (가셋플레이트)

최소 용접사이즈 $s_{min} = 5\text{mm}$ (표 2.10)

최대 용접사이즈 $s_{max} = 10 - 2 = 8\text{mm}$ (표. 2.11)

필릿용접사이즈 $s_{min} < s(=6\text{mm}) < s_{max}$ 만족

(2) 용접의 설계강도

용접강도

$$F_w = 0.6F_{uw} = 0.6 \times 420 = 252.0\text{N/mm}^2$$

$$\phi R_n = \phi A_w F_w = 0.75(0.7 \times 6) \times 150 \times 2 \times (252.0) = 10^{-3} = 238.1\ \text{kN}$$

(3) 부재의 인장강도 (3장 참조)

항복강도 : $F_y = 275\ \text{N/mm}^2$, 인장강도: $F_u = 410\text{N/mm}^2$

인장항복 : $\phi R_n = 0.9 \times 275 \times 100 \times 10 \times 10^{-3} = 247.5\ \text{kN}$

인장파단 : $U = 0.75$, $A = A_g = 100 \times 10 = 1{,}000\ \text{mm}^2$,

$$A_e = UA = 0.75 \times 1{,}000 = 750\ \text{mm}^2$$

$$\phi R_n = \phi A_e F_u = 0.75 \times 750 \times 410 \times 10^{-3} = 230.6\ \text{kN}$$

그러므로 설계강도는 가장 작은 값인 인장파단강도 $\phi R_n = 230.6\ \text{kN}$이 지배하므로 용접강도는 적절함. 여기서 단부돌림 용접이 부담하는 강도는 무시하였음.

2.5.3 그루브용접(groove weld)

그루브용접의 유효면적은 용접의 유효길이에 유효목두께를 곱한 값으로 한다. 그루브용접의 유효길이는 접합되는 부분의 폭이 되며, 완전용입된 그루브용접의 유효목두께는 접합판 중 얇은 쪽 판두께로 한다. 부분용입용접의 최소 유효목두께와 부분용입 그루브용접의 유효목두께를 표 2.13과 2.14에 나타내었다. 루브용접의 용접방법 및 그루브 형상에 따른 유효목두께는 표 2.12에 따른다.

표 2.13 부분용입용접(PJP)의 최소 유효목두께

접합부의 얇은 쪽 소재 두께, t(mm)	최소 유효목두께 (mm)
$t \le 6$	3
$6 < t \le 13$	5
$13 < t \le 19$	6
$19 < t \le 38$	8
$38 < t \le 57$	10
$57 < t \le 150$	13
$t > 150$	16

표 2.14 부분용입 그루브용접의 유효목두께

<table>
<tr><th>용접방법</th><th>용접자세</th><th>루트부의 개선각도</th><th>유효목두께</th></tr>
<tr><td>실드메탈 아크용접</td><td rowspan="2">전자세</td><td rowspan="2">J 또는 U자 홈
60° V자 홈</td><td rowspan="3">홈의 깊이</td></tr>
<tr><td>가스메탈 아크용접
플럭스코어드 아크용접</td></tr>
<tr><td>서브머지드 아크용접</td><td>하향</td><td>J 또는 U자 홈
60° 베벨 또는 V자 홈</td></tr>
<tr><td>가스메탈 아크용접
플럭스코어드 아크용접</td><td>하향, 수평</td><td rowspan="2">45° 베벨</td><td rowspan="2">홈의 깊이</td></tr>
<tr><td>실드메탈 아크용접</td><td>모든 자세</td></tr>
</table>

2.5.4 플러그 및 슬롯용접

플러그 용접의 최소중심간격은 구멍직경의 4배로 하며, 슬롯용접길이에 횡방향인 슬롯용접선의 최소간격은 슬롯폭의 4배로 한다. 길이 방향의 최소중심간격은 슬롯길이의 2배로 한다. 플러그 및 슬롯용접의 공칭강도는 표 2.10에 따른다.

2.5.5 설계강도

용접부의 설계강도 ϕR_n은 모재의 인장파단, 전단파단 한계상태에 의한 강도와 용접재의 파단한계상태강도 중 작은 값으로 한다.

① 모재강도

$$R_n = F_{nBM} A_{BM} \tag{2 · 18}$$

여기서, F_{nBM} : 모재의 공칭강도 (MPa)

A_{BM} : 모재의 단면적 (mm^2)

② 용접재강도

$$R_n = F_{nw} A_{we} \tag{2 · 19}$$

여기서, F_{nw} : 용접재의 공칭강도 (MPa)

A_{we} : 용접재의 유효면적 (mm^2)

ϕ, F_{nBM}, F_{nw} 값은 표 2.10에 따른다.

2.5.6 용접기호

용접기호 및 표시방법을 표 2.16에 나타내었으며, 용접기호의 표시방법을 그림 2.39에 도시하였다.

표 2.15 용접기호

용접의 종류	기 호	적용 예		비 고
I형		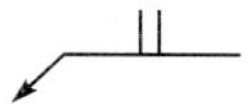	화살의 반대측에서 용접	1. 홈을 가공하는 부재에 용접기호의 기선을 위치토록 한다. 2. 홈의 기호가 기선 위에 있는 경우 부재의 반대쪽에 기선 밑에 있는 경우 지시선 쪽에 가공한다.
		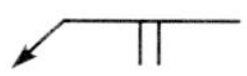	화살쪽에서 용접	
		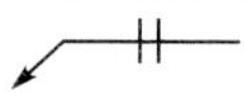	양측에서 용접	
V형		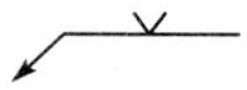	화살의 반대측에서 용접	
			화살쪽에서 용접	
X형		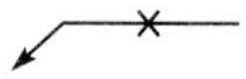	양측에서 용접	
U형		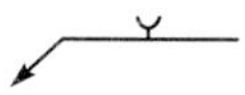	화살의 반대측에서 용접	
			화살쪽에서 용접	
H형		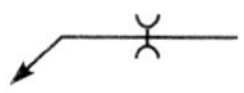	양측에서 용접	
L형		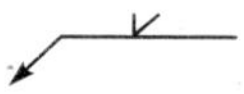	화살의 반대측에서 용접	
		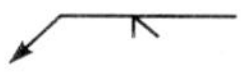	화살쪽에서 용접	
K형			양측에서 용접	
J형		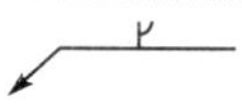	화살의 반대측에서 용접	
		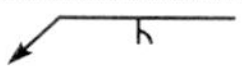	화살쪽에서 용접	
양면 J형		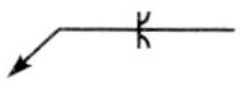	양측에서 용접	P : 피치 L : 용접 길이
필렛 편면 용접		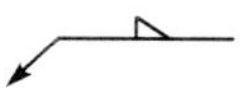	화살의 반대측에서 용접	
		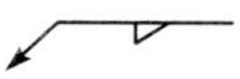	화살쪽에서 용접	
필렛 병렬 용접	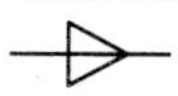	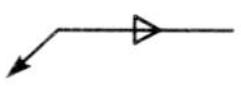	양측에서 용접	
필렛 지그재그 용접	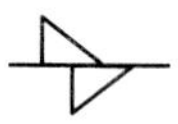	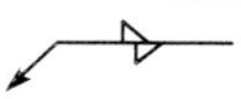	양측에서 용접	
		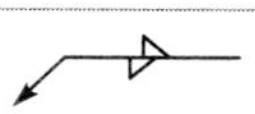	양측에서 용접	
플러그 용접 슬롯 용접		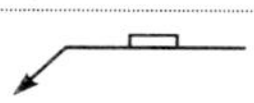	화살의 반대측에서 용접	
		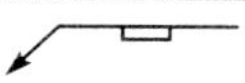	화살쪽에서 용접	

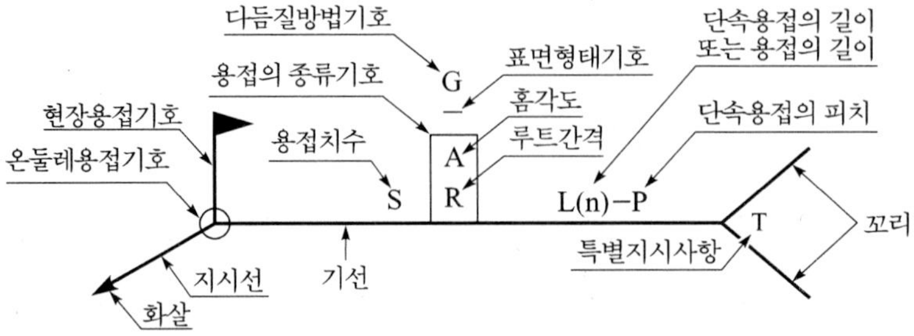

그림 2.39 용접기호 표시방법

표 2.16 용접기호 표시방법

기 호	명 칭	적 용 예	
—	평탄비드	V형 평탄비드 (▽)	
⌒	볼록비드	X형 볼록비드 (⧖)	
‿	오목비드	필렛용접 오목비드 (◺)	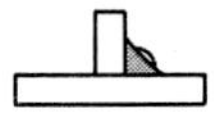
○	온둘레용접		
▶	현장용접		
C	치핑		
G	연삭		
M	절삭		

2.5.7 용접결함의 종류

슬래그혼입(slag inclusions): 슬래그가 완전히 부상하지 못하고 용착금속 속에 섞여 있는 상태로서 용접부를 취약하게 하며, 균열을 일으키는 주원인이 된다.

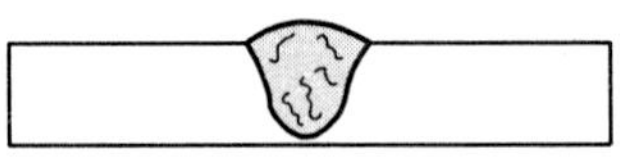

기공(porosity): 이물질이나 수분 등으로 인해 용접부 내부에 가스가 발생되어 외부를 빠져 나오지 못하고 내부에서 기포를 발생하는 현상으로 가장 취약적인 상황으로 용접부를 완전 제거한 후에 재용접하여야 한다.

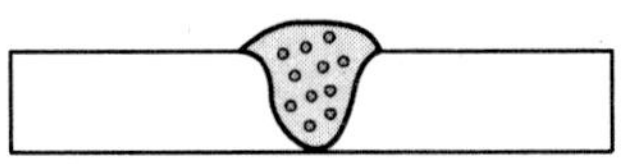

언더컷(under cut): 용접부 부근의 모재가 용접열에 의해 움푹 패인 현상

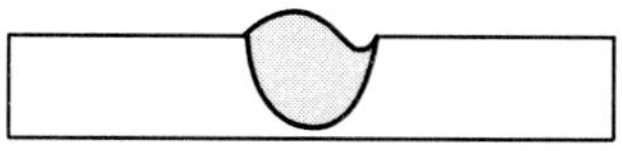

용입부족(incomplete penetration): 용융금속의 두께가 모재두께보다 적게 용입되어 모재의 어느 한 부분이 완전히 용착되지 못하고 남아있는 상태

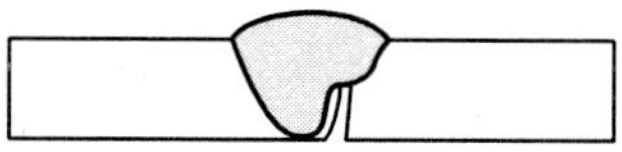

오버랩(overlap): 용접개선 절단면을 지나 모재 상부까지 용접된 현상

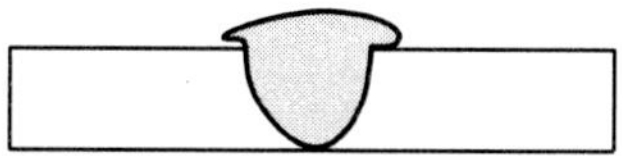

스파터(spatter): 용접 시 조그마한 금속 알갱이가 튀겨 나와 모재에 묻어 있는 현상

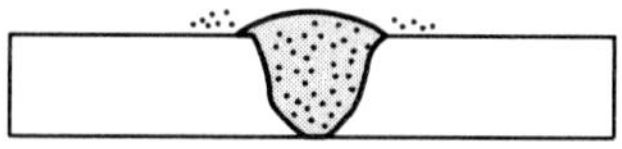

균열(cracking): 용접의 여러 위치와 방향으로 균열이 가는 현상으로 열간 및 냉간균열이 있다.

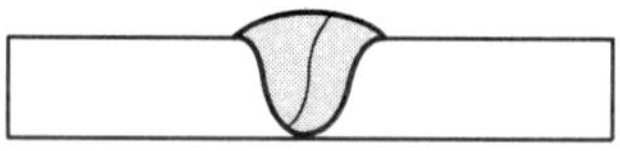

피트(pit): 블루홀이나 용융금속이 튀는 현상이 발생한 결과 용접부의 바깥면에서 나타나는 작고 오목한 구멍

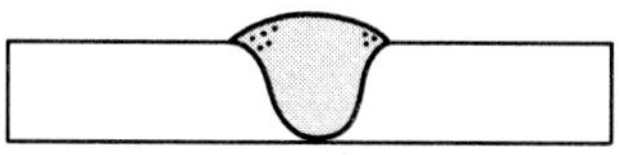

블루홀(blow hole): 이물질이나 수분 등으로 인해 발생된 가스가 용접비드 표면으로 빠져 나오면서 발생된 작은 구멍

아크 스트라이크(arc strike): 용접봉을 모재에 대고 아크를 발생시킴으로 인해 모재표면이 움푹 패인 현상

라멜라테어즈(lamellar tears): 실험용 강재 시험편은 압연방향이 재축방향이 된다. 시험편의 압연방향을 가로질러 재축방향이 된다면 연성과 인성이 저하하게 된다. 거의 모든 상황에서 이는 좀처럼 중요하지는 않다. 그러나 두꺼운 플레이트나 무거운 형강이 크게 구속된 용접접합부에 사용되면 매우 중요하게 된다. 얇은 부재에도 문제가 될 수 있으나 두

꺼운 부재에서 만큼 심하지는 않다. 접합부가 크게 구속되어 있다면 두께방향으로 용접의 건조수축은 충분히 재분배되지 않게 되어, 그 결과 강재의 찢어짐이 발생하며 이를 라멜라테어즈라 한다 (그림 2.40). 이 현상은 외부에서 작용하는 인장력에 의해 가속화될 수 있으며, 수많은 반복하중 이후에 피로균열로 나타나기도 한다. 라멜라 테어링 문제는 용접 상세도와 용접 과정을 통해 예방되거나 최소화시킬 수 있다. 예를 들어, 용접은 강재가 압연되는 방향으로 가급적 많은 건조수축이 발생토록 진행된다.

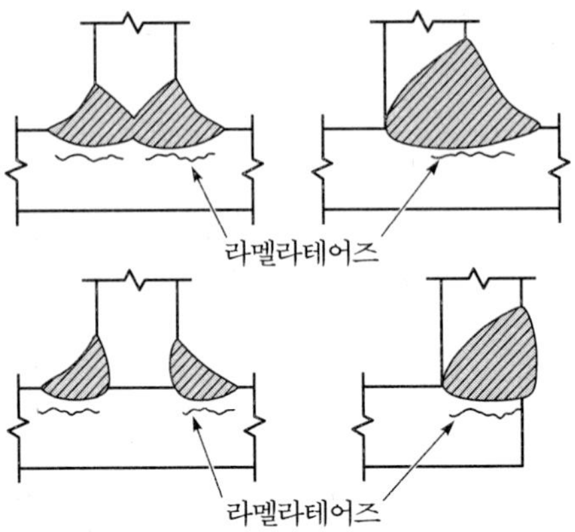

그림 2.40 라멜라테어즈

예제 2.13

그림 2.41과 같은 용접부를 용접이음의 도시법에 따라 표기하라.

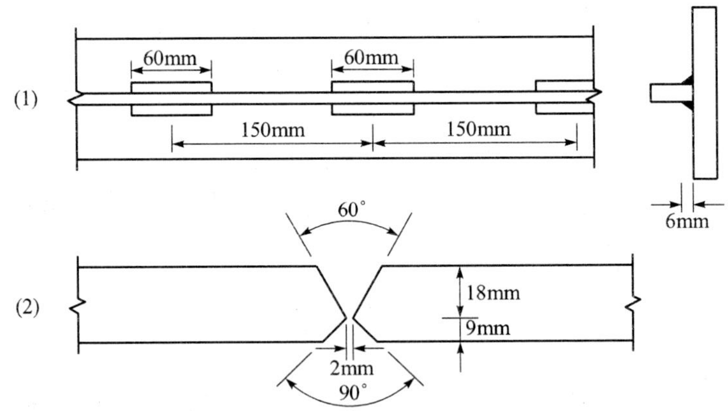

그림 2.41 예제 2.13 의 용접부

풀이

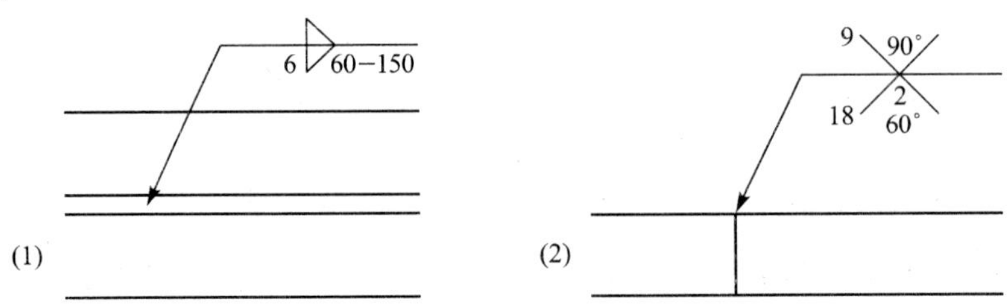

2.5.8 용접부의 응력 산정

편심으로 작용하는 하중에 의한 용접부의 응력을 산정하는 방법을 그림 2.42에 나타내었다. 집중하중의 작용으로 x와 y방향의 하중성분은 P_{dx}와 P_{dy}가 된다. 이때, 하중이 전체 단면에 일정하게 분포한다고 가정하면 용접부의 전단응력은 다음에 의한다.

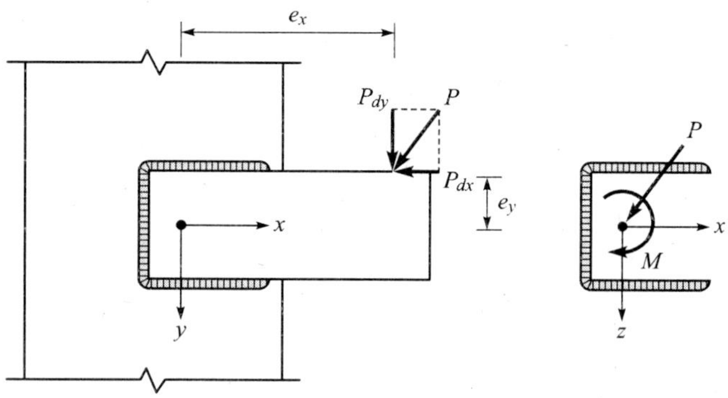

그림 2.42 용접접합단면에 작용하는 편심하중

$$\tau_{dx} = \frac{P_{dx}}{al_e} \tag{2 · 20a}$$

$$\tau_{dy} = \frac{P_{dy}}{al_e} \tag{2 · 20b}$$

x축과 y축 방향으로 편심거리를 각각 e_x와 e_y라 할 때, 편심에 의해 발생하는 모멘트는 다음과 같이 유도된다.

$$M_t = P_{dy}e_x - P_{dx}e_y \tag{2 · 21}$$

비틀림모멘트에 의한 용접부 응력은 용접이음단면의 중심으로부터 각 용접요소까지의 거리 r에 비례하며, 방향은 중심과 용접요소를 잇는 선에 수직이 된다. 비틀림에 의한 전단응력은 다음으로 산정된다.

$$\tau_{tx} = \frac{M_t y}{I_p} \tag{2 · 22a}$$

$$\tau_{ty} = \frac{M_t x}{I_p} \tag{2 · 22b}$$

여기서, $I_p = \int_{A_w} r^2 dA = \int_{A_w} (x^2 + y^2) dA = I_x + I_y$, 극2차모멘트

x, y: 용접이음단면의 중심에서 용접요소까지의 수평 및 수직거리

따라서, 집중하중과 비틀림하중에 의한 전단응력의 합은 다음으로 계산된다.

$$\tau = \sqrt{\tau_x^2 + \tau_y^2} = \sqrt{(\tau_{dx} + \tau_{tx})^2 + (\tau_{dy} + \tau_{ty})^2} \qquad (2 \cdot 23)$$

예제 2.14

그림 2.44와 같이 용접접합된 브래킷에 5kN의 편심 전단력이 작용할 때에 용접부에 발생하는 단위길이당 최대전단력을 산정하라.

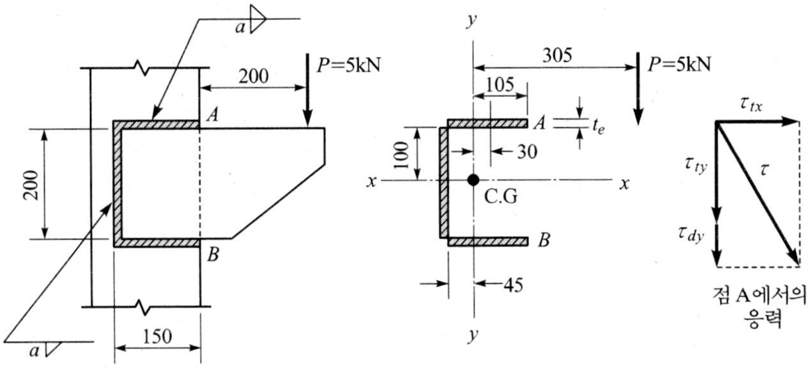

그림 2.44 용접접합된 브래킷 (단위: mm)

풀이

(1) 용접길이

$l_e = 150 \times 2 + 200 = 500$ mm

(2) 극2차모멘트

도심 $\bar{x} = \dfrac{150 \times 75 \times 2}{500} = 45$ mm

$$I_P = \left[\frac{200^3}{12} + 2(150 \times 100^2)\right]_x + \left[2\frac{150^3}{12} + 2(150 \times 30^2) + 200 \times 45^2\right]_y = 4.9 \times 10^6 \text{mm}^4$$

(3) 편심하중에 의한 단위길이당 전단력

$$\tau_{dx} = 0, \quad \tau_{dy} = \frac{P_{dy}}{al_e} = \frac{5 \times 10^3}{200} = 25 \text{ N/mm}$$

(4) 비틀림모멘트에 의한 단위길이당 전단력(최대 전단응력은 점A 혹은 B에 위치)

$$\tau_{tx} = \frac{M_t y}{I_p} = \frac{5 \times 10^3 \times 305 \times 100}{4.9 \times 10^6} = 31.1 \text{ N/mm}$$

$$\tau_{ty} = \frac{M_t x}{I_p} = \frac{5 \times 10^3 \times 305 \times 105}{4.9 \times 10^6} = 32.7\,\mathrm{N/mm}$$

(5) 단위길이당 전단력의 합

$$\tau = \sqrt{(\tau_{dx} + \tau_{tx})^2 + (\tau_{dy} + \tau_{ty})^2} = \sqrt{31.1^2 + (25 + 32.7)^2} = 65.5\,\mathrm{N/mm}$$

2.5.9 용접과 볼트의 혼용

용접 또는 볼트의 배열 시에 설계제한사항은 다음과 같다.

① 편심에 대한 별도의 검토가 없는 경우, 축방향 힘을 전달하는 부재의 단부에서 용접이나 볼트의 군은 그 군의 중심이 부재의 중심과 일치하도록 배열해야 한다.

② 정적하중을 받는 ㄱ형강, 쌍ㄱ형강 부재 또는 이와 유사한 부재의 단부접합에서는 위 ①을 적용하지 않는다.

용접과 볼트를 병용하여 사용할 경우에 다음의 제한사항을 충족하여야 한다.

① 볼트접합은 용접과 조합해서 하중을 부담시킬 수 없다. 이러한 경우 용접이 전체하중을 부담하는 것으로 한다.

② 다만 전단접합에는 용접과 볼트의 병용이 허용된다. 표준구멍과 하중방향에 직각인 단슬롯의 경우 볼트접합과 하중방향이 평행한 필릿용접이 하중을 각각 분담할 수 있다. 이때 볼트의 설계강도는 지압볼트접합 설계강도의 50%를 넘지 않도록 한다.

③ 마찰볼트접합으로 이미 시공된 구조물을 개축할 경우 고장력볼트는 이미 시공된 하중을 받는 것으로 가정하고 병용되는 용접은 추가로 소요강도를 받는 것으로 용접설계를 병용할 수 있다.

다음의 접합부에 대해서는 용접 또는 마찰접합을 사용해야 한다.

① 높이가 38 m 이상인 다층 구조물의 기둥이음부

② 높이가 38 m 이상인 구조물의 기둥-보 연결부와 기둥가새가 연결된 모든 보의 접합부

③ 용량 50kN 이상의 크레인을 설치한 구조물의 지붕트러스 이음부, 지붕트러스와 기둥 연결부, 기둥 이음부, 기둥가새, 크레인 지지부

④ 기둥-보 모멘트접합에서 볼트가 용접과 병용될 경우에 마찰볼트접합을 사용

⑤ 기계받침과 교량 등과 같이 동적 하중을 받는 구조물의 접합부

끼움재는 다음의 조건에 따라 설계된다.

① 용접구조에서 두께 6 mm 이상의 끼움재는 이음판의 연단 밖으로 돌출해야 하며 끼움재의 표면에 작용하는 하중을 이음판에 전달하는데 충분하도록 용접해야 한다.

② 두께가 6 mm 이하인 끼움재의 단부는 이음판의 단부와 일치되게 용접해야 한다. 이음두께에 끼움재 두께를 더한 크기의 하중을 전달할 수 있도록 용접해야 한다.

③ 볼트접합에서 필러의 두께가 6 mm 이하이면 전단강도는 감소하지 않는다고 가정한다.

④ 볼트접합에서 끼움재의 두께가 6 mm 초과하고 19 mm 이하일 때 감소계수 $[1-0.0154(t-6)]$을 곱한다. 여기서, t는 끼움재의 전체두께이다.

연습문제

【2.1】 그림과 같은 지압접합부의 설계강도를 결정하라. 사용강재는 SS275이며, M20(F10T)의 고장력볼트로 접합되어 있다. 나사부가 전단면에 포함되지 않으며, $F_{nv} = 500\text{N/mm}^2$, 이음부 플레이트 구멍의 변형이 고려된다고 가정하라.

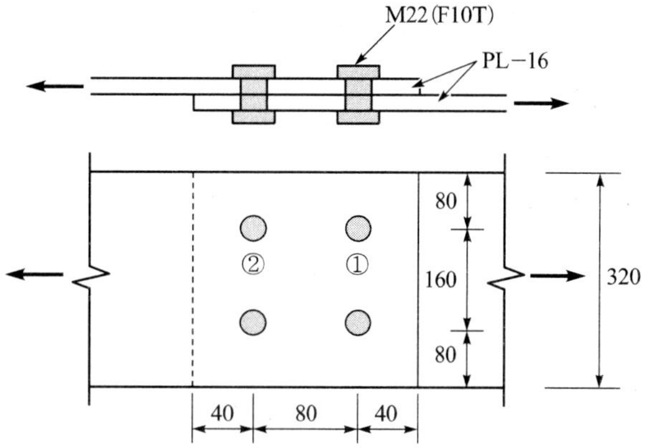

그림 【2.1】의 볼트접합부 (단위: mm)

【2.2】 【2.1】과 동일한 조건으로 마찰접합의 설계강도를 결정하라. 설계볼트장력은 $T_o = 200\text{kN}$이다.

【2.3】 그림과 같이 두께가 12mm인 플레이트가 4개의 M20(F10T)의 고장력볼트로 접합되어 있다면 설계전단강도와 지압강도를 결정하라.

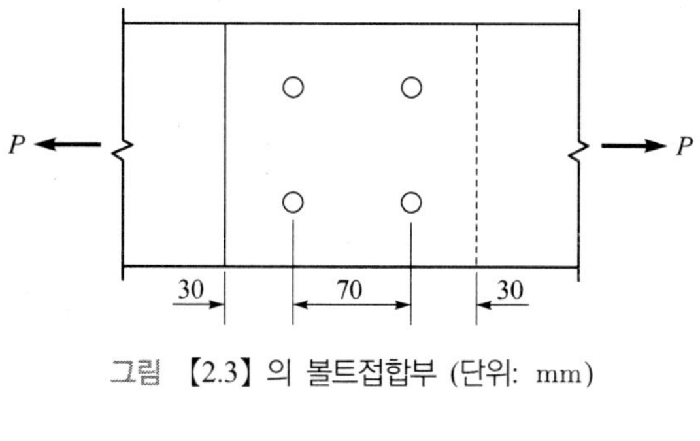

그림 【2.3】의 볼트접합부 (단위: mm)

【2.4】 그림과 같이 2면접합된 고장력볼트의 설계전단강도와 지압강도를 결정하라. 사용된 고장력볼트는 M20(F8T)이다.

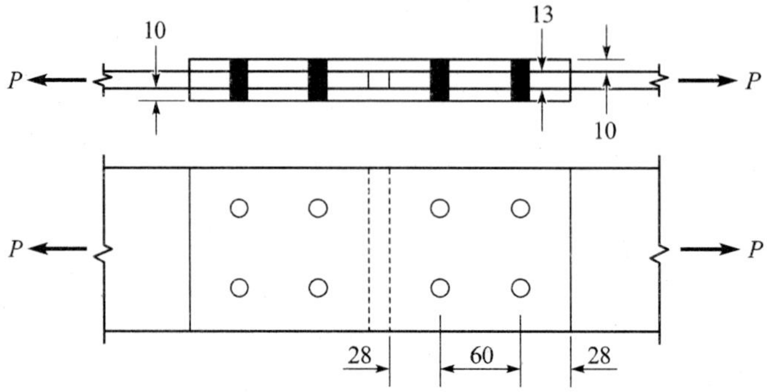

그림 【2.4】의 볼트접합부 (단위: mm)

【2.5】 그림과 같은 ㄷ형강 필릿용접된 접합부의 설계강도를 결정하라. 필릿사이즈 s는 8mm이다.

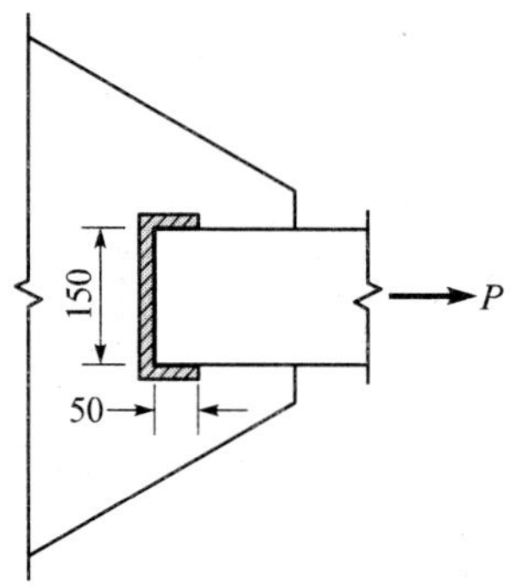

그림 【2.5】의 용접접합부 (단위: mm)

【2.6】 두께가 10mm인 플레이트가 M22(F10T)의 고장력볼트에 의해 1면전단으로 접합되어 있다. 설계강도를 결정하라.

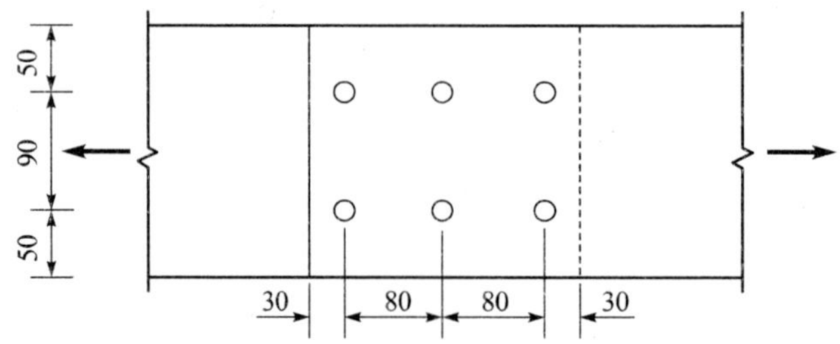

그림 【2.6】의 볼트접합부 (단위: mm)

【2.7】 그림과 같이 두께가 15mm 인 2개의 플레이트가 M20(F10T)의 고장력볼트로 접합되어 있을 때, 설계강도를 결정하라.

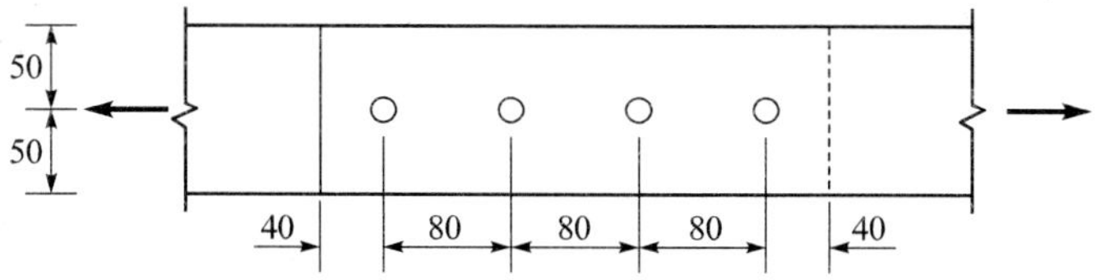

그림 【2.7】의 볼트접합부 (단위: mm)

【2.8】 ㄱ형강 L－130×130×9이 그림에서와 같이 4개의 M20(F10T)의 볼트로 접합되어 있다. 설계강도를 결정하라.

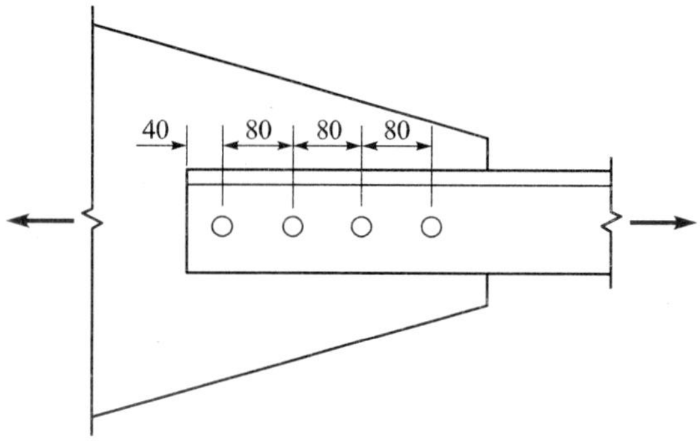

그림 【2.8】의 볼트접합부 (단위: mm)

【2.9】 그림과 같은 H형강 H－300×300×10×15과 플레이트가 8개의 고장력볼트 M22(F10T)로 접합되어 있을 때에 설계강도를 결정하라.

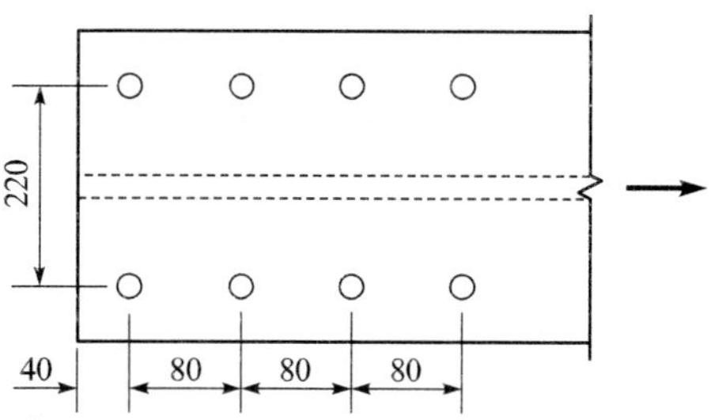

그림 【2.9】의 볼트접합부 (단위: mm)

【2.10】 그림과 같은 플레이트 접합부의 설계 강도를 결정하라. M22(F10T)의 고장력볼트와 SM275 강재를 가정하라.

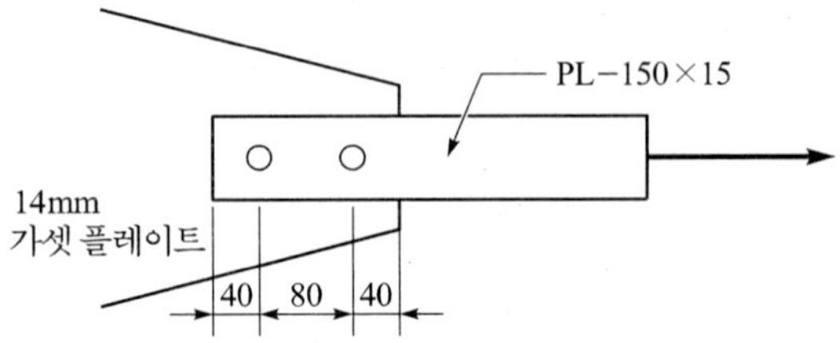

그림 【2.10】의 플레이트 접합부 (단위: mm)

【2.11】 50kN의 고정하중과 180kN의 활하중에 의한 인장하중을 받는 인장재에 대한 미끄럼접합부를 설계하라. 인장재의 단면은 H−244×175×7×11이며, SM275강재를 가정하라.

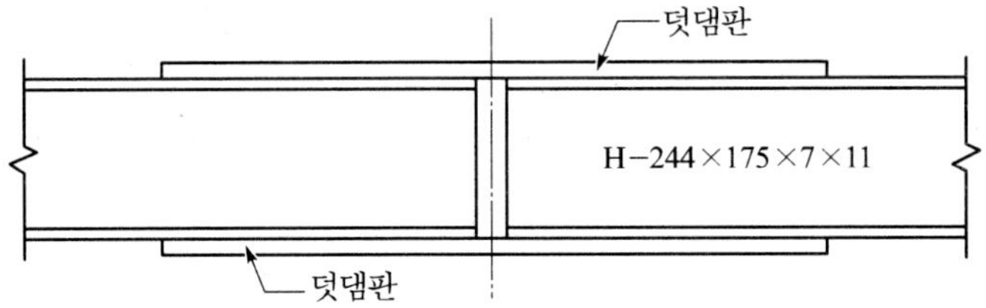

그림 【2.11】의 인장재의 볼트접합

【2.12】 그림과 같이 2L−90×90×7 형강이 두께가 12mm인 덧판에 네 개의 M20 (F10T) 고장력볼트로 접합되어 있을 때, 1) 설계전단강도, 2) 고장력볼트 구멍의 설계지압강도, 3) 설계미끄럼 강도를 구하라. 단, 강재의 재질은 SS275, 나사부가 전단면에 포함된 것으로 가정하라. 강재인 ㄱ형강의 설계인장강도를 결정하라.

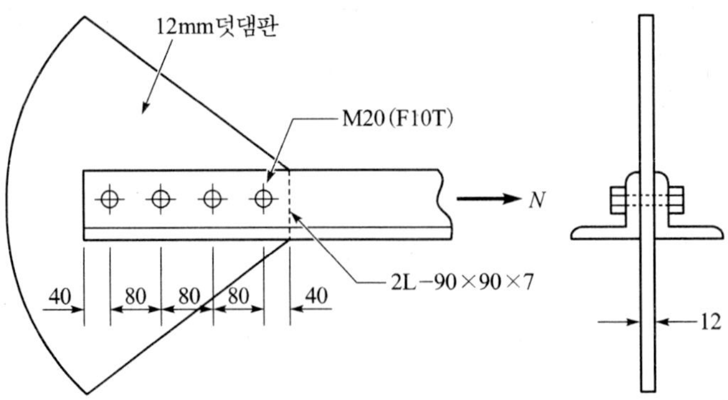

그림 【2.12】의 볼트접합부 (단위: mm)

【2.13】 고정하중 50kN과 활하중 80kN이 작용하는 용접접합에서 필릿용접의 길이를 산정하라. 필릿사이즈 s는 6mm이고, 강재의 재질은 SM275이다.

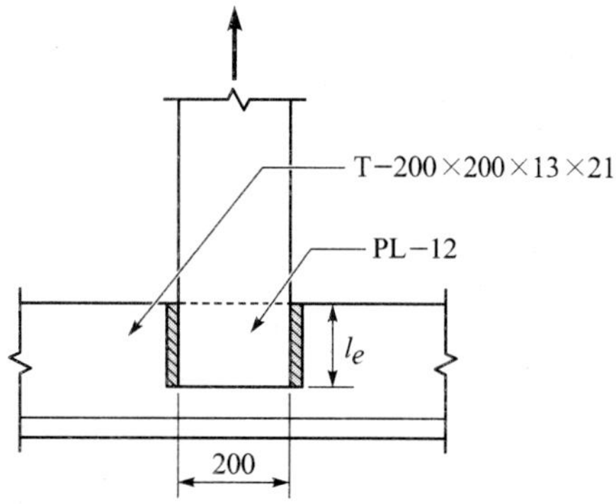

그림 【2.13】의 용접접합부

【2.14】 그림과 같은 인장재와 접합부의 설계강도를 산정하라. 인장재의 단면은 PL−200×15이며, 두께가 8mm인 가셋플레이트에 필릿용접합되어 있다. 필릿사이즈 s는 8mm이고, 강재의 재질은 SM275이다.

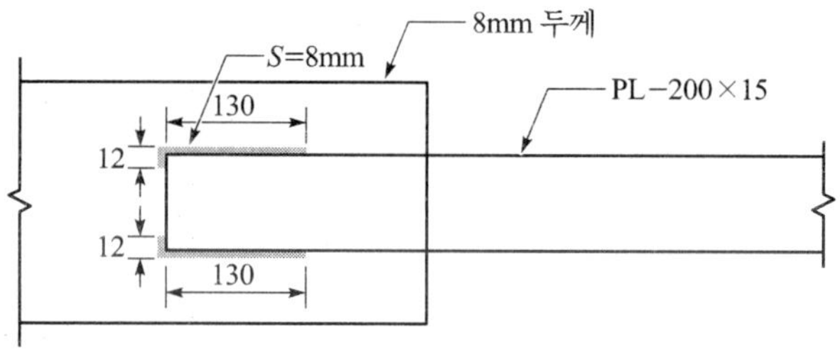

그림 【2.14】의 용접접합부 (단위: mm)

【2.15】 그림과 같은 접합부에 대해 고정하중 $P_D = 50$ kN와 활하중 $P_L = 150$kN이 작용할 때에 소요되는 지압볼트용 M20볼트 수를 결정하라.

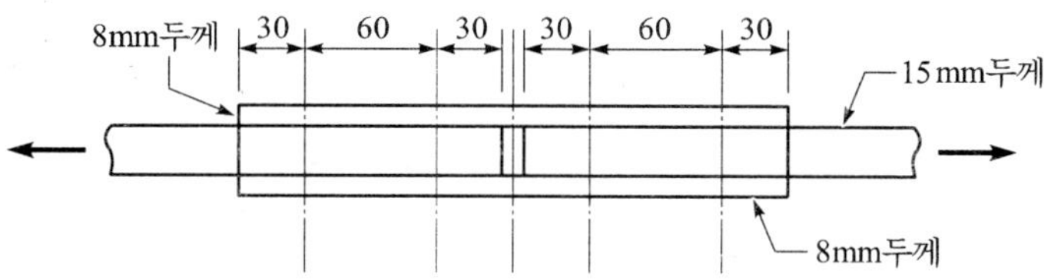

그림 【2.15】의 볼트접합부 (단위: mm)

【2.16】 그림과 같은 플레이트가 용접접합할 때에 접합부의 설계강도를 결정하라. 사용강재는 SM275이며, 10mm 사이즈의 필릿용접이 적용되었다.

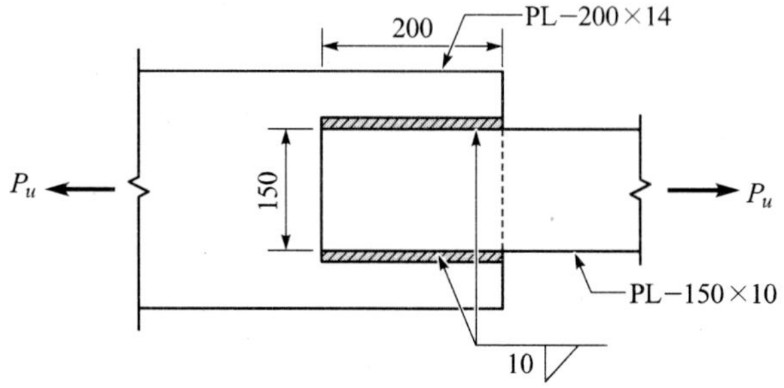

그림 【2.16】 의 용접접합부 (단위: mm)

【2.17】 그림과 같이 SM275 강재인 브래킷에 고정하중 $P_D = 40$ kN와 활하중 $P_L = 140$kN이 작용할 때에 필릿용접의 사이즈를 결정하라.

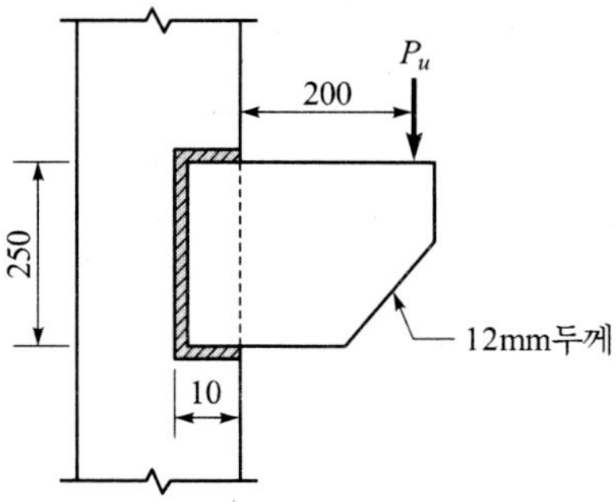

그림 【2.17】 의 브래킷 용접접합부 (단위: mm)

【2.18】 그림과 같이 하중이 작용할 때에 접합부에 필요한 필릿용접 사이즈를 결정하라.

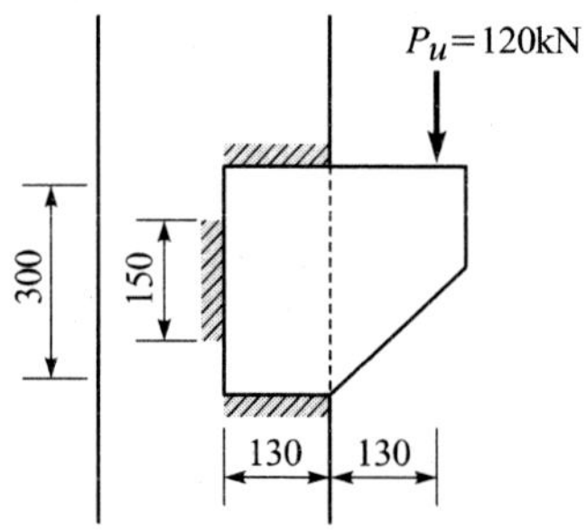

그림 【2.18】 의 브래킷 용접접합부 (단위: mm)

* 그림과 같이 편심을 받는 접합부에 대해 가장 큰 응력을 받는 고장력볼트에서의 합력을 결정하라. 단, 사용된 고장력볼트는 M20(F8T)이며, 나사부가 전단면에 포함되지 않은 것으로 가정하라 (단위: mm).

【2.19】

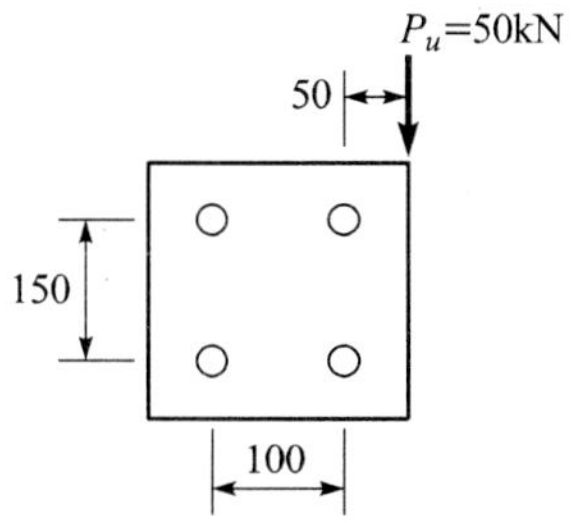

【2.20】

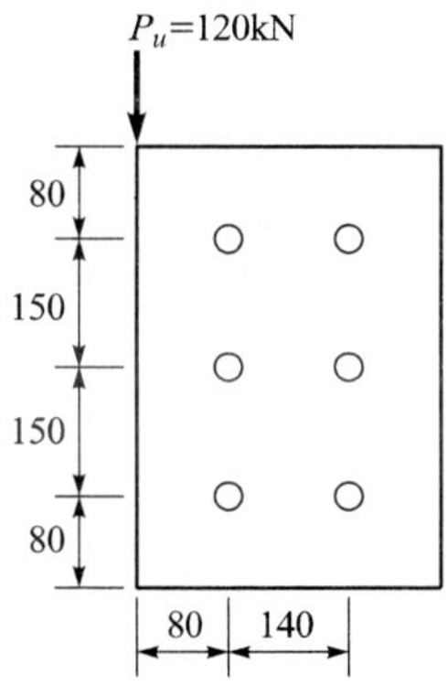

【2.21】

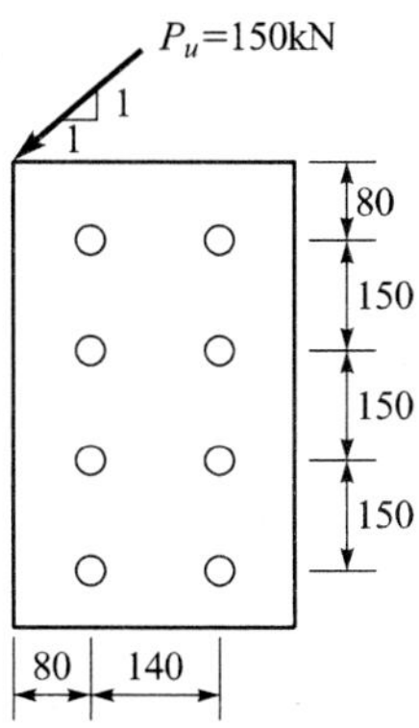

CHAPTER 3 인장재(Tension member) 설계

CHAPTER 3. 인장재(Tension member) 설계

3.1 개요

설계용 인장재는 축방향력을 부담하고 신장되는 선형의 부재이다. 휨부재와는 달리 전단면이 일정한 응력을 부담하기 때문에 매우 효율적인 부재이다. 인장재는 탄성범위를 벗어나서도 좌굴이 발생하지 않는다. 인장재는 교량, 지붕 트러스, 가새 시스템 그리고 타이로드(tie rod)로 사용되는 구조에서 볼 수 있다. 인장력은 단면의 도심을 통해 작용하는 것으로 가정하므로 인장재는 가장 단순한 과정으로 설계된다. 인장재의 파괴양상은 i) 전단면 항복, ii) 순단면의 파단, iii) 블록전단파괴의 형태가 있다.

인장재는 구조용 강재형강, 플레이트, 형강과 플레이트의 합성재, 아이바, 핀접합된 플레이트, 봉, 와이어로프, 강재 케이블이 사용된다. 단일구조형강이 경제적일지라도 단일형강으로 충분한 단면이나 강성을 얻을 수 없을 때 조립단면이 종종 사용된다. 조립단면재를 사용할 때에 현장에서 결합하고 페인트칠을 하는 등의 공간을 필요로 한다. 여러 단면으로 구성된 부재들은 타이로 긴결하여야 한다. 여러 개의 간격으로 위치되는 타이 플레이트 혹은 구멍뚫린 커버플레이트는 소정의 위치에서 여러 단면들을 긴결시킨다. 앵글과 같이 긴 부재들은 유연성 때문에 다루기가 용이하지 않지만 네 개의 앵글이 하나로 결합된다면 그 부재는 상당한 강성을 지니게 된다.

이 장에서는 단부접합조건에 따른 부재의 인장강도를 결정하는 방법을 다룬다. 인장강도는 접합부의 길이, 접합형태, 접합편심, 파스너의 크기 및 형태, 단면의 순단면적 그리고 단부접합에서 전단지연(shear lag)의 영향을 받는다.

3.2 인장재의 공칭강도

그림 3.1과 같이 인장재의 접합은 편심이 없도록 배열되어야 한다. 만약 편심이 있다면 모멘트가 발생하여 접합부 부근에서 추가적인 응력이 발생하게 된다. 하나의 부재 접합점이 트러스 부재의 도심축과 일치하지 않을 경우에 편심이 생기고 추가적인 응력이 발생하게 된다. 대칭이 아닌 경우에 도심축과 중심축은 일치하지 않는다. 이때에 접합점에서 게이지선이 일치하도록 부재를 배열하여야 한다.

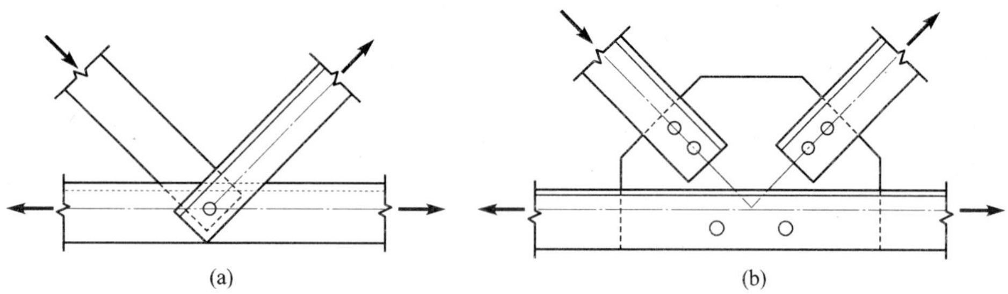

그림 3.1 접합부의 중심선 일치

인장력이 작용하는 구멍이 없는 연성의 강구조부재는 변형률경화현상 때문에 전체단면적에 항복응력을 곱한 값 보다 더 큰 하중에 저항할 수 있다. 부재의 전단면적(gross area, A_g)은 인장력이 작용하는 방향인 재축방향에 수직인 전체 단면의 면적에 해당한다. 구멍이나 다른 단면감소는 포함되지 않는다. 변형률 경화까지 하중을 받는 인장재는 파괴 이전에 크게 신장될 것이다. ㄱ형강의 전단면적은 그림 3.2에서와 같이 장축과 단축길이의 합에 두께를 곱한 값으로 근사화한다.

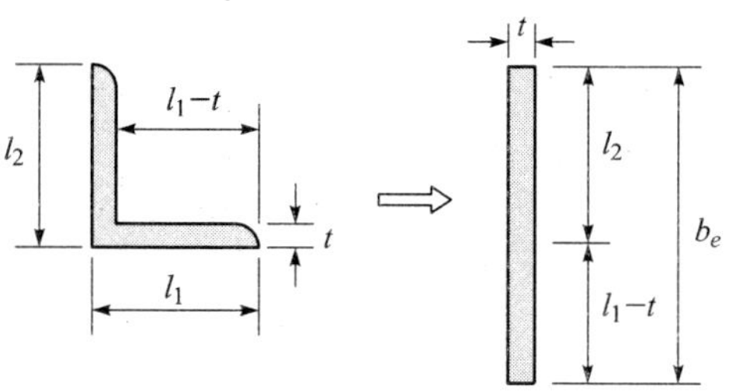

그림 3.2 ㄱ형강과 동등한 평판 플레이트

3.2.1 순단면적

순단면적(net area, A_n)은 단순히 전단면적(A_g)에서 구멍을 뺀 면적에 해당한다. 볼트 접합에서 인장과 전단을 받는 부재의 순단면적을 산정할 때, 볼트구멍의 폭은 표 2.6의 공칭구멍직경의 값을 사용한다. 볼트구멍이 있는 인장재는 구멍이 통과하는 순단면에서 파단한다. 이 파단하중은 전단면이 항복 시에 소요되는 하중 보다 더 작은 값을 나타낸다. 인장재 내에 구멍이 볼트로 긴결되어 있을 때, 등분포로 하중을 받는 영역은 작으며 구멍의 가장자리를 따라 응력이 집중된다. 탄성론에 의하면 구멍에 이웃한 인장응력은 순단면적의 평균응력의 약 2-3배에 해당한다 (그림 3.3(a)). 이 값은 응력의 방향에 수직한 플레이트의 폭에 대한 구멍의 직경의 비에 따라 달리 한다. 지속적으로 하중이 작용하게 되면 구멍에 이웃한 점에서 최초 항복을 하게 된다 (그림 3.3(b)). 추가적으로 하중이 작용하게 되면 구멍으로부터 먼거리에서 항복을 하게 되며, 부재가 파단이 될 때까지 하중 및 변형은 증가하고 궁극적으로 부재의 순단면적이 종국강도에 달하게 된다 (그림 3.3(c)).

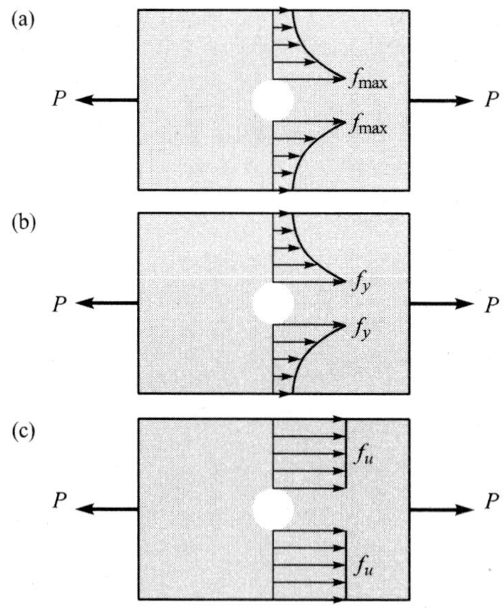

그림 3.3 인장력으로 인한 구멍에 이웃한 플레이트 내에 응력분포(f_{max} <탄성한계)
: (a) $P < P_y$, (b) $P = P_y$, (c) $P = P_{max}$

볼트구멍의 가장자리에 응력의 집중이 발생할지라도 인장재의 순단면에 일정하게 인장력이 작용하는 것으로 가정한다. 연성재료에 대해서 항복응력 이후로 재하되더라도 등분포응력으로 가정한다. 용접접합은 부재 내에 구멍이 필요없으며, 인장재의 전단면적을 줄이지 않으므로 순단면적은 전단면적과 일치한다.

볼트로 구조형강들을 조립할 때, 볼트 직경 보다 좀더 큰 구멍을 뚫는다. 볼트로 긴결시키기위해 필요한 구멍 크기가 되어야 한다. 조립 및 시공오차, 그리고 구멍을 펀칭하는 과정에서 구멍의 가장자리에 손상을 고려하여 표준볼트구멍(d_p)은 볼트 직경(d) 보다 2mm 커야 한다(그림 3.4). 예를 들어 표 2.6에 의해 M20볼트는 지름 20 mm 보다 2mm 더 크게 볼트구멍을 뚫는다.

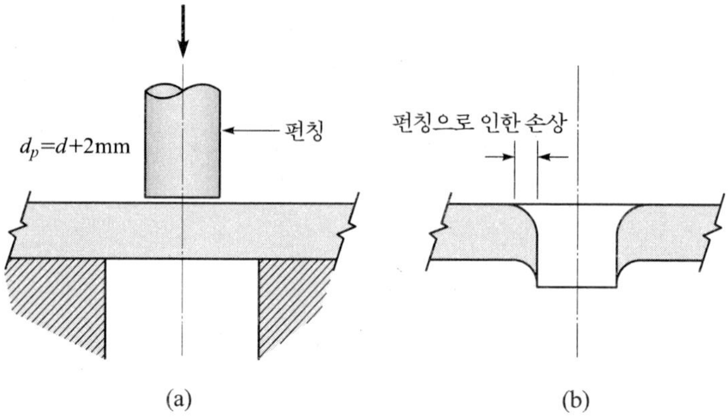

그림 3.4 구멍의 뚫림에 의한 손상 : (a) 펀칭 이전, (b) 펀칭 이후

예제 3.1

그림 3.5와 같은 인장부재에 M20(F8T) 고장력볼트로 인한 순단면적 A_n을 결정하라. 단, 플레이트의 폭은 160mm이고 두께는 20mm이다.

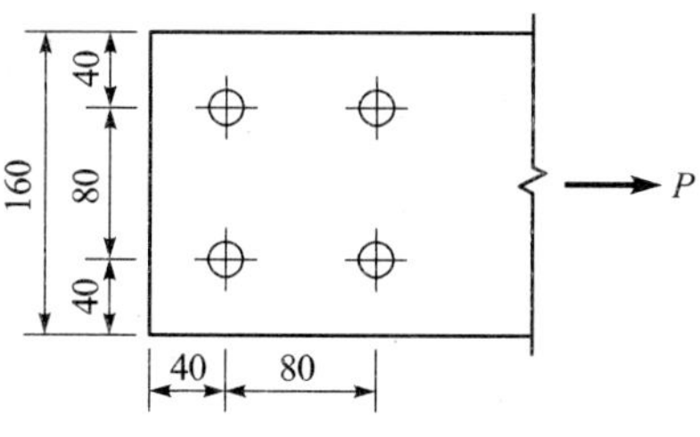

그림 3.5 볼트인장접합

풀이

(1) 전단면적 $A_g = 20 \times 160 = 3{,}200\,\text{mm}^2$

(2) 순단면적 $A_n = 3{,}200 - (20+2) \times 20 = 2{,}760\,\text{mm}^2$

부재 내에 일렬 이상의 볼트 구멍들이 있을 경우, 하중에 저항하도록 순단면적을 최대로 배치하는 것이 적절하다. 볼트가 정렬배치된 그림 3.6(a)와 (b)의 볼트접합형태에서 AB 선을 따라 인장부재는 파괴되는 것으로 가정한다. 순단면적은 다음에 의한다.

$$A_n = A_g - ndt \tag{3 · 1}$$

여기서, n : 볼트접합 수
d : 볼트구멍 직경
t : 플레이트 두께

엇모배치된 그림 3.6(c)는 정렬배치와 달리 수 개의 파괴양상이 고려될 수 있다. 구멍이 멀리 떨어져 있지 않다면 단면 ABCD에서 파괴가 가능할 것이다. 엇모배치의 경우에 순단면적은 구멍 하나를 가로지르는 단면인 ABE와 구멍 2개를 가로지르는 ABCD 면적 중에 작은 값이 된다. 점 B와 C를 연결하는 경사선에서 직응력과 전단응력이 조합된 응력이 발생한다. 단면의 인장강도는 단면 ABE를 따른 단면으로부터 구멍 1개의 면적을 뺀 순단면적과 단면 ABCD를 따라 구멍 2개의 면적을 뺀 순단면적으로 계산한 강도 사이에 있다. 이웃한 2개 구멍의 면적을 뺀 경우와 비교하여 잠재적인 파괴선인 ABCD 경사선에 포함된 2개 구멍의 면적은 과다하게 산정되므로 $s^2/4g$를 추가하여 보정한다. 여기서, s와 g는 각각 인접한 2개 구멍의 응력방향 중심간격(mm)과 연결재 게이지라인 사이의 응력 수직방향 중심간격(mm)을 나타낸다.

$$A_n = A_g - ndt + \sum \frac{s^2}{4g} t \tag{3 · 2}$$

여기서, s : 인접한 2개 구멍의 응력방향 중심간격 (그림 3.6(c))
g : 연결재 게이지라인 사이의 응력 수직방향 중심간격 (그림 3.7)

인장재들이 접합될 때, 하중은 접합부를 통해 부재들로 전달된다. 부재들이 접합하는 요소들 사이에 완전히 접합되지 않으면 온전하게 하중을 전달하지 못하게 된다. 힘들이 부재의 단면에 일정하게 전달되지 않으면 부재의 접합점으로부터 일정거리 내에서 불균등한 응력분포를 나타낸다. 부재의 접합부에 불균형응력은 항복응력 F_y를 초과하여 변형률 경화구간으로 들어간다. 하중이 저감되지 않으면 부재는 조기에 파단될 것이다. 접합부로부터 떨어질수록 응력은 점차 일정하게 된다. 이 변이영역에 전단은 지연되며 이를 전단지연(shear lag)이라 한다. 예를 들어 그림 3.8에 앵글의 다리 한쪽만 용접접합되었을 경우에 이 접합을 통해서만 하중이 전달되므로 파단하중을 산정할 때에 순단면적은 유효순단면적

(effective net area, A_e)으로 감소된다. 힘을 효율적으로 전달하는 실제 부재면적은 순단면적 보다 작으므로 순단면적은 유효순단면적이 된다.

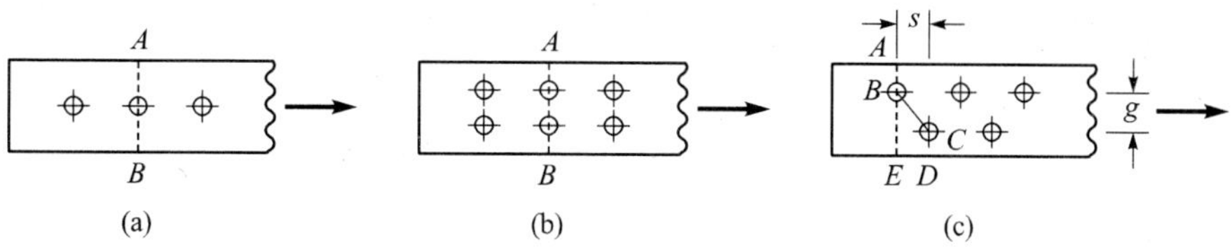

그림 3.6 플레이트에서 예상 파괴단면 : (a) 정렬배치, (b) 정렬배치, (c) 엇모배치

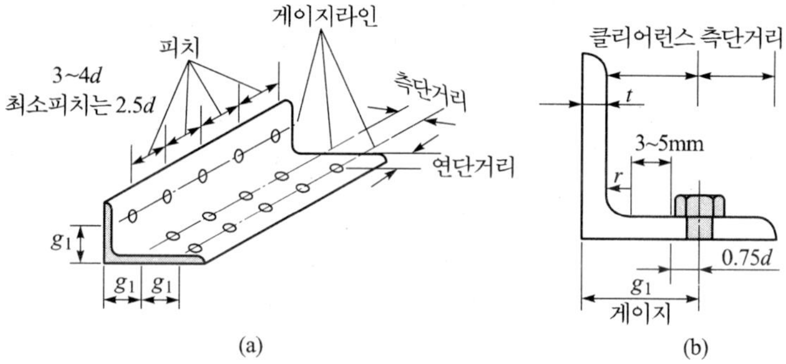

그림 3.7 볼트접합 용어 : (a) 볼트의 게이지라인, (b) 볼트의 측단거리

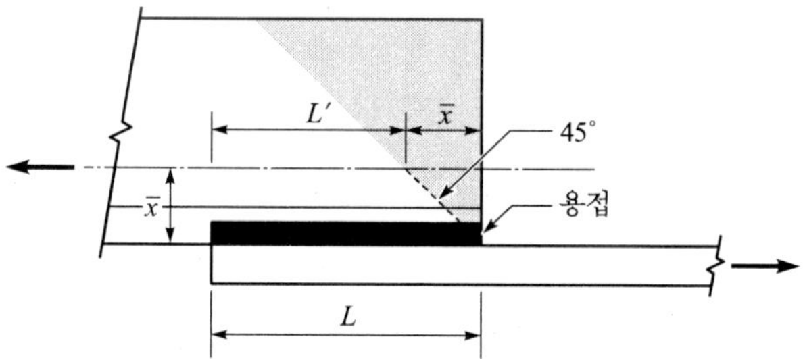

그림 3.8 전단지연계수의 기본 개념

3.2.2 유효순단면적

접합부는 인장재의 성능에 중요하게 영향을 미친다. 접합부의 성능에 영향을 미치는 요인들로 재료의 연성, 접합재 간격, 구멍에 응력집중, 조립과정 그리고 전단지연(shear lag)을 들 수 있다. 이들 요소들 중에 전단지연이 가장 중요한 요인이 된다. 인장력이 단면의 모든 요소에 전달되지 않을 때 전단지연이 발생한다. 이를 감안하여 유효순단면적은 전단

지연감소계수 U를 사용한 근사치가 된다.

$$A_e = UA_n \qquad (3 \cdot 3)$$

인장하중이 단면의 일부에 전달될 때, 유효접합길이 $L' = L - \bar{x}$이 된다. 여기서, $\bar{x}$는 접합면과 부재의 도심 사이의 거리를 나타내며, L는 접합길이를 나타낸다 (그림 3.8). 순단면적의 감소는 유효길이의 감소와 비례관계에 있으며, 감소계수 U는 다음으로 산정된다.

$$U = \frac{L'}{L} = \frac{L - \bar{x}}{L} = 1 - \frac{\bar{x}}{L} \qquad (3 \cdot 4)$$

볼트접합에서 전단지연계수는 다음에 의한다.

작용하중의 방향으로 최소 3개의 파스너를 갖는 플랜지를 통한 접합

- 폭/높이비가 2/3 이상일 때 $U = 0.90$
- 폭/높이비가 2/3 보다 작을 때 $U = 0.85$

작용하중 방향으로 4개 이상의 파스너로 웨브를 통한 접합 $U = 0.70$

작용하중 방향으로 4개 이상의 파스너를 갖는 단일 그리고 2중의 ㄱ형강 $U = 0.80$

작용하중 방향으로 3개의 파스너를 갖는 단일 그리고 2중의 ㄱ형강 $U = 0.60$

용접에서 전단지연계수는 다음에 의한다.

- $L \geq 2w$이면 $U = 1.0$
- $1.5w \leq L < 2w$이면 $U = 0.87$
- $w \leq L < 1.5w$이면 $U = 0.75$

여기서, L : 용접길이

w : 접합사이의 거리 혹은 플레이트/봉의 폭

예제 3.2

그림 3.9와 같은 단면에 유효 순단면적 A_e를 결정하라. 단, M20(F10T) 볼트를 가정하라.

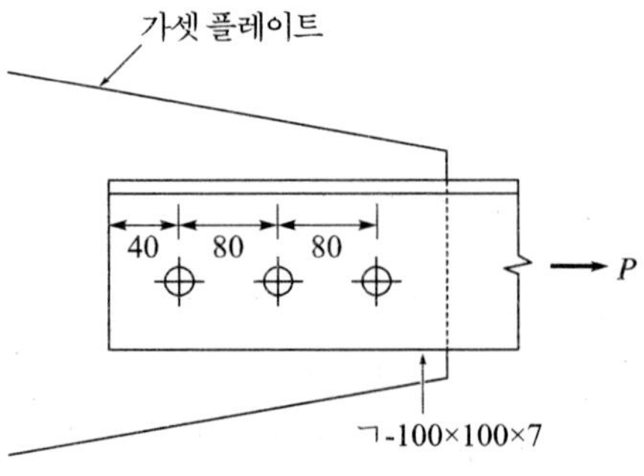

그림 3.9 ㄱ형강의 유효순단면적 (단위: mm)

풀이

L－100×100×7

(1) $A_g = 1{,}362\text{mm}^2$, $L = 2 \times 80 = 160\text{mm}$, $\bar{x} = 27.1\ \text{mm}$

(2) 전단지연감소계수 $U = 1 - \dfrac{\bar{x}}{L} = 1 - \dfrac{27.1}{160} = 0.83 > 0.6$

(3) 순단면적 $A_n = 1{,}362 - (20+2) \times 7 = 1{,}208\ \text{mm}^2$

(4) 유효 순단면적 $A_e = 0.83 \times 1{,}208 = 1{,}002.6\text{mm}^2$

3.2.3 인장재의 설계강도

인장재의 세장비는 부재의 길이(L)를 2차반경(r)으로 나눈 값 L/r이 된다. 인장재의 세장비에 대한 제한은 없으나, 조립 시에 손상되기 쉬우며 다른 문제들이 발생할 수 있으므로 세장비가 300일 때 주의하여야 한다.

인장재의 설계인장강도 $\phi_t P_n$은 총단면의 항복한계상태와 유효순단면적의 파단한계상태의 2개의 한계상태를 고려하여야 한다. 인장한계상태에 대해 저항과 안전계수는 2개의 한계상태에 다른 값을 취한다. 인장부재의 설계인장강도 $\phi_t P_n$은 인장항복과 인장파단의 한계상태 중 작은 값으로 산정한다.

① 총단면의 항복한계상태 $(\phi_t = 0.90)$

$$P_n = F_y A_g \qquad (3 \cdot 5)$$

② 유효순단면적의 인장파단에 대하여 $(\phi = 0.75)$

$$P_n = F_u A_e \qquad (3 \cdot 6)$$

여기서, A_e : 유효단면적 (mm^2)

인장재의 설계는 항복과 파단의 한계상태에서 최소의 전단면적과 순단면적을 결정한다.

$$A_{g,\min} = \frac{P_u}{\phi_t F_y} \qquad (3 \cdot 7)$$

$$A_{e,\min} = \frac{P_u}{\phi_t F_u} \qquad (3 \cdot 8)$$

예제 3.3

그림 3.10과 같은 두께가 19mm인 SS275 플레이트의 순단면적을 결정하라.
사용볼트는 M22(F10T)이다.

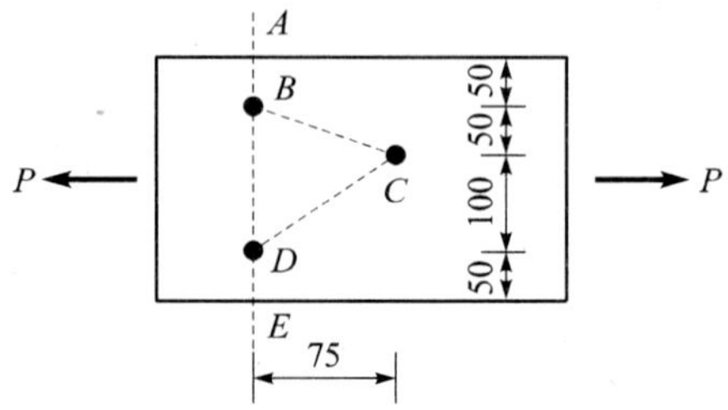

그림 3.10 볼트접합된 플레이트 (단위: mm)

풀이

(1) 파단면 C (볼트 1개)

$$A_n = 250 \times 19 - (22+2) \times 19 = 4{,}294\ \mathrm{mm}^2$$

(2) 파단면 ABDE (볼트 2개)

$$A_n = 250 \times 19 - 2 \times (22+2) \times 19 = 3{,}838\ \mathrm{mm}^2$$

(3) 파단면 ABCDE (볼트 3개)

$$A_n = 250 \times 19 - 3 \times (22+2) \times 19 + \frac{75^2}{4 \times 50} \times 19 + \frac{75^2}{4 \times 100} \times 19 = 4{,}183.6\ \mathrm{mm}^2$$

→ 위험단면은 ABDE에 위치하며 $A_n = 3{,}838\ \mathrm{mm}^2$이 된다.

예제 3.4

그림 3.11과 같은 볼트접합부에서 두께가 12mm인 플레이트의 순단면적을 결정하라.
볼트는 M20(F10T)를 사용했다.

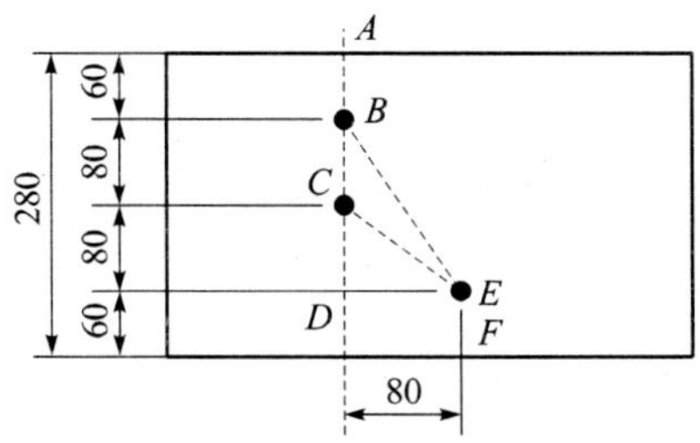

그림 3.11 엇모배치 접합된 플레이트 (단위: mm)

풀이

(1) 파단면 ABCD

$$A_n = 280 \times 12 - 2 \times (20+2) \times 12 = 2{,}832\ \mathrm{mm}^2$$

(2) 파단면 ABCEF

$$A_n = 280 \times 12 - 3 \times (20+2) \times 12 + \frac{80^2}{4 \times 80} \times 12 = 2{,}808\ \mathrm{mm}^2$$

→ 위험 파단면은 ABCEF에 위치하며 순단면적은 $A_n = 2{,}808\ \mathrm{mm}^2$이 된다.

예제 3.5

그림 3.12와 같이 볼트로 접합된 ㄷ형강의 순단면적을 결정하라. M20(F10T)의 고장력 볼트를 가정하라.

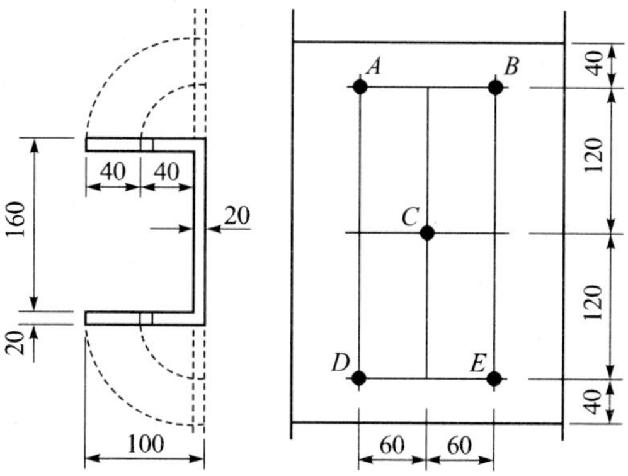

그림 3.12 볼트접합된 ㄷ형강 (단위: mm)

풀이

(1) 파단면 AD 혹은 BE

$$A_n = [320 - 2\times(20+2)]\times 20 = 5{,}520\ \mathrm{mm}^2$$

(2) 파단면 ACE, BCD, ACD, BCE

$$A_n = \left[320 - 3\times(20+2) + 2\times\frac{60^2}{4\times 120}\right]\times 20 = 5{,}380\ \mathrm{mm}^2$$

→ 위험단면은 ACE, BCD, ACD, BCE에 위치하며, 순단면적은 $A_n = 5{,}380\ \mathrm{mm}^2$이 된다.

예제 3.6

그림 3.13과 같이 M20(F10T) 고장력볼트를 가정하여 두께가 20mm인 플레이트의 최소 순단면적을 결정하라.

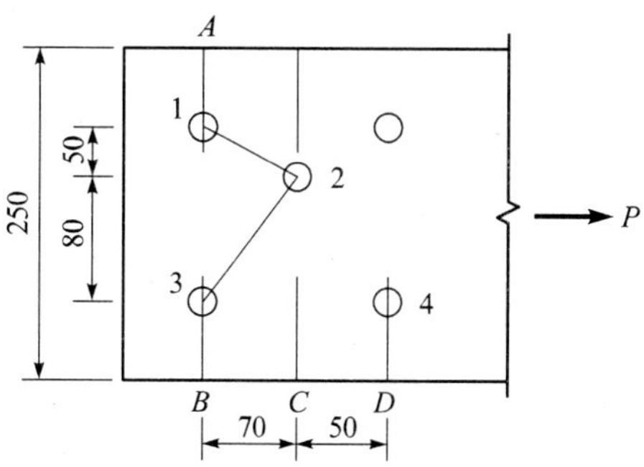

그림 3.13 볼트접합된 플레이트 (단위: mm)

풀이

(1) 파단면 A-1-3-B : $A_n = [250 - 2(20+2)]20 = 4{,}120\ \mathrm{mm}^2$

(2) 파단면 A-1-2-3-B : $A_n = \left[250 - 3(20+2) + \frac{70^2}{4\times 50} + \frac{70^2}{4\times 80}\right]20 = 4{,}476.25\ \mathrm{mm}^2$

(3) 파단면 A-1-2-4-D : $A_n = \left[250 - 3(20+2) + \dfrac{70^2}{4\times 50} + \dfrac{50^2}{4\times 80}\right]20 = 4{,}326.25\ \text{mm}^2$

파단은 최소 순단면적인 A-1-3-B를 따라 발생 ($A_n = 4{,}120\ \text{mm}^2$)

예제 3.7

그림 3.14와 같은 L－120×120×8형강의 AB면을 따른 순단면적을 결정하라. 단, M20(F10T) 볼트를 가정하라.

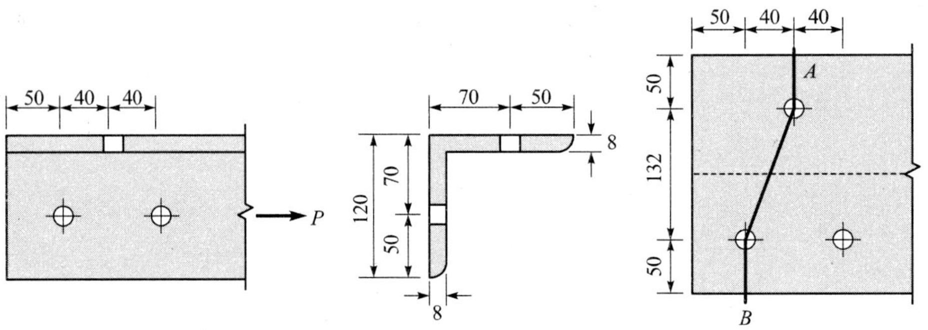

그림 3.14 볼트접합된 ㄱ형강 (단위: mm)

풀이

(1) L－120×120×8형강의 단면적 $A_g = 1{,}876.0\text{mm}^2$

(2) 파단면 AB : $A_n = 1{,}876.0 - 2\times(20+2)\times 8 + \dfrac{40^2}{4\times(120+120-50\times 2-8)} = 1{,}527.0\ \text{mm}^2$

예제 3.8

그림 3.15와 같은 PL－200×10mm의 순단면적을 결정하라. 플레이트는 2열로 배열된 M22(F8T)로 접합되어 있다고 가정해라.

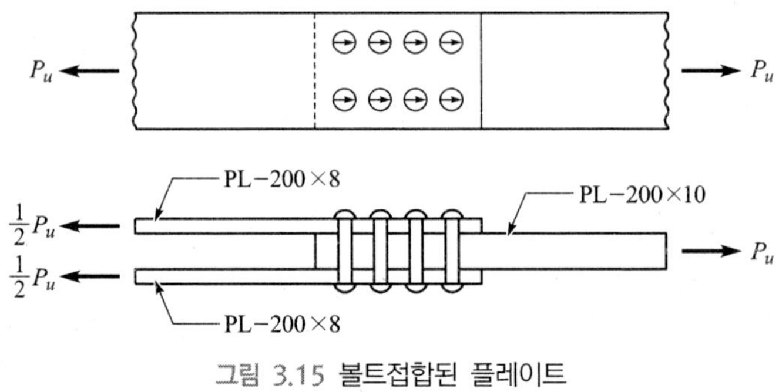

그림 3.15 볼트접합된 플레이트

풀이

순단면적 $A_n = 10 \times 200 - 2(22+2) \times 10 = 1{,}520\ \mathrm{mm}^2$

예제 3.9

그림 3.16과 같이 용접접합된 L−130×130×9 인장재의 설계인장강도를 결정하라. SM275강재를 가정하라.

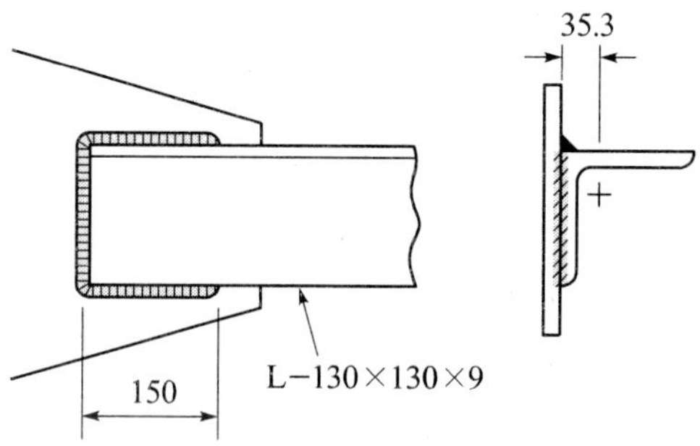

그림 3.16 용접접합된 ㄱ형강

풀이

(1) 단면정보

전단면적 $A_g = 2{,}274\ \mathrm{mm}^2$

순단면적 $A_n = A_g = 2{,}274\ \mathrm{mm}^2$

$$U = 1 - \frac{\bar{x}}{L} = 1 - \frac{35.3}{130} = 0.73$$

(2) 전단면 항복강도

$F_y = 275\ \mathrm{N/mm^2}$

$\phi_t P_t = 0.9 \times 275 \times 2{,}274 \times 10^{-3} = 562.8\ \mathrm{kN}$

(3) 순단면파단강도

$F_u = 410\ \mathrm{N/mm^2}$

$\phi_t P_t = 0.75 \times 410 \times 0.73 \times 2{,}274 \times 10^{-3} = 699.3\ \mathrm{kN}$

(4) 설계강도는 562.8 kN(< 699.3 kN)이 된다.

3.3 접합부재의 설계강도

3.3.1 설계인장강도

접합부의 설계인장강도 ϕR_n은 인장항복과 인장파단의 한계상태에 따라 다음 중 작은 값으로 산정한다.

1) 접합부재의 인장항복

$$\phi = 0.90$$

$$R_n = F_y A_g \tag{3・9}$$

2) 접합부재의 인장파단

$$\phi = 0.75$$

$$R_n = F_u A_e \tag{3・10}$$

여기서, A_e : 유효단면적 (mm^2)

볼트접합의 경우에는 $A_e = A_n (\le 0.85 A_g)$

3.3.2 설계전단강도

전단부재 설계는 전단항복과 전단파단의 한계상태를 고려하여야 한다. 전단항복은 요소의 전단면에서 발생하고 전단파단은 구멍을 포함하는 단면에서 발생한다. 전단항복에 대해

$$\phi R_n = \phi (0.6 F_y A_g) \tag{3・11}$$

여기서, $\phi = 1.0$이다. 전단파단의 한계상태에 대해

$$\phi R_n = \phi (0.6 F_u A_{nv}) \tag{3・12}$$

여기서, $\phi = 0.75$이며, A_{nv}는 전단력을 받는 유효순단면적을 나타낸다. 인장파단과 동일하게 순단면적은 전단면적으로부터 구멍면적을 뺀 나머지 면적을 나타낸다.

3.3.3 블록전단강도

부재의 일부는 그림 3.17이나 3.18과 같이 인장과 전단의 조합인 블록전단에 의해 파단된다. 이는 접합부 파괴의 일종으로 인장재 전체 강도에 관련된다. 인장력과 평행한 평면에 전단과 인장력에 수직인 면에 인장력의 조합에 의해 파단에 저항한다.

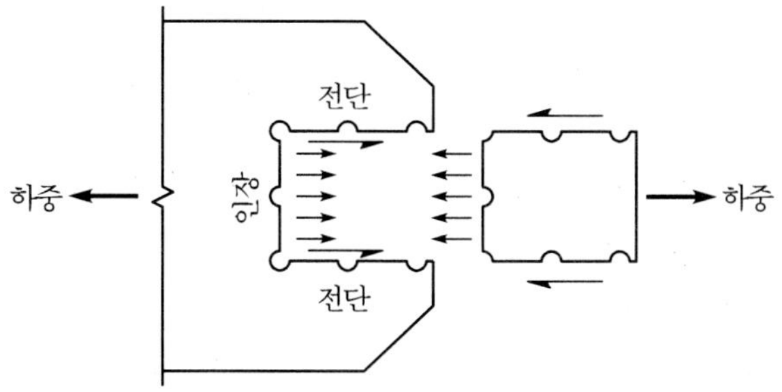

그림 3.17 플레이트의 블록전단

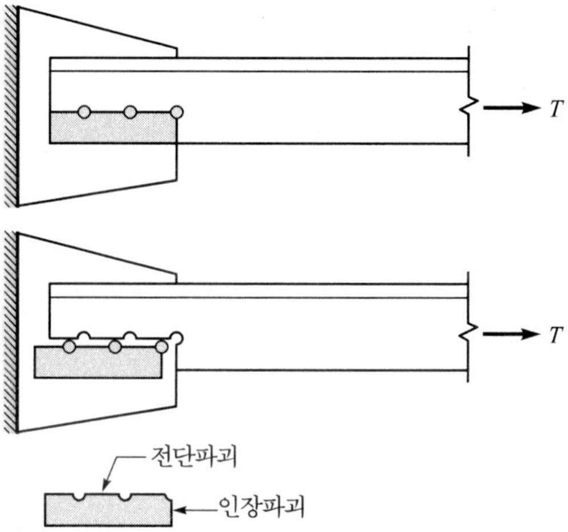

그림 3.18 ㄱ형강의 블록전단

항복하는 길이가 짧기 때문에 파괴블록의 인장면 위에 파단이 지배적인 모드가 된다. 전단면(shear face)의 한계상태는 항복과 파단 중에 작은 값이 지배한다. 블록전단파단의 한계상태에 대한 설계강도는 전단저항과 인장저항의 합으로 산정한다. 전체 단면강도는 별도로 항복과 파단 저항을 하므로 각각 다른 저항계수를 취한다.

$$R_u = \phi R_n \quad (3 \cdot 13)$$

여기서, $R_n = 0.6 F_u A_{nv} + U_{bs} F_u A_{nt} \le 0.6 F_y A_{gv} + U_{bs} F_u A_{nt}$ (3 · 14)

$\phi = 0.75$

A_{gv} : 전단저항 총단면적 (mm^2)

A_{nv} : 전단저항 순단면적 (mm^2)

A_{nt} : 인장저항 순단면적 (mm^2)

U_{bs} : 등분포의 인장응력에 대해 1.0, 인장응력이 불균일 경우 0.5

예제 3.10

그림 3.19와 같은 보의 설계블록전단강도를 결정하라. SM275 강재의 보 단면은 H－396×199×7×11 이며 고장력볼트 M20(F10T)의 구멍이 있다.

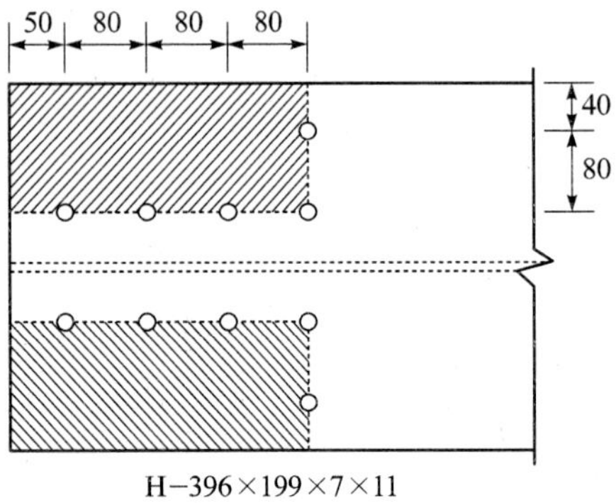

그림 3.19 **예제 3.10** 의 볼트접합부 (단위: mm)

풀이

(1) 단면적 산정

$A_{gv} = (50+80+80+80)\times 11 = 3{,}190\ \text{mm}^2$

$A_{nv} = [290-3.5(20+2)]\times 11 = 2{,}343\ \text{mm}^2$

$A_{nt} = [40+80-1.5(20+2)]\times 11 = 957\ \text{mm}^2$

(2) 강도 산정

전단항복: $R_n = 0.6F_yA_{gv} = 0.6\times 275\times 3{,}190\times 10^{-3} = 526.4\ \text{kN}$

전단파단: $R_n = 0.6F_uA_{nv} = 0.6\times 410\times 2{,}343\times 10^{-3} = 576.3\ \text{kN}$

인장파단: $R_n = 0.5F_uA_{nt} = 0.5\times 410\times 957\times 10^{-3} = 235.4\ \text{kN}$

(3) 블록전단강도 산정

전단파단강도 〉 전단항복강도 → 전단항복강도와 인장파단강도의 조합강도

$R_n = 526.4+235.4 = 761.8\,\text{kN}$

(4) 설계강도

$\phi R_n = 0.75\times 761.8 = 571.4\text{kN}$

예제 3.11

그림 3.20과 같이 SM275 강재인 L−150×150×10($A_g = 2{,}921\text{mm}^2$)형강의 블록전단강도를 결정하라. M22(F8T)의 고장력볼트로 가셋플레이트와 접합되어 있다. 볼트 사이의 간격은 80 mm이며, 볼트에서 연단까지의 거리는 각각 40mm와 50mm이며, $\bar{x} = 40.6\text{mm}$이다.

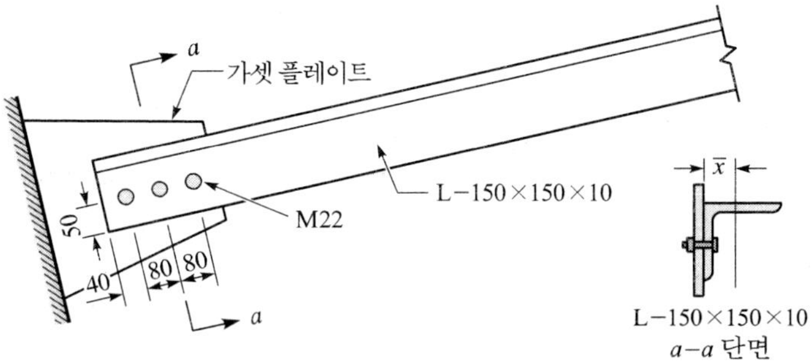

그림 3.20 볼트접합된 ㄱ형강 (단위: mm)

풀이

(1) 블록전단의 파괴면 가정

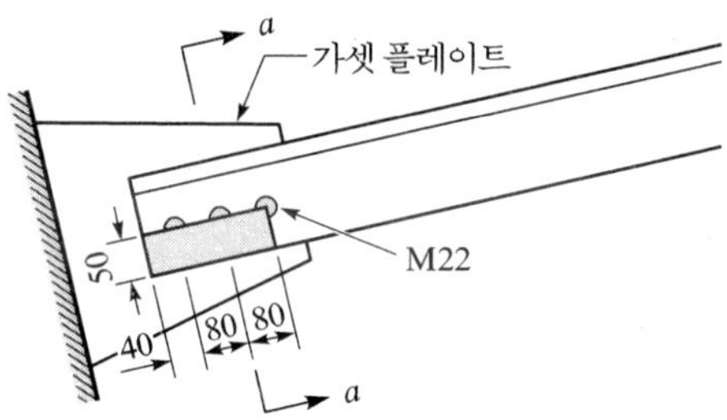

인장 전단면적 $A_{gt} = 50 \times 10 = 500\ \text{mm}^2$

순인장 단면적 $A_{nt} = 500 - 0.5 \times (22+2) \times 10 = 380\ \text{mm}^2$

전단 전단면적 $A_{gv} = (40+80+80) \times 10 = 2{,}000\ \text{mm}^2$

순전단 단면적 $A_{nv} = 2{,}000 - 2.5 \times (22+2) \times 10 = 1{,}400\ \text{mm}^2$

(2) 블록전단강도산정 ($U_{bs} = 1.0$)

$R_n = 0.6F_uA_{nv} + U_{bs}F_uA_{nt} = (0.6 \times 410 \times 1{,}400 + 410 \times 380) \times 10^{-3} = 500.2\ \text{kN}$

$0.6F_yA_{gv} + U_{bs}F_uA_{nt} = (0.6 \times 275 \times 2{,}000 + 410 \times 380) \times 10^{-3} = 485.8\ \text{kN} < 500.2\ \text{kN}$

따라서 $\phi R_n = 0.75 \times 485.8 = 364.4\ \text{kN}$

(3) ㄱ형강의 인장강도

$\phi_t P_n = 0.9 \times 275 \times 2{,}921 \times 10^{-3} = 722.9\ \text{kN}$

(4) 인장파단강도

$A_n = 2{,}921 - (22+2) \times 10 = 2{,}681\ \text{mm}^2$

볼트접합길이 $L = 2 \times 80 = 160\text{mm}$

$U = 1 - \dfrac{40.6}{160} = 0.75$

유효 순단면적 $A_e = UA_n = 0.75 \times 2{,}681 = 2{,}010.8\,\text{mm}^2$

$\phi R_n = \phi F_u A_e = 0.75 \times 410 \times 2{,}010.8 \times 10^{-3} = 618.3\ \text{kN}$

(5) 설계하중은 블록전단파괴가 지배 (364.4 kN)

3.4 핀접합 부재

핀접합된 부재들은 구조물에 일반적으로 사용되지 않으나 특별한 목적의 현수구조물이나 교량 구조물의 연결재들을 접합하는데 사용된다. 그림 3.22와 같이 아이바는 핀접합 부재의 특별한 형태이다. 아이바는 트러스 구조물에서 인장재로 많이 사용된다. 핀접합된 아이바는 큰 고정하중을 받는 장경간 교량의 인장재와 다른 형태의 교량 행거에 사용된다.

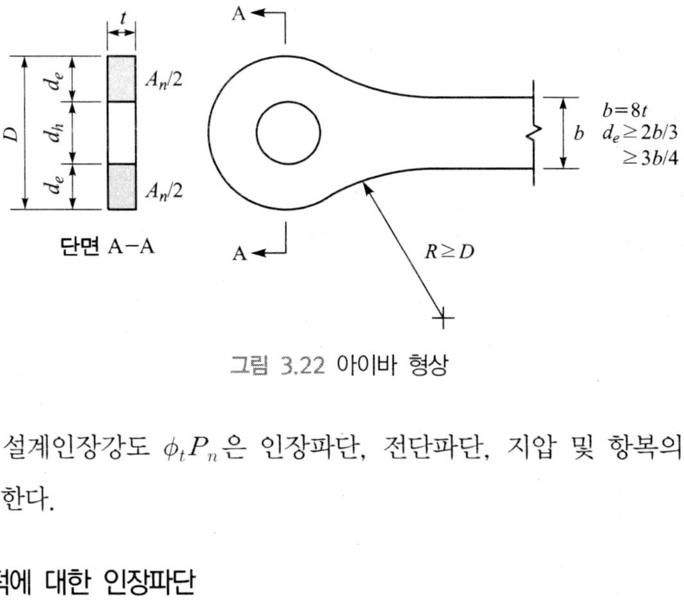

그림 3.22 아이바 형상

핀접합부재의 설계인장강도 $\phi_t P_n$은 인장파단, 전단파단, 지압 및 항복의 한계상태 중 가장 작은 값으로 한다.

(1) 유효 순단면적에 대한 인장파단

$$P_n = 2tb_{eff}F_u \qquad (3 \cdot 15)$$

여기서, b_{eff} : 유효연단거리 $(=2t+16)$ (mm)

다만, 볼트구멍 연단으로부터 작용하는 힘의 직각방향으로 측정한 부재의 연단까지 거리보다 크지 않아야 한다.

t : 판재의 두께 (mm)

F_u : 인장강도 (MPa)

$\phi_t = 0.75$

(2) 유효단면적에 대한 전단파단

$$P_n = 0.6F_uA_{sf} \tag{3 · 16}$$

여기서, $A_{sf} = 2t(a+d/2)(\text{mm}^2)$

a : 핀구멍의 연단으로부터 힘의 방향과 평행하게 측정한 부재의 연단까지의 최단거리 (mm)

d : 핀 직경 (mm)

t : 판재의 두께 (mm)

$\phi_{sf} = 0.75$

(3) 핀의 투영면적에 대한 지압

$$P_n = 1.8F_yA_{pb} \tag{3 · 17}$$

여기서, F_y : 항복강도 (MPa)

A_{pb} : 투영된 지압면적(mm^2)

$\phi = 0.75$

(4) 총단면적에 대한 항복

$$P_n = F_yA_g \tag{3 · 18}$$

여기서, A_g : 부재의 총단면적(mm^2)

F_y : 항복강도(MPa)

P_n : 공칭인장강도(N)

$\phi_t = 0.9$

아이바에 대한 구조제한은 다음과 같다.

① 아이바의 원형 머리부분과 몸체 사이부분의 반지름은 아이바 머리의 직경 보다 커야 한다. 핀 직경은 아이바 몸체폭의 7/8배 보다 커야 하고, 핀구멍의 직경은 핀직경 보다 1mm 이상 크면 안된다.

② F_y가 485MPa을 초과하는 강재의 구멍직경은 플레이트 두께의 5배를 초과할 수 없고 아이바 본체의 폭은 그에 따라 감소되어야 한다.

③ 플레이트 두께는 핀플레이트와 필러플레이트를 조임하기 위해 외부 너트를 사용하는 경우에만 13mm 이하의 두께 사용이 허용된다.

④ 핀구멍의 연단으로부터 힘의 방향에 수직으로 측정한 플레이트의 연단까지의 폭은 아이바 몸체 폭의 2/3 보다 커야 하고 3/4 보다 커서는 안된다.

예제 3.13

그림 3.23에서와 같은 SM275 강재를 사용한 아이바의 최대허용하중을 결정하라. 단, 핀의 지름은 90mm이며, $F_y = 275\,\mathrm{N/mm^2}$, $F_u = 410\,\mathrm{N/mm^2}$, 핀의 공칭전단강도 $F_{nv} = 400\,\mathrm{N/mm^2}$를 사용하라.

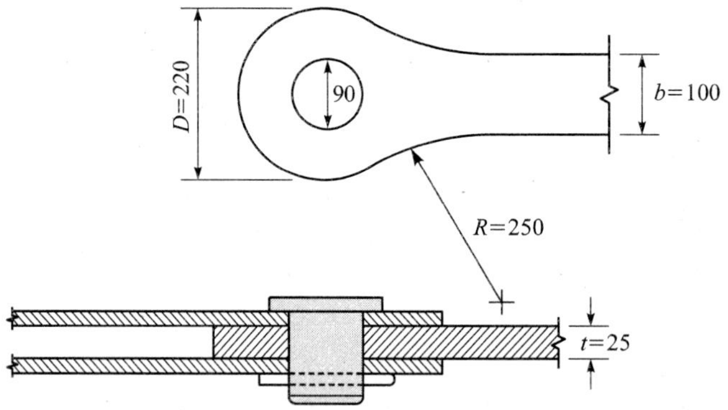

그림 3.23 아이바 접합 (단위: mm)

풀이

$t = 25\mathrm{mm}$, $D = 220\mathrm{mm}$, $b = 100\mathrm{mm}$, $R = 250\mathrm{mm}$

(1) 아이바의 원형 머리부분과 몸체 사이부분의 반지름$(R) >$ 아이바 머리의 직경(D) 만족

(2) 아이바 자루의 폭에 대한 핀 직경

$d/b = 90/100 = 0.9 \quad > \quad 7/8$ 만족

(3) 핀구멍의 직경

$d_h = d + 1 = 91\,\mathrm{mm}$

핀구멍 외부로부터 연단까지의 거리

$a=(D-d_h)/2=(220-91)/2=64.5$

$2d/3(=2\times 90/3=60)$ 〈 d_e 〈 $3d/4(=3\times 90/4=67.5)$ 만족

(4) 판재두께 $t=25\text{mm}>13\text{mm}$ 만족

(5) 유효 순단면적에 대한 인장파단

$b_{eff}=2t+16=2\times 25+16=66\text{ mm}$

$\phi_t P_n=\phi_t 2tb_{eff}F_u=0.75\times 2\times 25\times 66\times 410\times 10^{-3}=1{,}014.8\text{ kN}$

(6) 유효단면적에 대한 전단파단

$A_{sf}=2t(a+d/2)=2\times 25\times(64.5+90/2)=5{,}475\text{ mm}^2$

$\phi_{sf}P_n=\phi_{sf}0.6F_uA_{sf}=0.75\times 0.6\times 410\times 5{,}475\times 10^{-3}=1{,}010.4\text{ kN}$

(7) 핀의 투영면적에 대한 지압

$\phi P_n=\phi 1.8F_yA_{pb}=0.75\times 1.8\times 275\times 25\times 90\times 10^{-3}=835.3\text{ kN}$

(8) 총단면적에 대한 항복

$\phi_t P_n=\phi_t F_yA_g=0.9\times 275\times 25\times 100\times 10^{-3}=618.8\text{ kN}$

(9) 2면전단강도

$$\phi P_t=\phi 2F_{nv}(\pi d^2/4)=0.75\times 2\times 410\times\frac{\pi\times 90^2}{4}\times 10^{-3}=3{,}912.5\text{ kN}$$

따라서, 아이바의 허용하중은 618.8kN이 된다.

연 습 문 제

【3.1】 그림과 같은 SS275 강재인 ㄱ형강의 설계인장강도를 결정하라.

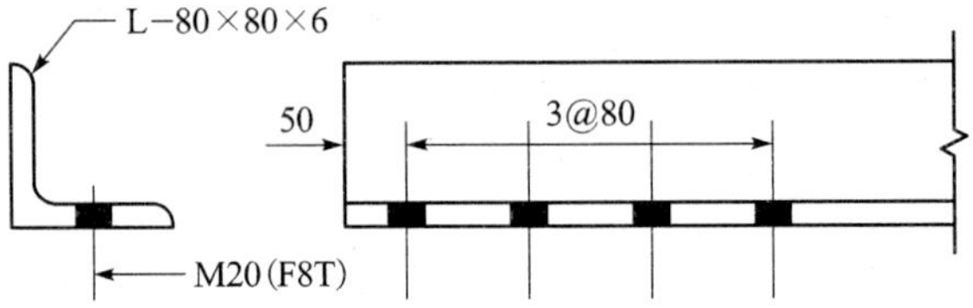

그림 【3.1】 ㄱ형강 접합부(단위: mm)

【3.2】 그림과 같은 인장부재의 설계블록전단강도를 결정하라. 사용강재는 SS275를 가정하라.

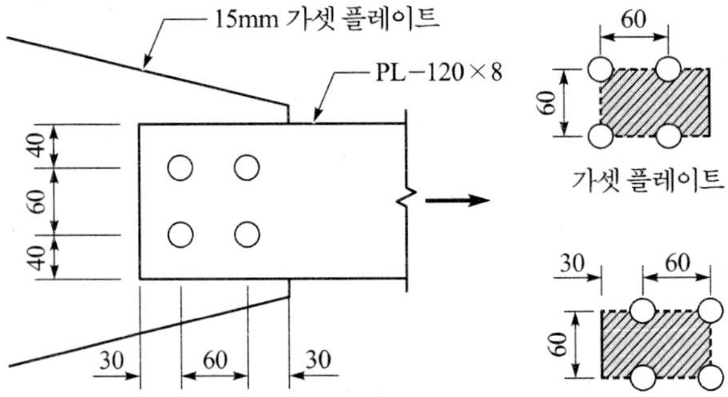

그림 【3.2】의 가셋플레이트 접합부 (단위: mm)

【3.3】 그림과 같은 인장재의 순단면적을 산정하라.

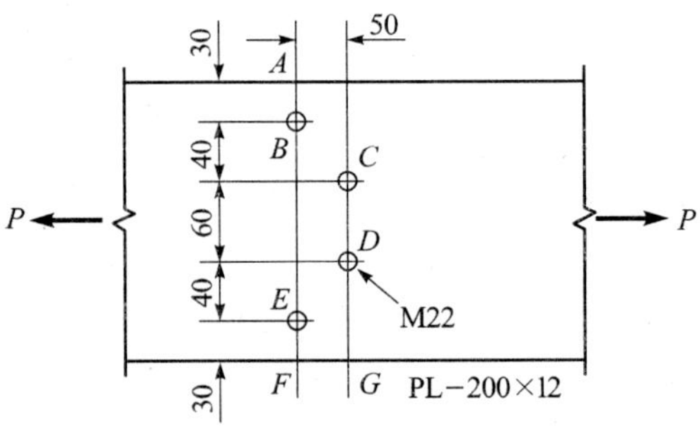

그림 【3.3】의 인장접합부 (단위: mm)

【3.4】 그림과 같이 두께가 20mm이며 폭이 300mm인 플레이트의 순단면적을 결정하라. 단, 사용강재는 SM275이며, 사용볼트는 M22(F8T)이다.

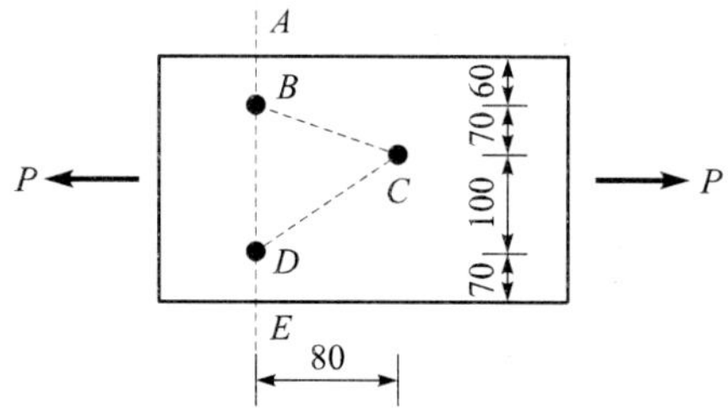

그림 【3.4】의 플레이트 접합부
(단위: mm)

【3.5】 그림과 같은 플레이트의 순단면적을 산정하라. 플레이트의 폭은 300mm, 두께는 22mm이며, 사용볼트는 M22(F8T)이다.

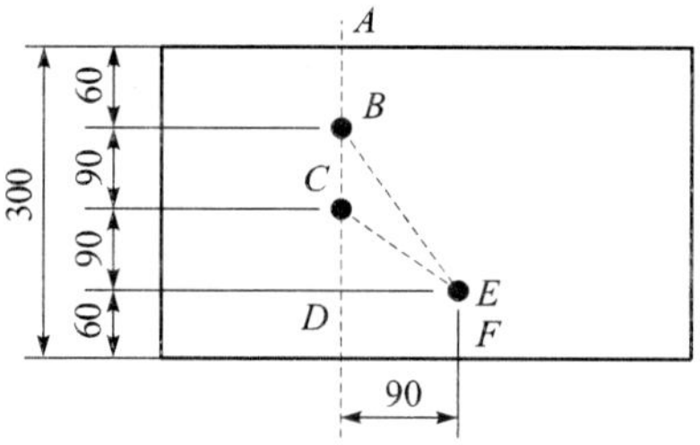

그림 【3.5】 플레이트 접합부
(단위: mm)

【3.6】 그림과 같은 플레이트에서 파단예상선인 ABC와 DEFG에 해당하는 순단면적을 결정하라. 플레이트의 폭은 250mm, 두께는 20mm이다. 사용볼트는 M22 (F10T)이다.

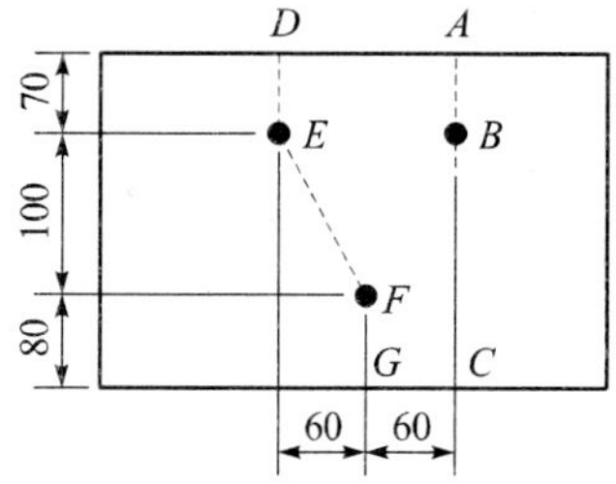

그림 【3.6】의 플레이트 접합부
(단위: mm)

【3.7】 그림과 같은 ㄷ형강의 순단면적을 결정하라. 사용볼트는 M22(F8T)이다.

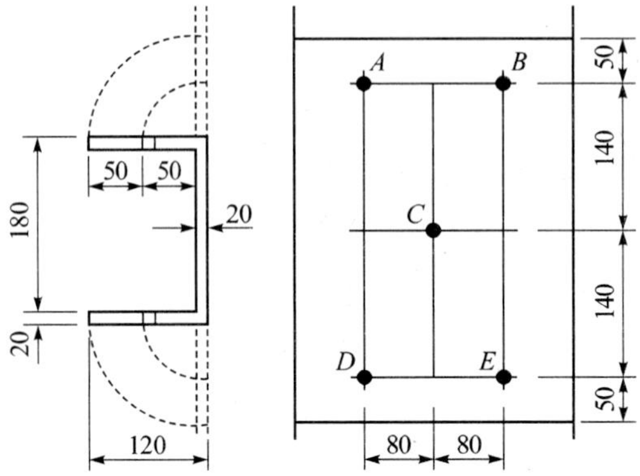

그림 【3.7】의 ㄷ형강 접합부그림 (단위: mm)

【3.8】 그림과 같은 볼트접합부에서의 순단면적과 유효순단면적을 결정하라. 사용강재는 SS275 이며, M20(10T)의 고장력볼트가 사용되었다.

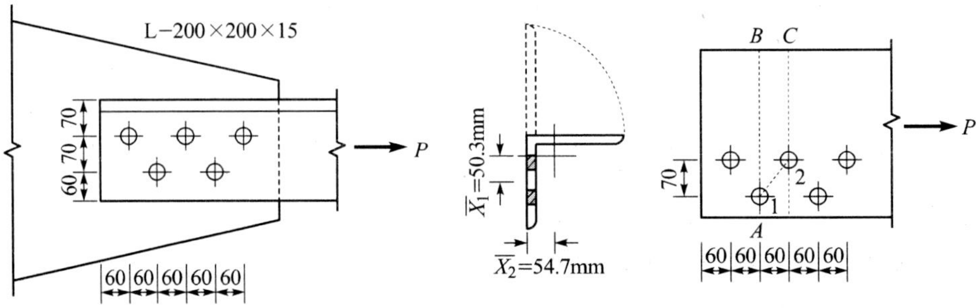

그림 【3.8】의 ㄱ형강 접합부 (단위: mm)

【3.9】 그림과 같은 ㄱ형강의 설계내력을 산정하라. 사용강재는 SM275이며, M20(F8T)이다.

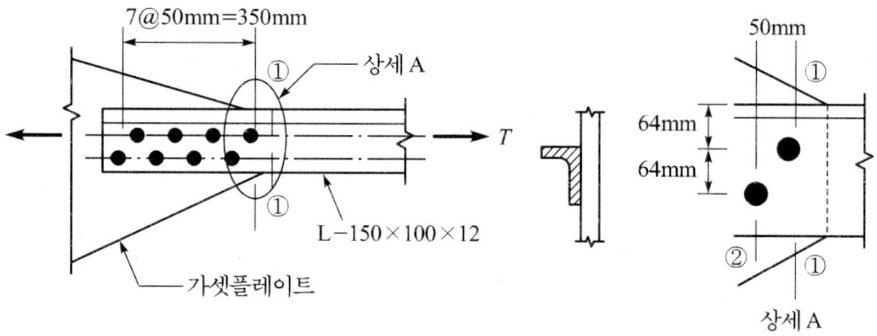

그림 【3.9】 의 ㄱ형강 접합부

【3.10】 그림과 같은 ㄱ형강의 설계하중을 산정하라. SM275강재와 M20(F10T)를 가정하라.

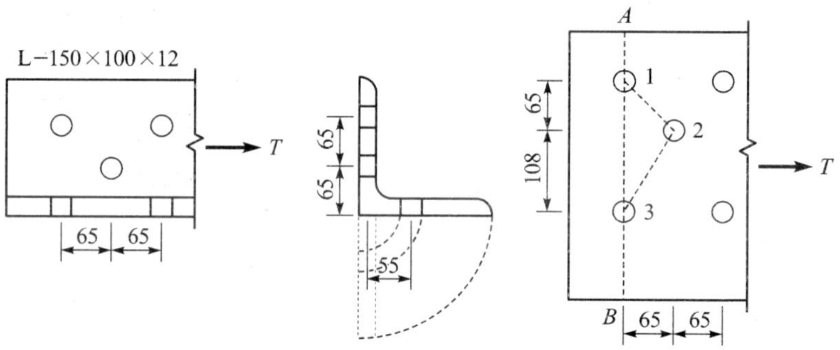

그림 【3.10】 의 ㄱ형강 접합부 (단위: mm)

【3.11】 그림의 볼트접합부에서 a-b-c를 따른 블록전단강도를 결정하라. SM275 강재와 M22(F10T) 고장력볼트를 가정하라.

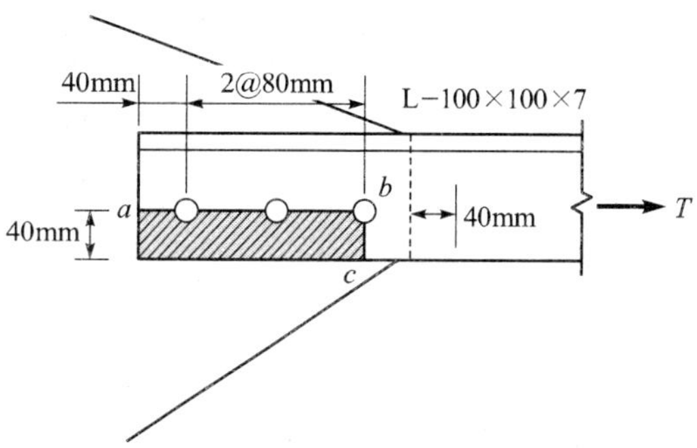

그림 【3.11】 의 볼트접합부

【3.12】 그림과 같은 볼트접합부에서 a-b-c-d를 따른 블록전단강도를 결정하라. SM275 강재와 M20(F8T)고장력볼트를 가정하라.

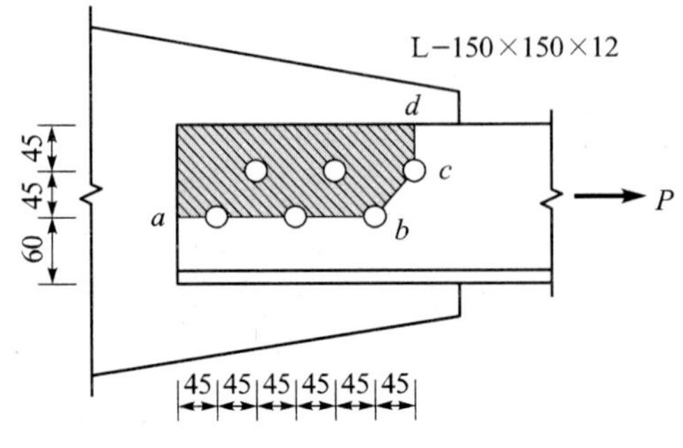

그림 【3.12】의 볼트 접합부 (단위: mm)

【3.13】 그림과 같은 H형강의 볼트접합부에서 a-b-c를 따른 블록전단강도를 결정하라. 형강의 재질은 SM275이며, M20(F10T)의 고장력볼트를 가정하라.

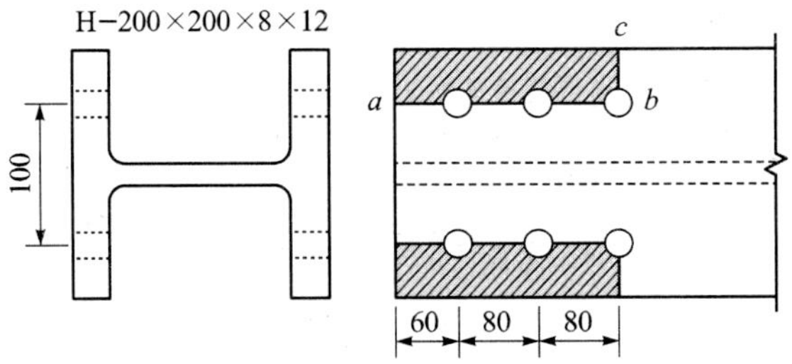

그림 【3.13】의 H형강의 접합부 (단위: mm)

【3.14】 그림과 같은 ㄱ형강의 설계인장강도를 결정하라. 단, SM275 강재와 M20(F10T)의 고장력볼트를 가정하라.

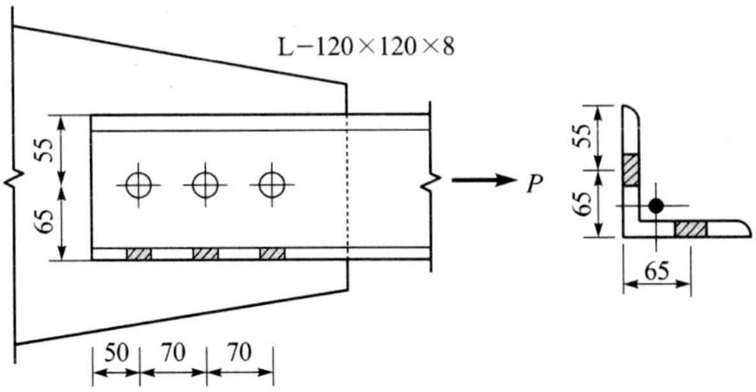

그림 【3.14】의 ㄱ형강 접합부 (단위: mm)

【3.15】 그림과 같은 볼트접합된 ㄱ형강의 설계인장강도를 결정하라. 사용강재는 SM275이며, M20(F10T)를 가정하라.

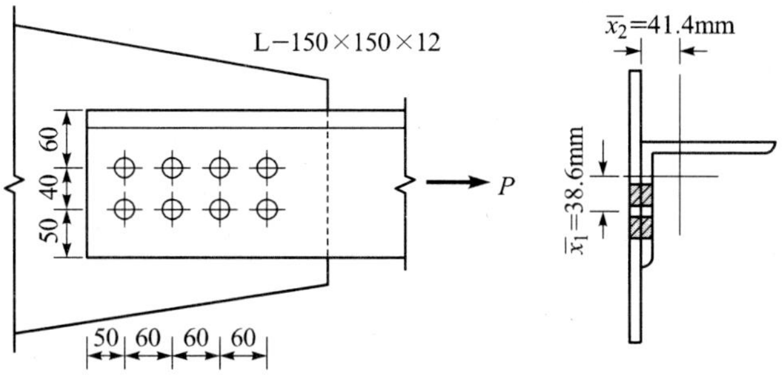

그림 【3.15】 의 ㄱ형강 접합부 (단위: mm)

【3.16】 그림과 같이 용접접합된 플레이트의 설계인장강도를 결정하라. 사용강재는 SM275이다.

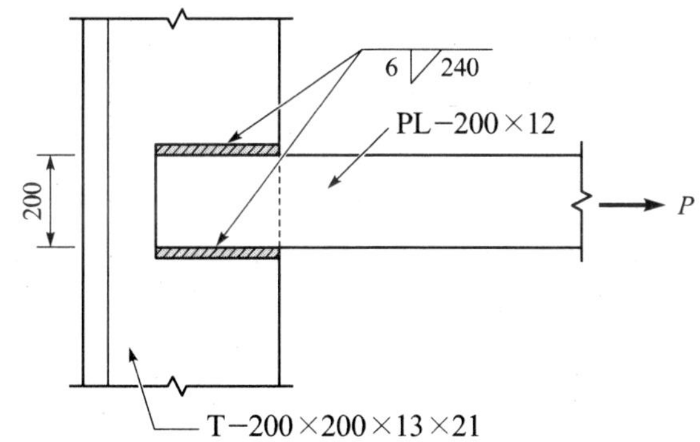

그림 【3.16】 의 플레이트 용접접합부 (단위: mm)

【3.17】 그림과 같이 용접된 인장재의 설계인장강도를 결정하라. 사용강재는 SM275이다.

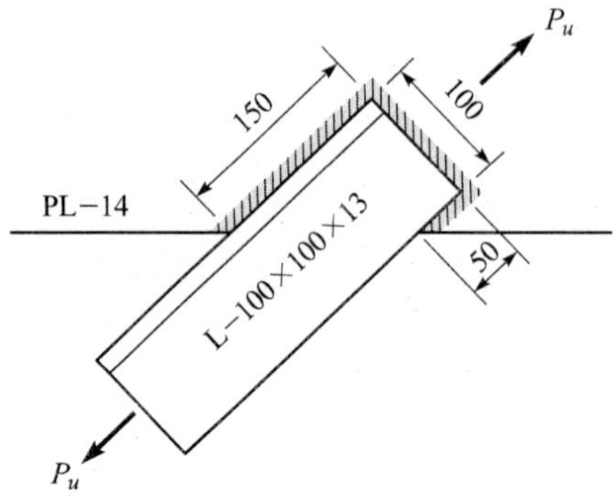

그림 【3.17】의 플레이트 용접접합부 (단위: mm)

【3.18】 그림과 같은 볼트접합된 ㄱ형강의 설계인장강도를 결정하라. 사용강재는 SM275이며, M20(F10T)를 가정하라.

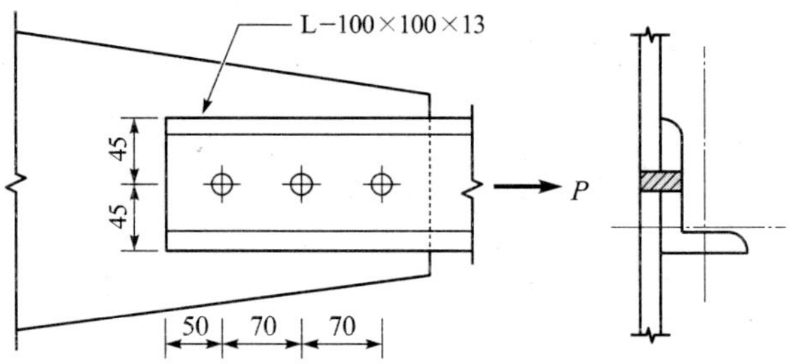

그림 【3.18】의 ㄱ형강 접합부 (단위: mm)

【3.19】 그림과 같은 ㄱ형강 인장재의 안정성을 검토하라. 사용강재는 SM275이며, M20(F10T)를 가정하라.

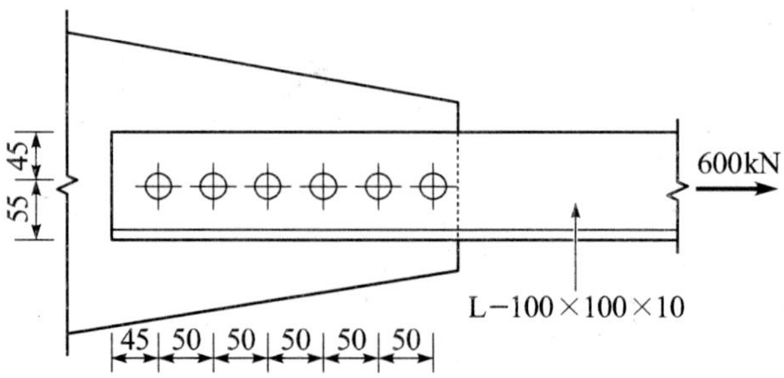

그림 【3.19】의 ㄱ형강 접합부 (단위: mm)

CHAPTER 4 압축재(Compression member) 설계

CHAPTER 4. 압축재(Compression member) 설계

4.1 개요

기둥은 일반적으로 길이가 두께 보다 매우 큰 직선의 수직부재를 말한다. 압축재는 세장비에 따라 장주 혹은 단주로 분류된다. 세장비가 작을 경우에는 단지 단순압축력을 부담하며 스트럿(strut) 혹은 단순히 압축재라 하며, 압괴되어 파괴하게 된다. 세장비가 클 경우에는 횡처짐에 의한 좌굴로 파괴된다. 세장비가 중간일 경우, 재하 초기단계와 하중이 증가함에 따라 점차 축방향으로 길이가 축소되며 재하 축에 수직방향으로 변형이 발생하여 파괴에 이른다. 축하중을 받는 기둥의 파괴양상은 휨좌굴, 국부좌굴 그리고 비틀림 좌굴의 3가지로 구분된다.

동일한 단면의 기둥에 대해 길이가 길수록 더 크게 좌굴하는 경향이 있으며 지지하는 하중은 작아진다. 좌굴은 세장비와 깊은 관련이 있으며, 단부 접합부의 형태, 재하하중의 편심, 기둥재료의 불완전성, 기둥의 초기 변형, 그리고 제작 중에 발생한 잔류응력과 관련된다.

이 장에서는 압축재의 설계를 고려한다. 실제 구조물에서 추가적인 축하중의 작용으로 부재는 휘어지게 되며, 휨과 축력의 조합하중을 부담하게 된다. 이와 같은 보-기둥의 설계는 6장에서 소개하도록 한다.

4.2 임계하중

구조설계에서 안전하게 압축력에 저항하는 다양한 형태들의 단면들을 고려할 수 있다. 그럼에도 불구하고 접합문제, 구조물의 형태 그리고 이용이 가능한 단면들을 고려할 때에 실제로는 제한된 단면만이 사용된다.

압축재에 사용되는 단면들은 약간의 예외는 있으나 인장재와 유사한 단면들이 사용된다. 압축재의 강도는 세장비와 역비례관계에 있으므로 강한 재료들이 사용되어야 한다.

단주인 압축재가 항복 시에 저항하는 최대 힘은 다음과 같다.

$$P_y = F_y A_g \qquad (4 \cdot 1)$$

여기서, P_y, F_y 그리고 A_g는 각각 항복하중, 항복응력 그리고 전단면적을 나타낸다.

재하초기에서부터 기둥이 좌굴할 때까지 하중을 증가시키면 기둥이 줄어드는 것을 멈추고 갑자기 휘어지거나 횡으로 변형하며 동시에 재축에 직각방향으로 휘어진다. 기둥의 강도와 파괴하는 양상은 유효길이에 크게 영향을 받는다. 단주는 강재가 항복할 때까지 혹은 변형률 경화구간에 이를 때까지 하중을 받으며, 좌굴은 발생하지 않는다. 인장과 동일한 크기의 압축력을 지지한다.

유효길이가 증가하면 좌굴응력은 감소한다. 유효길이가 임계치를 벗어나면 좌굴응력은 강재의 탄성한계 보다 작은 값에서 파괴한다. 장주는 기둥의 휨강성(EI)에 비례하는 하중에서 파괴하며 강재의 강도와는 무관하다. 좌굴응력이 비례한계 이내에 있을 때 오일러(Euler)식에 의해 기둥의 강도를 산정할 수 있다.

기둥의 좌굴 시에 응력은 기둥의 길이가 길수록 감소한다. 임계의 길이에 달하면 응력은 강재의 비례한도를 보일 것이다. 그 길이 이상이 되면 탄성의 좌굴응력이 된다. 탄성범위에서 기둥이 좌굴할 경우에 기둥의 길이는 길고 세장할 것이다. 오일러(Euler)가 제안한 좌굴하중 P_c는 다음과 같다.

$$P_c = \frac{\pi^2 EI}{L^2} \qquad (4 \cdot 2)$$

여기서, I는 좌굴방향 축에 대한 단면2차모멘트를 나타낸다.

단면2차반경 $r = \sqrt{I/A}$ 을 식 (4 · 2)에 사용하여 좌굴발생 시에 응력(F_e)으로 표현하면 다음이 된다.

$$F_e = \frac{P_c}{A} = \frac{\pi^2 E}{(L/r)^2} \tag{4 · 3}$$

여기서, A는 단면적을 나타낸다.

회전과 변위가 구속된 단부제약조건의 기둥은 단부가 힌지인 단부제약조건의 기둥 보다 더 큰 하중을 지지한다. 기둥의 유효길이(effective length)는 모멘트가 0인 점들 사이, 즉 변곡점 사이에 거리로써 정의된다. 기둥의 유효길이를 KL이라 하면 K는 유효길이계수(effective length factor)가 된다. 이 계수의 크기는 기둥 단부에 회전과 수평변위의 구속 정도에 따라 설정된다. 유효길이는 양단이 핀접합된 기둥으로 환산된 길이를 의미한다. 표 4.1은 단부 조건들에 따른 유효길이계수를 나타내고 있다.

잔류응력은 열간압연 후에 형강의 고르지 못한 냉각의 결과이다. 예를 들어 H 형강에서 플랜지의 최외곽과 웨브의 중앙은 빨리 냉각되는 반면에 플랜지와 웨브가 접하는 영역은 서서히 냉각된다. 그 결과 그림 4.1과 같이 빨리 냉각이 되는 부분은 잔류압축응력이, 서서히 냉각이 되는 부분은 잔류인장응력을 나타낸다.

축하중을 받는 기둥에서 하중이 증가하면 잔류압축응력 때문에 기둥 단면의 일부는 항복응력에 빨리 달하고 소성범위로 들어간다. 기둥의 강성은 감소되고 탄성인 단면 일부에서 하중을 추가 부담한다. 잔류응력의 기둥은 마치 감소된 단면과 같이 거동한다. 잔류응력을 받는 특정 기둥에서 좌굴의 산정은 단면의 탄성부분에 유효단면2차모멘트(effective moment of inertia, I_e)를 사용하여 산정한다.

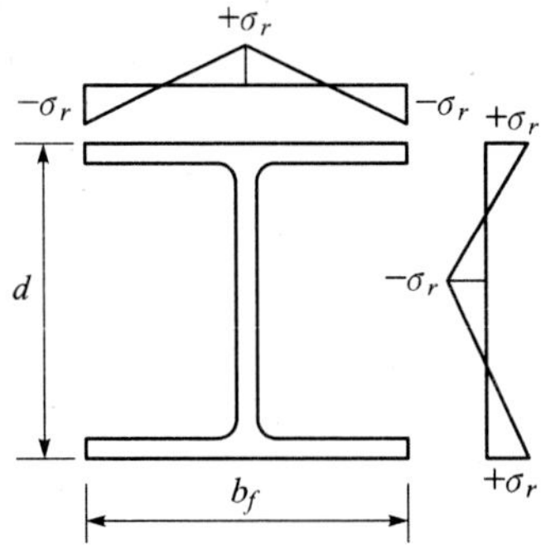

그림 4.1 H형강의 잔류응력 분포 ('+'는 압축을, '-'는 인장을 나타냄)

표 4.1 유효좌굴길이계수

기둥의 좌굴형태	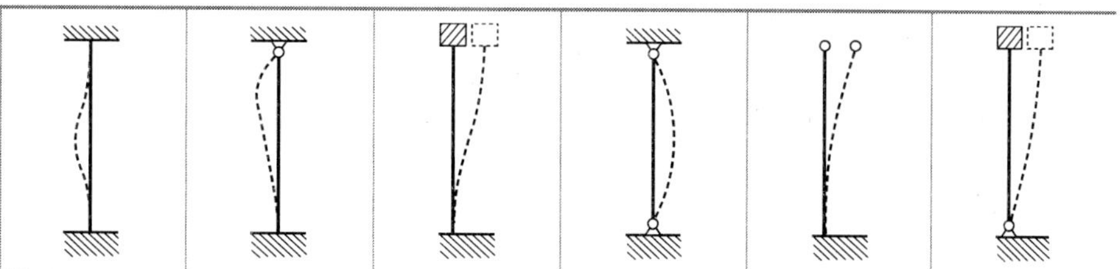					
이론값	0.5	0.7	1.0	1.0	2.0	2.0
설계값	0.65	0.8	1.2	1.0	2.1	2.0
단부조건			회전고정 및 이동고정			
			회전자유 및 이동고정			
			회전고정 및 이동자유			
			회전자유 및 이동자유			

예제 4.1

길이가 6m인 기둥의 단면이 H－150×150×7×10일 때, 좌굴강도를 산정하라. 단 강축에 대해서 양단은 단순지지이며, 약축에 대해서는 일단 핀으로 타단은 고정으로 가정하라.

풀이

(1) 단면의 성질

$I_x = 1.64 \times 10^7 \mathrm{mm}^4$, $I_y = 5.63 \times 10^6 \mathrm{mm}^4$

여기서, x와 y는 각각 강축과 약축을 나타낸다.

(2) 유효좌굴길이계수 (이론값)

$K_x = 1.0$, $K_y = 0.7$, $L_x = L_y = 6\mathrm{m}$

(3) 좌굴강도

$$x축: P_{cr} = \frac{\pi^2 EI_x}{(K_x L_x)^2} = \frac{\pi^2 \times 210{,}000 \times 1.64 \times 10^7}{(6.0 \times 10^3)^2} \times 10^{-3} = 944.2\ \mathrm{kN}$$

$$y축: P_{cr} = \frac{\pi^2 EI_y}{(K_y L_y)^2} = \frac{\pi^2 \times 210{,}000 \times 5.63 \times 10^6}{(4.2 \times 10^3)^2} \times 10^{-3} = 661.5\ \mathrm{kN}$$

따라서, y축 방향에 좌굴이 지배 $P_{cr} = 661.5\mathrm{kN}$

4.3 압축요소의 한계 폭두께비

압축하중을 받는 부재가 좌굴하중에 달하기 이전에 플랜지나 웨브가 국부적으로 좌굴할 수 있다. 얇은 플레이트가 압축응력을 받게 되면 단면2차모멘트가 작은 약축방향에 대해 좌굴하게 된다. 비구속판요소는 하중의 방향과 평행하게 한쪽 끝단이 직각방향의 판요소에 의해 연접된 평판요소(예: H형강의 플랜지)로 비구속판요소라고도 한다. 구속판요소는 압축력 방향에 평행한 일단이 자유 하중의 방향과 평행하게 양면이 직각방향의 판요소에 의해 연속된 압축을 받는 평판요소로 구속판요소라고도 한다. 이들 두 형태의 요소들을 그림 4.2에 나타내었으며, b와 t는 각각 요소의 폭과 두께를 나타낸다. 압축요소의 폭-두께비와 구속판요소 혹은 비구속판요소에 따라 다른 응력상황에서 좌굴한다.

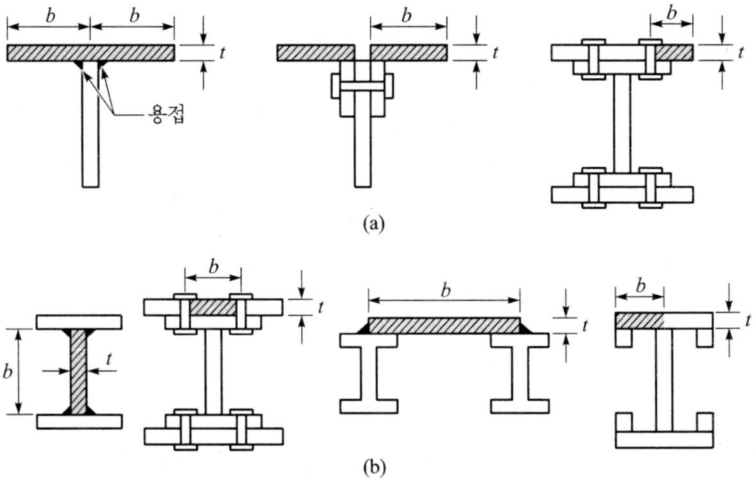

그림 4.2 비구속판요소와 구속판요소 : (a) 비구속판요소, (b) 구속판요소

압축재의 구속판과 비구속판요소에 대해 폭-두께비에 따라 표 4.2와 같이 비세장판단면(nonslender section)과 세장판단면(slender section)으로 구분된다. 압축판요소의 판-두께비 λ가 표 4.2의 λ_r를 초과하지 않는 단면($\lambda \le \lambda_r$)은 비세장판단면으로, 초과하는 단면($\lambda > \lambda_r$)은 세장판단면으로 구분한다. 표 4.2에서 부재가 비세장한 단면일 때, 공칭압축강도는 휨좌굴의 한계상태를 근거로 산정된다. 부재가 세장한 압축부재일 때, 공칭압축강도는 휨좌굴, 비틀림좌굴 그리고 휨-비틀림좌굴 하중 중에 가장 작은 값에 해당한다.

표 4.2 압축판요소의 판폭두께비 제한값

	구분	판요소에 대한 설명	판폭 두께비	폭두께비 한계값	
				λ_p (콤팩트)	λ_r (비콤팩트)
비구속판요소	1	압연 H형강과 ㄷ형강 휨재의 플랜지	b/t	$0.38\sqrt{E/F_y}$	$1.0\sqrt{E/F_y}$
비구속판요소	2	2축 또는 1축 대칭인 용접 H형강 휨재의 플랜지	b/t	$0.38\sqrt{E/F_y}$	$0.95\sqrt{k_c E/F_L}$ [1),2)]
비구속판요소	3	균일 압축을 받는 - 압연 H형강의 플랜지 - 압연 H형강으로부터 돌출된 플레이트 - 서로 접한 쌍ㄱ형강의 돌출된 다리 - ㄷ형강의 플랜지	b/t	-	$0.56\sqrt{E/F_y}$
비구속판요소	4	균일 압축을 받는 - 용접 H형강의 플랜지 - 용접 H형강으로부터 돌출된 플레이트와 ㄱ형강 다리	b/t	-	$0.64\sqrt{k_c E/F_y}$ [1)]
비구속판요소	5	균일 압축을 받는 - ㄱ형강의 다리 - 낄판을 낀 쌍ㄱ형강의 다리 - 그 외 모든 한쪽만 지지된 판요소	b/t	-	$0.45\sqrt{E/F_y}$
비구속판요소	6	휨을 받는 ㄱ형강의 다리	b/t	$0.54\sqrt{E/F_y}$	$0.91\sqrt{E/F_y}$
비구속판요소	7	휨을 받는 T형강의 플랜지	b/t	$0.38\sqrt{E/F_y}$	$1.0\sqrt{E/F_y}$
비구속판요소	8	균일압축을 받는 T형강의 스템	b/t	-	$0.75\sqrt{E/F_y}$

	구분	판요소에 대한 설명	판폭 두께비	폭두께비 한계값	
				λ_p (콤팩트)	λ_r (비콤팩트)
구속판요소	9	휨을 받는 - 2축대칭 H형강의 웨브 - ㄷ형강의 웨브	h/t_w	$3.76\sqrt{E/F_y}$	$5.70\sqrt{E/F_y}$
	10	균일압축을 받는 2축대칭 H형강의 웨브	h/t_w	-	$1.49\sqrt{E/F_y}$
	11	휨을 받는 1축대칭 H형강의 웨브	h_c/t_w	$\dfrac{\frac{h_c}{h_p}\sqrt{\frac{E}{F_y}}}{\left(0.54\frac{M_p}{M_y}-0.09\right)^2} \le \lambda$	$5.70\sqrt{E/F_y}$
	12	휨 또는 균일압축을 받는 - 각형강관의 플랜지 - 플랜지 커버플레이트 - 파스너 또는 용접선 사이의 다이아프램	b/t	$1.12\sqrt{E/F_y}$	$1.40\sqrt{E/F_y}$
	13	휨을 받는 각형강관의 웨브	h/t	$2.42\sqrt{E/F_y}$	$5.70\sqrt{E/F_y}$
	14	균일압축을 받는 그 외 모든 양쪽이 지지된 판요소	b/t	-	$1.49\sqrt{E/F_y}$
	15	- 압축을 받는 원형강관 - 휨을 받는 원형강관	D/t D/t	- $0.07E/F_y$	$0.11E/F_y$ $0.31E/F_y$

※ 주1) $k_c = \dfrac{4}{\sqrt{h/t_w}}$, 여기서 $0.35 \le k_c \le 0.76$

주2) $F_L = 0.7F_y$: 약축휨을 받는 경우, 웨브가 세장판요소인 용접 H형강이 강축휨을 받는 경우, 웨브가 콤팩트요소 또는 비콤팩트요소이고 $S_{xt}/S_{xc} \ge 0.7$인 용접 H형강이 강축휨을 받는 경우

$F_L = F_y S_{xt}/S_{xc} \ge 0.5F_y$: 웨브가 콤팩트요소 또는 비콤팩트요소이고 $S_{xt}/S_{xc} < 0.7$인 용접 H형강이 강축휨을 받는 경우

4.4 기둥의 강도 산정

압축력을 받는 압축재의 공칭압축강도 P_n은 휨좌굴, 비틀림좌굴, 휨-비틀림좌굴의 한계상태 중에서 가장 작은 값으로 한다. 압축저항계수 ϕ_c는 0.90을 취한다. 2축대칭부재와 1축대칭부재는 횡좌굴에 대한 한계상태를 적용하고, 1축대칭부재와 비대칭부재, 그리고 십자형이나 조립기둥과 같은 2축대칭부재는 비틀림좌굴 또는 휨-비틀림좌굴에 대한 한계상태를 적용한다. 압축부재의 세장비는 200을 넘지 않도록 한다.

4.4.1 비세장판 단면

균일압축을 받는 조밀 및 비조밀의 비세장판 압축부재의 공칭압축강도 P_n은 휨좌굴에 대한 한계상태를 근거로 다음과 같이 산정된다.

$$P_n = F_{cr} A_g \qquad (4 \cdot 4)$$

$$P_n = F_{cr} A_g \qquad (4 \cdot 4)$$

여기서, F_{cr}은 다음으로부터 산정된다.

(1) $\dfrac{KL}{r} \leq 4.71\sqrt{\dfrac{E}{F_y}}$ 또는 $\dfrac{F_y}{F_e} \leq 2.25$일 경우

$$F_{cr} = \left[0.658^{\frac{F_y}{F_e}}\right] F_y \qquad (4 \cdot 5)$$

(2) $\dfrac{KL}{r} > 4.71\sqrt{\dfrac{E}{F_y}}$ 또는 $\dfrac{F_y}{F_e} > 2.25$일 경우

$$F_{cr} = 0.877 F_e \qquad (4 \cdot 6)$$

여기서, $F_e = \dfrac{\pi^2 E}{\left(\dfrac{KL}{r}\right)^2}$ (MPa) $\qquad (4 \cdot 7)$

A_g : 부재의 총단면적 (mm^2)

F_y : 강재의 항복강도 (MPa)

E : 강재의 탄성계수 (MPa)

K : 유효좌굴길이계수

L : 부재의 횡좌굴에 대한 비지지길이 (mm)

r : 좌굴축에 대한 단면2차반경 (mm)

$P_n = P_r$: 축방향 공칭설계강도

$\phi_c = 0.9$

예제 4.2

길이가 6 m 이며, 단면이 H−125×125×6.5×9 인 SM275 강재기둥의 설계강도를 결정하라. 단, 양단 단순지지로 가정하라.

풀이

(1) 단면의 성질

$r_x = 52.9\text{mm},\ r_y = 31.1\text{mm},\ A_g = 3{,}031\text{mm}^2$

(2) 유효좌굴길이계수

$K_x = K_y = 1.0,\ L_x = L_y = 6\text{m}$

(3) 강축과 약축의 세장비 검토

$$\left(\frac{K_x L_x}{r_x}\right) = \frac{1.0 \times 6 \times 10^3}{52.9} = 113.4 \ < \ \left(\frac{K_y L_y}{r_y}\right) = \frac{1.0 \times 6 \times 10^3}{31.1} = 192.9$$

y축방향의 세장비가 좌굴강도를 지배

(4) 좌굴응력 산정

$$\left(\frac{K_y L_y}{r_y}\right) = \frac{1.0 \times 6 \times 10^3}{31.1} = 192.9 \ > \ 4.71\sqrt{\frac{E}{F_y}} = 4.71\sqrt{\frac{210{,}000}{275}} = 130.2$$

$$F_e = \frac{\pi^2 E}{\left(\frac{K_y L_y}{r_y}\right)^2} = \frac{\pi^2 \times 210{,}000}{192.9^2} = 55.7\ \text{MPa}$$

$$F_{cr} = 0.877 F_e = 0.877 \times 55.7 = 48.8\ \text{MPa}$$

(5) 설계좌굴강도

$$\phi_c A_g F_{cr} = 0.9 \times 3{,}031 \times 48.8 \times 10^{-3} = 133.1\ \text{kN}$$

예제 4.3

단면이 H−125×125×6.5×9 인 기둥의 국부좌굴 세장한계를 결정하라. 단, SM275 강재를 가정하라.

풀이

(1) 플랜지

$$\frac{b}{t} = \frac{(125/2)}{9} = 6.9 < \lambda_r = 0.56\sqrt{\frac{E}{F_y}} = 0.56\sqrt{\frac{210{,}000}{275}} = 15.5$$ 비세장단면

(2) 웨브 ($r = 10\,\mathrm{mm}$)

$$\frac{h}{t_w} = \frac{125 - 2(9+10)}{6.5} = 13.4 < \lambda_r = 1.49\sqrt{\frac{E}{F_y}} = 1.49\sqrt{\frac{210{,}000}{275}} = 41.2$$ 비세장단면

예제 4.4

가새보강된 골조기둥의 단면이 H−200×200×8×12일 때에 설계강도를 결정하라. 사용된 강재는 SM275이며, 기둥의 길이는 8m이며 양단은 단순지지되어 있다. $x-x$축에 대해 양단부에 가새로 보강되어 있으며, $y-y$축에 대해서는 길이 중앙에 가새보강으로 가정하라.

풀이

(1) 단면의 성질

$r_x = 86.2\mathrm{mm}$, $r_y = 50.2\mathrm{mm}$, $A_g = 6{,}353\mathrm{mm}^2$, $r = 13\mathrm{mm}$

$L_x = 8\,\mathrm{m}$, $L_y = 4\mathrm{m}$

(2) 세장비 검토

$$\frac{K_x L_x}{r_x} = \frac{1.0 \times 8 \times 10^3}{86.2} = 92.8 > \frac{K_y L_y}{r_y} = \frac{1.0 \times 4 \times 10^3}{50.2} = 79.7$$

$x-x$축에 대한 좌굴강도가 설계를 지배

플랜지

$$\frac{b}{t} = \frac{(200/2)}{12} = 8.3 < \lambda_r = 0.56\sqrt{\frac{E}{F_y}} = 0.56\sqrt{\frac{210{,}000}{275}} = 15.5$$ 비세장단면

웨브

$$\frac{h}{t_w} = \frac{200 - 2(12+13)}{8} = 18.8 < \lambda_r = 1.49\sqrt{\frac{E}{F_y}} = 1.49\sqrt{\frac{210{,}000}{275}} = 41.2$$ 비세장단면

(3) 설계좌굴강도

탄성좌굴응력

$$F_e = \frac{\pi^2 E}{\left(\frac{K_x L_x}{r_x}\right)^2} = \frac{\pi^2 \times 210{,}000}{92.8^2} = 240.7\,\mathrm{MPa}$$

휨좌굴응력

$$4.71\sqrt{\frac{E}{F_y}} = 4.71\sqrt{\frac{210{,}000}{275}} = 130.2 > \frac{K_x L_x}{r_x} = \frac{1.0 \times 8 \times 10^3}{86.2} = 92.8$$

$$F_{cr}=\left[0.658^{\frac{F_y}{F_e}}\right]F_y=\left[0.658^{\frac{275}{240.7}}\right]275=170.5\text{ MPa}$$

$$\phi_c P_n=0.9\times 170.5\times 6{,}353\times 10^{-3}=974.9\text{kN}$$

예제 4.5

30kN의 고정하중과 25kN의 활하중을 받는 기둥을 H형강으로 설계하라. 단, 길이는 7.5m이며, 양단은 단순지지되어 있으며, SM275($F_y=275\text{N/mm}^2$)강재를 가정하라.

풀이

(1) 계수하중

$$P_u=1.2P_D+1.6P_L=1.2(30)+1.6(25)=76\text{ kN}$$

(2) 단면의 가정

H$-125\times 125\times 6.5\times 9$

$r_y=31.1\text{mm}$, $r=10\text{mm}$, $A_g=3{,}031\text{ mm}^2$

(3) 약축에 관한 유효좌굴길이계수

$K_y=1.0$

(4) 세장비 검토

플랜지

$$\frac{b}{t}=\frac{(125/2)}{9}=6.9 < \lambda_r=0.56\sqrt{\frac{E}{F_y}}=0.56\sqrt{\frac{210{,}000}{275}}=15.5$$ 비세장단면

웨브

$$\frac{h}{t_w}=\frac{125-2(6.5+10)}{6.5}=14.2 < \lambda_r=1.49\sqrt{\frac{E}{F_y}}=1.49\sqrt{\frac{210{,}000}{275}}=41.2$$ 비세장단면

(5) 설계좌굴강도

탄성좌굴응력

$$F_e=\frac{\pi^2 E}{\left(\frac{K_yL_y}{r_y}\right)^2}=\frac{\pi^2\times 210{,}000}{\left(\frac{1.0\times 7.5\times 10^3}{31.1}\right)^2}=35.6\text{ MPa}$$

휨좌굴응력

$$4.71\sqrt{\frac{E}{F_y}}=4.71\sqrt{\frac{210{,}000}{275}}=130.2 < \frac{K_yL_y}{r_y}=\frac{1.0\times 7.5\times 10^3}{31.1}=241.2$$

$$F_e = \frac{\pi^2 E}{\left(\frac{K_y L_y}{r_y}\right)^2} = \frac{\pi^2 \times 210{,}000}{241.2^2} = 35.6$$

$$F_{cr} = 0.877 F_e = 0.877 \times 35.6 = 31.2\ \mathrm{MPa}$$

$$\phi_c P_n = 0.9 \times 31.2 \times 3{,}031 \times 10^{-3} = 85.1\,\mathrm{kN} > P_u = 76\ \mathrm{kN} \quad \text{만족}$$

2축 대칭인 단면의 형강은 휨좌굴 혹은 비틀림좌굴에 의해 파괴된다. 1축대칭 그리고 비대칭형강은 휨, 비틀림 혹은 휨-비틀림좌굴에 의해 파괴한다. 강재 형강은 비틀림에 저항하는데 적절하지 않기 때문에 가새보강을 통해 비틀림한계상태를 보완하여야 한다. H형강의 설계에서 비틀림좌굴과 휨-비틀림좌굴의 한계상태를 고려하지 않는다.

공칭압축강도 P_n은 비틀림좌굴과 휨-비틀림좌굴에 대한 한계상태를 근거로 다음과 같이 산정한다.

$$P_n = F_{cr} A_g \tag{4 · 8}$$

여기서, 좌굴응력 F_{cr}은 다음으로 산정된다.

(1) 쌍ㄱ형강과 T형강 압축부재

$$F_{cr} = \left(\frac{F_{cry} + F_{crz}}{2H}\right)\left[1 - \sqrt{1 - \frac{4F_{cry}F_{crz}H}{(F_{cry} + F_{crz})^3}}\right] \tag{4 · 9}$$

여기서, F_{cry}는 y축대칭에 대한 휨좌굴에 대해 식 (4 · 5)와 (4 · 6)에서 구한 F_{cr}값, T형강 압축부재에 대해서는 $\frac{KL}{r} = \frac{K_y L}{r_y}$, 쌍ㄱ형강 압축부재에 대해서는 $\frac{KL}{r} = \left(\frac{KL}{r}\right)_m$을 사용한다.

$$F_{crz} = \frac{GJ}{A_g \bar{r}_0^2} \tag{4 · 10}$$

(2) 모든 다른 경우

F_{cr}값은 다음에서 산정되는 탄성비틀림좌굴응력과 탄성휨-비틀림좌굴응력 F_e를 사용하여 식 (4 · 5)와 (4 · 6)에 따라 산정한다.

① 2축대칭 부재

$$F_e = \left[\frac{\pi^2 E C_w}{(K_z L)^2} + GJ\right]\frac{1}{I_x + I_y} \tag{4 · 11}$$

② y축에 대칭인 1축대칭 부재

$$F_e = \left(\frac{F_{ey} + F_{ez}}{2H}\right)\left[1 - \sqrt{1 - \frac{4F_{ey}F_{ez}H}{(F_{ey} + F_{ez})^2}}\right] \tag{4 · 12}$$

③ 비대칭 부재

다음 방정식의 해 중 가장 작은 값을 F_{cr}로 사용한다.

$$(F_e - F_{ex})(F_e - F_{ey})(F_e - F_{ez}) - F_e^2(F_e - F_{ey})\left(\frac{x_0}{\overline{r}_0}\right)^2 - F_e^2(F_e - F_{ex})\left(\frac{y_0}{\overline{r}_0}\right)^2 = 0 \tag{4 · 13}$$

여기서, A_g : 부재의 전단면적 (mm^2)

C_w : 뒤틀림상수 (mm^6)

$$F_{ex} = \frac{\pi^2 E}{\left(\frac{K_x L}{r_x}\right)^2} \tag{4 · 14}$$

$$F_{ey} = \frac{\pi^2 E}{\left(\frac{K_y L}{r_y}\right)^2} \tag{4 · 15}$$

$$F_{ez} = \left[\frac{\pi^2 E C_w}{(K_z L)^2} + GJ\right]\frac{1}{A_g \overline{r}_0^2} \tag{4 · 16}$$

G : 강재의 전단탄성계수

$$H = 1 - \frac{x_0^2 + y_0^2}{\overline{r}_0^2} \tag{4 · 17}$$

I_x, I_y : 주축에 대한 단면2차모멘트 (mm^4)

J : 비틀림상수 (mm^4)

K_x : x축에 대해 비틀림좌굴에 대한 유효좌굴길이계수

K_y : y축에 대해 비틀림좌굴에 대한 유효좌굴길이계수

K_z : z축에 대해 비틀림좌굴에 대한 유효좌굴길이계수

$\overline{r_0}$: 전단중심에 대한 극2차반경 (mm)

$$\overline{r_0} = x_0^2 + y_0^2 + \frac{I_x + I_y}{A_g} \quad (4 \cdot 18)$$

r_x : x축에 대한 단면2차반경 (mm)

r_y : y축에 대한 단면2차반경 (mm)

x_0, y_0 : 단면의 도심에서 전단중심까지의 거리 (mm)

2축대칭 H형단면의 경우, $C_w = I_y h_0^2/4$ 값을 사용할 수 있다. 여기서, h_0는 플랜지 도심간의 거리를 나타낸다. T형강과 쌍ㄱ형강의 경우, F_{ez}를 계산할 때 C_w를 포함한 항을 삭제하고 x_0를 0으로 놓는다.

4.4.2 세장판단면

세장판단면을 갖는 압축재에서 공칭압축강도 P_n은 휨좌굴, 비틀림좌굴 그리고 휨-비틀림좌굴 한계상태 중에서 가장 작은 값으로 다음과 같이 산정된다.

세장판요소를 갖는 부재의 설계는 ㄱ형강, ㄷ형강, 기타 형강기둥, T형강기둥에 적용된다. 세장판단면을 갖는 압축재에서 공칭압축강도 P_n은 휨좌굴, 비틀림좌굴 그리고 휨-비틀림좌굴 한계상태 중에서 가장 작은 값으로 다음과 같이 산정된다.

$$P_n = F_{cr} A_g \quad (4 \cdot 19)$$

좌굴응력 F_{cr}은 다음으로 산정된다.

(1) $\frac{KL}{r} \le 4.71\sqrt{\frac{E}{QF_y}}$ 또는 $\frac{QF_y}{F_e} \le 2.25$일 경우

$$F_{cr} = Q\left[0.658^{\frac{QF_y}{F_e}}\right]F_y \quad (4 \cdot 20)$$

(2) $\frac{KL}{r} > 4.71\sqrt{\frac{E}{QF_y}}$ 또는 $\frac{QF_y}{F_e} > 2.25$일 경우

$$F_{cr} = 0.877 F_e \quad (4 \cdot 21)$$

여기서, F_e : 탄성좌굴응력, 2축대칭부재는 식 (4 · 7)과 (4 · 11), 1축대칭부재는 식 (4 · 7)과 (4 · 12), 비대칭부재는 식 (4 · 13), 그리고 $b/t > 20$인 단일ㄱ형강은 식 (4 · 7)을 사용하여 산정한다.

Q : 모든 세장 압축요소를 고려하는 순감소계수로써, 균일압축을 받는 단면에 대해 세장판요소가 없는 부재는 1.0, 세장판요소를 갖는 부재는 Q_sQ_a로 산정한다. 세장한 비구속판으로만 조합된 단면의 경우, $Q = Q_s(Q_a = 1)$, 세장한 구속판으로 조합된 경우, $Q = Q_s(Q_a = 1)$, 구속판과 비구속판으로 조합된 단면의 경우, $Q = Q_sQ_a$로 산정한다. 여러 개의 세장한 비구속판으로 조합된 단면의 경우, 더 세장한 판으로 구해진 작은 Q_s를 사용하는 것이 보수적이다.

세장한 자유돌출판의 저감계수 Q_s는 다음과 같이 산정한다.

1) 압연기둥 또는 다른 압축부재로부터 돌출된 플랜지, ㄱ형강 및 플레이트

① $b/t \le 0.56\sqrt{E/F_y}$ 일 경우

$$Q_s = 1.0 \tag{4 · 22}$$

② $0.56\sqrt{E/F_y} < b/t < 1.03\sqrt{E/F_y}$ 일 경우

$$Q_s = 1.415 - 0.74\left(\frac{b}{t}\right)\sqrt{\frac{F_y}{E}} \tag{4 · 23}$$

③ $b/t \ge 1.03\sqrt{E/F_y}$ 일 경우

$$Q_s = \frac{0.69E}{F_y\left(\frac{b}{t}\right)^2} \tag{4 · 24}$$

2) 조립된 H형강 기둥 또는 다른 압축부재로부터 돌출된 플랜지, ㄱ형강 및 플레이트

① $b/t \le 0.64\sqrt{Ek_c/F_y}$ 일 경우

$$Q_s = 1.0 \tag{4 · 25}$$

② $0.64\sqrt{Ek_c/F_y} < b/t \le 1.17\sqrt{Ek_c/F_y}$ 일 경우

$$Q_s = 1.415 - 0.65\left(\frac{b}{t}\right)\sqrt{\frac{F_y}{Ek_c}} \tag{4 · 26}$$

③ $b/t > 1.17\sqrt{Ek_c/F_y}$ 일 경우

$$Q_s = \frac{0.90Ek_c}{F_y\left(\frac{b}{t}\right)^2} \tag{4 · 27}$$

여기서, b : 비구속판의 폭 (mm)

$$k_c = \frac{4}{\sqrt{h/t_w}},\ 0.35 < k_c \le 0.76 \qquad (4 \cdot 28)$$

t : 부재의 두께 (mm)

세장한 구속판의 저감계수 Q_a는 다음과 같이 산정된다.

$$Q_a = \frac{A_e}{A_g} \qquad (4 \cdot 29)$$

여기서, A_g : 부재의 전단면적 (mm^2)

A_e : 감소된 유효폭 b_e를 고려하여 산정한 유효단면적의 합 (mm^2)

3) 단일 ㄱ형강

① $b/t \le 0.45\sqrt{E/F_y}$ 일 경우

$$Q_s = 1.0 \qquad (4 \cdot 30)$$

② $0.45\sqrt{E/F_y} \le b/t \le 0.91\sqrt{E/F_y}$ 일 경우

$$Q_s = 1.34 - 0.76\left(\frac{b}{t}\right)\sqrt{\frac{F_y}{E}} \qquad (4 \cdot 31)$$

③ $b/t > 0.91\sqrt{E/F_y}$ 일 경우

$$Q_s = \frac{0.53E}{F_y\left(\frac{b}{t}\right)^2} \qquad (4 \cdot 32)$$

여기서, b : 가장 긴 ㄱ형강다리의 폭 (mm)

4) T형강의 스템

① $d/t \le 0.75\sqrt{E/F_y}$ 일 경우

$$Q_s = 1.0 \qquad (4 \cdot 33)$$

② $0.75\sqrt{E/F_y} \le d/t \le 1.03\sqrt{E/F_y}$ 일 경우

$$Q_s = 1.908 - 1.22\left(\frac{d}{t}\right)\sqrt{\frac{F_y}{E}} \qquad (4 \cdot 34)$$

③ $d/t > 1.03\sqrt{E/F_y}$ 일 경우

$$Q_s = \frac{0.69E}{F_y\left(\frac{d}{t}\right)^2} \tag{4 · 35}$$

여기서, d : T형강의 깊이 (mm)

b : 비구속압축요소의 폭 (mm)

t : 부재의 두께 (mm)

감소된 유효폭 b_e는 다음과 같이 산정한다.

1) 균일한 두께를 갖는 정방형이나 장방형 단면의 플랜지를 제외하고 균일압축을 받는 세장판단면 $\left(\frac{b}{t} \geq 1.49\sqrt{\frac{E}{f}}\right)$

$$b_e = 1.92t\sqrt{\frac{E}{f}}\left[1 - \frac{0.34}{(b/t)}\sqrt{\frac{E}{f}}\right] \leq b \tag{4 · 36}$$

여기서, f는 $Q = 1.0$일 때의 F_{cr}의 값이다.

2) 균일한 두께를 갖는 정방형이나 장방형의 세장판단면의 플랜지 $\left(\frac{b}{t} \geq 1.40\sqrt{\frac{E}{f}}\right)$

$$b_e = 1.92t\sqrt{\frac{E}{f}}\left[1 - \frac{0.38}{(b/t)}\sqrt{\frac{E}{f}}\right] \leq b \tag{4 · 37}$$

여기서, $f = P_n/A_e$. 반복계산을 요하는 $f = P_n/A_e$를 구하는 대신 f는 F_y와 같다고 할 수 있다. 이 경우에는 기둥의 유효강도를 약간 보수적으로 추정한다.

3) 축력을 받는 원형단면

$0.11\frac{E}{F_y} < \frac{D}{t} < 0.45\frac{E}{F_y}$ 일 경우

$$Q = Q_a = \frac{0.038E}{F_y(D/t)} + \frac{2}{3} \tag{4 · 38}$$

여기서, D : 원형강판의 외경 (mm)

t : 부재의 두께 (mm)

4.5 모멘트 증폭

구조물설계 시, 전체 구조물과 각 구조부재의 안정성을 확보하여야 한다. 전체 구조물과 각 구조부재의 안정성에 영향을 미치는 2차효과($P-\Delta$, $P-\delta$ 효과)는 한계상태설계법의 하중조합에 따른 설계하중에 의해 계산되어야 한다.

그림 4.3에서 기둥 단부의 모멘트 $M_o = P\Delta$는 중앙부에서의 모멘트 M_c와 다음의 관계를 갖는다.

$$M_c = \psi M_o = P(\Delta + \delta) \tag{4 · 39}$$

여기서, ψ는 모멘트증폭계수(moment magnifier)로

$$\psi = \frac{\Delta + \delta}{\delta} \tag{4 · 40}$$

가 된다.

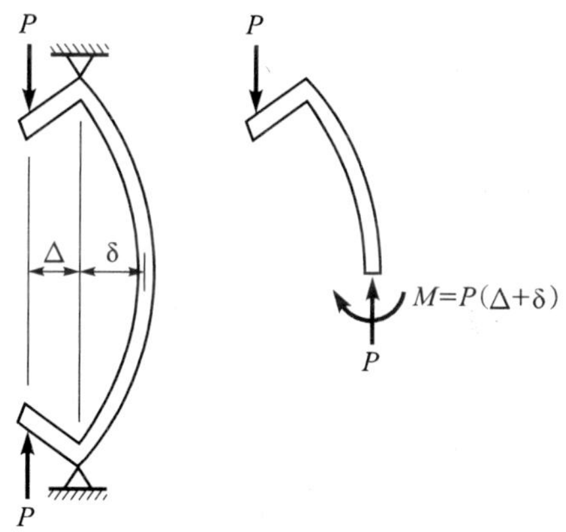

그림 4.3 변형된 기둥과 작용 하중

모멘트 증폭 계수는 기둥의 세장비와 작용하중에 영향을 받으며, 그림 4.4(a)의 양단 단순지지 기둥의 양단부에 모멘트 M_o가 작용하면 δ_o의 횡변위가 발생한다. 만약 이 기둥에 추가로 축하중 P가 작용하면 δ_a만큼 횡변위의 증가로 기둥의 중앙부에서 전체 횡변위 $\delta = \delta_o + \delta_a$이 일어난다. 그림 4.4(b), (c)는 양단부에 작용하는 모멘트 M_o와 2차 모멘트 $P\delta$를 나타낸다. 변형된 형상은 $P\delta$에 의한 모멘트도와 일치하므로 횡변위 δ_a는 모멘트 면적법에 의해 다음과 같이 얻을 수 있다.

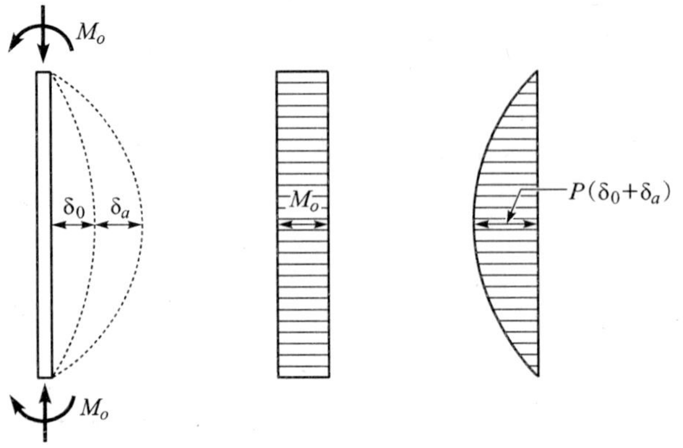

그림 4.4 변형된 기둥의 모멘트: (a) 기둥의 변형 형상, (b) M_o, (c) $P\delta$ 모멘트

$$\delta_a = \left[\frac{P}{EI}(\delta_o + \delta_a)\frac{l_u}{2}\times\frac{2}{\pi}\right]\frac{l_u}{\pi} = \frac{Pl_u^2}{\pi^2 EI}(\delta_o + \delta_a) \qquad (4 \cdot 41)$$

여기서, l_u는 기둥의 좌굴길이를 나타낸다.

식 (4 · 41)에 오일러의 좌굴하중 P_{cr}를 사용하면

$$\delta_a = (\delta_o + \delta_a)\frac{P}{P_{cr}} \qquad (4 \cdot 42)$$

이를 δ_a에 관해 정리하여 $\delta = \delta_o + \delta_a$를 사용하면

$$\delta_a = \delta_o\left(\frac{P/P_{cr}}{1-P/P_{cr}}\right) \qquad (4 \cdot 43)$$

$$\delta = \frac{\delta_o}{1-P/P_{cr}} \qquad (4 \cdot 44)$$

식 (4 · 44)로부터 P/P_{cr}가 증가하면 전체 횡변위가 증가하며, 특히 $P = P_{cr}$이면 무한대로 파괴를 일컫는다.

단부의 모멘트 M_o를 포함한 기둥의 중앙부에서의 모멘트 M_c

$$M_c = M_o + \frac{P\delta_o}{1-P/P_{cr}} \qquad (4 \cdot 45)$$

그림 4.4에서와 같이 골조가 횡변위없이 가새보강되어 있다면 모멘트증폭계수 B_1과 $P\delta$의 곱에 의해 모멘트 M_{nt}이 산정된다. 횡변위가 발생하게 되면 모멘트증폭계수 B_2와 $P\Delta$의 곱

으로 모멘트가 표현된다. 따라서, 부재에는 다음과 같은 소요 2차휨모멘트가 발생하게 된다.

$$M_r = B_1 M_{nt} + B_2 M_{lt} \qquad (4 \cdot 46)$$

여기서, $M_{nt} = P\delta$, $M_{lt} = P\Delta$, B_1과 B_2는 $P-\delta$와 $P-\Delta$의 효과를 고려하기 위한 증폭계수를 각각 나타낸다.

또한 소요 2차 축강도 P_r은 다음과 같이 산정된다.

$$P_r = P_{nt} + B_2 P_{lt} \qquad (4 \cdot 47)$$

여기서, P_r : 소요 2차축강도 (N)

P_{nt} : 골조의 횡변위가 구속되었을 때의 1차 축력강도 (N)

P_{lt} : 골조의 횡변위에 의해 유발된 1차 축력강도 (N)

가새보강된 골조의 모멘트증폭계수 B_1은 1차해석에 따라 산정된 P_r에 의해 다음과 같이 산정된다.

$$B_1 = \frac{C_m}{1 - \dfrac{P_r}{P_{e1}}} \geq 1.0 \qquad (4 \cdot 48)$$

여기서, P_{el}은 횡방향으로 구속된 부재의 휨평면에 대한 탄성좌굴저항하중으로 다음과 같다.

$$P_{e1} = \frac{\pi^2 EI^*}{(K_1 L)^2}$$

여기서, EI^* : 직접해석법이 사용되는 경우 $0.8\tau_b EI$이며, 그 외에는 EI를 적용

K_1 : 횡방향으로 구속된 골조에 대해 산정한 휨평면에 대한 유효좌굴길이계수로 해석에 의해 더 작은 값이 확인되지 않은 경우 1.0을 적용

모멘트증폭계수 B_2는 다음으로 표현된다.

$$B_2 = \frac{1}{1 - \dfrac{\sum P_{nt}}{\sum P_{e2}}} \geq 1.0 \qquad (4 \cdot 49)$$

여기서, $\sum P_{nt}$: 횡력저항요소가 아닌 기둥재의 하중을 포함한 해당층의 모든 중력하중의 합 (N)

$\sum P_{e2}$: 횡방향으로 구속되지 않은 골조의 좌굴해석에 의해 산정한 해당층의 탄성좌굴강도의 합

$$\sum P_{e2} = R_M \frac{\sum HL}{\Delta_H}$$

R_M : 1.0 가새골조시스템

기타 골조시스템 $\left(1-0.15\left(P_{mf}/\sum P_{nt}\right)\right)$

P_{mf} : 모멘트골조에 해당하는 기둥재에 작용하는 해당층의 모든 수직하중의 합 (N)

L : 층고

Δ_H : 횡하중에 의한 1차층간변위 (mm)

구속물의 평면상 위치에 따라 Δ_H값이 변하는 경우에는 연직하중에 비례하는 가중평균변위로 하거나 최대변위로 하며, 직접해석법이 적용될 경우, 감소된 강성을 적용하여 계산한다.

$\sum H$: Δ_H를 계산하는데 사용되는 횡하중에 의한 층전단력 (N)

기둥의 양단부에서 축하중이 일정한 편심에서 작용한다면 최대의 횡변위는 기둥의 중앙부에서 발생한다. 그러나 기둥의 양단부에 편심은 동일하지 않으며 따라서 최대의 횡변위 또한 기둥의 중앙부에서 반드시 발생하지 않는다. 이 경우에 최대의 횡변위는 편심이 작은 장주일 경우에 기둥의 양단부 사이에서, 편심이 크거나 단주일 경우에는 기둥의 일단에서 발생한다. 이와 같이 양단부에 동일한 모멘트가 작용하지 않는 경우에는 다음의 등가 모멘트 계수 C_m을 사용하여 양단부에 동일한 모멘트로 변환한다.

$$C_m = 0.6 - 0.4\frac{M_1}{M_2} \qquad (4 \cdot 50)$$

여기서, M_1과 M_2는 각각 기둥의 양단부에 작용하는 모멘트중 작은 값과 큰 값이 되며, M_1/M_2는 단곡률일 경우에 (-), 복곡률일 경우에는 (+) 기호를 각각 취한다. 이 식은 축하중과 단부 모멘트가 작용하는 횡구속된 기둥에만 적용되며, 기둥의 양단사이에 횡하중이 있는 경우에는 $C_m = 1$이 된다.

횡하중이 벽, 가새, 혹은 부축벽 등에 의해 지지된다면 가새보강된 골조로, 기둥에 의해 저항한다면 가새보강되지 않은 골조가 된다. 그러나 완전히 가새보강된 골조나 무보강된 골조는 드물며 또한 명확한 경계선도 없다. 따라서, 1차 모멘트에 비하여 횡변위로 인한 2차 모멘트 $P\Delta$가 작다면 횡구속된 골조로 설계를 행한다.

골조의 일부인 기둥은 단부들에서 다른 부재들과 접합된다. 기둥의 좌굴에 대한 유효좌굴길이계수 K는 단부에서 접합된 다른 부재들에 의한 구속정도에 따라 설정된다. 즉, 유효좌굴길이계수는 단부에서 접합되는 부재들의 상대적인 강성에 의한다. 가새보강된 기둥에서 유효좌굴길이계수는 $0 < K \leq 1$, 가새로 보강되지 않은 부재는 $1 < K \leq \infty$ 범위 내에 있다.

기둥 양단부에 상대강성계수 G는 일단에서 접하는 모든 보들의 강성 합에 대한 기둥들의 강성 합의 비로 표현된다.

$$G = \frac{\sum \frac{EI_c}{L_c}}{\sum \frac{EI_b}{L_b}} \tag{4 · 51}$$

이 계수는 기둥의 양단에서 각각 산정된다. 그림 4.5에서와 같이 기둥의 양단부에서 산정된 상대강성계수를 연결하여 만나는 점을 유효좌굴길이계수로 추정한다. 여기서, 아래 첨자 b와 c는 보와 기둥을 각각 나타내며, L_b와 L_c는 접합부들의 중심간 비지지거리를 나타낸다. $\sum$는 접합부에 연결된 기둥의 좌굴을 고려하는 평면에 위치한 모든 부재들의 합을 의미한다.

그림 4.5에서 기둥 밑면에서 G는 다음 2개의 조건에 따라 설정된다.

① 핀접합된 기둥에서 G는 마치 마찰이 없는 힌지를 갖는 기초에 접합된 것과 같이 이론적으로 무한하다. 그러나 그런 접합에도 마찰은 존재하기 때문에 G는 10을 취한다.

② 기둥이 기초에 강접합된 경우에, 이론적으로 G는 0에 근접한다. 그러나 실제적으로 완전한 강접합이 없기 때문에 1.0을 사용하게 된다.

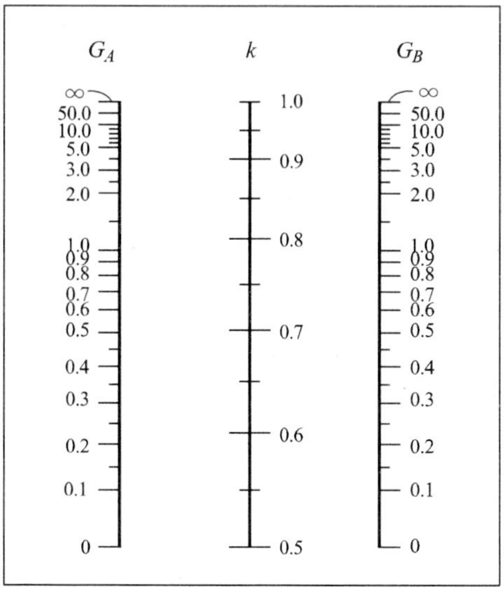

(a)

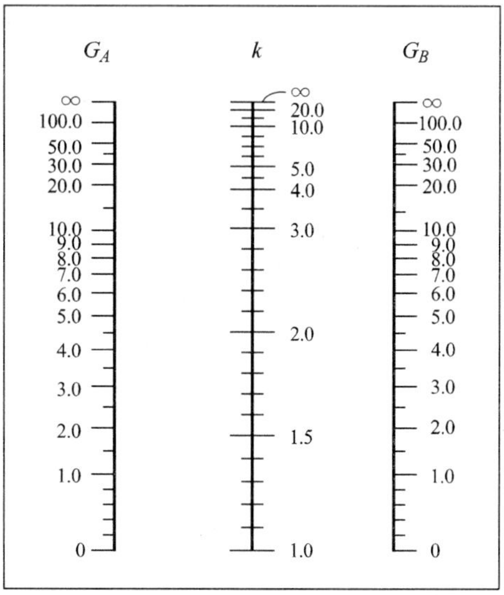

(b)

그림 4.5 좌굴길이계수 산정: (a) 횡구속 골조, (b) 비횡구속 골조

예제 4.6

그림 4.6과 같은 골조에서 기둥 AB의 유효좌굴길이계수를 결정하라. 기둥 AB의 단면은 H−200×150×5×8이며, 강축방향의 휨을 받는 것으로 가정하고 약축방향으로는 가새보강된 것으로 가정하라.

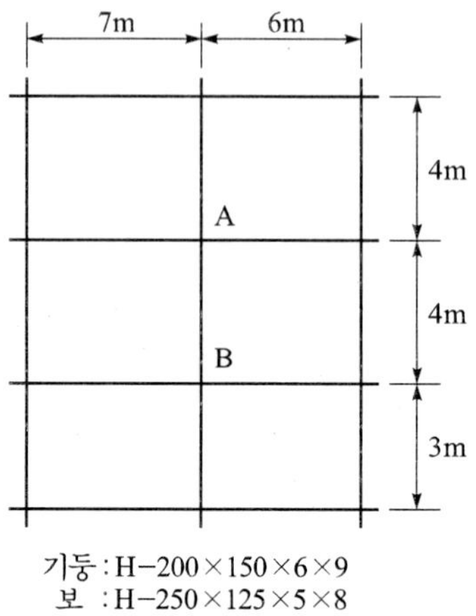

그림 4.6 예제 4.6 의 골조시스템

풀이

(1) 단면의 성질

기둥 : H−200×150×6×9,

$I_x = 2.69\times10^7\,\text{mm}^4$, $L_x = 4\text{m}$

보 : H−250×125×5×8,

$I_x = 3.54\times10^7\,\text{mm}^4$, 경간길이=7m, 6m

(2) 상대강성계수

$$G_A = \frac{\sum \frac{I_c}{L_c}}{\sum \frac{I_b}{L_b}} = \frac{\frac{2.69\times10^7}{4\times10^3}+\frac{2.69\times10^7}{4\times10^3}}{\frac{3.54\times10^7}{7\times10^3}+\frac{3.54\times10^7}{6\times10^3}} = 1.23$$

$$G_B = \frac{\sum \frac{I_c}{L_c}}{\sum \frac{I_b}{L_b}} = \frac{\frac{2.69\times10^7}{4\times10^3}+\frac{2.69\times10^7}{3\times10^3}}{\frac{3.54\times10^7}{7\times10^3}+\frac{3.54\times10^7}{6\times10^3}} = 1.43$$

(3) 유효좌굴길이 계수

$K_{AB} = 0.8$

구조해석에서 그림 4.7의 골조에 점 B에서의 회전은 그림 4.5를 사용하여 가정한 점 B에서의 회전의 2배에 해당한다. 따라서, 그림 4.7의 보 BC는 그림 4.5의 강성의 1/2에 해당하게 된다. 표 4.3은 보의 단부조건이 그림 4.5에서 가정된 것과 다른 경우에 계산된 보의 강성의 보정계수를 나타내고 있다.

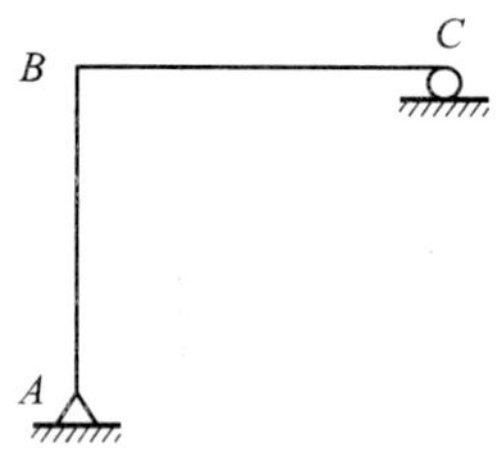

그림 4.7 보 강성의 보정

표 4.3 강접합된 부재에 대한 보정계수

보의 타단에 조건	횡이동이 제한된 경우	횡이동이 있는 경우
핀 접합	1.5	0.5
회전에 대해 고정	2.0	0.67

예제 4.7

그림 4.8과 같은 골조에서 각 기둥의 유효좌굴길이계수를 결정하라. 기둥 AB의 단면은 H－200×150×5×8이며, 강축방향의 휨을 받는 것으로 가정하고 약축방향으로는 가새보강된 것으로 가정하라.

기 둥		
AB, BC	CD, GH	EF, FG
H－340×250×9×14	H－294×200×8×12	H－390×300×10×16

보		
BF, CG	DH	GJ, FI
H－390×300×10×16	H－350×175×7×11	H－400×200×8×13

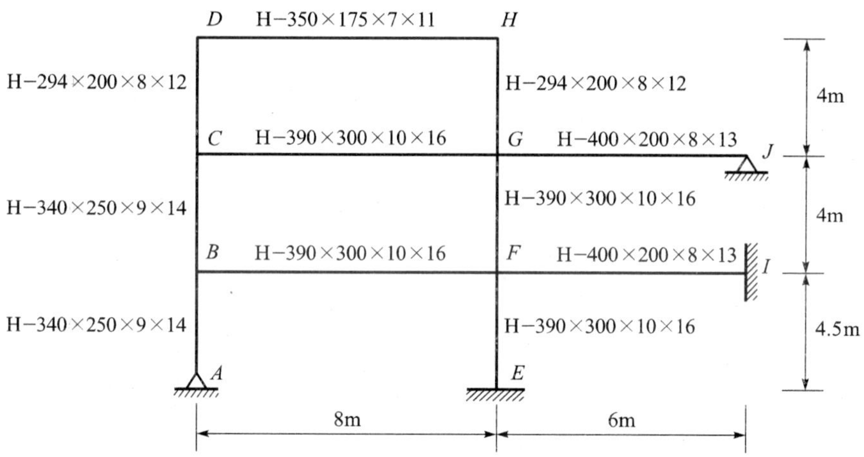

그림 4.8 보와 기둥에 의한 골조

풀이

(1) 상대강성계수

$G_A = 10$ (핀접합)

$$G_B = \frac{\sum \frac{I_c}{L_c}}{\sum \frac{I_b}{L_b}} = \frac{\frac{2.17\times10^8}{4.5\times10^3}+\frac{2.17\times10^8}{4\times10^3}}{\frac{3.87\times10^8}{8\times10^3}} = 2.12$$

$$G_C=\frac{\sum\frac{I_c}{L_c}}{\sum\frac{I_b}{L_b}}=\frac{\frac{2.17\times10^8}{4\times10^3}+\frac{1.13\times10^8}{4\times10^3}}{\frac{3.87\times10^8}{8\times10^3}}=1.71$$

$$G_D=\frac{\sum\frac{I_c}{L_c}}{\sum\frac{I_b}{L_b}}=\frac{\frac{1.13\times10^8}{4\times10^3}}{\frac{1.36\times10^8}{8\times10^3}}=1.66$$

$G_E=1.0$ (완전강접합)

$$G_F=\frac{\sum\frac{I_c}{L_c}}{\sum\frac{I_b}{L_b}}=\frac{\frac{3.87\times10^8}{4.5\times10^3}+\frac{3.87\times10^8}{4\times10^3}}{\frac{3.87\times10^8}{8\times10^3}+2\times\frac{2.37\times10^8}{6\times10^3}}=1.43\text{, 절점 I는 회전에 고정}$$

$$G_G=\frac{\sum\frac{I_c}{L_c}}{\sum\frac{I_b}{L_b}}=\frac{\frac{1.13\times10^8}{4\times10^3}+\frac{3.87\times10^8}{4\times10^3}}{\frac{3.87\times10^8}{8\times10^3}+1.5\times\frac{2.37\times10^8}{6\times10^3}}=1.16\text{, 절점 J는 핀접합}$$

$$G_H=\frac{\sum\frac{I_c}{L_c}}{\sum\frac{I_b}{L_b}}=\frac{\frac{1.13\times10^8}{4\times10^3}}{\frac{1.36\times10^8}{8\times10^3}}=1.66$$

(2) 횡구속골조에 대한 유효좌굴길이계수

부재	G 값	유효좌굴길이계수
AB	10과 2.12	0.91
BC	2.12와 1.71	0.848
CD	1.71과 1.66	0.83
EF	1.0과 1.43	0.798
FG	1.43과 1.16	0.802
GH	1.16과 1.66	0.818

4.6 면내설계의 기둥

기둥에 강접합된 보로 구성된 비구속된 골조일 때, 구속된 골조에 대한 유효좌굴길이계수 K값을 사용하여 각 기둥을 별도로 설계하는 것이 안전하다.

한 층에 모든 기둥들이 횡이동하지 않는다면 해당 층에 최소 기둥 하나는 횡이동에 의해 좌굴하지 않는다. 그림 4.5(a)를 사용하는 가정들 중 하나는 해당 층에 모든 기둥들이 동시에 좌굴한다는 것이다. 만약 이 가정이 적절하다면 기둥 하나가 좌굴하면 모든 기둥들이 좌굴할 것이기 때문에 기둥들은 서로를 지지하거나 보강할 수 없다는 것이다.

어떤 경우에는 골조 내에 기둥 하나가 좌굴강도를 초과할 수 있다. 만약 내부기둥들이 좌굴하중에 달했을 때, 그림 4.9의 가새보강된 골조의 외부기둥들은 좌굴하중에 달하지 않으며, 골조는 좌굴하지 않을 것이다. 내부의 기둥들이 외부의 기둥들에 의해 지지받고 있으며, 이는 외부기둥들은 내부기둥을 보강하는 것으로 설명된다. 횡이동을 야기하는 전단저항이 외부기둥에 의한다.

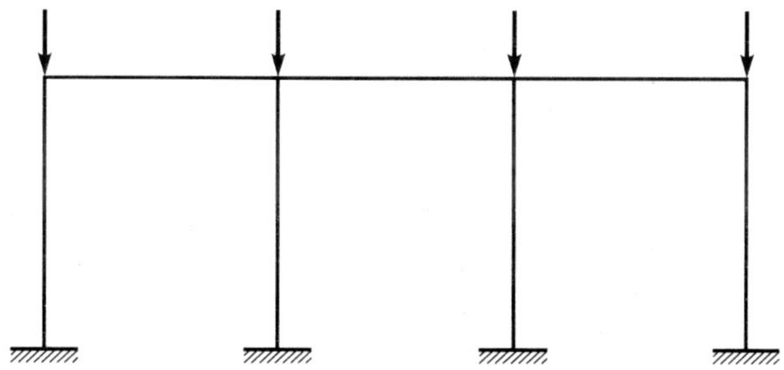

그림 4.9 중력하중을 받는 내외부 기둥

가새보강되지 않은 골조가 지지할 수 있는 전체수직하중은 각 기둥 압축강도의 합과 동일하다. 즉, 기둥이 횡구속되어 지지할 수 있는 최대하중을 초과하지 않는다면 골조 내에 횡이동 좌굴을 일으키는 전체중력하중은 비율에 따라 기둥에 분배된다.

그림 4.10의 가새보강되지 않은 골조를 고려하자. 각 기둥의 유효좌굴길이계수 $K=2.0$이며 그림과 같은 하중에서 좌굴한다고 가정하자. 횡이동이 일어나면 그림 4.10(b)와 같이 골조는 한 방향으로 기울어지며 200Δ와 700Δ의 $P\Delta$ 모멘트가 발생한다. 그림 4.10(c)의 좌측 기둥에 200 kN과 우측 기둥에 500kN의 하중을 받는 골조를 고려하자. 이때에 우측 기둥바닥에 700Δ의 모멘트에 달할 때까지 골조는 횡이동에 의해 좌굴하지 않을 것이다.

우측기둥에 추가적으로 200Δ의 모멘트를 취할 수 있다는 것을 의미한다. 좌측기둥이 우측기둥의 지지를 통해 횡이동 좌굴을 방지하고 있는 것이다.

좌측기둥은 횡이동에 대해 보강되어 있으며 횡이동 좌굴은 바닥면이 200Δ에 달하는 모멘트까지 발생하지 않을 것이다. 따라서, 2.0 보다 작은 유효좌굴길이계수 K로 설계될 수 있으며, 추가적으로 200 kN을 지지할 수 있으며 전체적으로 400 kN이 된다. 골조가 부담할 수 있는 전체하중은 그림 4.10(a)에서와 같이 900 kN이 된다.

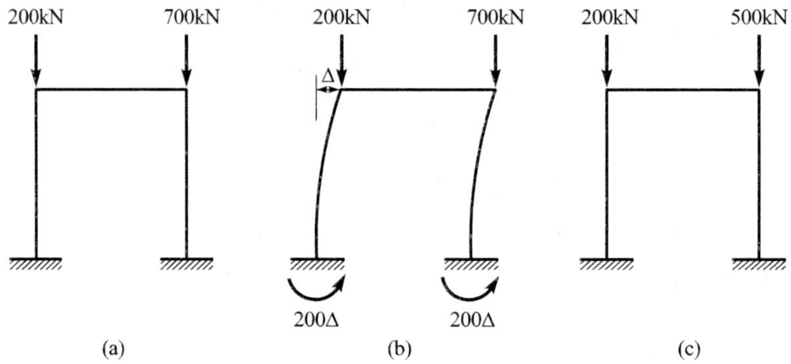

그림 4.10 횡이동을 고려한 중력하중 : (a) 연직하중을 받는 골조, (b) 횡이동 좌굴, (c) 연직하중 변화에 따른 영향

다음의 예제에서 골조의 내부기둥은 외부기둥들에 의해 횡보강되어 있다. 그 결과 내부기둥들은 $K=1.0$으로 가정될 수 있다. 내부기둥들은 600 kN으로 설계되어진다. 외부기둥들에 유효좌굴길이계수는 그림 4.5((a)의 횡구속도표로 결정되며, 각 기둥은 $300+600=900$ kN으로 설계된다. 이 과정은 먼저 골조는 y방향 혹은 면외방향으로 횡구속되어 있다고 전제한다. 즉, $K_y=1.0$. 예제의 그림에서 각 단부기둥은 $300+600=900$ kN을 지지할 수 있으며, 이들 하중은 x축방향에 대해 단부기둥들을 좌굴시키는 경향이 있다. 즉, $\frac{K_yL_y}{r_y}$ 보다는 $\frac{K_xL_x}{r_x}$가 사용된다.

예제 4.8

그림 4.11에서와 같이 외부기둥에 보들이 강접합되어 있고 나머지는 단순접합되어 있다. 기둥의 상하는 골조 면외로 횡이동에 가새보강되어 있다. 즉, 이 방향으로 $K_y=1.0$이다. 골조 면내로는 횡이동이 허용된다. $K_x=K_y=1.0$을 가정하여 내부기둥을 설계하고 그림 4.5에서 산정

된 K_x를 사용하여 외부기둥을 설계하라. 여기서, 내부기둥들은 횡이동 조건 하에서 불안정하기 때문에 하중을 부담하지 않는다. 모든 골조는 SM275 강재를 사용하였으며, 단부 기둥들은 상부에 휨모멘트가 작용하지 않는 것으로 가정하라.

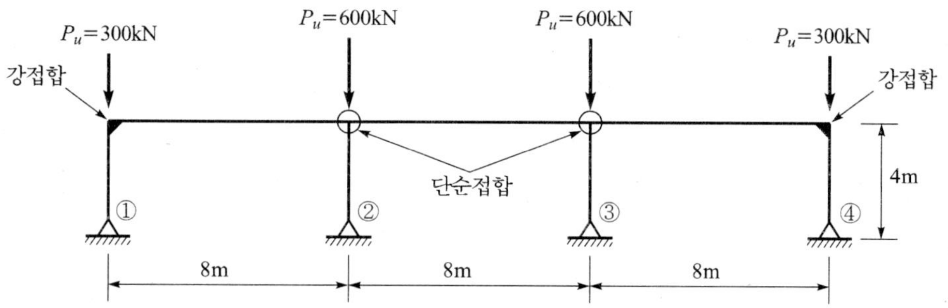

그림 4.11 예제 4.8 의 골조시스템

풀이

(1) 내부기둥

$K_x = K_y = 1.0$, $KL = 1.0 \times 4\,\text{m} = 4\text{m}$, $P_u = 600\ \text{kN}$

단면의 가정

H $- 248 \times 124 \times 5 \times 8$

$I_x = 3.54 \times 10^7 \text{mm}^4$, $r = 12\text{mm}$, $A_g = 3{,}268\ \text{mm}^2$, $r_x = 104\text{mm}$

① 세장비 검토

플랜지

$$\frac{b}{t_f} = \frac{(124/2)}{8} = 7.75 \ \langle\ \lambda_r = 0.56\sqrt{\frac{E}{F_y}} = 0.56\sqrt{\frac{210{,}000}{275}} = 13.5 \qquad \text{비세장단면}$$

웨브

$$\frac{h}{t_w} = \frac{248 - 2(8+12)}{5} = 41.6 \ \langle\ \lambda_r = 1.49\sqrt{\frac{E}{F_y}} = 1.49\sqrt{\frac{210{,}000}{275}} = 41.2 \qquad \text{비세장단면}$$

② 설계좌굴강도

탄성좌굴응력

$$F_e = \frac{\pi^2 E}{\left(\dfrac{K_x L_x}{r_x}\right)^2} = \frac{\pi^2 \times 210{,}000}{\left(\dfrac{1.0 \times 4.0 \times 10^3}{104}\right)^2} = 1{,}401.1\ \text{MPa}$$

휨좌굴응력

$$4.71\sqrt{\frac{E}{F_y}} = 4.71\sqrt{\frac{210{,}000}{275}} = 130.2\ \rangle\ \frac{K_x L_x}{r_x} = \frac{1.0 \times 4.0 \times 10^3}{104} = 38.5$$

$$F_e = \frac{\pi^2 E}{\left(\frac{K_x L_x}{r_x}\right)^2} = \frac{\pi^2 \times 210{,}000}{38.5^2} = 1{,}398.3\,\text{MPa}$$

$$F_{cr} = \left[0.658^{\frac{F_y}{F_e}}\right] F_y = \left[0.658^{\frac{275}{1{,}398.3}}\right] \times 275 = 253.3\,\text{MPa}$$

$\phi_c P_n = 0.9 \times 253.3 \times 3{,}268 \times 10^{-3} = 745.0\,\text{kN} \ \rangle \ P_u = 600\,\text{kN}$ 　만족

(2) 외부기둥

① 기둥 단면 가정 H$-300 \times 150 \times 6.5 \times 9$

$A_g = 4{,}678\,\text{mm}^2$, $I_x = 7.21 \times 10^7\,\text{mm}^4$, $r_x = 124\,\text{mm}$, $r_y = 32.9\,\text{mm}$, $r = 13\,\text{mm}$

보 단면 H$-298 \times 149 \times 5.5 \times 8$

$I_x = 6.32 \times 10^7\,\text{mm}^4$

세장비 검토

플랜지

$$\frac{b}{t_f} = \frac{(150/2)}{9} = 8.3 \ \langle \ \lambda_r = 0.56\sqrt{\frac{E}{F_y}} = 0.56\sqrt{\frac{210{,}000}{275}} = 15.5 \qquad \text{비세장단면}$$

웨브

$$\frac{h}{t_w} = \frac{300 - 2(9+13)}{6.5} = 39.4 \ \langle \ \lambda_r = 1.49\sqrt{\frac{E}{F_y}} = 1.49\sqrt{\frac{210{,}000}{275}} = 41.2 \qquad \text{비세장단면}$$

② 유효좌굴길이계수

$$G_{상} = \frac{7.21 \times 10^7/(4 \times 10^3)}{6.32 \times 10^7/(8 \times 10^3) \times 0.5} = 4.56$$

여기서, 횡이동이 허용되고 보의 타단이 힌지로 되어 있기 때문에 보의 강성에 0.5를 곱한다.

$G_{하} = 10$

$K_x = 0.94$

③ 설계좌굴강도

탄성좌굴응력

$$F_e = \frac{\pi^2 E}{\left(\frac{K_x L_x}{r_x}\right)^2} = \frac{\pi^2 \times 210{,}000}{\left(\frac{0.94 \times 4.0 \times 10^3}{124}\right)^2} = 2{,}254.2\,\text{MPa}$$

휨좌굴응력

$$4.71\sqrt{\frac{E}{F_y}} = 4.71\sqrt{\frac{210{,}000}{275}} = 130.2 \ \rangle \ \frac{K_x L_x}{r_x} = \frac{0.94 \times 4.0 \times 10^3}{124} = 30.3$$

$$F_e = \frac{\pi^2 E}{\left(\dfrac{K_x L_x}{r_x}\right)^2} = \frac{\pi^2 \times 210{,}000}{30.3^2} = 2{,}257.5\,\text{MPa}$$

$$F_{cr} = \left[0.658^{\frac{F_y}{F_e}}\right] F_y = \left[0.658^{\frac{275}{2{,}257.5}}\right] \times 275 = 261.3\,\text{MPa}$$

$\phi_c P_n = 0.9 \times 261.3 \times 4{,}678 \times 10^{-3} = 1{,}100.1\,\text{kN} \; \rangle \; P_u = 900\,\text{kN}$ 만족

면외 탄성좌굴응력

$$F_e = \frac{\pi^2 E}{\left(\dfrac{K_y L_y}{r_y}\right)^2} = \frac{\pi^2 \times 210{,}000}{\left(\dfrac{1.0 \times 4.0 \times 10^3}{32.9}\right)^2} = 140.2\,\text{MPa}$$

휨좌굴응력

$$4.71\sqrt{\frac{E}{F_y}} = 4.71\sqrt{\frac{210{,}000}{275}} = 130.2 \; \rangle \; \frac{K_y L_y}{r_y} = \frac{1.0 \times 4.0 \times 10^3}{32.9} = 121.6$$

$$F_e = \frac{\pi^2 E}{\left(\dfrac{K_y L_y}{r_y}\right)^2} = \frac{\pi^2 \times 210{,}000}{121.6^2} = 140.2\,\text{MPa}$$

$$F_{cr} = \left[0.658^{\frac{F_y}{F_e}}\right] F_y = \left[0.658^{\frac{275}{140.2}}\right] \times 275 = 121.0\,\text{MPa}$$

$\phi_c P_n = 0.9 \times 121.0 \times 4{,}678 \times 10^{-3} = 509.4\,\text{kN} \; \rangle \; P_u = 300\,\text{kN}$ 만족

4.7 조립압축재

4.7.1 압축강도

(1) 볼트나 용접으로 접합된 2개 이상의 부재로 구성된 조립압축재의 공칭압축강도는 아래와 같이 수정하여 산정한다. 만일 좌굴모드가 각 개재간의 접합재에서 전단력을 발생시키는 상대변형을 포함하고 있다면 KL/r 대신에 다음과 같이 계산된 $(KL/r)_m$을 사용한다.

① 1차조임(snug-tight)의 볼트로 접합된 경우

$$\left(\frac{KL}{r}\right)_m = \sqrt{\left(\frac{KL}{r}\right)_0^2 + \left(\frac{a}{r_i}\right)^2} \qquad (4 \cdot 52)$$

② 용접이나 완전조임의 볼트로 접합된 경우

$$\left(\frac{KL}{r}\right)_m = \sqrt{\left(\frac{KL}{r}\right)_0^2 + 0.82\frac{a^2}{(1+a^2)}\left(\frac{a}{r_{ib}}\right)^2} \tag{4 · 53}$$

여기서, $\left(\frac{KL}{r}\right)_m$: 조립부재의 수정된 기둥세장비

$\left(\frac{KL}{r}\right)_0$: 단일부재로 거동하는 조립부재의 기둥세장비

a : 접합재 사이의 길이 (mm)

r_i : 각 개재의 최소단면2차반경 (mm)

r_{ib} : 좌굴의 부재축과 평행한 중심축에 대한 각 개재의 단면2차반경 (mm)

a : 접합재 사이의 길이 (mm)

h : 좌굴의 부재축에 수직인 각 요소의 중심간거리 (mm)

(2) 적어도 1개의 개단면이 유공커버플레이트나 타이플레이트를 갖는 레이싱과 연결된 2개 이상의 형강이나 플레이트로 구성된 조립부재의 공칭압축강도는 (1)과 같이 수정하여 구한다.

4.7.2 조립압축재의 구조제한

2개 이상의 압연형강으로 구성된 조립압축재는 접합재 사이의 개재세장비가 조립압축재의 전체세장비의 3/4배를 초과하지 않도록 한다.

(1) 조립재의 단부에서 개재 상호간의 접합

① 용접접합: 용접길이가 조립재의 최대폭 이상이 되도록 하며 연속용접으로 한다.

② 고장력볼트접합: 조립재 최대폭의 1.5배 이상의 구간에 대해서 길이방향으로 볼트직경의 4배 이하 간격으로 접합한다.

(2) 조립압축재의 단부의 단속용접 또는 고장력볼트 길이방향 간격은 설계응력을 전달하기에 적절하여야 한다.

(3) 덧판을 사용한 조립압축재의 파스너 및 단속용접 최대간격은 가장 얇은 덧판두께의 $0.75\sqrt{E/F_y}$ 배 또는 300 mm 이하로 한다. 파스너가 엇모배치될 경우에는 $1.12\sqrt{E/F_y}$ 배 또는 450 mm 이하로 한다.

(4) 도장 내후성강재로 만든 조립압축재의 긴결간격은 가장 얇은 판두께의 14배 또는 170 mm 이하로 한다. 최대연단거리는 가장 얇은 판두께의 8배 또는 120mm를 초과할 수 없다.

4.7.3 래티스형식 조립압축재

(1) 평강, ㄱ형강, ㄷ형강, 기타 형강을 래티스로 사용한다.

(2) 조립부재의 재축방향의 접합간격은 소재세장비가 조립압축재의 최대세장비를 초과하지 않도록 한다.

(3) 단일래티스부재의 세장비 L/r은 140 이하로 하고, 복래티스의 경우에는 200 이하로 하며, 그 교차점을 접합한다.

(4) 압축력을 받는 래티스의 길이는 단일래티스 경우에는 주부재와 접합되는 비지지된 대각선의 길이이며 복래티스의 경우에는 이 길이의 70%로 한다.

(5) 부재축에 대한 래티스부재의 기울기는 다음과 같이 한다.

단일래티스 경우 : 60° 이상

복래티스 경우 : 45° 이상

(6) 조립부재개재를 연결시키는 재축방향의 용접 또는 파스너열 사이 거리가 380mm를 초과하면, 래티스는 복래티스로 하거나 ㄱ형강으로 하는 것이 바람직하다.

(7) 부재의 단부에는 띠판을 설치하여야 하며, 래티스 설치에 지장이 있는 경우 그 부분의 양단부와 중간부에 띠판을 설치하여 유공커버플레이트 역할을 하도록 한다. 이때의 띠판은 다음 조건에 맞도록 설치하여야 한다.

① 부재단부에 사용되는 띠판의 폭은 조립부재개재를 연결하는 용접 또는 파스너열 간격 이상이 되어야 한다.

② 부재중간에 사용되는 띠판의 폭은 부재단부 띠판길이의 1/2 이상이 되어야 한다.

③ 띠판의 두께는 조립부재개재를 연결시키는 용접 또는 파스너열 사이 거리의 1/50 이상이 되어야 한다.

④ 띠판의 조립부재에 접합은 용접의 경우 용접길이는 띠판 길이의 1/3 이상이어야 하고 볼트접합의 경우 띠판에 최소한 3개 이상의 파스너를 파스너 직경의 6배 이하 간격으로 접합하여야 한다.

4.7.4 유공커버플레이트형식 조립압축재

형강과 유공커버플레이트로 구성된 유공커버플레이트형식 조립압축재는 다음 조건에 맞도록 구성하여야 한다.

(1) 판폭두께비는 4.3에 따른다.

(2) 응력방향의 개구부길이는 개구부폭의 2배 이하로 한다.

(3) 응력방향의 개구부순간격은 조립압축재개재를 연결시키는 용접 또는 파스너 열사이의 최소거리 이상이 되어야 한다.

(4) 개구부의 모서리는 곡률반경이 38 mm 이상이 되도록 하여야 한다.

4.7.5 세장판요소를 갖는 압축부재

세장한 단면을 갖는 압축부재의 공칭압축강도 P_n은 휨좌굴, 비틀림좌굴, 휨-비틀림좌굴 한계상태에 기초하여 다음과 같이 산정한다.

$$P_n = F_{cr} A_g \tag{4 · 54}$$

(1) $\dfrac{KL}{r} \le 4.71\sqrt{\dfrac{E}{QF_y}}$ 또는 $QF_y/F_e \le 2.25$일 경우

$$F_{cr} = Q\left[0.658^{\frac{QF_y}{F_e}}\right]F_y \tag{4 · 55}$$

(2) $\dfrac{KL}{r} > 4.71\sqrt{\dfrac{E}{QF_y}}$ 또는 $QF_y/F_e > 2.25$일 경우

$$F_{cr} = 0.877F_e \tag{4 · 56}$$

여기서, F_e는 탄성임계좌굴응력을 나타낸다. 식 (4 · 7)를 사용하여 F_e를 산정하는 단일 ㄱ형강 이외의 2축대칭부재는 식 (4 · 7)와 식 (4 · 11), 1축대칭부재는 식 (4 · 7)와 식 (4 · 12), 비대칭부재는 식 (4 · 13)을 사용하여 산정한다.

$Q = 1.0$,

콤팩트 및 비콤팩트단면의 경우 $Q = Q_s Q_a$,

세장한 단면의 경우 혹은 세장한 비구속판요소로만 조합된 단면의 경우

$Q = Q_s (Q_a = 1.0)$,

세장한 구속판요소로 조합된 단면의 경우 $Q = Q_a (Q_s = 1.0)$,

구속판요소와 비구속판요소로 조합된 단면의 경우 $Q = Q_s Q_a$

(1) 세장한 비구속판요소 Q_s

세장한 비구속판요소의 저감계수 Q_s는 다음과 같이 산정한다.

① 압연기둥재 또는 다른 압축재로부터 돌출된 플랜지, ㄱ형강, 플레이트

가. $b/t \le 0.56\sqrt{E/F_y}$ 일 경우

$$Q_s = 1.0 \qquad (4 \cdot 57)$$

나. $0.56\sqrt{E/F_y} < b/t < 1.03\sqrt{E/F_y}$ 일 경우

$$Q_s = 1.415 - 0.74\left(\frac{t}{b}\right)\sqrt{\frac{F_y}{E}} \qquad (4 \cdot 58)$$

다. $b/t \ge 1.03\sqrt{E/F_y}$ 일 경우

$$Q_s = \frac{0.69E}{F_y\left(\frac{b}{t}\right)^2} \qquad (4 \cdot 59)$$

② 조립기둥재 또는 다른 압축재로부터 돌출된 플랜지, ㄱ형강, 플레이트

가. $b/t \le 0.64\sqrt{Ek_c/F_y}$ 일 경우

$$Q_s = 1.0 \qquad (4 \cdot 60)$$

나. $0.64\sqrt{Ek_c/F_y} < b/t \le 1.17\sqrt{Ek_c/F_y}$ 일 경우

$$Q_s = 1.415 - 0.65\left(\frac{t}{b}\right)\sqrt{\frac{F_y}{Ek_c}} \qquad (4 \cdot 61)$$

다. $b/t > 1.17\sqrt{Ek_c/F_y}$ 일 경우

$$Q_s = \frac{0.90Ek_c}{F_y\left(\frac{b}{t}\right)^2} \qquad (4 \cdot 62)$$

여기서, $k_c = \dfrac{4}{\sqrt{h/t_w}}$, $0.35 < k_c \le 0.76$.

③ 단일ㄱ형강

가. $b/t \le 0.45\sqrt{E/F_y}$ 일 경우

$$Q_s = 1.0 \qquad (4 \cdot 63)$$

나. $0.45\sqrt{E/F_y} < b/t \le 0.91\sqrt{E/F_y}$ 일 경우

$$Q_s = 1.34 - 0.76\left(\frac{t}{b}\right)\sqrt{\frac{F_y}{E}} \qquad (4 \cdot 64)$$

다. $b/t > 0.91\sqrt{E/F_y}$ 일 경우

$$Q_s = \frac{0.53E}{F_y\left(\frac{b}{t}\right)^2} \qquad (4 \cdot 65)$$

여기서, b : 가장 긴 ㄱ형강다리의 폭 (mm)

④ T형강의 스템

가. $d/t \le 0.75\sqrt{E/F_y}$ 일 경우

$$Q_s = 1.0 \qquad (4 \cdot 66)$$

나. $0.75\sqrt{E/F_y} < d/t \le 1.03\sqrt{E/F_y}$ 일 경우

$$Q_s = 1.908 - 1.22\left(\frac{d}{t}\right)\sqrt{\frac{F_y}{E}} \qquad (4 \cdot 67)$$

다. $d/t > 1.03\sqrt{E/F_y}$ 일 경우

$$Q_s = \frac{0.69E}{F_y\left(\frac{d}{t}\right)^2} \qquad (4 \cdot 68)$$

여기서, b : 비구속압축요소의 폭, (mm)

d : T형강의 깊이, (mm)

t : 부재의 두께, (mm)

(2) 세장한 구속판요소 Q_a

세장한 구속판요소의 저감계수 Q_a는 다음과 같이 산정한다.

$$Q_a = \frac{A_{eff}}{A} \qquad (4 \cdot 69)$$

여기서, A : 부재의 총단면적, (mm)

A_{eff} : 감소된 유효폭 b_e를 고려하여 산정한 유효단면적의 합 (mm)

감소된 유효폭 b_e는 다음과 같이 산정한다.

① 균일한 두께를 갖는 정방향이나 장방향 단면의 플랜지를 제외한 등단면압축력을 받는 세장한 부재 $(b/t \ge 1.49\sqrt{E/f})$:

$$b_e = 1.92t\sqrt{\frac{E}{f}}\left[1 - \frac{0.34}{(b/t)}\sqrt{\frac{E}{f}}\right] \le b \qquad (4 \cdot 70)$$

여기서, f는 $Q=1.0$일 때의 F_{cr}의 값이다.

② 균일한 두께를 갖는 정방향이나 장방향의 세장한 요소단면의 플랜지 $\left(b/t \geq 1.40\sqrt{E/f}\right)$:

$$b_e = 1.92t\sqrt{\frac{E}{f}}\left[1-\frac{0.38}{(b/t)}\sqrt{\frac{E}{f}}\right] \leq b \qquad (4 \cdot 71)$$

여기서, $f = P_n/A_{eff}$.

③ 축력을 받는 원형단면

$0.11\dfrac{E}{F_y} < \dfrac{D}{t} < 0.45\dfrac{E}{F_y}$일 경우

$$Q = Q_a = \frac{0.038E}{F_y(D/t)} + \frac{2}{3} \qquad (4 \cdot 72)$$

여기서, D : 부재의 외경 (mm)

t : 부재의 두께 (mm)

연 습 문 제

【4.1】 다음의 각 경우에 설계압축강도를 결정하라.

(1) 양단이 고정인 길이가 6.5m 인 압연형강 H－200×200×8×12 기둥의 설계압축강도를 결정하라. 단, SM275강재를 가정하라.

(2) 길이가 7.0m 이며, 일단이 고정이며 타단이 힌지로 설계된 압연형강 H－346×174×6×9의 설계압축강도를 결정하라. 단, SM420강재를 가정하라.

(3) 양단이 고정된 길이가 5 m 이며, 단면이 H－340×250×9×14인 SM275 강재기둥의 설계압축강도를 결정하라.

(4) 단순지지된 5m 길이의 단면이 H－294×200×8×12인 기둥의 설계압축강도를 결정하라. SM275 강재를 가정하라.

【4.2】 100 kN과 70kN의 활하중과 고정하중이 각각 작용할 때에 길이가 6m 인 단순지지의 기둥을 H형강단면으로 설계하라. 사용강재는 SM275를 가정하라.

【4.3】 그림과 같이 계수축압축력 700 kN이 작용할 때에 단면의 적정성을 검토하라. 기둥의 단면은 H－340×250×9×14이며, 사용강재는 SM275를 가정하라.

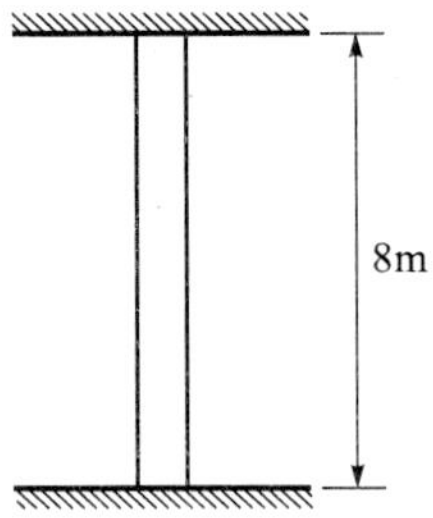

그림 【4.3】의 양단고정 보

【4.4】 【4.3】과 동일한 조건의 기둥에서 약축방향으로 중앙인 4m 위치에 횡지지되었다고 가정하여 단면의 적정성을 검토하라.

* 다음과 같은 조건을 충족하는 SM275 강재의 H형강단면을 설계하라. 설계된 단면의 $\phi_c P_n$을 산정하라.

【4.5】 $P_D = 90\text{kN}$, $P_L = 210\text{kN}$, $L = 5\text{m}$, 양단단순지지

【4.6】 $P_D = 120\text{kN}$, $P_L = 280\text{kN}$, $L = 4.5\text{m}$, 일단고정, 타단 단순지지

【4.7】 $P_D = 100\text{kN}$, $P_L = 320\text{kN}$, $L = 5.5\text{m}$, 양단고정의 지지

【4.8】 $P_D = 200\text{kN}$, $P_L = 410\text{kN}$, $L = 4\text{m}$, 양단단순지지

【4.9】 그림과 같은 골조에서 기둥 IJ, FG, GH의 유효좌굴길이계수를 결정하라. 횡이동에 구속되어 있다.

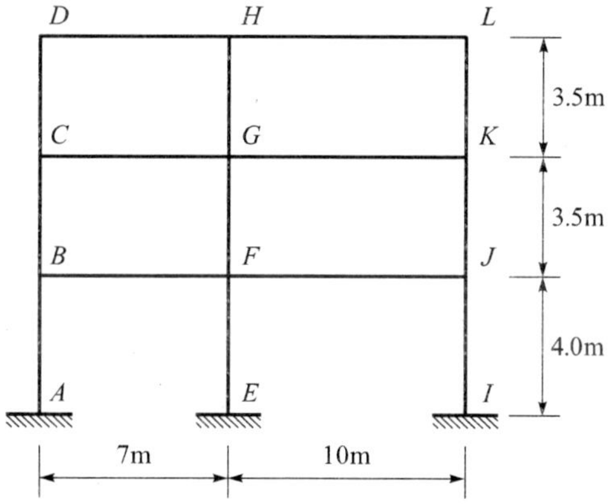

그림 【4.9】의 골조

<table>
<tr><th></th><th>절 점</th><th>단 면</th><th></th><th>절 점</th><th>단 면</th></tr>
<tr><td rowspan="12">보</td><td rowspan="3">BF, CG</td><td rowspan="3">H − 244 × 175 × 7 × 11</td><td rowspan="12">기둥</td><td rowspan="2">AB</td><td rowspan="2">H − 300 × 300 × 10 × 15</td></tr>
<tr></tr>
<tr><td rowspan="2">BC, CD</td><td rowspan="2">H − 294 × 200 × 8 × 12</td></tr>
<tr><td rowspan="3">FJ, GK</td><td rowspan="3">H − 294 × 200 × 8 × 12</td></tr>
<tr><td rowspan="2">EF</td><td rowspan="2">H − 344 × 348 × 10 × 16</td></tr>
<tr></tr>
<tr><td rowspan="3">DH</td><td rowspan="3">H − 194 × 150 × 6 × 9</td><td rowspan="2">FG, GH</td><td rowspan="2">H − 294 × 302 × 12 × 12</td></tr>
<tr></tr>
<tr><td rowspan="2">LJ</td><td rowspan="2">H − 350 × 350 × 12 × 19</td></tr>
<tr><td rowspan="3">HL</td><td rowspan="3">H − 248 × 124 × 5 × 8</td></tr>
<tr><td rowspan="2">JK, KL</td><td rowspan="2">H − 340 × 250 × 9 × 14</td></tr>
<tr></tr>
</table>

【4.10】 그림의 골조에 기둥 CD와 FG에 대한 유효좌굴길이계수를 결정하라. 횡이동이 허용되는 것으로 가정하라. 단, SM275 강재를 가정하라.

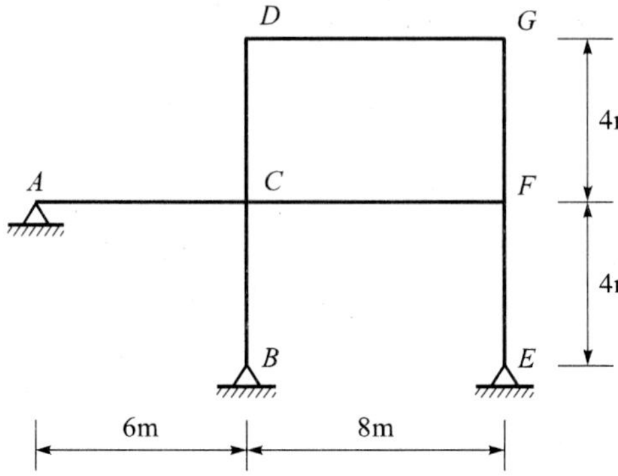

그림 【4.10】의 골조

	절 점	단 면		절 점	단 면
보	AC	H−244×175×7×11	기둥	BC	
	CF	H−294×200×8×12		CD, EF, FG	
	DG	H−248×124×5×8			

【4.11】 SM275강재를 가정하고 면내거동만을 고려할 때, 그림과 같은 골조의 기둥 AB의 공칭압축강도를 산정하라. 기둥 AB의 상하에 인접한 기둥은 AB와 동일한 단면으로 가정하라.

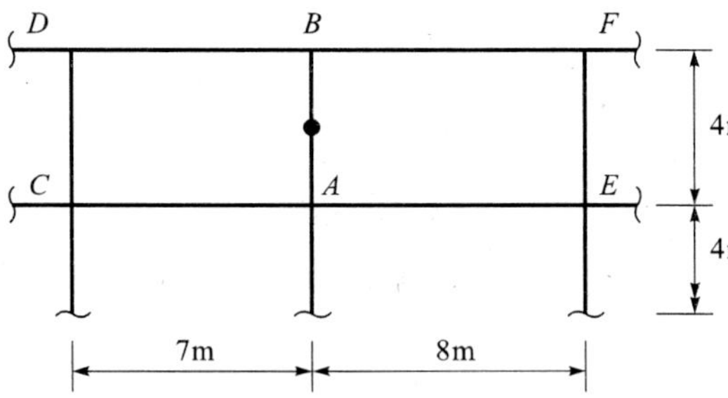

그림 【4.11】의 골조

	절 점	단 면		절 점	단 면
보	CA	H−244×175×7×11	기둥	AB	
	DB	H−294×200×8×12			
	AE	H−248×124×5×8			
	BF	H−294×302×12×12			

【4.12】 그림의 기둥 AB의 공칭압축강도를 산정하라. 사용강재는 SS275이다.

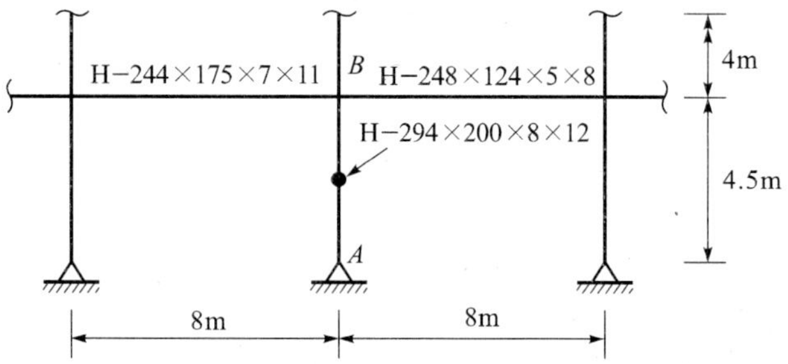

그림 【4.12】 의 골조

【4.13】 그림과 같은 기둥을 H형강으로 단면을 SM275 강재로 설계하라. 골조면외로 횡이동에 대해 기둥의 상하가 가새보강되어 있다. 즉, 이 방향으로 $K_y = 1.0$이다. 골조면에 즉, $x-x$으로 횡이동이 허용된다. $K_x = K_y = 1.0$을 사용하여 내부기둥을 설계하고, 유효좌굴길이계수 K_x를 산정하여 외부기둥을 설계하라.

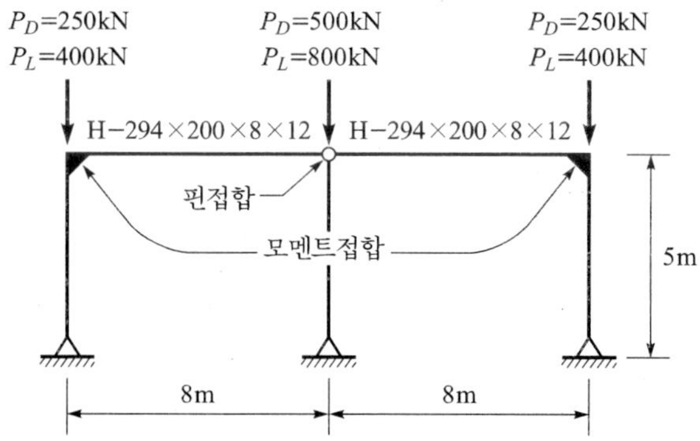

그림 【4.13】 의 골조

【4.14】 일단고정, 타단힌지이고 높이가 5m인 기둥에 고정하중 1000 kN과 활하중 1000kN이 각각 작용할 때에 기둥을 H형강단면으로 설계하라. 사용강재는 SM275를 가정하라.

【4.15】 높이가 7m 이고, 약축방향으로 4m 높이에 횡지지 가새가 설치된 단면이 H－400×400×13×21인 기둥에 500 kN의 고정하중과 800 kN의 활하중이 작용하고, K값은 1로 가정할 때 기둥의 안정성 여부를 판단하라. 사용강재는 SS275를 가정하라.

【4.16】 단면이 H－400×400×13×21, 높이가 4m 인 기둥이 양단 핀으로 지지되어 있을 때, 기둥의 압축강도를 산정하고, 이 기둥에 좌굴이 먼저 발생할지, 항복이 먼저 발생할지를 결정하라. 사용강재는 SS275를 가정하라.

【4.17】 그림과 같은 지점조건을 갖는 단면이 H－588×300×12×20인 기둥의 허용축하중을 산정하라. 사용강재는 SM275를 가정하라.

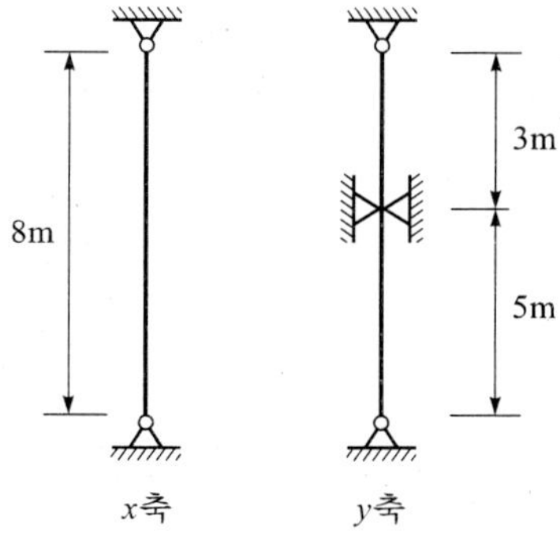

그림 【4.17】의 양단힌지 기둥

【4.18】 그림에서와 같이 단면이 H－440×300×11×18이고 길이가 9m 인 양단이 핀으로 연결된 기둥이 약축 방향으로 3등분점에서 지지되어 있을 때, 설계압축강도를 산정하라. 사용강재는 SS275를 가정하라.

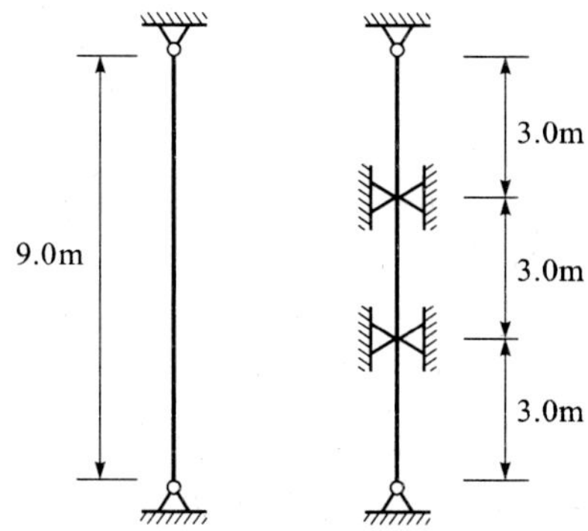

그림 【4.18】의 양단힌지 기둥

CHAPTER 5 휨재(Bending member) 설계

CHAPTER 5. 휨재(Bending member) 설계

5.1 개요

보는 재축에 수직으로 작용하는 하중을 지지하며 보에 작용하는 전단력과 모멘트를 지점에 전달한다. 보는 단일경간 혹은 연속경간의 형태를 지니며 하중을 기둥, 큰 보 혹은 벽체에 전달하는 역할을 하게 된다. 휨부재에 가장 흔히 사용되는 형강은 H형강이며, 다른 형강들도 사용된다. 표준형강을 사용하는 대신에 형강과 플레이트를 조합하여 설계하기도 한다. 이들 조립형단면의 부재들은 조립에 필요한 인건비 등의 추가비용으로 경제적이지는 않다. 단면요소들의 좌굴없이 재료의 항복강도를 얻도록 휨부재를 설계하는 것이 가장 보편적이며 경제적이 된다.

이 장은 보의 강도와 안전성의 요구조건들을 요약하고 설계기법을 소개한다. 보 설계에서 두 측면이 고려되어야 한다. 작용하는 휨모멘트와 전단력에 저항하도록 충분한 강도를 나타내는 부재단면의 설계이고, 또 하나는 재하 중 부재의 변형이 과도하지 않는 성능이 검토되어야 한다. 이들 조건들이 설계에 반영되어야 하고 충족되어야 한다.

5.2 소성모멘트

보의 압축 플랜지가 횡좌굴에 완전하게 구속되었다고 가정하고 그림 5.1(a)의 장방형단면에서의 응력분포를 고려하자. 휨모멘트 작용 하에 그리고 최대휨응력이 탄성범위 내에 있다는 가정 하에 임의의 한 점에서 응력은 $f_b = Mc/I$으로 산정된다. 이 식에서 응력은 변형률에 비례하고 변형 전에 평면은 변형 후에도 평면을 유지한다는 휨부재설계의 기본가정에 근거한다. 특정단면에서 최대의 휨응력(f_b)을 나타내는 I/c는 일정하며 단면계수(section modulus)로 정의된다.

$$f_b = \frac{Mc}{I} = \frac{M}{S} \tag{5 · 1}$$

여기서, I는 단면2차모멘트를, c는 중립축으로부터 연단까지의 거리를, S는 단면계수를 나타낸다.

초기에 모멘트가 보에 작용하면 응력은 중립축으로부터 연단까지 선형으로 비례한다(그림 5.1(b). 만약 모멘트가 보다 증가하면 그림 5.1(c)에서 보는 바와 같이 최연단이 항복응력에 달할 때까지 응력은 선형으로 변한다. 단면의 최연단이 항복하는 순간의 모멘트를 단면에 의한 항복모멘트라 한다. 연성의 강재보에 모멘트가 항복모멘트를 벗어나서 증가하면 항복응력의 최연단은 계속해서 동일한 항복응력을 보이며 중립축 방향의 단면으로 항복응력이 점차로 확대되며 추가적인 저항모멘트가 발생한다. 추가적인 모멘트 증가로 단면이 보다 많은 영역으로 항복영역을 확장하며(그림 5.1(d), (e)), 궁극적으로 전단면이 항복(그림 5.1(f))하게 된다. 단, 중립축으로부터 최연단까지 변형률의 변화는 직선상태를 유지한다. 단면에 추가적으로 모멘트를 저항할 수 없을 때인 전단면이 항복하는 순간을 소성힌지(plastic hinge)가 형성되었다고 한다. 단면에 추가적인 모멘트의 작용은 보를 회전시키게 되며 응력의 증가는 좀처럼 발생하지 않는다. 전단면이 완전히 소성상태이고 소성힌지가 발생할 때에 모멘트를 소성모멘트(plastic moment)라 한다.

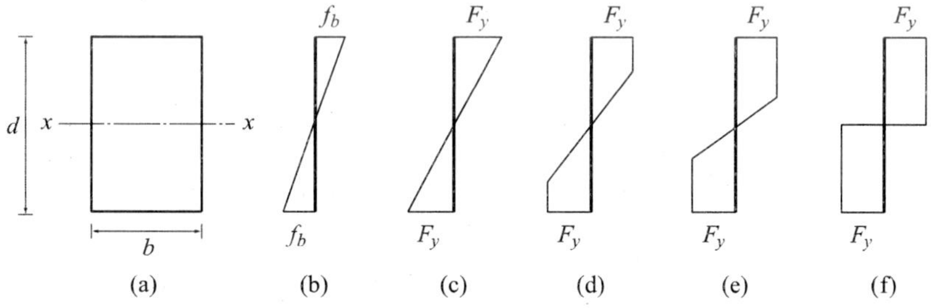

그림 5.1 $x-x$축에 대해 증가하는 모멘트로 인한 휨응력의 변화

항복모멘트 M_y는 항복응력에 단면계수를 곱한 값이 된다. 장방형단면에서 항복모멘트는 $F_y(bd^2/6)$가 된다. 이 항복모멘트는 그림 5.2에서와 같은 응력분포에서 우력모멘트로 추정된다.

$$M_y = T(\text{or } C) \times (\text{팔의 길이}) = \left(\frac{F_y bd}{4}\right)\left(\frac{2}{3}d\right) = \frac{F_y bd^2}{6} \tag{5 · 2}$$

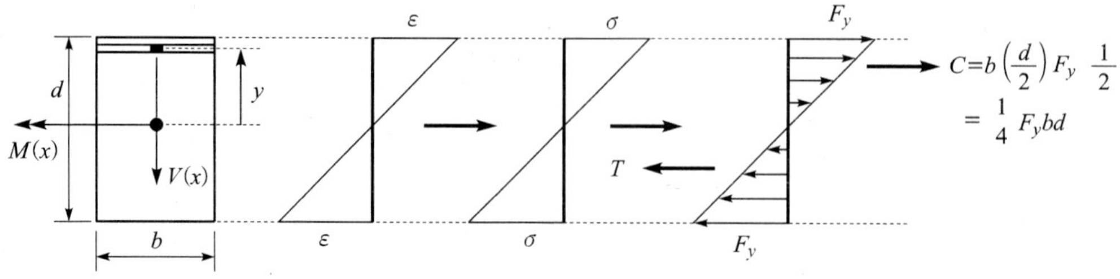

그림 5.2 항복모멘트

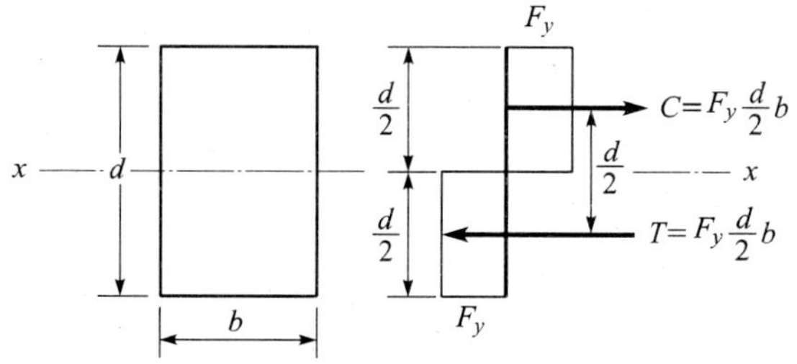

그림 5.3 소성모멘트

소성모멘트도 유사한 방법으로 산정된다. 소성모멘트 산정 시에 그림 5.3과 같은 응력분포로부터 소성모멘트 M_p는 다음으로 산정된다.

$$M_p = M_n = T(\text{or } C)\times\left(\frac{d}{2}\right)=\left(\frac{F_ybd}{2}\right)\left(\frac{d}{2}\right)=F_y\frac{bd^2}{4} \qquad (5 \cdot 3)$$

형상계수(shape factor) Z는 M_p/M_y로 정의되므로 장방형단면의 형상계수는 $M_p/M_y = F_yZ/F_yS = Z/S = 1.5$가 된다. 소성단면계수 Z는 소성중립축에 대해 인장과 압축면적의 정적인 모멘트와 동일하다.

그림 5.3에서와 같은 단면에 대한 소성모멘트를 고려하자. 소성한계 시에 인장과 압축은 $+F_y$와 $-F_y$의 응력분포를 나타낸다. 소성중심으로부터 압축측과 인장측면적을 각각 A_1과 A_2로 표현하고 인장과 압축력의 평형조건으로부터

$$F_yA_2 - F_yA_1 = 0 \ \rightarrow \ A_1 = A_2 = A/2 \qquad (5 \cdot 4)$$

소성중심으로부터 압축측과 인장측 중심까지의 거리를 각각 y_1과 y_2로 표현하면 소성모멘트는 다음으로 산정된다.

$$M_p = F_yZ = F_y\left(\frac{A}{2}\right)(y_1 + y_2) \qquad (5 \cdot 5)$$

여기서, $y_1 = y_2 = d/4$를 사용하면 장방형단면의 소성모멘트인 식 (5 · 3)과 소성단면계수인 $Z = bd^2/4$을 얻게 된다.

예제 5.1

5.1 (1) 단면이 H$-450 \times 200 \times 9 \times 14$인 휨재의 강축에 대한 항복모멘트와 전소성모멘트를 산정하고 형상계수를 구하라. 단, 강재는 SS275($F_y = 275\text{N/mm}^2$)이다.

5.1 (2) 그림 5.4와 같은 단면에서 단면계수 S, 소성단면계수 Z, 항복모멘트 M_y, 소성모멘트 M_p를 결정하라. SS275 강재를 가정하여 설계모멘트를 결정하라.

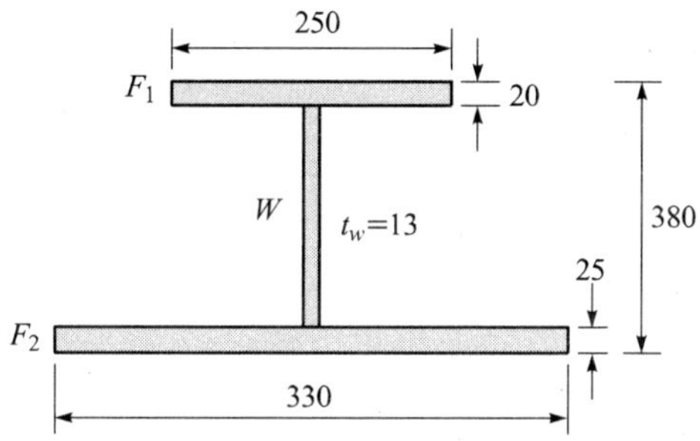

그림 5.4 상하플렌지의 면적이 다른 형강 (단위: mm)

풀이

5.1 (1)

(1) H형강의 탄성단면계수와 소성단면계수

$S_x = 1.49 \times 10^6 \text{mm}^3$

$Z_x = 1.68 \times 10^6 \text{mm}^3$

(2) 강축에 대한 항복모멘트와 전소성모멘트

$M_y = F_y S_x = 275 \times 1.49 \times 10^6 \times 10^{-6} = 409.8\text{kN} \cdot \text{m}$

$M_p = F_y Z_x = 275 \times 1.68 \times 10^6 \times 10^{-6} = 462.0\text{kN} \cdot \text{m}$

(3) 형상계수, Z_x/S_x

$$\frac{Z_x}{S_x} = \frac{1.68 \times 10^6}{1.49 \times 10^6} = 1.1275 = 1.13$$

5.1 (2)

(1) 단면적 산정

전단면적 $A_g = 250 \times 20 + (380 - 20 - 25) \times 13 + 330 \times 25 = 17{,}605 \text{mm}^2$

플랜지 1의 단면적 $A_{f1} = 250 \times 20 = 5{,}000\text{mm}^2$

플랜지 2의 단면적 $A_{f2} = 330 \times 20 = 8{,}250\text{mm}^2$

웨브의 단면적 $A_w = 13 \times (380 - 20 - 25) = 4{,}355\ \text{mm}^2$

(2) 밑면부터 탄성중심까지의 거리

$$\bar{y} = \frac{5{,}000 \times (380 - 20/2) + 4{,}355 \times [25 + (380 - 20 - 25)/2] + 8{,}250 \times 25/2}{17{,}605} = 158.6\ \text{mm}$$

단면2차모멘트

$$I_x = \frac{250 \times 20^3}{12} + (380 - 158.6 - 20/2)^2 \times 5{,}000 + \frac{13 \times (380 - 20 - 25)^3}{12}$$
$$+ [25 + (380 - 20 - 25)/2 - 158.6]^2 \times 4{,}355$$
$$+ \frac{330 \times 25^3}{12} + (158.6 - 25/2)^2 \times 8{,}250 = 4.46 \times 10^8\ \text{mm}^4$$

단면계수 $S_x = 4.46 \times 10^8 / 158.6 = 2.81 \times 10^6 \text{mm}^3$

$M_y = 275 \times 2.81 \times 10^6 \times 10^{-6} = 772.8\ \text{kN} \cdot \text{m}$

(3) 밑면부터 소성중심까지의 거리 $\overline{y_p}$

$$\overline{y_p} = 330 \times 25 + 13 \times \left(\overline{y_p} - 25\right) = \frac{17{,}605}{2}$$

$$\overline{y_p} = 67.5\ \text{mm}$$

소성중심에 대한 상부 단면의 중심까지의 거리

$$y_1 = \frac{5{,}000 \times (380 - 20/2 - 67.5) + (380 - 20 - 67.5)/2 \times (380 - 20 - 67.5) \times 13}{17{,}605/2} = 235.0\ \text{mm}$$

소성중심에 대한 하부 단면의 중심까지의 거리

$$y_2 = \frac{8{,}250 \times (67.5 - 25/2) + (67.5 - 25) \times 0.5 \times (67.5 - 25) \times 13}{17{,}605/2} = 52.9\ \text{mm}$$

(4) 소성단면계수

$Z_x = A/2(y_1 + y_2) = 17{,}605/2 \times (235.0 + 52.9) = 2.53 \times 10^6\ \text{mm}^3$

소성모멘트

$M_p = Z_x F_y = 2.53 \times 10^6 \times 275 \times 10^{-6} = 695.8\ \text{kN} \cdot \text{m}$

설계모멘트

$\phi_b M_p = 0.9 \times 695.8 = 626.2\ \text{kN} \cdot \text{m}$

5.3 설계휨모멘트

부재의 압축플랜지가 횡가새 보강되었거나 조밀하여 보의 비틀림이 방지되었다면 횡좌굴은 발생하지 않는다. 횡이나 비틀림 가새보강 정도에 따라 조밀한 연성강재보의 좌굴모멘트들이 고려된다. 그림 5.5는 비지지길이에 따른 보의 공칭저항모멘트 혹은 좌굴모멘트를 나타내는 곡선을 나타내고 있다. 횡보강 정도에 따른 휨거동을 3개의 구역으로 구분할 수 있다. 만약 연속하여 혹은 조밀한 간격으로 가새되었다면 보의 전단면이 항복하는 구역 1에 해당한다. 횡지지 사이의 길이가 점차 증가하면 작은 모멘트에서 비탄성적으로 파괴하기 시작하는 2구역에 속하게 된다. 비지지길이가 보다 증가하면 보는 탄성범위에서 파괴되는 구역 3에 속한다.

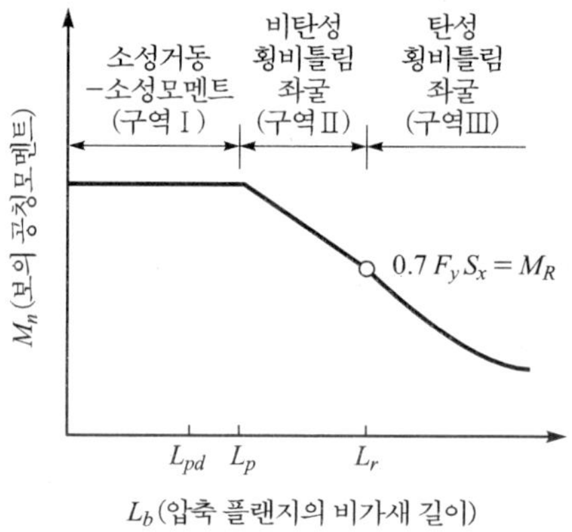

그림 5.5 비가새길이의 압축플랜지 함수에 따른 공칭강도

5.3.1 강축 휨을 받는 2축대칭 H형강 또는 ㄷ형강 조밀단면부재

(1) 소성모멘트(구역 1): $L_b \leq L_p$

연속적으로 혹은 조밀하게 보가 횡보강되었다면 전단면이 항복하는 소성거동을 보인다. 조밀단면 압축플랜지의 비지지길이 L_b가 L_p(탄성해석) 혹은 L_{pd}(소성해석)를 초과하지 않으면 강축에 대한 부재의 휨강도는 다음으로 산정된다.

$$M_n = M_p = F_y Z_x \qquad (5 \cdot 6)$$

여기서, $\phi_b = 0.9$

F_y : 강재의 항복강도 (MPa)

Z_x : x축에 대한 소성단면계수 (mm^3)

단, 횡비틀림좌굴강도를 고려하지 않아도 된다.

(2) 비탄성좌굴(구역 2): $L_p < L_b \le L_r$ (횡비틀림 좌굴 강도)

횡보강 사이의 간격이 점차 길어지면 보는 좀 더 작은 모멘트에서 비탄성적인 좌굴에 의해 파괴된다.

$$M_n = C_b\left[M_p - (M_p - 0.7F_yS_x)\left(\frac{L_b - L_p}{L_r - L_p}\right)\right] \le M_p \qquad (5 \cdot 7)$$

여기서, 모멘트 분포가 일정하지 않은 휨재의 횡비틀림좌굴강도 산정 시 다음과 같은 횡비틀림좌굴보정계수 C_b가 사용된다.

$$C_b = \frac{12.5M_{\max}}{2.5M_{\max} + 3M_A + 4M_B + 3M_C}R_m \le 3.0 \qquad (5 \cdot 8)$$

여기서, $M_{\max}$: 비지지구간에서 최대모멘트 절대값 (N · mm)

M_A : 비지지구간에서 1/4지점의 모멘트 절대값 (N · mm)

M_B : 비지지구간에서 중앙부의 모멘트 절대값 (N · mm)

M_C : 비지지구간에서 3/4지점의 모멘트 절대값 (N · mm)

R : 단면형상계수

$= 1.0$, 2축대칭부재

$= 1.0$, 1축대칭 단곡률부재

$= 0.5 + 2\left(\frac{I_{yc}}{I_y}\right)^2$, 1축대칭 복곡률부재

I_y : y축에 대한 단면2차모멘트 (mm^4)

I_{yc} : y축에 대한 압축플랜지의 단면2차모멘트 또는 복곡률의 경우 압축플랜지 중 작은 플랜지의 단면2차모멘트 (mm^4)

복곡률이 발생하는 1축대칭부재의 경우에는 상하플랜지 모두에 대하여 횡좌굴강도를 검토한다. 이때, C_b의 값은 모든 경우에 있어서 1.0으로 한다. 단, 2축대칭부재의 횡지지된 양단부의 모멘트 값이 크기는 같고 부호가 반대인 경우에는 2.27을 초과할 수 없다. 자유단이 횡지지되지 않은 캔틸레버와 내민보의 경우에 $C_b = 1.0$이다.

횡지지점 사이에 횡하중이 없는 2축 대칭부재에서 C_b는 다음 값을 초과할 수 없다.

- 횡지지된 양단부의 모멘트 크기가 같고 부호가 같은 경우 $C_b = 1.0$
- 횡지지된 양단부의 모멘트 크기가 같고 부호가 반대인 경우 $C_b = 2.27$
- 한쪽 단부모멘트가 0인 경우 $C_b = 1.67$

복곡률이 발생하는 1축대칭 부재의 경우에는 상하플랜지 모두에 대하여 횡비틀림좌굴강도를 검토한다. C_b의 값은 모든 경우에 있어서 안전측으로 1.0을 사용할 수 있다.

(3) 탄성좌굴(구역 3): $L_b > L_r$ (횡비틀림 좌굴 강도)

보강되지 않은 길이가 점차 길어지면 보는 탄성좌굴에 의해 파괴된다.

$$M_n = F_{cr} S_x \le M_p \qquad (5 \cdot 9)$$

여기서, L_b : 보의 비지지길이 (mm)

$$F_{cr} = \frac{C_b \pi^2 E}{\left(\frac{L_b}{r_{ts}}\right)^2} \sqrt{1 + 0.078 \frac{Jc}{S_x h_o} \left(\frac{L_b}{r_{ts}}\right)^2} \qquad (5 \cdot 10)$$

E : 강재의 탄성계수 (MPa)

J : 단면비틀림상수 (mm^4)

S_x : 강축에 대한 탄성단면계수 (mm^3)

소성한계 비지지길이 L_p와 탄성한계비지지길이 L_r은 다음과 같이 산정한다.

$$L_p = 1.76 r_y \sqrt{\frac{E}{F_y}} \qquad (5 \cdot 11)$$

$$L_r = 1.95 r_{ts} \frac{E}{0.7F_y} \sqrt{\frac{Jc}{S_x h_o}} \sqrt{1 + \sqrt{1 + 6.76 \left(\frac{0.7F_y}{E} \frac{S_x h_o}{Jc}\right)^2}} \qquad (5 \cdot 12a)$$

$$L_r = \pi r_{ts} \sqrt{\frac{E}{0.7F_y}} \qquad (5 \cdot 12b)$$

여기서, $r_{ts} = \sqrt{\frac{I_y h_o}{2S_x}}$: 뒤틀림 회전반경 $(5 \cdot 13)$

$c = 1$: 2축대칭 H형강의 경우

$c = \frac{h_o}{2} \sqrt{\frac{I_y}{C_w}}$: ㄷ형강의 경우

h_o : 상하부 플랜지 간 중심거리 (mm)

단면의 형태에 따른 항복, 횡비틀림좌굴, 국부좌굴 등 한계상태를 표 5.1에 나타내었으며, 비구속판과 구속판에 따른 단면의 폭두께비 제한을 표 5.2에 나타내었다. 단면의 형태별로 강도산정방법을 다음에 요약하였다.

표 5.1 휨 단면의 분류

	단면의 형태	플랜지	웨브	한계상태
강축 휨을 받는 2축대칭 H형강 또는 ㄷ형강 조밀단면부재	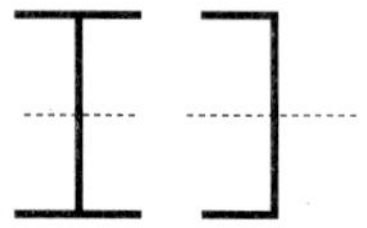	조밀단면	조밀단면	항복 횡비틀림좌굴
강축 휨을 받는 2축대칭 H형강	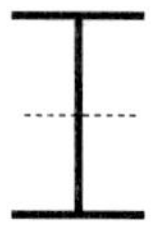	비조밀단면 세장판단면	조밀단면	횡비틀림좌굴 플랜지 국부좌굴
강축 휨을 받는 기타 H형강	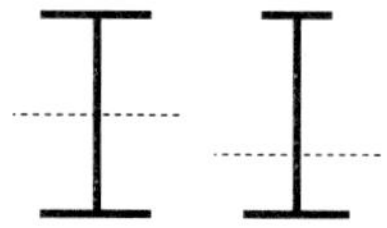	조밀단면 비조밀단면 세장판단면	조밀단면 비조밀단면	항복 횡비틀림좌굴 플랜지 국부좌굴 인장플랜지 항복
강축 휨을 받는 세장판 단면웨브를 갖는 1축 또는 2축대칭 H형강	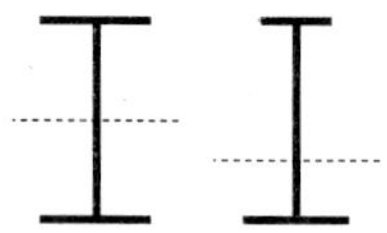	조밀단면 비조밀단면 세장판단면	세장판단면	항복 횡비틀림좌굴 플랜지 국부좌굴 인장플랜지 항복
약축 휨을 받는 H형강 또는 ㄷ형강	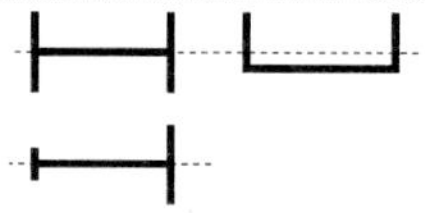	조밀단면 비조밀단면 세장판단면	–	항복 플랜지 국부좌굴
각형강관	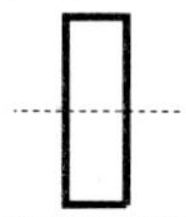	조밀단면 비조밀단면 세장판단면	조밀단면 비조밀단면	항복 플랜지 국부좌굴 웨브 국부좌굴
원형강관	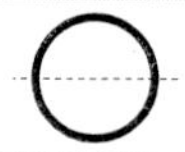	–	–	항복 국부좌굴
T형강 및 쌍ㄱ형강	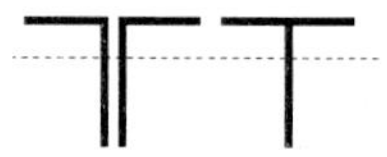	조밀단면 비조밀단면 세장판단면	–	항복 횡비틀림좌굴 플랜지 국부좌굴
단일ㄱ형강		–	–	항복 횡비틀림좌굴 플랜지 국부좌굴
각형 또는 원형강봉		–	–	항복 횡비틀림좌굴
비대칭단면	비대칭단면	–	–	모든 한계상태 포함

표 5.2 휨재 단면의 폭두께비 제한

	판요소에 대한 설명	폭두께비	폭두께비 제한값	
			λ_p(조밀/비조밀)	λ_r(비조밀/세장)
비구속판	① 압연H형강, ㄷ형강 및 T형강의 플랜지	b/t	$0.38\sqrt{\dfrac{E}{F_y}}$	$1.0\sqrt{\dfrac{E}{F_y}}$
	② 2축 또는 1축 대칭인 용접 H형강의 플랜지	b/t	$0.38\sqrt{\dfrac{E}{F_y}}$	$0.95\sqrt{\dfrac{k_cE}{F_L}}$ 1), 2)
	③ 단일 ㄱ형강의 다리	b/t	$0.54\sqrt{\dfrac{E}{F_y}}$	$0.91\sqrt{\dfrac{E}{F_y}}$
	④ 약축 휨을 받는 압연H형강, ㄷ형강의 플랜지	b/t	$0.38\sqrt{\dfrac{E}{F_y}}$	$1.0\sqrt{\dfrac{E}{F_y}}$
	⑤ T형강의 플랜지	d/t	$0.84\sqrt{\dfrac{E}{F_y}}$	$1.03\sqrt{\dfrac{E}{F_y}}$
구속판	① -2축대칭 H형강의 웨브 -ㄷ형강의 웨브	h/t_w	$3.76\sqrt{\dfrac{E}{F_y}}$	$5.70\sqrt{\dfrac{E}{F_y}}$
	② 1축 대칭 H형강의 웨브	h_c/t_w	$\dfrac{\dfrac{h_c}{h_p}\sqrt{\dfrac{E}{F_y}}}{\left(0.54\dfrac{M_p}{M_y}-0.09\right)^2} \le \lambda_r$	$5.70\sqrt{\dfrac{E}{F_y}}$
	③ 균일한 두께를 갖는 각형강관과 박스의 플랜지	b/t	$1.12\sqrt{\dfrac{E}{F_y}}$	$1.40\sqrt{\dfrac{E}{F_y}}$
	④ -플랜지 커버플레이트 -연결재 또는 용접선 사이의 다이아프램 플레이트	b/t	$1.12\sqrt{\dfrac{E}{F_y}}$	$1.40\sqrt{\dfrac{E}{F_y}}$
	⑤ 각형강관과 박스의 웨브	h/t	$2.42\sqrt{\dfrac{E}{F_y}}$	$5.70\sqrt{\dfrac{E}{F_y}}$
	⑥ 원형강관	D/t	$0.07\dfrac{E}{F_y}$	$0.31\dfrac{E}{F_y}$

※ 주1) $k_c = \dfrac{4}{\sqrt{h/t_w}}$, 여기서 $0.35 \le k_c \le 0.76$

주2) $F_L = 0.7F_y$: 약축 휨을 받는 경우, 웨브가 세장판 단면인 용접 H형강이 강축 휨을 받는 경우, 그리고 조밀단면 웨브 또는 비조밀단면 웨브이고 $S_{xt}/S_{xc} \ge 0.7$인 용접 H형강이 강축 휨을 받는 경우

$F_L = F_yS_{xt}/S_{xc} \ge 0.5F_y$: 조밀단면 웨브 또는 비조밀단면 웨브이고 $S_{xt}/S_{xc} < 0.7$인 용접 H형강이 강축 휨을 받는 경우

5.3.2 강축 휨을 받는 2축대칭 H형강(웨브 조밀단면, 플랜지 비조밀 또는 세장판 단면) 부재

(1) 횡비틀림좌굴강도

5.3.1절 (2)와 (3)의 식들에 의해 산정한다.

(2) 압축플랜지 국부좌굴강도

① 비조밀단면 플랜지를 갖는 단면

$$M_n = \left[M_p - (M_p - 0.7F_yS_x)\left(\frac{\lambda - \lambda_{pf}}{\lambda_{rf} - \lambda_{pf}}\right)\right] \qquad (5 \cdot 14)$$

② 세장판 단면 플랜지를 갖는 단면

$$M_n = \frac{0.9Ek_cS_x}{\lambda^2} \qquad (5 \cdot 15)$$

여기서, $\lambda = \dfrac{b_f}{2t_f}$ (5 · 16)

$\lambda_{pf} = \lambda_p$: 표 5.2에 제시된 조밀단면 플랜지의 한계 폭두께비

$\lambda_{rf} = \lambda_r$: 표 5.2에 제시된 비조밀단면 플랜지의 한계 폭두께비

$$k_c = \frac{4}{\sqrt{h/t_w}}, \quad 0.35 \le k_c \le 0.76 \qquad (5 \cdot 17)$$

h: 표 5.2에 명시된 값

5.3.3 강축 휨을 받는 기타 H형강(웨브 조밀 또는 비조밀단면) 부재

비조밀단면 웨브를 갖는 강축에 휨을 받는 2축대칭 H형강 단면과 조밀단면 웨브 또는 비조밀단면 웨브를 갖는 강축에 휨을 받는 1축대칭 H형강 단면에 적용한다. 공칭휨강도 M_n은 압축플랜지 항복강도, 횡비틀림좌굴강도, 압축플랜지 국부좌굴강도 및 인장플랜지 항복강도 중 최소값으로 한다.

(1) 압축플랜지 항복강도

$$M_n = R_{pc}M_{yc} = R_{pc}F_yS_{xc} \qquad (5 \cdot 18)$$

여기서, M_{yc}는 압축플랜지의 항복모멘트 (N · mm)이다.

(2) 횡좌굴강도

① $L_b \le L_p$의 경우에는 횡좌굴강도를 산정하지 않는다.

② $L_p < L_b \le L_r$의 경우

$$M_n = C_b\left[R_{pc}M_{yc} - (R_{pc}M_{yc} - F_L S_{xc})\left(\frac{L_b - L_p}{L_r - L_p}\right)\right] \le R_{pc}M_{yc} \tag{5 · 19}$$

③ $L_b > L_r$의 경우

$$M_n = F_{cr}S_{xc} \le R_{pc}M_{yc} \tag{5 · 20}$$

여기서, $M_{yc} = F_y S_{xc}$ (5 · 21)

$$F_{cr} = \frac{C_b \pi^2 E}{\left(\frac{L_b}{r_t}\right)^2}\sqrt{1 + 0.078\frac{J}{S_{xc}h_o}\left(\frac{L_b}{r_t}\right)^2} \tag{5 · 22}$$

$\frac{I_{yc}}{I_y} \le 0.23$의 경우, J의 값의 0으로 한다. I_{yc}는 y축에 대한 압축플랜지의 단면2차 모멘트이다. F_L은 다음에 의해 산정된다.

가) $\frac{S_{xt}}{S_{xc}} \ge 0.7$인 경우

$$F_L = 0.7F_y \tag{5 · 23}$$

나) $\frac{S_{xt}}{S_{xc}} < 0.7$인 경우

$$F_L = F_y\frac{S_{xt}}{S_{xc}} \ge 0.5F_y \tag{5 · 24}$$

항복한계상태에서의 한계 비지지길이 (L_p)

$$L_p = 1.1r_t\sqrt{\frac{E}{F_y}} \tag{5 · 25}$$

비탄성 비틀림좌굴 한계상태에서의 한계 비지지길이 (L_r)

$$L_r = 1.95r_t\frac{E}{F_L}\sqrt{\frac{J}{S_{xc}h_o}}\sqrt{1 + \sqrt{1 + 6.76\left(\frac{F_L}{E}\frac{S_{xc}h_o}{J}\right)^2}} \tag{5 · 26}$$

웨브 소성화계수 (R_{pc})

가) $\dfrac{h_c}{t_w} \le \lambda_{pw}$ 인 경우

$$R_{pc} = \frac{M_p}{M_{yc}} \tag{5 · 27}$$

나) $\dfrac{h_c}{t_w} > \lambda_{pw}$ 인 경우

$$R_{pc} = \left[\frac{M_p}{M_{yc}} - \left(\frac{M_p}{M_{yc}} - 1\right)\left(\frac{\lambda - \lambda_{pw}}{\lambda_{rw} - \lambda_{pw}}\right)\right] \le \frac{M_p}{M_{yc}} \tag{5 · 28}$$

여기서, $M_p = Z_x F_y \le 1.6 S_{xc} F_y$

S_{xc}, S_{xt} : 압축, 인장플랜지 각각의 탄성단면계수(mm^3)

$$\lambda = \frac{h_c}{t_w} \tag{5 · 29}$$

h_c : 압연형강의 경우 중립축으로부터 압축플랜지의 내측면 거리에서 모살 또는 코너반경을 제외한 거리의 2배 값; 조밀 단면의 경우 중립축으로부터 파스너선 사이의 거리 또는 용접한 경우에는 플랜지의 내측면 거리의 2배 값 (mm)

t_w : 웨브두께 (mm)

$\lambda_{pw} = \lambda_p$: 표 5.2에 제시된 조밀단면 웨브의 한계 폭두께비

$\lambda_{rw} = \lambda_r$: 표 5.2에 제시된 비조밀단면 웨브의 한계 폭두께비

$I_{yc}/I_y \le 0.23$ 인 경우는 $R_{pc} = 1.0$ 으로 한다.

횡비틀림좌굴에 대한 유효단면2차반경 r_t는 다음과 같이 산정한다.

가) 사각형 압축플랜지를 갖는 H형강 부재의 경우

$$r_t = \frac{b_{fc}}{\sqrt{12\left(\dfrac{h_o}{d} + \dfrac{1}{6} a_w \dfrac{h^2}{h_o d}\right)}} \tag{5 · 30}$$

여기서, $a_w = \dfrac{h_c t_w}{b_{fc} t_{fc}}$, 압축 웨브면적에 2배한 값과 압축플랜지 면적 비

b_{fc} : 압축플랜지의 폭 (mm)

t_{fc} : 압축플랜지의 두께 (mm)

나) 압축플랜지에 ㄷ형강으로 캡을 씌우거나 커버플레이트가 부착된 H형강 부재의 경우, 사각형 압축플랜지를 갖는 H형강 부재의 경우, 다음의 근사식을 대신 사용할 수 있다.

$$r_t = \frac{b_{fc}}{\sqrt{12\left(1+\dfrac{1}{6}a_w\right)}} \tag{5 · 31}$$

여기서, r_t : 압축플랜지와 압축측 웨브의 1/3에 해당하는 면적을 합한 단면의 y축에 대한 단면2차반경 (mm)

(3) 압축플랜지 국부좌굴강도

① 조밀단면 플랜지인 경우에는 압축플랜지 국부좌굴강도를 산정하지 않는다.

② 비조밀단면 플랜지인 경우

$$M_n = \left[R_{pc}M_{yc} - (R_{pc}M_{yc} - F_L S_{xc})\left(\frac{\lambda-\lambda_{pf}}{\lambda_{rf}-\lambda_{pf}}\right)\right] \tag{5 · 32}$$

③ 세장판 단면플랜지인 경우

$$M_n = \frac{0.9Ek_c S_{xc}}{\lambda^2} \tag{5 · 33}$$

여기서, F_L : 식 (5 · 23) 또는 (5 · 24)에 따라 산정한다.

R_{pc} : 웨브 소성화계수, 식 (5 · 27) 또는 (5 · 28) 에 따라 산정한다.

$$\lambda = \frac{b_{fc}}{2t_{fc}} \tag{5 · 34}$$

$\lambda_{pf} = \lambda_p$: 표 5.2에 제시된 조밀단면 플랜지의 한계 폭두께비

$\lambda_{rf} = \lambda_r$: 표 5.2에 제시된 비조밀단면 플랜지의 한계 폭두께비

$$k_c = \frac{4}{\sqrt{h/t_w}}, \quad 0.35 \le k_c \le 0.76 \tag{5 · 35}$$

(4) 인장플랜지 항복강도

① $S_{xt} \ge S_{xc}$인 경우 인장플랜지 항복강도를 산정하지 않는다.

② $S_{xt} < S_{xc}$인 경우

$$M_n = R_{pt}M_{yt} \tag{5 · 36}$$

여기서, $M_{yt}=F_yS_{xt}$

인장플랜지 항복 시 적용하는 웨브단면 소성화계수 (R_{pt})

가) $\dfrac{h_c}{t_w}\leq \lambda_{pw}$인 경우

$$R_{pt}=\frac{M_p}{M_{yt}} \qquad (5 \cdot 37)$$

나) $\dfrac{h_c}{t_w}> \lambda_{pw}$인 경우

$$R_{pt}=\left[\frac{M_p}{M_{yt}}-\left(\frac{M_p}{M_{yt}}-1\right)\left(\frac{\lambda-\lambda_{pw}}{\lambda_{rw}-\lambda_{pw}}\right)\right]\leq \frac{M_p}{M_{yt}} \qquad (5 \cdot 38)$$

여기서, $\lambda=\dfrac{h_c}{t_w}$ (5 · 39)

h_c : 압연형강의 경우 중립축으로부터 압축플랜지의 내측면 거리에서 모살 또는 코너반경을 제외한 거리의 2배 값;
조밀단면의 경우 중립축으로부터 파스너선 사이의 거리 또는 용접한 경우에는 플랜지의 내측면 거리의 2배 값 (mm)

t_w : 웨브두께 (mm)

$\lambda_{pw}=\lambda_p$: 표 5.2에 제시된 조밀단면 웨브의 한계 폭두께비

$\lambda_{rw}=\lambda_r$: 표 5.2에 제시된 비조밀단면 웨브의 한계 폭두께비

5.3.4 강축 휨을 받는 세장판 단면웨브를 갖는 1축 또는 2축대칭 H형강 부재

공칭휨강도 M_n은 압축플랜지 항복강도, 횡비틀림좌굴강도, 압축플랜지 국부좌굴강도 및 인장플랜지 항복강도 중 최소값으로 한다.

(1) 압축플랜지 강도

$$M_n=R_{pg}F_yS_{xc} \qquad (5 \cdot 40)$$

(2) 횡비틀림좌굴강도

$$M_n=R_{pg}F_{cr}S_{xc}$$

① $L_b \le L_p$의 경우에는 횡비틀림좌굴강도를 산정하지 않는다.

② $L_p < L_b \le L_r$의 경우

$$F_{cr} = C_b\left[F_y - (0.3F_y)\left(\frac{L_b - L_p}{L_r - L_p}\right)\right] \le F_y \tag{5 · 41}$$

③ $L_b > L_r$의 경우

$$F_{cr} = \frac{C_b \pi^2 E}{\left(\dfrac{L_b}{r_t}\right)^2} \le F_y \tag{5 · 42}$$

여기서, L_p : 식 (5 · 25)에 의해 산정

$$L_r = \pi r_t \sqrt{\frac{E}{0.7F_y}} \tag{5 · 43}$$

R_{pg} : 휨강도 감소계수

$$= 1 - \frac{a_w}{1200 + 300a_w}\left(\frac{h_c}{t_w} - 5.7\sqrt{\frac{E}{F_y}}\right) \le 1.0 \tag{5 · 44}$$

여기서, $a_w = h_c t_w / b_{fc} t_{fc}$에 따라 산정하며 10을 초과할 수 없다. r_t는 횡좌굴에 대한 유효단면2차반경이다.

(3) 압축플랜지 국부좌굴강도

$$M_n = R_{pg} F_y S_{xc} \tag{5 · 45}$$

① 조밀단면 플랜지를 갖는 단면의 경우에는 압축플랜지 국부좌굴강도를 산정하지 않는다.

② 비조밀단면 플랜지를 갖는 단면의 경우

$$F_{cr} = \left[F_y - (0.3F_y)\left(\frac{\lambda - \lambda_{pf}}{\lambda_{rf} - \lambda_{pf}}\right)\right] \tag{5 · 46}$$

③ 세장판 단면플랜지를 갖는 단면의 경우

$$F_{cr} = \frac{0.9Ek_c}{\left(\dfrac{b_f}{2t_f}\right)^2} \tag{5 · 47}$$

여기서, $\lambda = \dfrac{b_{fc}}{t_{fc}}$ (5 · 48)

$\lambda_{pf} = \lambda_p$: 표 5.2에 제시된 조밀단면 플랜지의 한계 폭두께비

$\lambda_{rf} = \lambda_r$: 표 5.2에 제시된 비조밀단면 플랜지의 한계 폭두께비

$$k_c = \frac{4}{\sqrt{h/t_w}}, \quad 0.35 \le k_c \le 0.76 \tag{5 · 49}$$

h : 압연강재의 경우 모살 또는 코너반경을 제외한 플랜지 순거리, 조립단면의 경우 파스너선 사이의 거리 또는 용접한 경우에는 플랜지간 순거리 (mm)

t_w : 웨브두께 (mm)

(4) 인장플랜지 항복강도

① $S_{xt} \ge S_{xc}$ 인 경우 인장플랜지 항복강도를 산정하지 않는다.

② $S_{xt} < S_{xc}$ 인 경우

$$M_n = F_y S_{xt} \tag{5 · 50}$$

5.3.5 약축 휨을 받는 H형강 또는 ㄷ형강 부재

공칭휨강도 M_n은 항복강도(소성모멘트) 및 플랜지 국부좌굴강도 중 최소값으로 한다.

(1) 항복강도

$$M_n = M_p = F_y Z_y \le 1.6 F_y S_y \tag{5 · 51}$$

여기서, Z_y : 약축에 대한 소성단면계수 (mm^3)

S_y : 약축에 대한 탄성단면계수 (mm^3)

(2) 플랜지 국부좌굴강도

① 조밀단면 플랜지를 갖는 단면의 경우에는 국부좌굴강도를 산정하지 않는다.

② 비조밀단면 플랜지를 갖는 단면

$$M_n = \left[M_p - (M_p - 0.7 F_y S_y) \left(\frac{\lambda - \lambda_{pf}}{\lambda_{rf} - \lambda_{pf}} \right) \right] \tag{5 · 52}$$

③ 세장판 단면 플랜지를 갖는 단면

$$M_n = F_{cr} S_y \tag{5 · 53}$$

여기서, $F_{cr} = \dfrac{0.69E}{\left(\dfrac{b_f}{2t_f}\right)^2}$ (5 · 54)

$\lambda = \dfrac{b_f}{t_f}$ (5 · 55)

$\lambda_{pf} = \lambda_p$: 표 5.2에 제시된 조밀단면 플랜지의 한계 폭두께비

$\lambda_{rf} = \lambda_r$: 표 5.2에 제시된 비조밀단면 플랜지의 한계 폭두께비

S_y : y축에 대한 탄성단면계수 (mm^3); ㄷ형강의 경우 최소단면계수

b_f : 플랜지의 폭 (mm)

t_f : 플랜지의 두께 (mm)

5.4 전단설계

외부에서 작용하는 전단력에 대해 단면에 발생하는 전단응력은 $\tau = VQ/Ib$로 계산된다. 여기서 V는 작용하중에 의한 전단력을, Q는 전단응력을 구하는 선의 외측 단면에 대한 단면1차모멘트를 나타내며, b는 단면의 폭을 나타낸다.

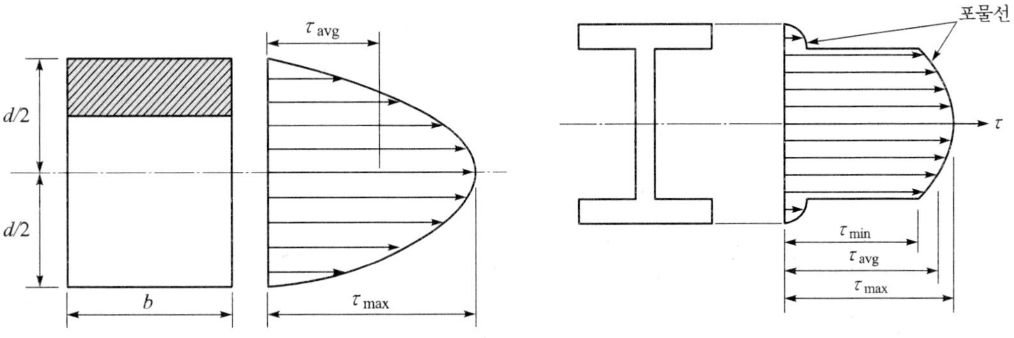

(a) (b)

그림 5.6 전단응력 분포 : (a) 장방형 단면, (b) H형강 단면 (τ_{avg}는 평균전단응력을, $\tau_{\max}$와 $\tau_{\min}$은 웨브에 작용하는 최대와 최소 전단응력을 나타냄)

그림 5.6은 장방형단면과 H형강단면의 전단응력분포를 나타내고 있다. 그림 5.6(b)에 의하면 전단력은 주로 웨브에서 부담하는 것으로 볼 수 있다. 휨항복응력이 플랜지에 달할 때까지 하중을 증가시키면 플랜지는 전단응력에 저항하지 않고 웨브가 부담을 한다. 모멘트를 계속 증가시키면 휨항복응력이 플랜지를 벗어나 확대되며 전단에 저항하는 웨브면적은 감소된다. 감소된 전단응력을 웨브 전단면적에 의해 저항한다고 가정하여 웨브면적 A_w는 부재의 춤 d와 웨브 두께 t_w를 곱한 값이 된다.

von Mises 항복이론에 근거하여 비구속과 구속된 웨브의 공칭전단강도는 다음으로 산정된다.

$$\phi_v V_n = \phi_v 0.6 F_y A_w C_v \qquad (5 \cdot 56)$$

여기서, A_w : 웨브의 단면적 (mm^2)

1) $h/t_w \leq 2.24\sqrt{E/F_y}$ 인 압연H형강의 웨브의 강도저항계수 $\phi_v = 1.00$ 및 $C_v = 1.0$을 적용한다.

2) 원형강판을 제외한 모든 2축대칭단면, 1축대칭단면 및 ㄷ형강의 전단상수 C_v는 다음과 같이 산정된다.

① $h/t_w \leq 1.10\sqrt{k_v E/F_y}$ 일 때

$$C_v = 1.0,\ \phi_v = 0.9 \qquad (5 \cdot 57)$$

② $1.10\sqrt{k_v E/F_y} < h/t_w \leq 1.37\sqrt{k_v E/F_y}$ 일 때

$$C_v = \frac{1.10\sqrt{k_v E/F_y}}{h/t_w},\ \phi_v = 0.9 \qquad (5 \cdot 58)$$

③ $h/t_w > 1.37\sqrt{k_v E/F_y}$ 일 때

$$C_v = \frac{1.51 E k_v}{(h/t_w)^2 F_y},\ \phi_v = 0.9 \qquad (5 \cdot 59)$$

여기서, A_w : 부재의 전체높이 d와 웨브의 두께 t_w의 곱 (mm^2)

h : 웨브의 높이 (mm)

웨브 판 좌굴계수 k_v는 다음과 같이 산정한다.

1) T형강의 스템을 제외한 $h/t_w < 260$ 인 비구속지지된 판요소 웨브

$$k_v = 5 \qquad (5 \cdot 60)$$

2) $h/t_w < 260$인 T형강의 스템

$$k_v = 1.2 \tag{5 · 61}$$

3) 구속판요소 웨브

$$k_v = 5 + \frac{5}{(a/h)^2} \tag{5 · 62}$$

$a/h > 3.0$ 또는 $a/h > \left[\frac{260}{(h/t_w)}\right]^2$인 경우

$$k_v = 5 \tag{5 · 63}$$

여기서, a : 수직보강재의 순간격 (mm)

h : 압연형강의 플랜지 간 순거리에서 필릿 또는 코너반경을 뺀 거리 (mm)
용접형강의 경우 플랜지 간 순거리 (mm)
볼트 조립단면에서는 파스너 열간거리 (mm)
T형강의 경우 전체높이 (mm)

면외변형에 저항하기 위하여 보의 웨브나 플랜지에 스티프너로 보강을 한다. 스티프너의 설계요구사항은 다음과 같다.

① $h/t_w \leq 2.46\sqrt{E/F_y}$이거나 계수하중에 의한 구조해석으로 결정된 소요전단강도가 $k_v = 5$를 적용하여 산정한 전단강도 이하일 때 수직스티프너는 필요치 않다.

② 양면스티프너의 경우 웨브중심축에 대한 단면2차모멘트는 $at_w^3 j$ 이상이어야 한다.

여기서,

$$j = \frac{2.5}{(a/h)^2} - 2 \geq 0.5$$

③ 수직스티프너는 집중하중이나 반력을 전달하기 위한 지압이 필요하지 않는 경우 인장플랜지에 접합하지 않아도 된다. 이 경우 수직스티프너를 웨브에 접합시키는 용접은 웨브와 플랜지가 만나는 끝에서 웨브두께의 4배 이상, 그리고 6배 이하에서 끝나야 한다.

가. 사각형의 단일스티프너가 사용될 때 부재의 비틀림에 의한 플랜지의 상향변형에 저항하기 위하여 스티프너는 압축플랜지에 용접하여야 한다.

나. 단일 또는 양면스티프너에 횡가새가 설치되어 있을 때 플랜지가 ㄱ형강만으로 구성되어 있지 않으면 총플랜지 응력의 1%를 전달할 수 있도록 압축플랜지에 접합시킨다.

④ 거더웨브에 스티프너를 접합시키는 볼트의 중심간격은 300mm 이하로 한다.

⑤ 단속필릿용접을 사용하면 용접간 순간격은 웨브두께의 16배 또는 250mm 이하이어야 한다.

예제 5.2

단면이 압연형강 H−414×405×18×28인 휨부재의 국부좌굴을 검토하라. 단, 사용강재는 SM275를 가정하라.

풀이

(1) 단면의 형상

$b = B/2 = 405/2 = 202.5\,\text{mm}$, $r = 22\text{mm}$,

$h = 414 - 2\times(28+22) = 314\text{mm}$

(2) 국부좌굴

플랜지: $\lambda = \dfrac{b}{t_f} = \dfrac{202.5}{28} = 7.2$

$$\lambda_p = 0.38\sqrt{\frac{E}{F_y}} = 0.38\sqrt{\frac{210{,}000}{275}} = 10.5 > \lambda \quad \text{조밀플랜지}$$

웨브: $\lambda = \dfrac{h}{t_w} = \dfrac{314}{18} = 17.44$

$$\lambda_p = 3.76\sqrt{\frac{E}{F_y}} = 3.76\sqrt{\frac{210{,}000}{275}} = 103.9 > \lambda \quad \text{조밀웨브}$$

예제 5.3

단면이 용접형강 H−500×350×15×16인 휨부재의 국부좌굴을 검토하라. 단, 사용강재는 SM420을 가정하라.

풀이

(1) 단면의 형상

$b = B/2 = 350/2 = 175\,\text{mm}$, $r = 0\text{mm}$,

$h = 500 - 2\times(16+0) = 468\text{ mm}$

(2) 국부좌굴

플랜지: $\lambda = \dfrac{b}{t_f} = \dfrac{175}{16} = 10.9$

$$\lambda_p = 0.38\sqrt{\frac{E}{F_y}} = 0.38\sqrt{\frac{210{,}000}{420}} = 8.5 < \lambda$$

$$k_c = \frac{4}{\sqrt{h/t_w}} = \frac{4}{\sqrt{468/15}} = 0.72$$

$$F_L = 0.7F_y = 0.7 \times 420 = 294.0\ \mathrm{MPa}$$

$$\lambda_r = 0.95\sqrt{\frac{k_c E}{F_L}} = 0.95\sqrt{\frac{0.72 \times 210{,}000}{294.0}} = 21.5$$

$\lambda_p < \lambda < \lambda_r$ 비조밀 플랜지

웨브: $\lambda = \dfrac{h}{t_w} = \dfrac{468}{15} = 31.2$

$\lambda_p = 3.76\sqrt{\dfrac{E}{F_y}} = 3.76\sqrt{\dfrac{210{,}000}{420}} = 84.1 > \lambda$ 조밀웨브

∴ 비조밀단면

예제 5.4

그림 5.7과 같은 단순지지보에 등분포의 고정하중과 활하중이 각각 3 kN/m과 2kN/m일 때에 압연형강 H−244×175×7×11의 단면 적정성을 검토하라. 단, 사용강재는 SM420이다.

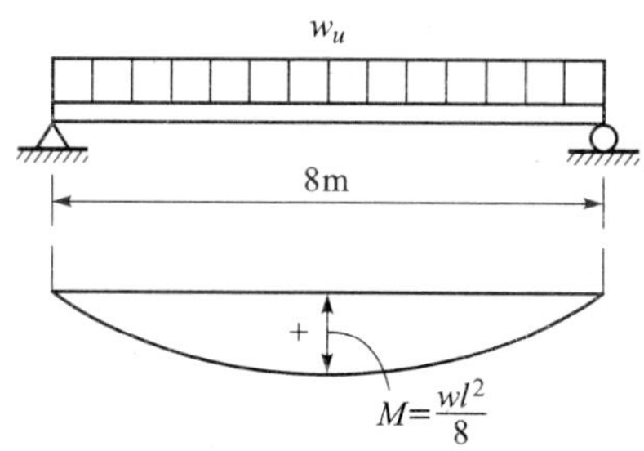

그림 5.7 **예제 5.4** 의 단순지지보

풀이

(1) 계수하중

$$w_u = 1.2w_D + 1.6w_L = 1.2 \times 3 + 1.6 \times 2 = 6.8\ \mathrm{kN/m}$$

$$M_u = \frac{6.8 \times 8^2}{8} = 54.4\ \mathrm{kN \cdot m}$$

(2) 단면형상

$A = 5{,}624\mathrm{mm}^2$, $S_x = 5.02 \times 10^5\mathrm{mm}^3$, $I_y = 9.84 \times 10^6\mathrm{mm}^4$

$J = 1.81 \times 10^5\mathrm{mm}^4$, $r_x = 104\mathrm{mm}$, $r_y = 41.8\mathrm{mm}$, $r = 16\mathrm{mm}$

(3) 폭-두께비 검토

플랜지: $\lambda = \dfrac{b}{t_f} = \dfrac{175/2}{11} = 8.0$

$$\lambda_p = 0.38\sqrt{\frac{E}{F_y}} = 0.38\sqrt{\frac{210{,}000}{420}} = 8.5 > \lambda \quad \text{조밀플랜지}$$

웨브: $\lambda = \dfrac{h}{t_w} = \dfrac{244-2(11+16)}{7} = 27.1$

$$\lambda_p = 3.76\sqrt{\frac{E}{F_y}} = 3.76\sqrt{\frac{210{,}000}{420}} = 84.1 > \lambda \quad \text{조밀웨브}$$

(4) 소성한계

$$L_p = 1.76 r_y \sqrt{\frac{E}{F_y}} = 1.76 \times 41.8\sqrt{\frac{210{,}000}{420}} \times 10^{-3} = 1.6\text{m}$$

$$L_r = \pi r_{ts}\sqrt{\frac{E}{0.7F_y}} = \pi \times 47.8\sqrt{\frac{210{,}000}{0.7\times 420}} \times 10^{-3} = 4.0\text{ m}$$

여기서 $r_{ts} = \sqrt{\dfrac{I_y h_o}{2S_x}} = \sqrt{\dfrac{9.84\times 10^6 \times (244-11)}{2\times 5.02\times 10^5}} = 47.8\text{ mm}$

$L_b > L_r$ 이므로 탄성횡좌굴 구간

(5) 횡좌굴강도

$M_{\max} = 140.8\text{ kN}\cdot\text{m}$, $M_A = 105.6\text{ kN}\cdot\text{m}$,

$M_B = 140.8\text{ kN}\cdot\text{m}$ $M_C = 105.6\text{ kN}\cdot\text{m}$, $R_m = 1.0$(2축대칭부재)

$$C_b = \frac{12.5M_{\max}}{2.5M_{\max}+3M_A+4M_B+3M_C}R_m$$

$$= \frac{12.5\times 140.8}{2.5\times 140.8 + 3\times 105.6 + 4\times 140.8 + 3\times 105.6} = 1.14$$

$$F_{cr} = \frac{C_b\pi^2 E}{\left(\dfrac{L_b}{r_{ts}}\right)^2}\sqrt{1+0.078\frac{Jc}{S_x h_o}\left(\frac{L_b}{r_{ts}}\right)^2}$$

$$= \frac{1.14\pi^2\times 210{,}000}{\left(\dfrac{8\times 10^3}{47.8}\right)^2}\sqrt{1+0.078\times\frac{1.81\times 10^5\times 1.0}{5.02\times 10^5\times(244-11)}\times\left(\frac{8\times 10^3}{47.8}\right)^2}$$

$= 176.6\text{ N/mm}^2$ 〉 F_y(420 MPa)

$\therefore\ \phi_b M_n = \phi_b F_{cr} S_x = 0.9\times 176.6\times 5.02\times 10^5 \times 10^{-6} = 79.8\text{ kN}\cdot\text{m}$

〉 M_u(54.4 kN · m) 만족

예제 5.5

예제 5.4 의 전단강도를 검토하라.

풀이

(1) 계수전단하중

$$V_u = \frac{17.6 \times 8}{2} = 70.4 \text{ kN}$$

(2) 전단검토

$$\frac{h}{t_w} = \frac{244 - 2(11+16)}{7} = 27.1 < 2.24\sqrt{\frac{E}{F_y}} = 2.24\sqrt{\frac{210{,}000}{420}} = 50.1 \quad \text{만족}$$

$$\phi_v V_n = \phi_v (0.6 F_y A_w C_v) = 1.0(0.6 \times 420 \times 244 \times 7 \times 1.0) \times 10^{-3} = 430.4 \text{ kN}$$

$$> V_u (= 70.4\text{kN})$$

예제 5.6

압연형간 H－346×174×6×9인 휨부재의 공칭휨강도를 결정하라. 단, $L_b = 7\text{m}$, $C_b = 1.0$을 사용하고 강재는 SM275를 가정하라.

풀이

(1) 단면형상

$A = 5{,}268\text{mm}^2$, $S_x = 6.41 \times 10^5 \text{mm}^3$, $I_y = 7.92 \times 10^6 \text{mm}^4$

$J = 1.08 \times 10^5 \text{mm}^4$, $r_x = 145\text{mm}$, $r_y = 38.8\text{mm}$, $r = 14\text{mm}$

(2) 폭-두께비 검토

플랜지: $\lambda = \dfrac{b}{t_f} = \dfrac{174/2}{9} = 9.7$

$$\lambda_p = 0.38\sqrt{\frac{E}{F_y}} = 0.38\sqrt{\frac{210{,}000}{275}} = 10.5 > \lambda \quad \text{조밀플랜지}$$

웨브: $\lambda = \dfrac{h}{t_w} = \dfrac{346 - 2(9+14)}{6} = 50.0$

$$\lambda_p = 3.76\sqrt{\frac{E}{F_y}} = 3.76\sqrt{\frac{210{,}000}{275}} = 103.9 > \lambda \quad \text{조밀웨브}$$

(4) 소성한계

$$L_p = 1.76 r_y \sqrt{\frac{E}{F_y}} = 1.76 \times 38.8\sqrt{\frac{210{,}000}{275}} \times 10^{-3} = 1.9\text{m}$$

$$L_r = \pi r_{ts}\sqrt{\frac{E}{0.7F_y}} = \pi \times 45.63\sqrt{\frac{210,000}{0.7\times 275}} \times 10^{-3} = 4.7\text{ m}$$

여기서 $r_{ts} = \sqrt{\dfrac{I_y h_o}{2S_x}} = \sqrt{\dfrac{7.92\times 10^6 \times (346-9)}{2\times 6.41\times 10^5}} = 45.63\text{ mm}$

$L_b > L_r$ 이므로 탄성횡좌굴 구간

(5) 횡좌굴강도

$$F_{cr} = \frac{C_b \pi^2 E}{\left(\dfrac{L_b}{r_{ts}}\right)^2}\sqrt{1+0.078\frac{Jc}{S_x h_o}\left(\frac{L_b}{r_{ts}}\right)^2}$$

$$= \frac{1.0\pi^2\times 210,000}{\left(\dfrac{7\times 10^3}{45.63}\right)^2}\sqrt{1+0.078\times\frac{1.08\times 10^5\times 1.0}{6.41\times 10^5\times(346-9)}\times\left(\frac{7\times 10^3}{45.63}\right)^2}$$

$$= 122.0\text{ N/mm}^2$$

$$\therefore\ \phi_b M_n = \phi_b F_{cr} S_x = 0.9\times 122.0\times 6.41\times 10^5\times 10^{-6} = 70.4\text{ kN}\cdot\text{m}$$

예제 5.7

그림 5.8과 같은 보에 자중으로 인한 고정하중 1.5 kN/m와 활하중 10kN/m이 작용할 때에 단면을 설계하라. 보의 양단은 횡보강되었으며, SM490강재를 가정하라.

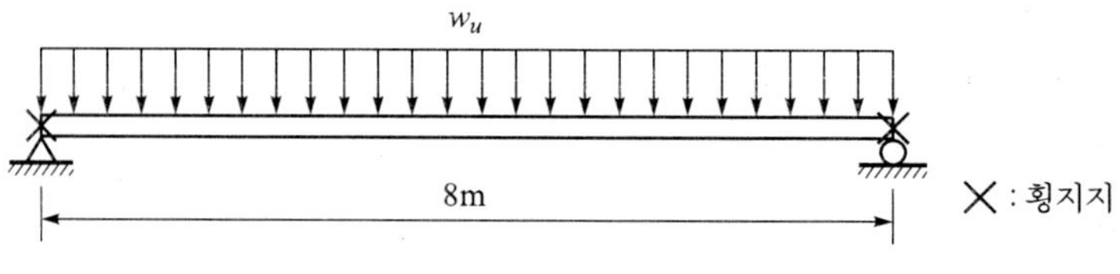

그림 5.8 예제 5.7 의 단순지지보

풀이

(1) 계수하중 및 최대모멘트

$$w_u = 1.2\times 1.5 + 1.6\times 10 = 17.8\text{kN/m}$$

$$M_{\max} = \frac{17.8\times 8^2}{8} = 142.4\text{ kN}\cdot\text{m}$$

(2) H$-450\times 200\times 9\times 14$ 단면 가정 ($E = 210,000\text{N/mm}^2$, $F_y = 420\text{N/mm}^2$)

$r_y = 44.0\text{mm}$, $r = 18\text{mm}$

$S_x = 1.49\times 10^6\text{mm}^3$, $J = 4.68\times 10^5\text{mm}^4$

$Z_x = 1.69\times 10^6\text{mm}^3$, $I_y = 1.87\times 10^7\text{mm}^4$

(3) 폭-두께비 검토

플랜지: $\lambda = \dfrac{b}{t_f} = \dfrac{200/2}{14} = 7.14$

$$\lambda_p = 0.38\sqrt{\frac{E}{F_y}} = 0.38\sqrt{\frac{210{,}000}{420}} = 8.5 > \lambda \quad \text{조밀플랜지}$$

웨브: $\lambda = \dfrac{h}{t_w} = \dfrac{450-2(14+18)}{9} = 42.9$

$$\lambda_p = 3.76\sqrt{\frac{E}{F_y}} = 3.76\sqrt{\frac{210{,}000}{420}} = 84.1 > \lambda \quad \text{조밀웨브}$$

(4) 소성한계

$$L_p = 1.76 r_y \sqrt{\frac{E}{F_y}} = 1.76 \times 44.0\sqrt{\frac{210{,}000}{420}} \times 10^{-3} = 1.73\ \text{m}$$

$$L_r = \pi r_{ts}\sqrt{\frac{E}{0.7F_y}} = \pi \times 52.3\sqrt{\frac{210{,}000}{0.7 \times 420}} \times 10^{-3} = 4.39\ \text{m}$$

여기서 $r_{ts} = \sqrt{\dfrac{I_y h_o}{2S_x}} = \sqrt{\dfrac{1.87 \times 10^7 \times (450-14)}{2 \times 1.49 \times 10^6}} = 52.3\ \text{mm}$

$L_b > L_r$ 이므로 탄성횡좌굴 구간

(5) 횡좌굴강도

$M_{\max} = 142.4\ \text{kN}\cdot\text{m}$, $M_A = 106.8\ \text{kN}\cdot\text{m}$,

$M_B = 142.4\ \text{kN}\cdot\text{m}$, $M_C = 106.8\ \text{kN}\cdot\text{m}$

$$C_b = \frac{12.5M_{\max}}{2.5M_{\max} + 3M_A + 4M_B + 3M_C}$$

$$= \frac{12.5 \times 142.4}{2.5 \times 142.4 + 3 \times 106.8 + 4 \times 142.4 + 3 \times 106.8} = 1.14$$

$$F_{cr} = \frac{C_b \pi^2 E}{\left(\dfrac{L_b}{r_{ts}}\right)^2}\sqrt{1 + 0.078\frac{Jc}{S_x h_o}\left(\frac{L_b}{r_{ts}}\right)^2}$$

$$= \frac{1.14\pi^2 \times 210{,}000}{\left(\dfrac{8 \times 10^3}{52.3}\right)^2}\sqrt{1 + 0.078 \times \frac{4.68 \times 10^5 \times 1.0}{1.49 \times 10^6 \times (450-14)} \times \left(\frac{8 \times 10^3}{52.3}\right)^2}$$

$$= 153.6\ \text{N/mm}^2$$

$\therefore M_n = F_{cr} S_x = 153.6 \times 1.49 \times 10^6 \times 10^{-6} = 228.9\ \text{kN}\cdot\text{m}$

(6) 전단강도

$$\frac{h}{t_w} = \frac{450-2(14+18)}{9} = 42.9 < 2.24\sqrt{\frac{E}{F_y}} = 2.24\sqrt{\frac{210{,}000}{420}} = 50.1 \rightarrow C_v = 1.0$$

$V_n = 0.6F_yA_wC_v = 0.6 \times 420 \times 450 \times 9 \times 1.0 \times 10^{-3} = 1{,}020.6$ kN

$\phi_v V_n = 1.0 \times 1{,}020.6 = 1{,}020.6\text{kN} > V_u = 17.8 \times 4\text{m} = 71.2\text{kN}$ 만족

예제 5.8

그림 5.9와 같이 재하점과 반력점들에서 횡보강된 등분포하중과 집중하중을 받는 보를 설계하라. 단, $w_L = 4.0\text{kN/m}$, $w_D = 0.1\text{kN/m}$, $P_L = 15\text{kN}$, SM275 강재를 가정하라.

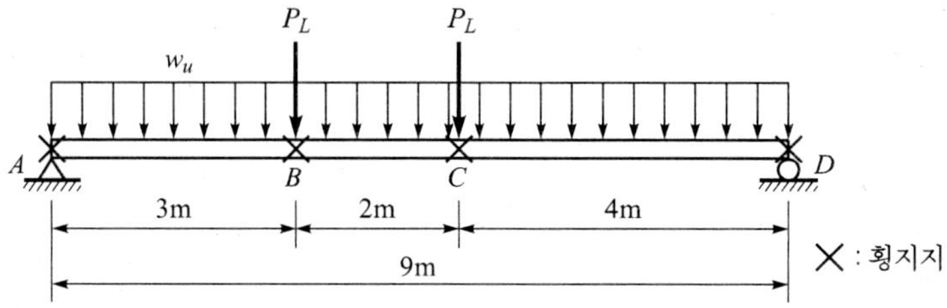

그림 5.9 예제 5.8 의 단순지지보

풀이

(1) 계수하중

$P_u = 1.6P_L = 1.6 \times 15 = 24\,\text{kN}$

$w_u = 1.2w_D + 1.6w_L = 1.2(0.1) + 1.6(4.0) = 6.52\ \text{kN/m}$

(2) 구간별 L_b, C_b 등 산정

경간	L_b(m)	C_b	M_u(kN · m)	M_u/C_b(kN · m)
AB	3	1.67	138.69	83.0
BC	2	1.0 (가정)	150.52	150.52
CD	4	1.67	150.52	90.1

(3) 단면 가정 및 검토

H−500×200×10×16 가정

$F_y = 275\ \text{N/mm}^2$, $r_y = 43.3\text{mm}$, $r = 20\text{mm}$

$S_x = 1.91 \times 10^6\text{mm}^3$, $J = 7.02 \times 10^5\text{mm}^4$

$Z_x = 2.18 \times 10^6\text{mm}^3$, $I_y = 2.14 \times 10^7\text{mm}^4$

경간	L_b(m)	L_r(m)	L_p(m)	설계
AB	3	5.8	2.25	$L_p < L_b < L_r$, 비탄성 횡좌굴
BC	2	5.8	2.25	$L_b < L_p < L_r$, 소성설계
CD	4	5.8	2.25	$L_p < L_b < L_r$, 비탄성 횡좌굴

(4) 폭-두께비 검토

플랜지: $\lambda=\dfrac{b}{t_f}=\dfrac{200/2}{16}=6.25$

$$\lambda_p=0.38\sqrt{\frac{E}{F_y}}=0.38\sqrt{\frac{210{,}000}{275}}=10.5>\lambda \quad \text{조밀플랜지}$$

웨브: $\lambda=\dfrac{h}{t_w}=\dfrac{500-2(16+20)}{10}=42.8$

$$\lambda_p=3.76\sqrt{\frac{E}{F_y}}=3.76\sqrt{\frac{210{,}000}{275}}=103.9>\lambda \quad \text{조밀웨브}$$

(5) 소성한계

$$L_p=1.76r_y\sqrt{\frac{E}{F_y}}=1.76\times 43.3\sqrt{\frac{210{,}000}{275}}\times 10^{-3}=2.11\text{ m}$$

$$L_r=\pi r_{ts}\sqrt{\frac{E}{0.7F_y}}=\pi\times 52.1\sqrt{\frac{210{,}000}{0.7\times 275}}\times 10^{-3}=5.41\text{ m}$$

여기서 $r_{ts}=\sqrt{\dfrac{I_y h_o}{2S_x}}=\sqrt{\dfrac{2.14\times 10^7\times(500-16)}{2\times 1.91\times 10^6}}=52.1\text{ mm}$

(6) 휨강도 검토

- 구간 AB ($L_r>L_b>L_p$)

$$M_n=C_b\left[M_p-(M_p-0.7F_yS_x)\left(\frac{L_b-L_p}{L_r-L_p}\right)\right]$$

$$=1.67\left[512.3-(512.3-0.7\times 275\times 1.91\times 10^6\times 10^{-6})\times\left(\frac{3-2.11}{5.41-2.11}\right)\right]$$

$$=790.4\text{kN}\cdot\text{m}>M_p$$

$M_p=F_yZ_x=275\times 2.18\times 10^6\times 10^{-6}=599.5\text{ kN}\cdot\text{m}$

$\therefore \phi_b M_n=0.9\times 599.5=539.6\text{ kN}\cdot\text{m}>M_u$

- 구간 CD ($L_r>L_b>L_p$)

$$M_n=1.67\left[512.3-(512.3-0.7\times 275\times 1.91\times 10^6\times 10^{-6})\times\left(\frac{4-2.11}{5.41-2.11}\right)\right]$$

$$=717.2\text{ kN}\cdot\text{m}>M_p$$

$\phi_b M_n=0.9\times 599.5=539.6\text{ kN}\cdot\text{m}>M_u$

- 구간 BC ($L_r>L_p>L_b$)

$M_p=F_yZ_x=275\times 2.18\times 10^6\times 10^{-6}=599.5\text{ kN}\cdot\text{m}$

$\therefore \phi_b M_n=0.9\times 599.5=539.6\text{ kN}\cdot\text{m}>M_u$

(7) 전단강도

$$\frac{h}{t_w} = \frac{500-2(16+20)}{10} = 42.8 < 2.24\sqrt{\frac{E}{F_y}} = 2.24\sqrt{\frac{210{,}000}{275}} = 61.9 \rightarrow C_v = 1.0$$

$$V_n = 0.6F_yA_wC_v = 0.6\times 275\times 500\times 10\times 1.0\times 10^{-3} = 825.0\ \text{kN}$$

$$\phi_v V_n = 1.0\times 825.0 = 825.0\,\text{kN} > V_u = 56.01\,\text{kN} \quad \text{만족}$$

5.5 집중하중 하에 웨브와 플랜지

H형단면부재에서 플랜지 1개소에 수직하고 웨브에 대해 대칭인 위치에서 집중하중이 작용할 때, 그림 5.10에서와 같이 플랜지 국부휨, 웨브국부항복, 웨브크리플링, 웨브횡좌굴에 저항하도록 플랜지와 웨브가 설계되어야 한다. 양 플랜지에 집중하중이 작용한다면 웨브국부항복, 웨브압축좌굴에 저항하도록 웨브가 설계되어야 한다. 소요강도가 한계상태의 설계강도를 초과하는 경우에는 소요강도와 설계강도 차이만큼 스티프너 또는 2중플레이트를 설치한다.

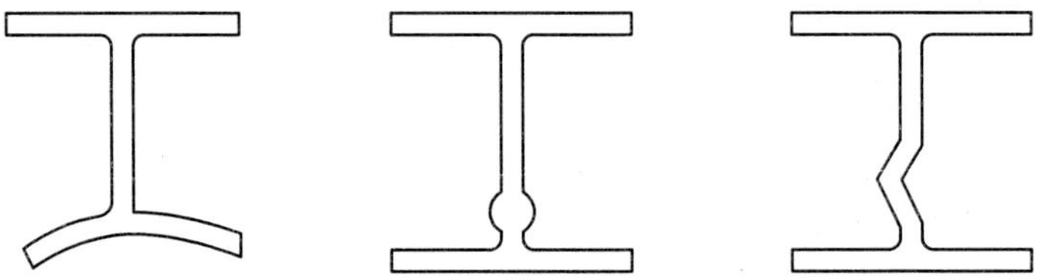

(a) (b) (c)

그림 5.10 (a) 플랜지국부휨, (b) 웨브국부항복, (c) 웨브크리플링

웨브에 전단과 휨응력에 추가하여 플랜지 위에 하중의 작용은 수직방향의 압축응력으로 나타난다. 지점에 지압판 바로 위에 수직의 압축력이 작용하는 경우도 유사하다. 지점 위 상부 플랜지에 하중이 작용하지 않기 때문에 지점으로부터 상향으로 압축력이 점차 줄어들고 상부 플랜지에서는 압축응력이 0이 된다. 응력을 추정하기 위하여 그림 5.11에서 보 단면의 필릿 선단의 단면 1-1 아래와 단면 1-2 왼쪽으로 이루어진 단면을 고려하자. 단면 1-2의 경사각은 임의의 값이다. 압축응력의 분포와 관련이 된다. 유사한 압축과 거동이 재하점 상부 플랜지 아래 단면 3-3에 존재한다. 이런 국부 압축력의 결과로 발생하는 파괴를 직압축력, 웨브크리플링, 국부항복으로 명명된다. 집중하중에서 웨브국부압축력은 그림

5.11의 단면 1-2와 3-4의 기울기를 2.5 : 1취하여 얻은 단면으로 산정된다. 이는 용접접합된 보-기둥에서 가정된 크리플링을 일으키는 국부압축력의 기둥 웨브에서 가정된 분포와 일치한다.

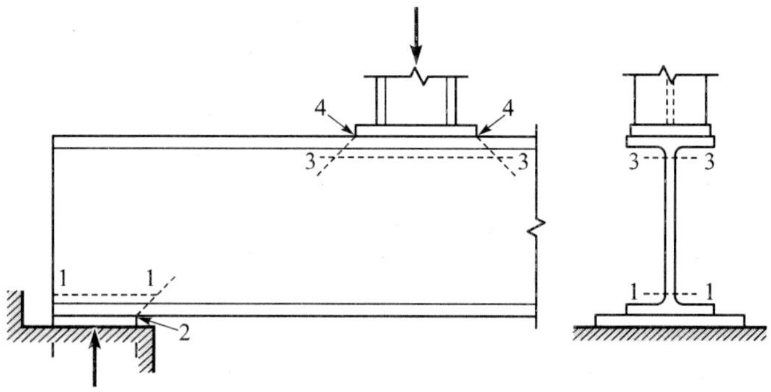

그림 5.11 플랜지에 국부 압축력

(1) 플랜지국부휨

웨브 선상에 용접으로 변형없이 고응력이 집중되도록 플랜지는 강접합되어야 한다. 플랜지에 수직으로 용접된 판에 작용된 인장력에 의해 국부휨을 받는 플랜지의 설계강도는 다음과 같이 산정된다.

$$R_n = 6.25 t_f^2 F_{yf} \qquad (5 \cdot 64)$$

$$\phi = 0.90$$

여기서, ϕ : 강도저항계수

F_{yf} : 플랜지의 항복강도 (MPa)

t_f : 하중을 받는 플랜지의 두께 (mm)

플랜지 부재에 걸쳐 작용하는 하중구간의 길이가 $0.15b_f$보다 작으면 식 (5 · 64)의 검토는 필요치 않다. b_f는 플랜지의 폭을 나타낸다. 다만, 부재 단부로부터 집중하중에 저항하는 거리가 $10t_f$ 보다 작은 경우, R_n을 50% 저감한다.

(2) 웨브 국부항복

단일 집중하중과 2중집중하중의 인장압축 두 요소에 모두 적용된다. 집중하중이 작용하는 지점에서 웨브 모살선단부의 설계강도 $\phi R_n (\phi = 1.00)$은 다음과 같이 산정한다.

① 인장 또는 압축 집중하중이 작용점에서 재단까지의 거리가 부재깊이 d를 초과한 경우

$$R_n = (5k + N)F_{yw}t_w \qquad (5 \cdot 65)$$

② 상기의 집중하중의 작용점에서 재단까지의 거리가 부재깊이 d 이하인 경우

$$R_n = (2.5k + N)F_{yw}t_w \qquad (5 \cdot 66)$$

여기서, k : 플랜지의 바깥쪽 면으로부터 웨브필릿선단까지의 거리 (mm)

F_{yw} : 웨브의 항복응력 (MPa)

N : 집중하중이 작용하는 폭 (다만 보의 단부 반력에 대해서는 k 보다 작지 않을 것) (mm)

t_w : 웨브두께 (mm)

d : 부재의 전체깊이 (mm)

필요한 경우 수직보강재 또는 2중 플레이트 한 쌍을 설치한다.

그림 5.12에서 R_n은 힘이 웨브필릿선단에 달할 때 등분포응력이 가정되는 길이, 웨브 두께 그리고 웨브의 항복응력의 곱과 일치한다고 볼 수 있다. 집중하중의 작용 시에 부재 깊이의 최소 1/2에 걸쳐 스티프너로 보강하거나 웨브의 양쪽에 2중의 플레이트로 보강한다면 웨브 항복을 검토할 필요가 없다.

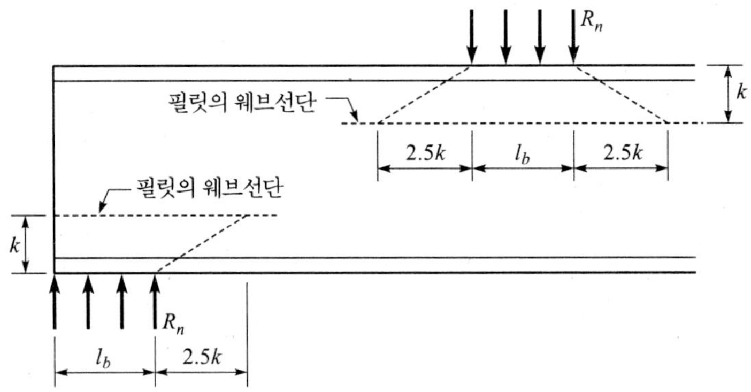

그림 5.12 국부 웨브 항복

(3) 웨브 크리플링

무보강된 웨브를 갖는 부재에 집중된 압축력이 작용할 때에 공칭웨브크리플링강도는 다음의 방법으로 산정된다. 한 개 혹은 두 개의 웨브 스티프너 혹은 한 개나 두 개의 2중 플레이트로 보강되고 웨브 춤의 최소 1/2에 걸쳐 있다면 웨브크리플링은 검토될 필요가 없다.

웨브크리플링은 하중을 받는 플랜지에 이웃한 웨브에서 발생한다.

압축 단일 집중하중과 2중 집중하중의 압축요소에 적용되며, 설계강도 $\phi R_n(\phi = 0.75)$은 다음에 의해 산정한다.

① 집중하중이 재단에서 $d/2$ 이상 떨어진 지점에 작용할 때

$$R_n = 0.80 t_w^2 \left[1 + 3\left(\frac{N}{d}\right)\left(\frac{t_w}{t_f}\right)^{1.5}\right]\sqrt{\frac{EF_{yw}t_f}{t_w}} \qquad (5 \cdot 67)$$

② 집중하중이 재단에서 $d/2$ 미만 떨어진 지점에 작용할 때

가. $N/d \le 0.2$인 경우

$$R_n = 0.40 t_w^2 \left[1 + 3\left(\frac{N}{d}\right)\left(\frac{t_w}{t_f}\right)^{1.5}\right]\sqrt{\frac{EF_{yw}t_f}{t_w}} \qquad (5 \cdot 68)$$

나. $N/d > 0.2$인 경우

$$R_n = 0.40 t_w^2 \left[1 + \left(\frac{4N}{d} - 0.2\right)\left(\frac{t_w}{t_f}\right)^{1.5}\right]\sqrt{\frac{EF_{yw}t_f}{t_w}} \qquad (5 \cdot 69)$$

여기서, t_f : 플랜지의 두께 (mm)

강도가 부족할 경우, 1개의 수직보강재 또는 한 쌍의 수직보강재 또는 최소한 웨브깊이의 절반을 덮는 2중 플레이트를 설치한다.

(4) 웨브횡좌굴강도

집중압축하중을 받는 휨부재의 하중 작용점에서의 압축플랜지와 인장플랜지의 상대적 횡방향이동이 구속되어 있지 않은 경우에 적용된다. 웨브의 횡좌굴에 대한 설계강도 ϕR_n은 다음으로 산정된다.

$\phi = 0.85$

① 압축플랜지가 회전에 대해서 구속될 때,

가. $(h/t_w)/(l/b_f) \le 2.3$일 때,

$$R_n = \frac{C_r t_w^3 t_f}{h^2}\left[1 + 0.4\left(\frac{h/t_w}{l/b_f}\right)^3\right] \qquad (5 \cdot 70)$$

나. $(h/t_w)/(l/b_f) > 2.3$일 때, 웨브횡좌굴의 한계상태에 대한 검토는 필요하지 않다. 웨브의 소요강도가 설계강도를 초과할 때, 국부가로방향가새를 인장플랜지에 설치하거나 또는 한 쌍의 수직스티프너 또는 2중플레이트를 설치한다.

② 압축플랜지가 회전에 대해서 구속되지 않을 때,

가. $(h/t_w)/(l/b_f) \leq 1.7$일 때,

$$R_n = \frac{C_r t_w^3 t_f}{h^2}\left[0.4\left(\frac{h/t_w}{l/b_f}\right)^3\right] \qquad (5 \cdot 71)$$

나. $(h/t_w)/(l/b_f) > 1.7$일 때, 웨브횡좌굴의 한계상태에 대한 검토는 필요하지 않다. 웨브의 소요강도가 설계강도를 초과할 때, 국부횡가새를 집중하중에 작용하는 지점의 양측플랜지에 설치한다.

여기서, b_f : 플랜지 폭 (mm)

C_r : 하중작용지점에서 $M_u < M_y$일 때, $6.62 \times 10^6\ \mathrm{N/mm^2}$

하중작용지점에서 $M_u \geq M_y$일 때, $3.31 \times 10^6\ \mathrm{N/mm^2}$

h : 플랜지 사이의 순거리 (mm)

(압연형강은 필릿을 제외한 거리, 용접형강은 플랜지 안쪽 사이의 거리)

l : 하중점에서 각 플랜지의 횡방향 비지지길이 (mm)

t_f : 플랜지 두께 (mm)

t_w : 웨브 두께 (mm)

(5) 웨브압축좌굴

웨브 압축좌굴은 그림 5.13에서와 같이 부재의 양 플랜지에 적용된 집중하중과 관련된다. 좌굴의 가능성을 줄이기 위해 웨브의 세장비를 제한하는 것이 필요하다. 만약 집중하중이 다음 식 (5 · 72)를 초과한다면 한 개의 스티프너, 한 쌍의 스티프너 혹은 2중 플레이트를 웨브의 전체 깊이에 걸쳐 보강한다.

양쪽 플랜지에 집중 압축력이 작용할 때, 무보강 웨브의 설계강도 $\phi R_n (\phi = 0.90)$은 다음으로 산정된다.

$$R_n = \frac{24 t_w^3 \sqrt{E F_{yw}}}{h} \qquad (5 \cdot 72)$$

부재 단부로부터 한 쌍의 집중하중에 저항하는 거리가 $d/2$ 보다 작을 경우, R_n의 50%를 저감한다. 필요한 경우에 단일 수직보강재와 한 쌍의 수직보강재 또는 웨브의 전체깊이를 덮는 2중 플레이트를 설치한다.

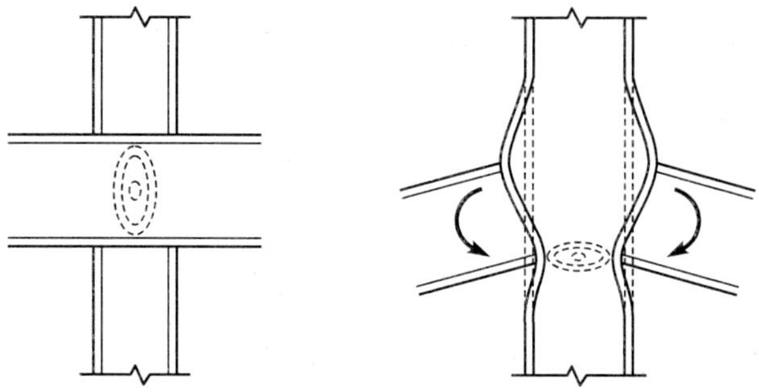

(a) (b)

그림 5.13 웨브 압축좌굴: (a) 보, (b) 기둥

(6) 집중하중에 대한 추가 보강

① 인장재를 설계하고 스티프너가 필요한 경우, 소요강도와 한계상태강도의 차이만큼 보강 설계한다. 스티프너를 웨브에 용접하는 경우, 스티프너 단부에 작용하는 인장력의 차이만큼을 웨브에 전달할 수 있도록 설계한다.

② 압축 집중하중에 저항하기 위해 요구되는 스티프너를 플랜지에 용접하는 경우, 소요강도와 설계강도의 차이만큼 용접설계한다. 스티프너를 웨브에 용접하는 경우, 스티프너의 단부에 작용한 압축력의 차이만큼을 웨브에 전달할 수 있도록 설계한다.

③ 압축력에 저항하는 전체깊이에 걸친 수직스티프너는 축방향 압축력을 받는 부재로 설계한다. 부재의 성능은 유효좌굴길이를 $0.75h$로 하고 유효단면은 2개의 스티프너와 부재 안쪽으로 폭 $25t_w$, 부재 단부 쪽으로 폭 $12t_w$를 가지는 웨브의 스트립으로 구성되는 십자형 단면을 사용하여 결정한다.

④ 수직 그리고 대각스티프너는 다음의 추가적인 기준을 만족하여야 한다.

가. 집중하중을 받는 보강재 설계 시, 기둥 웨브두께의 1/2에 스티프너 한 쪽의 폭을 더한 길이는 플랜지 또는 모멘트 접합 플레이트 폭의 1/3 보다 작아서는 안된다.

나. 집중하중을 받는 스티프너 설계 시, 스티프너의 두께는 t_f의 1/2 그리고 b_f의 1/15 이상으로 한다.

다. 수직스티프너의 길이는 부재깊이의 최소 1/2 이상으로 한다.

예제 5.9

SM275 강재의 H−250×250×9×14가 경간 중앙에서 300kN을 지지하고 있다. 보 상부에 기둥의 지압길이는 350mm이며, $k=30$mm이다. 기둥에서 작용하는 하중으로 인한 웨브 국부항복을 검토하라.

풀이

$R_n=(5k+N)F_{yw}t_w=(5\times30+350)\times275\times9\times10^{-3}=1{,}237.5\text{ kN}\ >300\text{ kN}$ 안전

예제 5.10

휨설계를 통해 그림 5.14와 같은 단순지지보가 설계되었다. SM275 강재로 단면이 H−396×199×7×11이며, 보의 양단과 집중하중 작용점에 횡구속되어 있다. 그림에서와 같이 집중활하중 $P_L=80$kN과 $w_D=1.5$ kN/m의 고정하중이 보에 작용한다고 하자. 만약 $k=27$ mm이고, 단부에 지압길이가 90mm이고 재하점에서의 지압길이가 80mm일 때에 국부 플랜지 휨, 웨브항복, 웨브 크리플링 그리고 웨브 압축좌굴을 검토하라.

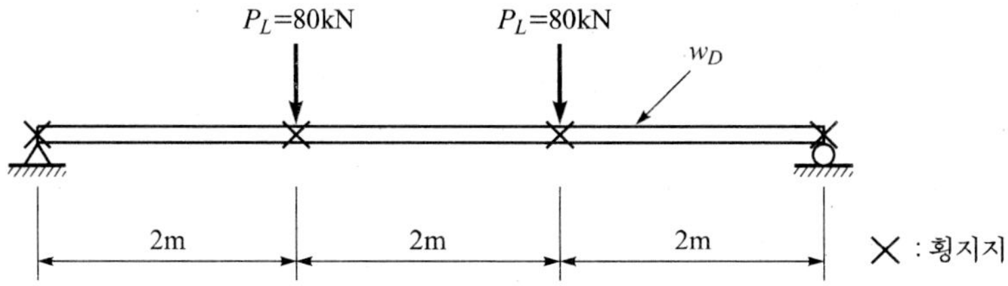

그림 5.14 예제 5.10의 단순지지보

풀이

(1) 계수하중

$P_u=1.6\times80=128\text{ kN}$ (재하점)

$w_u=1.2\times1.5\text{kN/m}=1.8\text{kN/m}$

지점반력: $R_u=1.8\times\dfrac{6\text{ m}}{2}+128=133.4\text{ kN}$

(2) 국부 플랜지 휨

$\phi_l R_n=\phi_l 6.25t_f^2F_{yf}=0.9\times6.25\times11^2\times275\times10^{-3}=187.2\text{ kN}>133.4\text{ kN}$ 만족

(3) 국부 웨브 항복 ($\phi=1.0$)

재하점: $R_n=(5k+N)F_{yw}t_w=(5\times27+80)\times275\times7\times10^{-3}=303.2\text{ kN}$

$>128\text{kN}$ 만족

단부: $R_n = (2.5k+N)F_{yw}t_w = (2.5\times27+90)\times235\times7\times10^{-3} = 259.1\text{ kN}$

$> 133.4\text{kN}$ 만족

(4) 웨브크리플링

단부: $\dfrac{N}{d} = \dfrac{90}{396} = 0.22 > 0.2$

$$\phi R_n = \phi 0.40 t_w^2 \left[1+\left(\frac{4N}{d}-0.2\right)\left(\frac{t_w}{t_f}\right)^{1.5}\right]\sqrt{\frac{EF_y t_f}{t_w}}$$

$$=0.75\times0.40\times7^2\left[1+\left(\frac{4\times90}{396}-0.2\right)\left(\frac{7}{11}\right)^{1.5}\right]\sqrt{\frac{210{,}000\times275\times11}{7}}\times10^{-3}$$

$= 190.4\text{ kN} > 133.4\text{ kN}$ 만족

재하점

$$\phi R_n = \phi 0.80 t_w^2 \left[1+3\left(\frac{N}{d}\right)\left(\frac{t_w}{t_f}\right)^{1.5}\right]\sqrt{\frac{EF_y t_f}{t_w}}$$

$$=0.75\times0.80\times7^2\left[1+3\left(\frac{80}{396}\right)\left(\frac{7}{11}\right)^{1.5}\right]\sqrt{\frac{210{,}000\times275\times11}{7}}\times10^{-3}$$

$= 366.2\text{ kN} > 16\text{ kN}$

(5) 웨브 압축좌굴 ($r = 16\text{mm}$)

$$\phi R_n = \phi\frac{24t_w^3\sqrt{EF_{yw}}}{h} = 0.9\times\frac{24\times7^3\times\sqrt{210{,}000\times275}}{396-2\times(11+16)}\times10^{-3}$$

$= 182.9\text{ kN} > 133.4\text{kN}$ 만족

예제 5.11

압연 H형강 $H-596\times199\times10\times15$의 단순지지보 단부에 계수하중에 의한 반력 350 kN이 작용할 때 국부항복의 안정성을 검토하라. 단부에서 집중하중이 작용하는 폭은 100mm이다. 단, 사용강재는 SS275($F_y = 275\text{N/mm}^2$)이다.

풀이

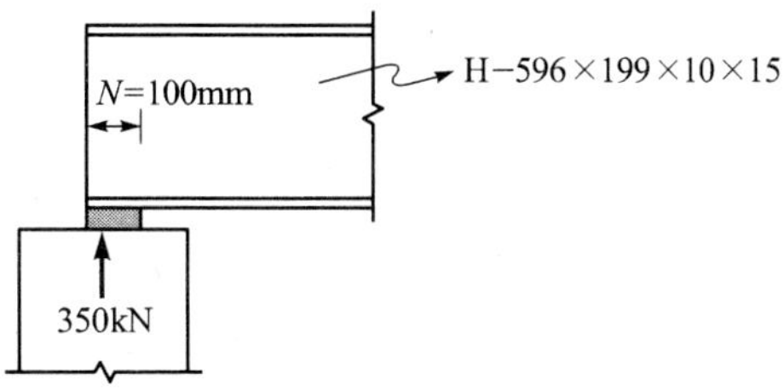

H형강의 필렛부 반경, $r = 22\text{mm}$

(1) 집중하중점이 단부이므로, 집중하중의 작용점이 부재의 춤보다 작은 거리에 있을 때의 경우를 적용.

(2) $k = 15+22 = 37\text{mm}$

$\phi_l = 1.0$

$R_n = (2.5k + N)F_{yw}t_w = (2.5 \times 37 + 100) \times 275 \times 10 \times 10^{-3} = 529.4\text{ kN}$

$\phi_l R_n = 1.0 \times 529.4 = 529.4\text{kN} > 350\text{kN}$ ∴ 안전

예제 5.12

압연 H형강 H－596×199×10×15의 단순지지보 지점에 계수하중에 의한 반력 250kN이 작용할 때 웨브의 크리플링에 대한 안정성을 검토하라. 반력이 작용하는 폭은 90mm이고, 반력과 재단사이의 거리는 250mm이다. 단, 사용강재는 SS275($F_y = 275\text{N/mm}^2$)이다.

풀이

(1) 반력과 재단사이의 거리가 250mm이고,

d/2＝596/2＝298mm이므로, 재단에서 d/2 미만 떨어진 지점에 해당.

$N/d = 90/596 = 0.15 < 0.2$

$\phi_l = 0.75$

(2) $R_n = 0.40t_w^2\left[1 + 3\left(\dfrac{N}{d}\right)\left(\dfrac{t_w}{t_f}\right)^{1.5}\right]\sqrt{\dfrac{EF_yt_f}{t_w}}$

5.6 사용성

(1) 처짐

강재보의 처짐은 다음과 같은 이유로 소정의 최대값 이하로 제한한다.

① 지나친 처짐은 보에 부착되거나 지지되는 다른 재료들에 손상을 입힌다.

② 지나친 처짐은 구조물의 외관에 손상을 준다.

③ 강도 측면에서 구조물이 안전하다할지라도 극한 처짐은 거주자들에게 불쾌감을 준다.

④ 동일한 하중을 지지하기 위해 여러 개의 보들이 동일한 양으로 처지도록 설계하는 것이 적절하다.

건축물 설계 기준에서는 사용활하중에 의한 처짐을 경간길이의 약 1/360로 제한하고 있다. 이 처짐은 플라스터에 균열을 발생시키지 않는 천장 장선의 처짐을 나타낸다.

(2) 진동

적절한 댐핑을 주는 칸막이나 기타 요소들없이 장경간과 대공간의 바닥판에서 불쾌한 진동이 빈번히 발생한다. 거주자가 진동에 의해 불쾌감을 느끼게 할 경우에 설계는 성공적이라고 할 수 없다. 진동이 있는 구조물을 교정하는 것은 쉬운 작업이 아니다. 반면에 설계 단계에서는 이런 상황을 예측할 수 있으며 교정이 가능하다.

(3) 물고임(ponding)

평지붕 위에 물이 흘러내리지 않고 빨리 고이게 되면 하중이 증가하여 접시형태로 처지게 되며, 처짐은 점차로 증가하게 된다. 물고임 현상은 평형에 달할 때까지 그리고 파괴가 발생하기까지 계속된다.

배수장치가 있더라도 물고임은 어느 정도 평지붕에서 볼 수 있다. 심한 폭풍이 발생하는 동안 배수는 충분치가 않거나 작동을 멈추게 된다. 배수시설은 지붕의 높은 위치에 보를 따라 위치된다. 물고임을 예방할 수 있는 가장 좋은 방법은 배수시설과 더불어 지붕에 기울기를 두는 것이다. 지붕 시스템과 이를 지지하는 보가 충분히 강성을 지니면 물고임에 의한 파괴는 막을 수 있다.

연습문제

【5.1】 압연 H형강 단면이 H－596×199×10×15인 휨부재의 국부좌굴을 검토하라. 단, 사용강재는 SS275($F_y = 275\text{N/mm}^2$)이다.

【5.2】 양단이 단순지지 되어 있는 스팬 9m의 H－404×201×9×15 형강보에 고정하중과 활하중이 각각 $w_D = 15\text{kN/m}$, $w_L = 5\text{kN/m}$의 등분포하중이 작용할 때 보의 설계 휨강도 $\phi_b M_n$을 구하라. 단, 보는 슬래브에 의해 횡방향 지지되어 있고, 사용강재는 SS275 ($F_y = 275\text{N/mm}^2$)이다.

【5.3】 양단이 단순지지 되어 있는 스팬 9m의 H－404×201×9×15 형강보에 고정하중과 활하중이 각각 $w_D = 15\text{kN/m}$, $w_L = 5\text{kN/m}$의 등분포하중이 작용할 때 보의 설계 휨강도 $\phi_b M_n$을 구하라. 단, 보의 중앙이 횡방향으로 가새 지지되어 있고, 사용강재는 SS275 ($F_y = 275\text{N/mm}^2$)이다.

【5.4】 【5.2】에서 형강보 웨브의 구조안전성을 검토하라.

【5.5】 H형강 단면이 H－496×199×9×14인 형강보에 집중하중 $R_D = 60\text{kN}$, $R_L = 130\text{kN}$이 작용할 때 보 웨브의 크리플링에 대한 안정성을 검토하라. 반력이 작용하는 폭은 100mm이고, 보의 단부에서 반력 사이의 거리는 350mm이다. 단, 사용강재는 SS275 ($F_y = 275\text{N/mm}^2$)이다.

* 모멘트만을 고려하고 압축플랜지의 완전횡지지를 가정하여 보 단면을 H형강으로 결정하라. 사용 강재는 SM275를 가정하라.

【5.6】

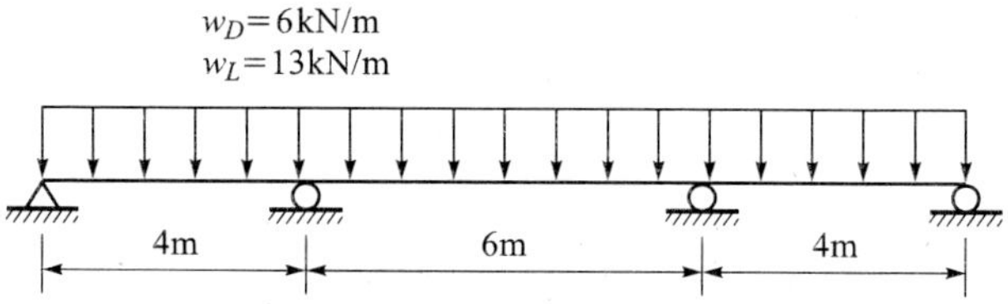

【5.7】

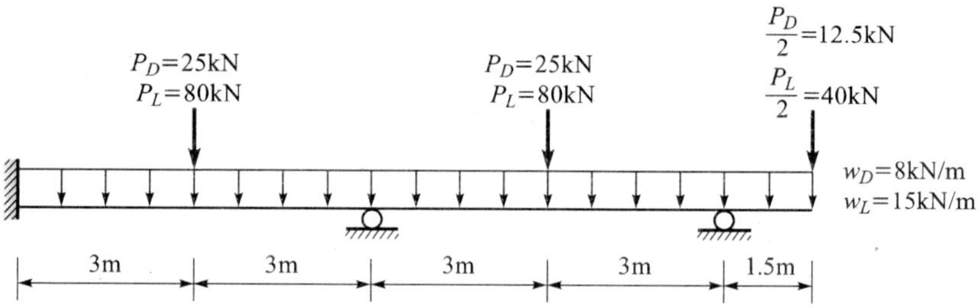

【5.8】

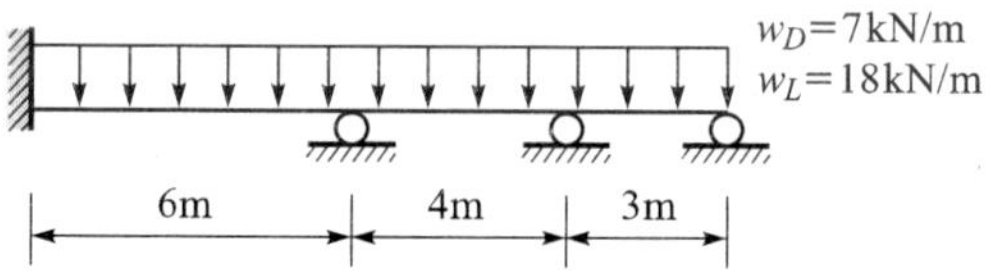

【5.9】 그림과 같이 H$-346\times174\times6\times9$ 단면의 보에 활하중 $P_L=120$kN과 등분포의 고정하중 $w_D=4$kN/m가 작용하고 있다. 보의 양단부와 집중하중이 작용하는 위치에 양플랜지들에 횡지지되어 있다. 단부에 지압길이 90mm와 집중하중 작용점에서의 지압길이가 80mm일 때, 국부 플랜지 휨, 웨브항복, 웨브 크리플링 그리고 웨브 압축좌굴을 검토하라. 단, 사용강재는 SM275이다.

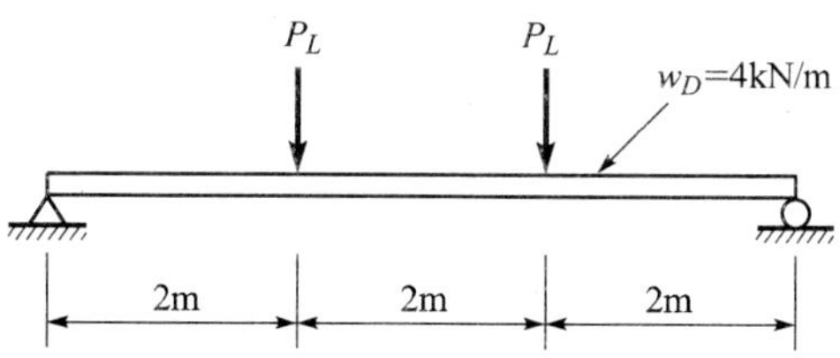

그림 【5.9】의 단순지지보

* 그림과 같이 작용하는 하중이 작용할 때, SM275 강재에 의한 보의 단면을 휨모멘트를 근거로 H 형강으로 설계하고 전단에 대해 검토하라.

【5.10】

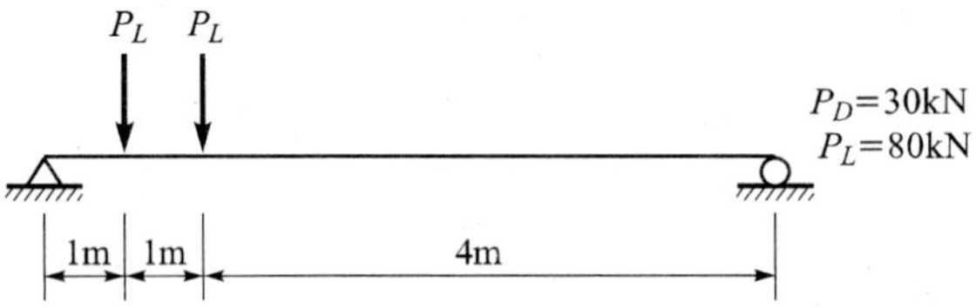

【5.11】

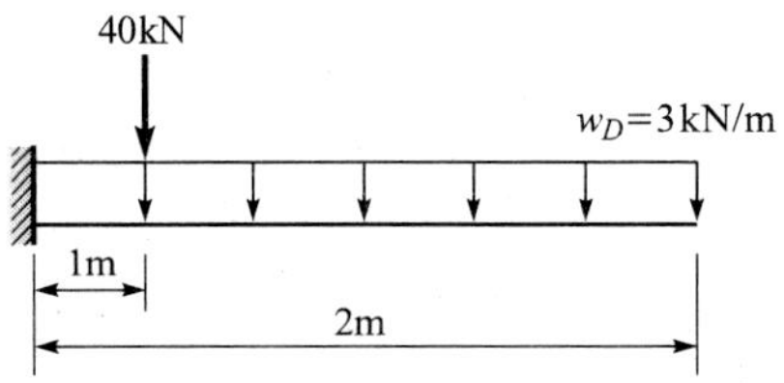

【5.12】

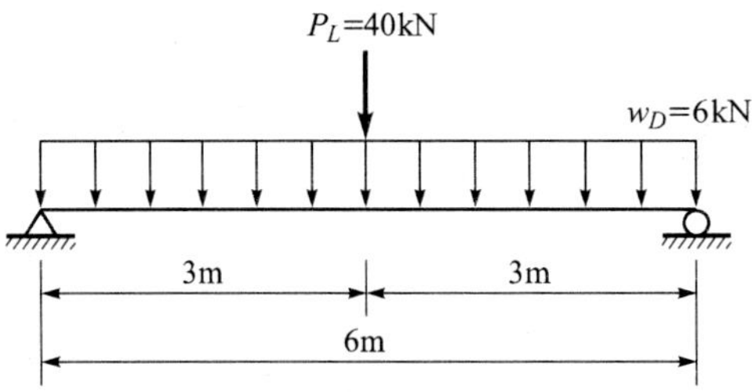

【5.13】 압축플랜지가 완전지지되어 있는 6m 길이의 단순지지보의 중앙에 활하중 $P_L = 100\text{kN}$이 작용하고 있다. 휨모멘트를 근거로 보 단면을 H형강으로 설계하고 전단에 대해 검토하라. 또한 집중하중의 작용점에 지압길이를 100mm, 지점에서의 지압길이를 70mm 라고 할 때에 국부 플랜지 휨, 웨브항복, 웨브 크리플링 그리고 웨브 압축좌굴을 검토하라. 단, SM275 강재로 가정하고 보 자중은 무시하라.

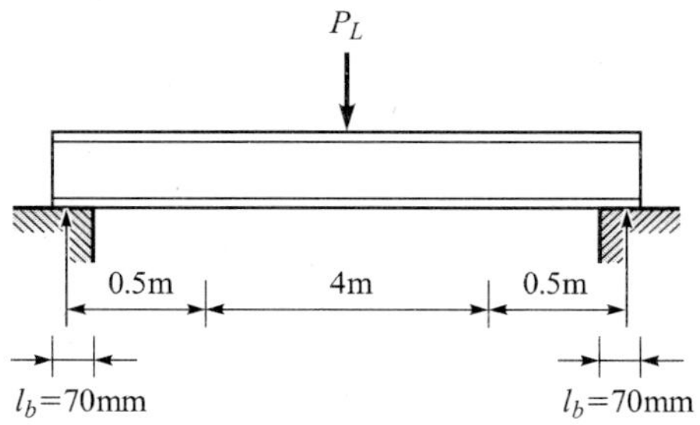

그림 【5.13】의 단순지지보

【5.14】 압축플랜지가 완전지지되어 있는 6m 길이의 단순지지보에 그림과 같이 활하중이 작용하고 있다. 휨모멘트를 근거로 보 단면을 H형강으로 설계하고 전단에 대해 검토하라. 또한 집중하중의 작용점에 지압길이를 80mm, 지점에서의 지압길이를 60mm라고 할 때에 국부 플랜지 휨, 웨브항복, 웨브 크리플링 그리고 웨브 압축좌굴을 검토하라. 단, SM275 강재로 가정하고 보 자중은 무시하라.

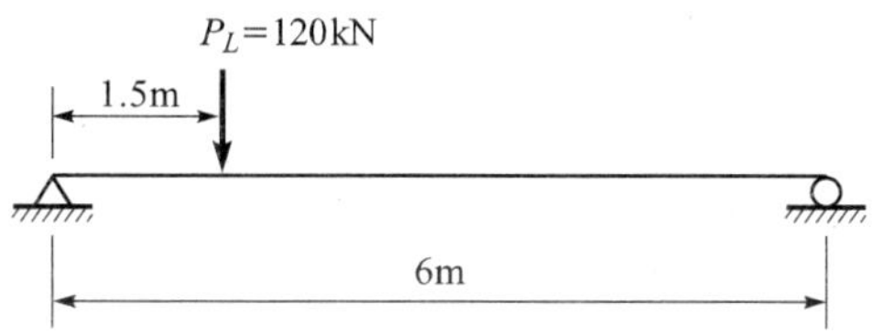

그림 【5.14】의 단순지지보

CHAPTER 6 보-기둥(Beam-column) 설계

CHAPTER 6. 보-기둥(Beam-column) 설계

6.1 개요

강구조물의 골조인 기둥은 압축하중 외에 상당한 휨모멘트에 저항한다. 구조물에 작용하는 하중은 부재의 중앙에 작용하지 않으며 편심에 의해 모멘트가 작용한다. 기둥 단면의 중앙에 정확히 하중이 작용하는 것은 실제적으로 불가능하다. 초기에 기둥이 굽어 있거나 횡방향 휨에 결함도 있을 수 있다. 또한 기둥에 접합된 보는 ㄱ형강이나 브래킷에 의해 지지되면 편심에 의한 모멘트가 작용하게 된다. 즉, 기둥에 축력 외에 모멘트가 발생하게 된다.

인장력은 횡처짐을 줄이려는 경향이 있는 반면에 압축력은 횡처짐을 증가시키는 경향이 있으므로 인장재에 작용하는 모멘트는 압축재에 발생하는 모멘트만큼 심각하지는 않다. 증가하는 횡처짐은 궁극적으로 모멘트의 증가로 나타나며 추가적인 횡처짐을 막기위하여 충분한 구속이 필요하다. 이 장에서는 축력과 모멘트에 의한 조합하중을 받는 보-기둥 부재에 대한 설계방법을 소개한다.

6.2 축압축과 휨을 받는 부재의 1차와 2차 모멘트

보-기둥이 비지지길이를 따라 모멘트를 받으면 휨면 내에서 횡으로 변형된다. 축압축력과 횡변위 혹은 편심거리의 곱에 의해 2차적인 모멘트가 발생한다. 그림 6.1에서 부재의 모멘트는 $P_{nt}\delta$만큼 증가한다. 여기서, P_{nt}는 1차해석에 의해 산정된 축압축력을 나타낸다. 이 모멘트는 추가적인 횡처짐을 일으키며 평형에 달할 때까지 보다 큰 모멘트와 횡처짐 등이 발생한다. M_r은 부재의 소요모멘트강도를 나타내며, M_{nt}는 추가적인 변형이 없다는 가정 하에 1차모멘트를 나타낸다.

기둥의 단부들이 상대적으로 횡으로 이동하는 횡이동이 있을 경우, 추가로 2차모멘트가 발생한다. 그림 6.2에서와 같이 횡이동에 의해 발생한 2차모멘트는 $P_{nt}\Delta$가 된다. 부재의 전체 소요휨강도는 1차와 2차모멘트의 합이 된다.

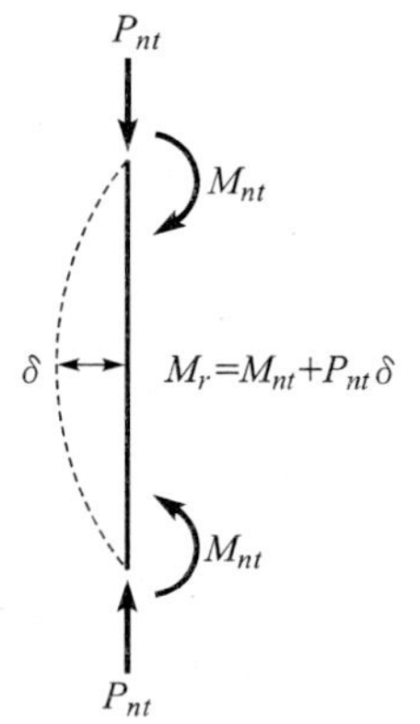

그림 6.1 횡가새 보강된 기둥의 모멘트 증폭

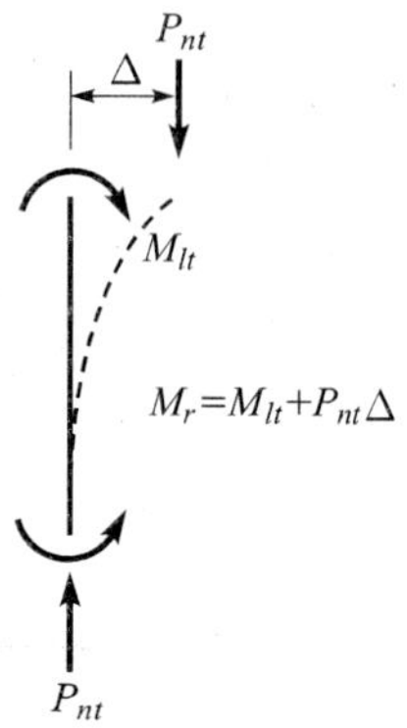

그림 6.2 횡보강되지 않은 기둥

구조물의 2차비탄성해석은 소요최대압축강도 P_r과 소요 최대휨강도 M_r을 계산할 때 예상되는 변형을 고려한다. 기준에서는 안정을 위해 아래 항목들을 고려한 합리적인 설계법을 정하고 있다.

① 휨, 전단 그리고 축부재 변형, 구조물의 변위와 연관되는 모든 변형
② 2차 영향 ($P-\Delta$와 $P-\delta$ 영향)
③ 기하학적인 불완전성
④ 비탄성으로 인한 응력 감소
⑤ 강성과 강도의 불확실성

기준에서는 직접해석법, 유효좌굴길이법과 1차해석법을 규정하고 있다.

(1) 직접해석법

이 방법은 모든 구조물에 적용이 가능하다. 가새보강골조, 모멘트골조, 전단벽 혹은 기타 조합시스템과 같은 건축물 사이에 구분은 없다. 구조물의 안정성에 기여한다고 판단되는 모든 강성의 감소를 포함한다. 한계상태설계법의 하중조합에 따른 설계하중과 아래의 강성 조정을 고려한 구조해석결과에 따른 전층의 2차횡변위 대 1차횡변위의 비가 1.7 이하이며, 골조의 이동이 고려되는 방향의 모멘트골조에 속한 기둥에 의해 구조물의 총 중력하중의 1/3 이내가 지지되는 경우에는 $P-\delta$효과를 해석에서 무시할 수 있다. 하지만 어떠한 경우에도 압축과 휨을 받는 개별부재의 평가 시에는 $P-\delta$효과를 고려해야 한다.

유효길이계수 K를 계산할 필요가 없는 장점도 있다. 설계축압축강도 P_c를 산정할 때, $K=1$이 사용된다. 직접해석법에서 2차효과에 대한 강도와 강성의 불확실성 그리고 비탄성을 고려하여 감소계수 0.8을 적용하여 감소된 휨 및 축강성을 사용한다. 감소된 강성 EI^*는 $0.8\tau_b EI$로 대신되며, EA^*는 $0.8EA$로 대신한다.

계수 τ_b는 재료가 비탄성으로 되면서 탄성계수가 감소되는 것을 감안한 부재에 축응력의 정도에 따라 다르게 사용된다.

$$\frac{P_r}{P_y} \leq 0.5 \text{이면} \quad \tau_b = 1.0 \tag{6 · 1}$$

$$\frac{P_r}{P_y} > 0.5 \text{이면} \quad \tau_b = 4\left(\frac{P_r}{P_y}\right)\left[1-\frac{P_r}{P_y}\right] \tag{6 · 2}$$

여기서, P_r : 하중조합으로 구해진 소요축압축강도 (N)

P_y : 축항복강도($=F_y A_g$) (N)

(2) 유효좌굴길이법

이 방법은 모든 층들의 최대 1차 횡변위($\Delta_{first-order}$)에 대한 최대 2차 횡변위($\Delta_{second-order}$)의 비가 1.5 이하인 모든 유형의 가새골조, 모멘트골조, 혼합골조시스템에 적용이 된다.

$$B_2 = \frac{\Delta_{second-order}}{\Delta_{first-order}} \leq 1.5 \tag{6 · 3}$$

강성의 감소없이 구조부재의 공칭강성이 사용된다.

계수 K는 횡이동 좌굴해석으로부터 산정되거나 그림 4.5를 이용하여 산정된다. 단, 모든 층에서 최대의 1차 횡변위에 대한 최대의 2차 횡변위의 비가 1.1 이하인 모든 가새보강시스템과 모멘트골조에서 $K=1$이 사용된다.

$$B_2 = \frac{\Delta_{second-order}}{\Delta_{first-order}} \leq 1.1 \tag{6 · 4}$$

(3) 2차근사해석법

$P-\Delta$와 $P-\delta$효과를 모두 고려할 수 있는 2차탄성해석방법도 사용할 수 있다. 이 해석기법은 2개의 1차탄성해석법을 사용하며, 4.5 모멘트증폭에 따라 산정된다.

① 횡이동이 없도록 횡보강이 되었다고 가정하는 골조해석으로, 모멘트 M_{nt}와 $P-\delta$영향을 나타내는 증폭계수 B_1의 곱으로 모멘트를 산정한다.

② 횡이동을 허용하여 모멘트 M_{lt}를 $P-\Delta$ 영향을 고려한 증폭계수 B_2의 곱으로 모멘트를 산정한다. 이 두 모멘트의 합으로 소요모멘트를 산정한다.

$$M_r = B_1 M_{nt} + B_2 M_{lt} \tag{6・5}$$

소요 축하중은 다음에 의해 표현된다.

$$P_r = P_{nt} + B_2 P_{lt} \tag{6・6}$$

여기서, B_1 : 압축과 휨을 받는 부재의 휨방향에 대한 $P\delta$효과를 설명하기 위한 증폭계수이며, 압축을 받지 않는 부재에 대해서는 1이다.

B_2 : 구조물 각 층의 층횡변위 방향에 대한 $P\Delta$효과를 설명하기 위한 증폭계수

M_{lt} : 골조의 횡변위가 발생할 때 하중조합으로 구해진 1차 모멘트 (N・mm)

M_{nt} : 골조의 횡변위가 발생하지 않을 때의 하중조합으로 구해진 1차 모멘트 (N・mm)

M_r : 하중조합으로 구해진 소요 2차 휨강도 (N・mm)

P_{lt} : 골조의 횡변위가 발생할 때의 하중조합으로 구해진 1차 축강도 (N)

P_{nt} : 골조의 횡변위가 발생하지 않을 때의 하중으로 구해진 1차 축강도 (N)

P_r : 하중조합으로 구해진 소요 2차 휨강도 (N)

6.3 압축력과 휨을 받는 1축 및 2축 대칭단면 부재

2축 대칭단면 부재와 I_{yc}/I_y의 값이 0.1 이상, 0.9 이하로서 기하축(x축 또는/과 y축)으로만 휨이 발생하도록 구속된 1축 및 2축 대칭단면 부재에 있어서 휨과 압축력의 상관관계는 다음 식에 의해 산정한다. 여기서, I_{yc}는 압축력을 받는 플랜지의 y축에 대한 단면2차모멘트를 나타낸다.

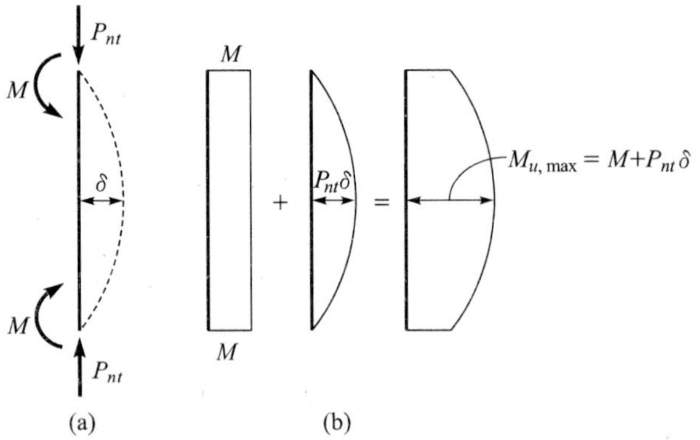

그림 6.3 단곡률 휨에 대한 기둥의 모멘트 증폭
: (a) 기둥, (b) 기둥 모멘트

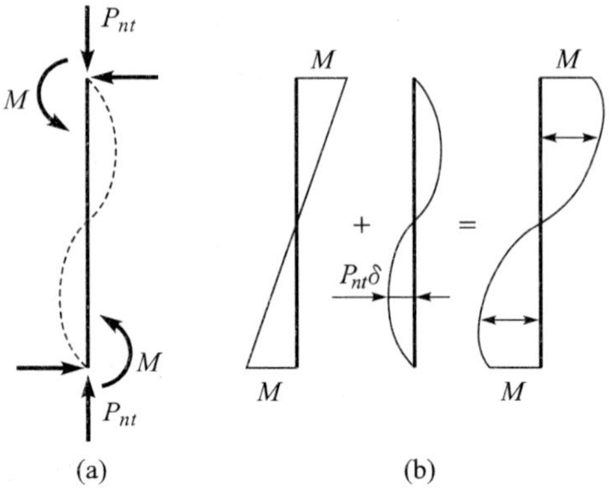

그림 6.4 복곡률 휨에 대한 기둥의 모멘트 증폭
: (a) 복곡률기둥, (b) 기둥 모멘트

(1) $\dfrac{P_r}{P_c} \geq 0.2$ 인 경우

$$\frac{P_r}{P_c} + \frac{8}{9}\left(\frac{M_{rx}}{M_{cx}} + \frac{M_{ry}}{M_{cy}}\right) \leq 1.0 \qquad (6 \cdot 17)$$

(2) $\dfrac{P_r}{P_c} < 0.2$ 인 경우

$$\frac{P_r}{2P_c} + \frac{8}{9}\left(\frac{M_{rx}}{M_{cx}} + \frac{M_{ry}}{M_{cy}}\right) \leq 1.0 \qquad (6 \cdot 18)$$

여기서, P_r : 하중조합으로 구한 소요압축강도 (N)

P_c : 설계압축강도($= \phi_c P_n$) (N)

M_r : 하중조합으로 구한 소요휨강도 (N · mm)

M_c : 설계 휨강도($= \phi_b M_n$) (N · mm)

x : 강축 휨을 나타내는 아래첨자

y : 약축 휨을 나타내는 아래첨자

ϕ_c : 압축에 대한 강도저항계수(=0.90)

ϕ_b : 휨에 대한 강도저항계수(=0.90)

위의 식을 사용할 때, 다음에 주의하여야 한다.

① 설계압축강도 P_r은 가장 큰 세장비를 갖는 기둥축을 근거로 산정한다.

② 설계 휨강도 M_r은 모든 보의 한계상태를 포함한 축하중없이 보의 휨강도만을 근거로 산정한다.

③ 소요압축강도 P_u는 부재에 대한 2차의 힘을 나타낸다.

④ 소요휨강도 M_u는 부재에 대해 2차의 휨모멘트를 나타낸다.

2차의 힘과 모멘트는 2차해석에 의해 산정되거나 증폭계수(amplification factor)를 사용한 1차해석의 결과의 보완을 통해 산정된다. 증폭계수는 가새보강된 골조와 모멘트골조와 관련하여 설명된다.

압축력과 1축휨이 지배적인 2축대칭단면부재는 면내불안정 한계상태 및 면외좌굴(또는 휨-비틀림좌굴) 한계상태를 각각 독립적으로 고려해도 무방하다.

(1) 면내불안정 한계상태에 대해서는 식 (6 · 17)을 사용한다. P_c, M_r, M_c의 값은 휨이 발생한 면내에서 산정한다.

(2) 면외좌굴 한계상태에 대해서는 다음의 식을 사용한다.

$$\frac{P_r}{P_{co}}+\left(\frac{M_r}{M_{cx}}\right)^2 \leq 1.0 \qquad (6 \cdot 19)$$

여기서, P_{co} : 면외휨을 고려한 설계압축강도 (N)

M_{cx} : 강축에 대한 설계휨비틀림좌굴강도 (N · mm)

만약 약축방향으로 휨이 발생하면 식 (6 · 19)의 모멘트비는 무시한다. 만일 양방향 모두 상당한 크기의 모멘트가 작용하는 경우는 식 (6 · 7)과 (6 · 8)에 의한다.

6.4 인장력과 휨을 받는 1축 및 2축 대칭단면 부재

기하축(x축 또는/과 y축)으로만 휨이 발생하도록 구속된 1축 대칭단면 부재에 있어서 휨과 인장력의 상관관계는 앞선 식 (6 · 17)과 (6 · 18)에 의한다.

여기서, P_r : 하중조합으로 구한 소요인장강도 (N)

P_c : 설계인장강도($=\phi_t P_n$) (N)

M_r : 하중조합으로 구한 소요휨강도 (N · mm)

M_c : 설계 휨강도($=\phi_b M_n$) (N · mm)

ϕ_t : 인장에 대한 강도저항계수

ϕ_b : 휨에 대한 강도저항계수(=0.90)

2축대칭 단면을 가진 부재에서 축방향의 인장력과 휨이 동시에 작용할 때, 6장의 C_b값은 $\sqrt{1+\dfrac{P_u}{P_{ey}}}$ 를 곱하여 증가시킬 수 있다. 여기서, $P_{ey}=\dfrac{\pi^2 EI_y}{L_b^2}$ 이다.

예제 6.1

그림 6.5와 같은 하중을 받는 가새보강된 골조의 보-기둥을 설계하라. 사용 강재는 SM275($F_y=275\,\mathrm{N/mm^2}$)을 가정하라.

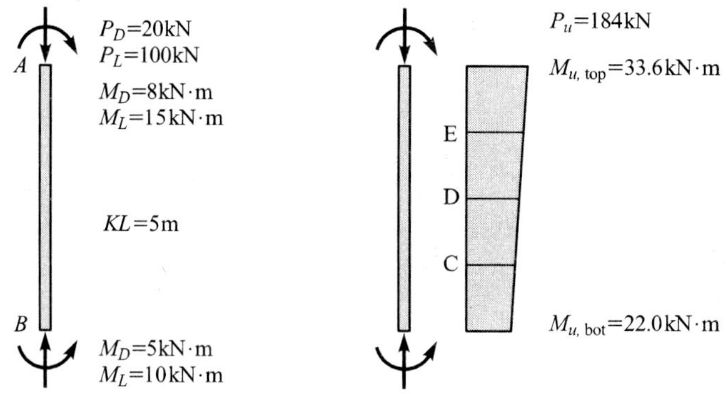

그림 6.5 **예제 6.1** 의 보-기둥

풀이

(1) 소요하중

$P_u=1.2P_D+1.6P_L=1.2\times 20+1.6\times 100=184.0\ \mathrm{kN}$

$M_{u,A}=1.2\times 8+1.6\times 15=33.6\mathrm{kN\cdot m}$

$M_{u,B}=1.2\times 5+1.6\times 10=22.0\mathrm{kN\cdot m}$

(2) 단면가정: H$-300\times 150\times 6.5\times 9$

$A_g=4{,}678\mathrm{mm}^2$, $S_x=4.81\times 10^5\mathrm{mm}^3$, $I_y=5.08\times 10^6\mathrm{mm}^4$

$J=1.24\times 10^5\mathrm{mm}^4$, $r_x=124\mathrm{mm}$, $r_y=32.9\mathrm{mm}$, $r=13\mathrm{mm}$

(3) 축강도 검토

① 플랜지

$\dfrac{b}{t_f}=\dfrac{(150/2)}{9}=8.3 < \lambda_r=0.56\sqrt{\dfrac{E}{F_y}}=0.56\sqrt{\dfrac{210{,}000}{275}}=15.5$ 비세장단면

웨브

$$\frac{h}{t_w}=\frac{300-2(9+13)}{6.5}=39.4 \ \langle \ \lambda_r=1.49\sqrt{\frac{E}{F_y}}=1.49\sqrt{\frac{210{,}000}{275}}=41.2 \quad \text{비세장단면}$$

② 탄성좌굴응력

$$F_e=\frac{\pi^2 E}{\left(\dfrac{K_y L_y}{r_y}\right)^2}=\frac{\pi^2\times 210{,}000}{\left(\dfrac{1.0\times 5.0\times 10^3}{32.9}\right)^2}=89.7\text{ MPa}$$

③ 휨좌굴응력

$$4.71\sqrt{\frac{E}{F_y}}=4.71\sqrt{\frac{210{,}000}{275}}=130.2 \ \langle \ \frac{K_y L_y}{r_y}=\frac{1.0\times 5.0\times 10^3}{32.9}=152.0\text{ MPa}$$

$$F_{cr}=0.877F_e=0.877\times 89.7=78.7\text{ MPa}$$

④ 설계좌굴강도

$$P_r=\phi_c A_g F_{cr}=0.9\times 4{,}678\times 78.7\times 10^{-3}=331.3\text{ kN} \ \rangle \ P_u=184\text{ kN} \quad \text{만족}$$

(4) 휨강도 검토

① 폭-두께비 검토

$$\text{플랜지: } \lambda=\frac{b}{t_f}=8.3 \ \langle \ \lambda_p=0.38\sqrt{\frac{E}{F_y}}=0.38\sqrt{\frac{210{,}000}{275}}=10.5 \quad \text{조밀플랜지}$$

$$\text{웨브: } \lambda=\frac{h}{t_w}=39.4 \ \langle \ \lambda_p=3.76\sqrt{\frac{E}{F_y}}=3.76\sqrt{\frac{210{,}000}{275}}=102.7 \quad \text{조밀웨브}$$

② 소성한계

$$L_p=1.76r_y\sqrt{\frac{E}{F_y}}=1.76\times 32.9\sqrt{\frac{210{,}000}{275}}\times 10^{-3}=1.60\text{ m}$$

$$L_r=\pi r_{ts}\sqrt{\frac{E}{0.7F_y}}=\pi\times 39.2\sqrt{\frac{210{,}000}{0.7\times 275}}\times 10^{-3}=4.07\text{ m}$$

$$\text{여기서 } r_{ts}=\sqrt{\frac{I_y h_o}{2S_x}}=\sqrt{\frac{5.08\times 10^6\times(300-9)}{2\times 4.81\times 10^5}}=39.2\text{ mm}$$

$L_b > L_r > L_p$이므로 탄성횡좌굴 구간

③ 횡좌굴강도

$$F_{cr}=\frac{C_b\pi^2 E}{\left(\dfrac{L_b}{r_{ts}}\right)^2}\sqrt{1+0.078\frac{Jc}{S_x h_o}\left(\frac{L_b}{r_{ts}}\right)^2}$$

$$=\frac{1.16\pi^2\times 210{,}000}{\left(\dfrac{5\times 10^3}{39.2}\right)^2}\sqrt{1+0.078\times\frac{1.24\times 10^5\times 1.0}{4.81\times 10^5\times(300-9)}\times\left(\frac{5\times 10^3}{39.2}\right)^2}$$

$$=211.7\text{ N/mm}^2$$

여기서, $C_b = \dfrac{12.5M_{\max}}{2.5M_{\max}+3M_C+4M_D+3M_E}R_m$

$= \dfrac{12.5\times 33.6}{2.5\times 33.6+3\times 24.9+4\times 27.8+3\times 30.7}=1.16$

$\therefore\ M_n = F_{cr}S_x = 211.7\times 4.81\times 10^5\times 10^{-6} = 101.8\ \text{kN}\cdot\text{m}$

$M_{cy} = 0.9\times 101.8 = 91.6\ \text{kN}\cdot\text{m}$

(4) 휨과 축하중에 의한 조합하중 검토

$\dfrac{P_r}{P_c} = \dfrac{184}{331.3} = 0.56 > 0.2$

$\dfrac{P_r}{P_c} + \dfrac{8}{9}\left(\dfrac{M_{rx}}{M_{cx}} + \dfrac{M_{ry}}{M_{cy}}\right) = \dfrac{184}{331.3} + \dfrac{8}{9}\left(\dfrac{33.6}{91.6}\right) = 0.88 < 1.0$ 만족

예제 6.2

그림 6.6과 같이 가새보강된 보-기둥 단면의 적정성을 검토하라. 축방향으로 작용하는 고정하중 $P_D = 100\text{kN}$, 활하중 $P_L = 120\text{kN}$이며, 기둥 상단에 강축(x축)에 대해 고정하중에 의한 모멘트 $M_D = 10\text{kN}\cdot\text{m}$, 활하중에 의한 모멘트 $M_L = 20\text{kN}\cdot\text{m}$ 이 작용하고 있다. 사용강재는 SM275의 $H-294\times 200\times 8\times 12$로 설계되어 있다.

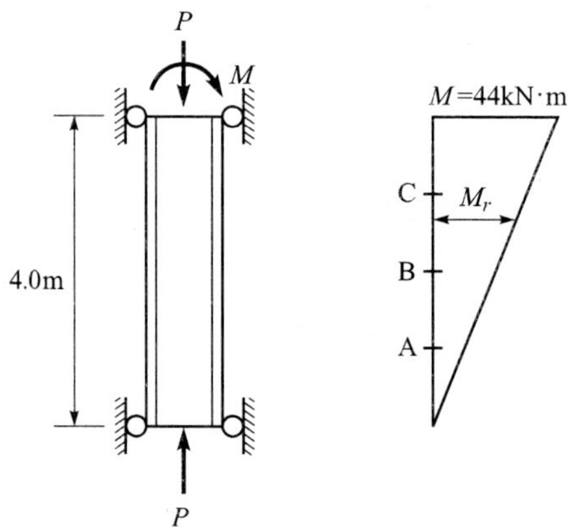

그림 6.6 예제 6.2 의 보-기둥

풀이

(1) 단면의 성질

$A_g = 7.24\times 10^3\text{mm}^2$, $r_x = 125.0\text{mm}$, $r_y = 47.1\text{mm}$, $r = 18\ \text{mm}$,

$I_y = 1.60 \times 10^7 \mathrm{mm}^4, \ S_x = 7.71 \times 10^5 \mathrm{mm}^3$

(2) 계수하중

$P_u = 1.2P_D + 1.6P_L = 1.2 \times 100 + 1.6 \times 120 = 312 \text{ kN}$

$M_u = 1.2M_D + 1.6M_L = 1.2 \times 10 + 1.6 \times 20 = 44 \text{ kN} \cdot \text{m}$

(3) 기둥단면 검토

세장비 비교

$$\frac{KL_x}{r_x} = \frac{1.0 \times 4.0 \times 10^3}{125.0} = 32.0 \ < \ \frac{KL_y}{r_y} = \frac{1.0 \times 4.0 \times 10^3}{47.1} = 84.9$$

강축 보다는 약축방향에 좌굴이 지배

플랜지: $\frac{b}{t_f} = \frac{(200/2)}{12} = 8.3 \ < \ \lambda_r = 0.56\sqrt{\frac{E}{F_y}} = 0.56\sqrt{\frac{210,000}{275}} = 15.5$ 비세장판단면

웨브 : $\frac{h}{t_w} = \frac{294 - 2(12+18)}{8} = 29.25 \ < \ \lambda_r = 1.49\sqrt{\frac{E}{F_y}} = 1.49\sqrt{\frac{210,000}{275}} = 41.2$

비세장판단면

탄성좌굴응력 검토

$4.71\sqrt{\frac{E}{F_y}} = 4.71\sqrt{\frac{210,000}{275}} = 130.2 \ > \ \frac{K_yL_y}{r_y} = 84.9$ 비탄성 좌굴

$$F_e = \frac{\pi^2 E}{\left(\frac{K_yL_y}{r_y}\right)^2} = \frac{\pi^2 \times 210,000}{84.9^2} = 287.5\text{MPa}$$

$$\phi F_{cr} = \phi\left[0.658^{\frac{F_y}{F_e}}\right]F_y = 0.90 \times \left[0.658^{\frac{275}{287.5}}\right]275 = 165.8\,\text{MPa}$$

$\phi_c P_n = 165.8 \times 7.24 \times 10^3 \times 10^{-3} = 1,200.4\,\text{kN} > 312\,\text{kN}$ 만족

(4) 보 영향 검토 (횡좌굴, 국부좌굴)

폭-두께비 검토

플랜지: $\lambda = \frac{b}{t_f} = \frac{200/2}{12} = 8.3$

$\lambda_p = 0.38\sqrt{\frac{E}{F_y}} = 0.38\sqrt{\frac{210,000}{275}} = 10.5 > \lambda$ 조밀플랜지

웨브: $\lambda = \frac{h}{t_w} = \frac{294 - 2(12+18)}{8} = 29.25$

$\lambda_p = 3.76\sqrt{\frac{E}{F_y}} = 3.76\sqrt{\frac{210,000}{275}} = 103.9 > \lambda$ 조밀웨브

횡좌굴 휨강도

소성한계

$$L_p = 1.76 r_y \sqrt{\frac{E}{F_y}} = 1.76 \times 47.1 \sqrt{\frac{210{,}000}{275}} \times 10^{-3} = 2.29 \text{ m}$$

$$L_r = \pi r_{ts} \sqrt{\frac{E}{0.7F_y}} = \pi \times 54.1 \sqrt{\frac{210{,}000}{0.7 \times 275}} \times 10^{-3} = 5.61 \text{ m}$$

여기서 $r_{ts} = \sqrt{\frac{I_y h_o}{2S_x}} = \sqrt{\frac{1.60 \times 10^7 \times (294 - 12)}{2 \times 7.71 \times 10^5}} = 54.1 \text{ mm}$

$L_r > L_b > L_p$이므로 (비탄성좌굴)

$$M_{nx} = C_b \left[M_p - (M_p - 0.7F_y S_x) \left(\frac{L_b - L_p}{L_r - L_b} \right) \right]$$

$$= 1.67 \left[181.7 - (181.7 - 0.7 \times 275 \times 7.71 \times 10^5 \times 10^{-6}) \left(\frac{4.0 - 2.29}{5.61 - 4.0} \right) \right]$$

$$= 244.4 \text{ kN} \cdot \text{m}$$

여기서, $C_b = \frac{12.5 M_{\max}}{2.5 M_{\max} + 3M_A + 4M_B + 3M_C} R_m = \frac{12.5 \times 44}{2.5 \times 44 + 3 \times 33 + 4 \times 22 + 3 \times 11} = 1.67$

$$M_p = F_y Z_x = 275 \times 8.59 \times 10^5 \times 10^{-6} = 236.2 \text{ kN} \cdot \text{m}$$

$\phi M_{nx} = 0.9 \times 236.2 = 212.6 \text{kN} \cdot \text{m} > 44 \text{ kN} \cdot \text{m}$ 만족

(5) 보-기둥 단면 검토

x축에 대한 휨(모멘트 증폭계수 B_1)

$$C_m = 0.6 - 0.4 \frac{M_1}{M_2} = 0.6 - 0.4 \times \frac{0}{44} = 0.6$$

$$P_{e1} = \frac{\pi^2 EA}{(KL_x / r_x)^2} = \frac{\pi^2 \times 210{,}000 \times 7.24 \times 10^3 \times 10^{-3}}{32.0^2} = 14{,}654.0 \text{ kN}$$

$$B_1 = \frac{C_m}{1 - P_u / P_{e1}} = \frac{0.6}{1 - 1{,}000 / 14{,}654.0} = 0.644 < 1.0$$

증폭모멘트 $M_u = B_1 M_{nt} = 1.0 \times 44.0 = 44.0 \text{ kN} \cdot \text{m}$

(6) 축하중과 휨모멘트에 의한 조합하중 영향 검토

$$\frac{P_r}{\phi_c P_n} = \frac{312}{1{,}200.4} = 0.26 > 0.2$$

$\frac{P_r}{\phi_c P_n} + \frac{8}{9} \left(\frac{M_{rx}}{\phi_b M_{nx}} \right) = 0.26 + \frac{8}{9} \frac{44.0}{212.6} = 0.444 < 1.0$ 단면은 적정함.

예제 6.3

그림 6.7의 양단이 단순지지된 기둥단면 H−300×300×10×15의 적정성을 검토하라. 축방향으로 고정하중과 활하중 $P_D = 200\text{kN}$, $P_L = 700\text{kN}$이 작용하고, 단부에서 강축방향으로 고정하중과 활하중에 의한 모멘트 $M_D = 25\text{kN}\cdot\text{m}$, $M_L = 40\text{kN}\cdot\text{m}$가 작용하고 있다. 단, SM275 강재를 가정하라.

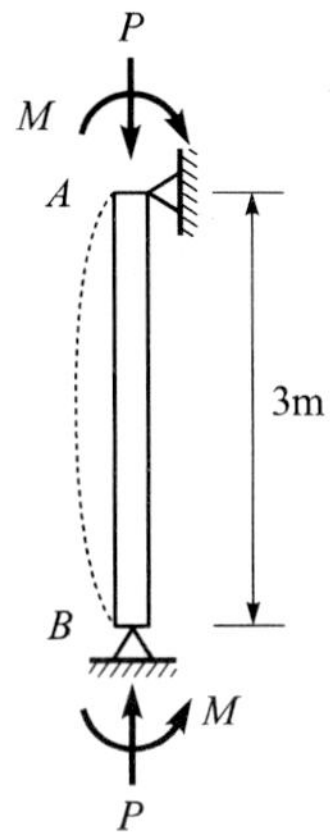

그림 6.7 **예제 6.3** 의 보-기둥

풀이

(1) 단면의 성질

$A = 1.198 \times 10^4\text{mm}^2$, $r_x = 131.0\text{mm}$, $r_y = 75.1\text{mm}$, $r = 18\text{mm}$

$Z_x = 1.50 \times 10^6\text{mm}^3$, $S_x = 1.36 \times 10^6\text{mm}^3$, $I_x = 2.04 \times 10^8\text{mm}^4$

(2) 계수하중 산정

$P_u = 1.2P_D + 1.6P_L = 1.2 \times 200 + 1.6 \times 700 = 1{,}360\text{kN}$

$M_{nt} = 1.2M_D + 1.6M_L = 1.2 \times 25 + 1.6 \times 40 = 94\text{kN}\cdot\text{m}$

(3) 기둥단면 검토

세장비 비교

$$\frac{KL_x}{r_x} = \frac{1.0 \times 3.0 \times 10^3}{131.0} = 22.9 \ \langle\ \frac{KL_y}{r_y} = \frac{1.0 \times 3.0 \times 10^3}{75.1} = 39.9$$

강축 보다는 약축방향에 좌굴이 지배

플랜지: $\frac{b}{t_f} = \frac{(300/2)}{15} = 10.0 \ \langle\ \lambda_r = 0.56\sqrt{\frac{E}{F_y}} = 0.56\sqrt{\frac{210{,}000}{275}} = 15.5$ 비세장판단면

웨브: $\frac{h}{t_w} = \frac{300 - 2(15+18)}{10} = 23.4 \ \langle\ \lambda_r = 1.49\sqrt{\frac{E}{F_y}} = 1.49\sqrt{\frac{210{,}000}{275}} = 41.2$

비세장판단면

탄성좌굴응력 검토

$$4.71\sqrt{\frac{E}{F_y}} = 4.71\sqrt{\frac{210,000}{275}} = 130.2 > \frac{KL_y}{r_y} = 39.9$$ 비탄성 좌굴

$$F_e = \frac{\pi^2 E}{\left(\frac{KL_y}{r_y}\right)^2} = \frac{\pi^2 \times 210,000}{39.9^2} = 1,301.9\text{MPa}$$

$$\phi F_{cr} = \phi\left[0.658^{\frac{F_y}{F_e}}\right]F_y = 0.90 \times \left[0.658^{\frac{235}{1,270.9}}\right]235 = 195.7\,\text{MPa}$$

$$\phi_c P_n = 226.6 \times 1.198 \times 10^4 \times 10^{-3} = 2,714.7\,\text{kN} > 1,360\,\text{kN}$$ 만족

(4) 보 영향 검토 (횡좌굴, 국부좌굴)

폭-두께비 검토

플랜지: $\lambda = \frac{b}{t_f} = \frac{300/2}{15} = 10$

$$\lambda_p = 0.38\sqrt{\frac{E}{F_y}} = 0.38\sqrt{\frac{210,000}{275}} = 10.5 > \lambda$$ 조밀플랜지

웨브: $\lambda = \frac{h}{t_w} = \frac{300 - 2(15+18)}{10} = 23.4$

$$\lambda_p = 3.76\sqrt{\frac{E}{F_y}} = 3.76\sqrt{\frac{210,000}{275}} = 103.9 > \lambda$$ 조밀웨브

횡좌굴 휨강도

소성한계

$$L_p = 1.76 r_x \sqrt{\frac{E}{F_y}} = 1.76 \times 75.1\sqrt{\frac{210,000}{275}} \times 10^{-3} = 3.65\text{ m}$$

$L_b = 3\text{ m}$

$L_p > L_b$ (소성모멘트)

$$\phi_b M_n = \phi_b F_y Z_x = 0.9 \times 275 \times 1.50 \times 10^6 \times 10^{-6} = 317.3\text{ kN}\cdot\text{m} > 94\,\text{kN}\cdot\text{m}$$ 만족

(5) 보-기둥 단면 검토

x축에 대한 휨(모멘트 증폭계수 B_1)

$$C_m = 0.6 - 0.4\frac{M_1}{M_2} = 0.6 + 0.4 + \frac{94}{94} = 1.0$$

$$P_{e1} = \frac{\pi^2 EA}{(KL_x/r_x)^2} = \frac{\pi^2 \times 210,000 \times 1.198 \times 10^4 \times 10^{-3}}{(22.9)^2} = 47,348.4\text{ kN}$$

$$B_1 = \frac{C_m}{1 - P_u/P_{e1}} = \frac{1.0}{1 - 1,360/47,348.4} = 1.03$$

증폭모멘트 $M_u = B_1 M_{nt} = 1.03 \times 94 = 96.8\text{ kN}\cdot\text{m}$

(6) 축하중과 휨모멘트에 의한 조합하중 영향 검토

$$\frac{P_r}{\phi_c P_n} = \frac{1,360}{2,714.7} = 0.58 > 0.2$$

$$\frac{P_r}{\phi_c P_n} + \frac{8}{9}\left(\frac{M_{rx}}{\phi_b M_{nx}}\right) = 0.58 + \frac{8}{9}\frac{96.8}{317.3} = 0.85 < 1.0$$ 단면은 적정함.

예제 6.4

그림 6.8의 양단이 단순지지된 기둥단면의 적정성을 검토하라. SM275 강재의 기둥단면은 H$-200\times200\times8\times12$이며, 약축방향을 따라 횡지지되어 있으며, 고정하중과 활하중에 의한 축하중과 모멘트 $P_D = 60$ kN, $P_L = 80$kN, $M_{D,A} = 5$kN · m, $M_{L,A} = 8$kN · m, $M_{D,B} = 8$ kN · m, $M_{L,B} = 10$kN · m이 작용하는 것을 가정하라. 아래첨자 D와 L은 고정하중과 활하중을, A와 B는 단부 위치를 나타낸다.

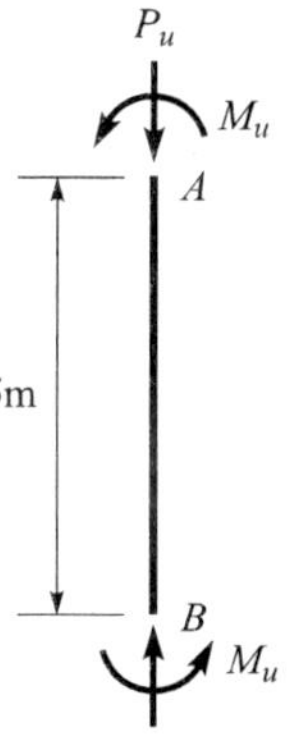

그림 6.8 **예제 6.4** 의 보-기둥

풀이

(1) 단면의 성질

$A = 6.353\times10^3$mm^2, $r_x = 86.2$mm, $r_y = 50.2$mm, $r = 13$mm

$Z_x = 5.26\times10^5$mm^3, $S_x = 4.72\times10^5$mm^3, $I_x = 4.72\times10^7$mm^4

$I_y = 1.60\times10^7$ mm^4

(2) 계수하중 산정

$P_u = 1.2P_D + 1.6P_L = 1.2\times60 + 1.6\times80 = 200$kN

$M_{u,A} = 1.2M_D + 1.6M_L = 1.2\times5 + 1.6\times8 = 18.8$kN · m

$M_{u,B} = 1.2M_D + 1.6M_L = 1.2\times8 + 1.6\times10 = 25.6$kN · m

(3) 기둥단면 검토

약축에 대해 횡지지되어 있으므로 강축에 대해 횡좌굴 검토

플랜지: $\frac{b}{t_f}=\frac{(200/2)}{12}=8.3 \langle \lambda_r=0.56\sqrt{\frac{E}{F_y}}=0.56\sqrt{\frac{210,000}{275}}=15.5$ 비세장판단면

웨브: $\frac{h}{t_w}=\frac{200-2(12+13)}{8}=18.75 \langle \lambda_r=1.49\sqrt{\frac{E}{F_y}}=1.49\sqrt{\frac{210,000}{275}}=41.2$

비세장판단면

탄성좌굴응력 검토

$4.71\sqrt{\frac{E}{F_y}}=4.71\sqrt{\frac{210,000}{275}}=130.2 \rangle \frac{KL_x}{r_x}=52.2$ 비탄성 좌굴

$$F_e=\frac{\pi^2 E}{\left(\frac{KL_x}{r_x}\right)^2}=\frac{\pi^2\times 210,000}{52.2^2}=760.6\text{MPa}$$

$$\phi F_{cr}=\phi\left[0.658^{\frac{F_y}{F_e}}\right]F_y=0.90\times\left[0.658^{\frac{275}{760.6}}\right]275=212.7\,\text{MPa}$$

$\phi_c P_n=217.7\times 6.353\times 10^3\times 10^{-3}=1,383.0\,\text{kN}>200\,\text{kN}$ 만족

(4) 보 영향 검토 (횡좌굴, 국부좌굴)

폭-두께비 검토

플랜지: $\lambda=\frac{b}{t_f}=\frac{200/2}{12}=8.3$

$\lambda_p=0.38\sqrt{\frac{E}{F_y}}=0.38\sqrt{\frac{210,000}{275}}=10.5>\lambda$ 조밀플랜지

웨브: $\frac{h}{t_w}=\frac{200-2(12+13)}{8}=18.75$

$\lambda_p=3.76\sqrt{\frac{E}{F_y}}=3.76\sqrt{\frac{210,000}{275}}=102.7>\lambda$ 조밀웨브

횡좌굴 휨강도

소성한계

$$L_p=1.76r_y\sqrt{\frac{E}{F_y}}=1.76\times 50.2\sqrt{\frac{210,000}{275}}\times 10^{-3}=2.44\text{ m}<\text{L}_\text{b}$$

$$L_r=\pi r_{ts}\sqrt{\frac{E}{0.7F_y}}=\pi(56.4)\sqrt{\frac{210,000}{0.7\times 275}}\times 10^{-3}=5.85\text{ m}$$

여기서, $r_{ts}=\sqrt{\frac{I_y h_o}{2S_x}}=\sqrt{\frac{1.60\times 10^7\times(200-12)}{2\times 4.72\times 10^5}}=56.4\text{ mm}$

$L_p< L_b< L_r$ (비탄성좌굴)

$$M_n = C_b\left[M_p - (M_p - 0.7F_yS_x)\left(\frac{L_b - L_p}{L_r - L_p}\right)\right]$$

$$= 1.67\left[123.6 - (123.6 - 0.7 \times 275 \times 4.72 \times 10^5 \times 10^{-6})\left(\frac{4.5 - 2.44}{5.85 - 2.44}\right)\right]$$

$$= 173.3 \text{ kN} \cdot \text{m}$$

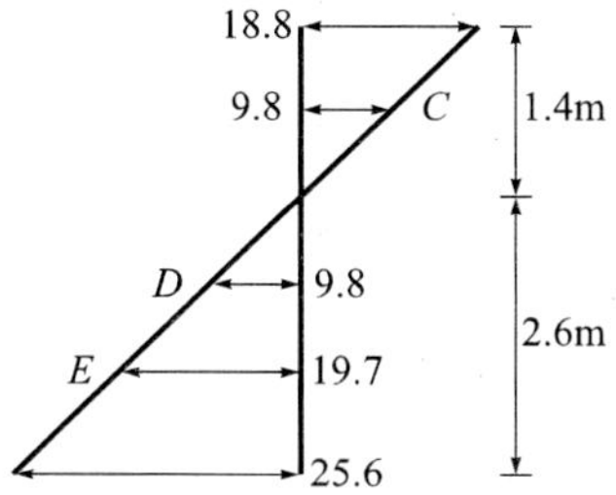

여기서,

$$C_b = \frac{12.5M_{\max}}{2.5\text{Max} + 3M_C + 4M_D + 3M_E}R_m = \frac{12.5 \times 25.6}{2.5 \times 25.6 + 3 \times 9.8 + 4 \times 9.8 + 3 \times 19.7} = 1.67$$

$$M_p = F_yZ_x = 275 \times 5.26 \times 10^5 \times 10^{-6} = 144.7 \text{kN} \cdot \text{m} < M_n$$

$\phi_bM_n = 0.9 \times 144.7 = 130.2 \text{ kN} \cdot \text{m} > 25.6 \text{kN} \cdot \text{m}$ 만족

(5) 보-기둥 단면 검토

x축에 대한 휨(모멘트 증폭계수 B_1), 복곡률

$$C_m = 0.6 - 0.4\frac{M_1}{M_2} = 0.6 - 0.4 \times \frac{18.8}{25.6} = 0.30, \quad P_u = 200 \text{ kN}$$

$$P_{e1} = \frac{\pi^2 EI}{(KL_x)^2} = \frac{\pi^2 \times 210{,}000 \times 4.72 \times 10^7 \times 10^{-3}}{(1.0 \times 4{,}500)^2} = 4{,}831.0 \text{ kN}$$

$$B_1 = \frac{C_m}{1 - P_u/P_{e1}} = \frac{0.3}{1 - 200/4{,}831.0} = 0.31 < 1.0$$

증폭모멘트 $M_u = B_1M_{nt} = 1.0 \times 25.6 = 25.6 \text{ kN} \cdot \text{m}$

(6) 축하중과 휨모멘트에 의한 조합하중 영향 검토

$$\frac{P_r}{\phi_cP_n} = \frac{200}{1{,}383.0} = 0.14 < 0.2$$

$$\frac{P_r}{2\phi_cP_n} + \frac{8}{9}\left(\frac{M_{rx}}{\phi_bM_{nx}}\right) = \frac{0.14}{2} + \frac{8}{9}\frac{25.6}{130.2} = 0.245 < 1.0$$ 단면은 적정함.

예제 6.5

그림 6.9에서와 같이 수평의 보-기둥부재에 30kN의 활하중이 작용하고 있다. 이 부재의 양단이 횡보강되어 있고 강축방향에 대한 휨을 가정하여 설계의 적정성을 검토하라. 단면은 H-350×350×12×19으로 설계되었으며, SM275가 사용되었다.

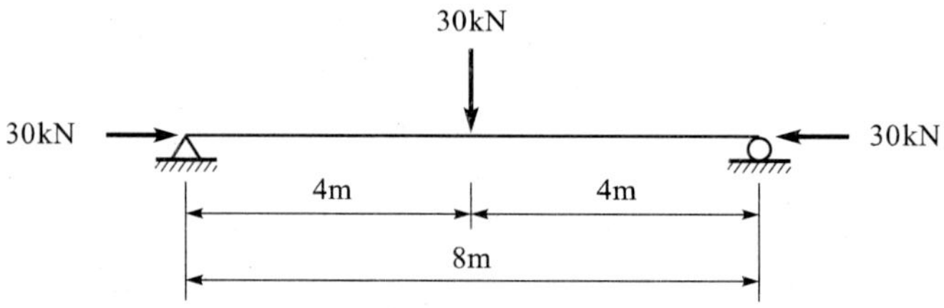

그림 6.9 예제 6.5 의 보-기둥

풀이

(1) 계수하중

$P_u = 1.6 \times 30 = 48\text{kN}$,

자중(단위중량): 1.34N/mm $w_D = 1.2 \times 1.34 = 2.59$ N/mm

(2) 최대모멘트

$$M_1 = \frac{P_u L}{4} + \frac{w_u L^2}{8} = \frac{48 \times 8}{4} + \frac{2.59 \times 8^2}{8} = 116.72 \text{ kN} \cdot \text{m}$$

단부에 가새보강되어 있으므로 $M_2 = 0$

(3) 모멘트 증폭 계수

$$P_{e1} = \frac{\pi^2 E A_g}{(KL/r_x)^2} = \frac{\pi^2 \times 210{,}000 \times 1.739 \times 10^4}{\left(1.0 \times 8 \times 10^3/(1.52 \times 10^2)\right)^2} \times 10^{-3} = 13{,}011.5 \text{ kN} \cdot \text{m}$$

단순지지: $C_m = 1.0$

$$B_1 = \frac{C_m}{1 - \frac{P_u}{P_{e1}}} = \frac{1.0}{1 - \frac{48}{13{,}011.5}} = 1.00$$

(4) 휨모멘트

$M_u = B_1 M_1 + B_2 M_2 = 1.00 \times 116.72 + 0 = 116.72 \text{ kN} \cdot \text{m}$

(5) 세장비 검토

$$\frac{K_y L_y}{r_y} = \frac{1.0 \times 8 \times 10^3}{88.4} = 90.5$$

플랜지: $\frac{b}{t_f} = \frac{(350/2)}{19} = 9.21 < \lambda_r = 0.56\sqrt{\frac{E}{F_y}} = 0.56\sqrt{\frac{210{,}000}{275}} = 15.5$ 비세장단면

웨브: $\frac{h}{t_w} = \frac{350 - 2(19+20)}{12} = 22.7 < \lambda_r = 1.49\sqrt{\frac{E}{F_y}} = 1.49\sqrt{\frac{210{,}000}{275}} = 41.2$ 비세장단면

(6) 설계좌굴강도

탄성좌굴응력

$$F_e = \frac{\pi^2 E}{\left(\dfrac{K_y L_y}{r_y}\right)^2} = \frac{\pi^2 \times 210{,}000}{\left(\dfrac{1.0 \times 8 \times 10^3}{88.4}\right)^2} = 253.1\text{MPa}$$

휨좌굴응력

$$4.71\sqrt{\frac{E}{F_y}} = 4.71\sqrt{\frac{210{,}000}{275}} = 130.2 \rangle \frac{K_y L_y}{r_y} = \frac{1.0 \times 8 \times 10^3}{88.4} = 90.5$$

$$F_{cr} = \left[0.658^{\frac{F_y}{F_e}}\right] F_y = \left[0.658^{\frac{275}{253.1}}\right] 275 = 174.5\,\text{MPa}$$

$$\phi_c P_n = 0.9 \times 174.5 \times 1.739 \times 10^4 \times 10^{-3} = 2{,}731.1\,\text{kN} > 48\,\text{kN} \quad \text{만족}$$

(7) 휨강도 검토

① 폭-두께비 검토

플랜지: $\lambda = \dfrac{b}{t_f} = 9.21 \ \langle \lambda_p = 0.38\sqrt{\dfrac{E}{F_y}} = 0.38\sqrt{\dfrac{210{,}000}{275}} = 10.5$ 조밀플랜지

웨브: $\lambda = \dfrac{h}{t_w} = 22.7 \ \langle \ \lambda_p = 3.76\sqrt{\dfrac{E}{F_y}} = 3.76\sqrt{\dfrac{210{,}000}{275}} = 102.7$ 조밀웨브

② 소성한계

$$L_p = 1.76 r_y \sqrt{\frac{E}{F_y}} = 1.76 \times 88.4\sqrt{\frac{210{,}000}{275}} \times 10^{-3} = 4.3\text{ m}$$

$$L_r = \pi r_{ts}\sqrt{\frac{E}{0.7F_y}} = \pi \times 98.9\sqrt{\frac{210{,}000}{0.7 \times 275}} \times 10^{-3} = 10.3\text{ m}$$

여기서 $r_{ts} = \sqrt{\dfrac{I_y h_o}{2S_x}} = \sqrt{\dfrac{1.36 \times 10^8 \times (350-19)}{2 \times 2.30 \times 10^6}} = 98.9\text{ mm}$

$L_r > L_b > L_p$

③ 횡비틀림좌굴강도

$$\begin{aligned} M_n &= C_b\left[M_p - (M_p - 0.7F_y S_x)\left(\frac{L_b - L_p}{L_r - L_p}\right)\right] \\ &= 1.28\left[599.3 - (599.3 - 0.7 \times 275 \times 2.3 \times 10^6 \times 10^{-6})\left(\frac{8-4.3}{10.3-4.3}\right)\right] \\ &= 643.5\text{ kN} \cdot \text{m} \end{aligned}$$

여기서, $C_b = \dfrac{12.5M_{\max}}{2.5M_{\max} + 3M_A + 4M_B + 3M_C} R_m$

$$= \frac{12.5 \times 63.54}{2.5 \times 63.54 + 3 \times 34.33 + 4 \times 63.54 + 3 \times 34.33} = 1.28$$

$$M_p = F_y Z_x = 275 \times 2.55 \times 10^6 \times 10^{-6} = 701.3 \text{ kN}\cdot\text{m}$$

$$\phi_b M_n = 0.9 \times 643.5 = 579.2 \text{ kN}\cdot\text{m} > 116.72\text{kN}\cdot\text{m} \quad \text{만족}$$

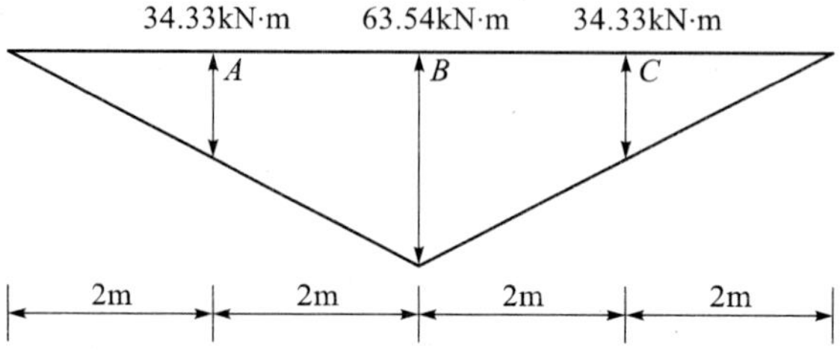

(8) 휨과 축하중에 의한 조합하중 검토

$$\frac{P_r}{P_c} = \frac{48}{2{,}731.1} = 0.02 < 0.2$$

$$\frac{P_r}{2P_c} + \frac{8}{9}\left(\frac{M_{rx}}{M_{cx}} + \frac{M_{ry}}{M_{cy}}\right) = \frac{48}{2 \times 2{,}731.1} + \frac{8}{9}\left(\frac{116.72}{579.2}\right) = 0.19 < 1.0 \quad \text{만족}$$

예제 6.6

그림 6.10에서와 같은 골조에서 기둥단면의 적정성을 검토하라. 단, 계수수평하중의 합 $\sum H_u = 80$ kN, 계수연직하중의 합 $\sum P_u = 450$ kN이며, 횡하중으로 인한 횡층간변위는 15mm이다. 횡구속된 기둥 상부 A에 작용하는 계수 축하중과 모멘트 $P_{nt} = 125$ kN, $M_{nt} = 50$kN·m, 횡이동 시에 기둥 상부에 작용하는 계수하중 $P_{lt} = 40$ kN, $M_{lt} = 70$kN·m, 보에 작용하는 최대 계수휨모멘트는 $M_{max} = 130$ kN·m이다. 사용강재는 SM420$(F_y = 420\text{N/mm}^2)$이며, $C_b = 1.14$, $C_m = 0.24$이다.

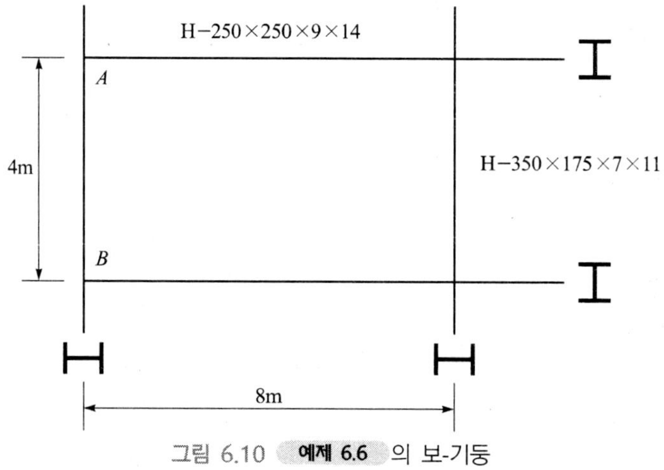

그림 6.10 **예제 6.6** 의 보-기둥

풀이

(1) 부재의 단면성질

보 $H-300\times200\times8\times12$:

$A_g=7.24\times10^3\text{mm}^2$, $I_x=1.13\times10^8\text{mm}^4$, $r_x=125.0\text{mm}$, $r=18\text{ mm}$,

$I_y=1.60\times10^7\text{mm}^4$, $S_x=7.71\times10^5\text{mm}^3$, $J=2.77\times10^5\text{mm}^4$, $r_y=47.1\text{ mm}$

기둥 $H-350\times250\times9\times14$

$A_g=1.015\times10^4\text{mm}^2$, $I_x=2.17\times10^8\text{mm}^4$, $r_x=146.0\text{mm}$, $r_y=60.0\text{ mm}$,

$r=20\text{ mm}$

(2) 기둥의 유효좌굴길이 계수

$$G_A=G_B=\frac{2\left(\dfrac{2.17\times10^8}{4}\right)}{\dfrac{1.08\times10^8}{8}}=8.04$$

비횡구속골조에 대한 유효좌굴길이계수는 그림을 사용하여

$K=2.72$

(3) 기둥단면의 적정성 검토

세장비 비교

$$\frac{K_xL_x}{r_x}=\frac{2.72\times4.0\times10^3}{146.0}=74.5>\frac{K_yL_y}{r_y}=\frac{1.0\times4.0\times10^3}{60.0}=66.7$$

약축 보다는 강축방향에 좌굴이 지배

플랜지: $\dfrac{b}{t_f}=\dfrac{(250/2)}{14}=8.93 \langle \lambda_r=0.56\sqrt{\dfrac{E}{F_y}}=0.56\sqrt{\dfrac{210{,}000}{275}}=12.5$ 비세장판단면

웨브: $\dfrac{h}{t_w}=\dfrac{350-2(14+20)}{9}=31.3 \langle \lambda_r=1.49\sqrt{\dfrac{E}{F_y}}=1.49\sqrt{\dfrac{210{,}000}{420}}=33.3$

비세장판단면

탄성좌굴응력

$$F_e=\frac{\pi^2E}{\left(\dfrac{K_xL_x}{r_x}\right)^2}=\frac{\pi^2\times210{,}000}{\left(\dfrac{2.72\times4\times10^3}{146.0}\right)^2}=373.2\text{MPa}$$

휨좌굴응력

$$4.71\sqrt{\frac{E}{F_y}}=4.71\sqrt{\frac{210{,}000}{420}}=105.3 \rangle \frac{K_xL_x}{r_x}=\frac{2.72\times4\times10^3}{146.0}=74.5$$

$$F_{cr}=\left[0.658^{\frac{F_y}{F_e}}\right]F_y=\left[0.658^{\frac{420}{373.2}}\right]420=262.2\text{MPa}$$

$\phi_c P_n = 0.9 \times 262.2 \times 1.015 \times 10^4 \times 10^{-3} = 2{,}395.2\,\text{kN}$

(4) 보 단면의 적정성

폭-두께비 검토

플랜지: $\lambda = \dfrac{b}{t_f} = \dfrac{200/2}{12} = 8.3$

$$\lambda_p = 0.38\sqrt{\frac{E}{F_y}} = 0.38\sqrt{\frac{210{,}000}{420}} = 8.50 > \lambda \quad \text{조밀플랜지}$$

웨브: $\lambda = \dfrac{h}{t_w} = \dfrac{300 - 2(12+18)}{8} = 30.0$

$$\lambda_p = 3.76\sqrt{\frac{E}{F_y}} = 3.76\sqrt{\frac{210{,}000}{420}} = 84.0 > \lambda \quad \text{조밀웨브}$$

소성한계

$$L_p = 1.76 r_y \sqrt{\frac{E}{F_y}} = 1.76 \times 47.1\sqrt{\frac{210{,}000}{420}} \times 10^{-3} = 1.85\,\text{m}$$

$$L_r = \pi r_{ts}\sqrt{\frac{E}{0.7F_y}} = \pi \times 54.7\sqrt{\frac{210{,}000}{0.7 \times 420}} \times 10^{-3} = 4.59\,\text{m}$$

여기서 $r_{ts} = \sqrt{\dfrac{I_y h_o}{2S_x}} = \sqrt{\dfrac{1.60 \times 10^7 \times (300-12)}{2 \times 7.71 \times 10^5}} = 54.7\,\text{mm}$

$L_b > L_r$ 이므로 탄성횡좌굴 구간

횡좌굴강도

$$F_{cr} = \frac{C_b \pi^2 E}{\left(\dfrac{L_b}{r_{ts}}\right)^2}\sqrt{1 + 0.0778\frac{Jc}{S_x h_o}\left(\frac{L_b}{r_{ts}}\right)^2}$$

$$= \frac{1.14\pi^2 \times 210{,}000}{\left(\dfrac{8 \times 10^3}{54.7}\right)^2}\sqrt{1 + 0.0778 \times \frac{2.77 \times 10^5 \times 1.0}{7.71 \times 10^5 \times (300-12)} \times \left(\frac{8 \times 10^3}{54.7}\right)^2}$$

$$= 193.9\,\text{N/mm}^2 < F_y(= 420\,\text{N/mm}^2)$$

$\therefore \phi_b M_n = \phi_b F_{cr} S_x = 0.9 \times 193.9 \times 7.71 \times 10^5 \times 10^{-6} = 134.5\,\text{kN}\cdot\text{m}$

$> M_{\max}(= 130\,\text{kN}\cdot\text{m})$ 만족

(5) 보-기둥 단면의 적정성

$$P_{e1} = \frac{\pi^2 \times 210{,}000 \times 3.65 \times 10^7}{(2.72 \times 4 \times 10^3)^2} \times 10^{-3} = 639.1\,\text{kN}$$

$$B_1 = \frac{C_m}{1 - P_u/P_{e1}} = \frac{0.24}{1 - 125/639.1} = 0.29 < 1, \quad B_1 = 1.0$$

횡변위로 인한 모멘트 증폭계수 B_2

$$\sum P_{e2} = R_M \frac{\sum HL}{\Delta_H} = 0.85 \times \frac{80 \times 4 \times 10^3}{15} = 18{,}133.3\ \text{kN}$$

$$B_2 = \frac{1}{1 - \dfrac{P_{story}}{P_{e\ story}}} = \frac{1}{1 - \dfrac{450}{18{,}133.3}} = 1.03$$

$P_r = B_1 P_{u1} + B_2 P_{u2} = 1.0 \times 125 + 1.03 \times 40 = 166.2\ \text{kN} < \phi_c \text{P}_\text{n} (2{,}818.1\,\text{kN})$ 만족

$M_r = B_1 M_{u1} + B_2 M_{u2} = 1.0 \times 50 + 1.03 \times 70 = 122.1\ \text{kN} \cdot \text{m} < \phi_b \text{M}_\text{n} (134.5\,\text{kN} \cdot \text{m})$ 만족

연 습 문 제

【6.1】 그림과 같이 양단이 단순지지 되어 있는 H형강 H－248×249×8×13 기둥의 모멘트 증폭계수를 구하라. 단, 사용강재는 SM420($F_y = 420\text{N/mm}^2$)이다.

【6.2】 골조기둥에서 축하중이 4,000kN이고 강축에 대한 양단 모멘트가 그림에서와 같이 200kN·m, 150kN·m일 때 기둥부재를 설계하라. 기둥의 유효좌굴길이는 4.0m이고, 사용강재는 SS275($F_y = 275\text{N/mm}^2$)이다.

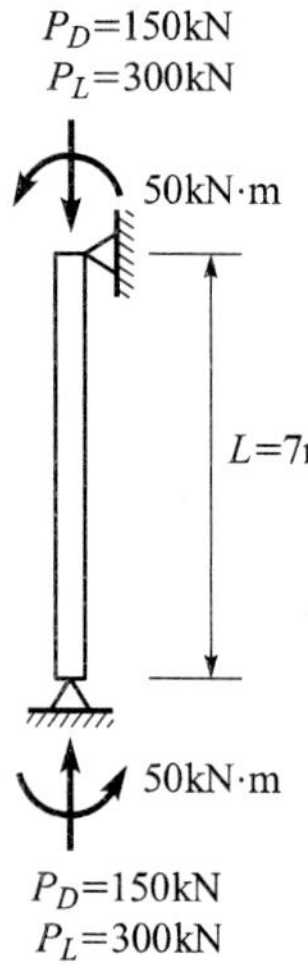

그림 【6.1】의 양단 단순지지 기둥

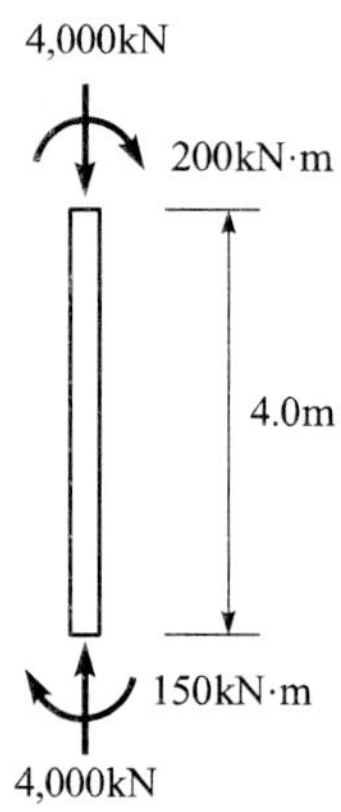

그림 【6.2】의 기둥부재

【6.3】 그림과 같이 양단이 단순지지 되어 있는 H형강 H−394×398×11×18 기둥에 $P_u = 3{,}000\,\text{kN}$의 압축력과 그림에서와 같은 강축방향으로 모멘트가 작용할 때 단면의 적정성을 검토하라. 단, 기둥의 비지지 길이는 5m이고, 사용강재는 SM420($F_y = 420\text{N/mm}^2$)이다.

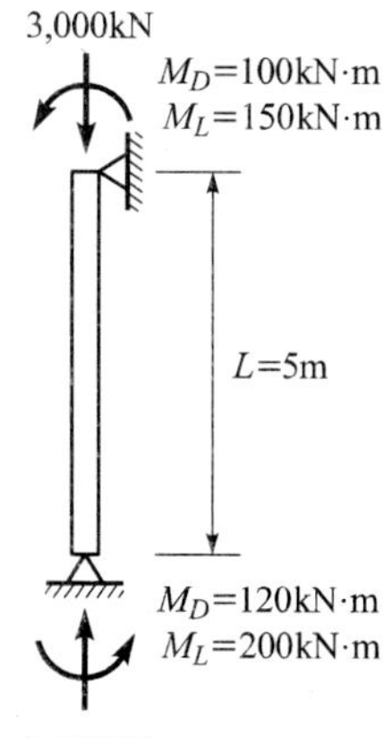

그림 【6.3】 양단단순지지 기둥

* 다음과 같은 조건의 보-기둥 단면을 H형강으로 설계하라. 단, SM275 강재를 가정하라.

【6.4】 $K_xL_x = 5\,\text{m}$, $K_yL_y = 5\,\text{m}$, $P_{nt} = 50\,\text{kN}$, $M_{nt} = 80\text{kN}\cdot\text{m}$

【6.5】 $K_xL_x = 4.5\,\text{m}$, $K_yL_y = 4.5\,\text{m}$, $P_{nt} = 80\,\text{kN}$, $P_{lt} = 120\,\text{kN}$, $M_{ntx} = 110\text{kN}\cdot\text{m}$, $M_{ltx} = 60\text{kN}\cdot\text{m}$, $M_{nty} = 95\text{kN}\cdot\text{m}$, $M_{lty} = 45\text{kN}\cdot\text{m}$

【6.6】 $K_xL_x = 4.5\,\text{m}$, $K_yL_y = 4.5\,\text{m}$, $P_{nt} = 120\,\text{kN}$, $M_{ntx} = 90\text{kN}\cdot\text{m}$, $M_{nty} = 40\text{kN}\cdot\text{m}$, $C_{mx} = C_{my} = 0.85$

【6.7】 $L_x = L_y = 5\,\text{m}$, $K_x = 1.7$, $K_y = 1.0$, $P_{story} = 320\,\text{kN}$, $P_{estory} = 900\text{kN}$

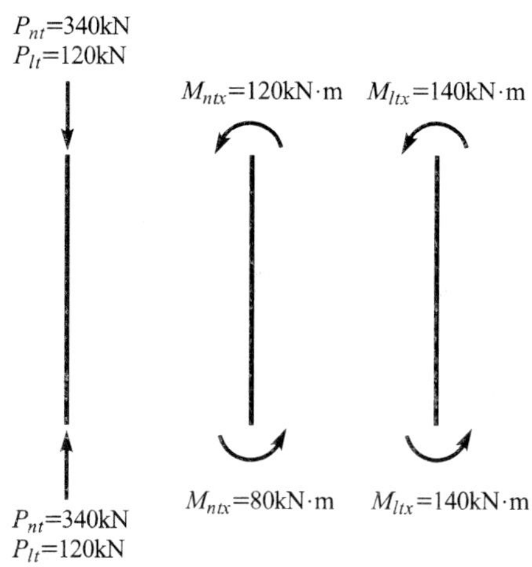

그림 【6.7】 의 보-기둥

【6.8】 $L = 5\text{m}$, $C_b = 1.0$

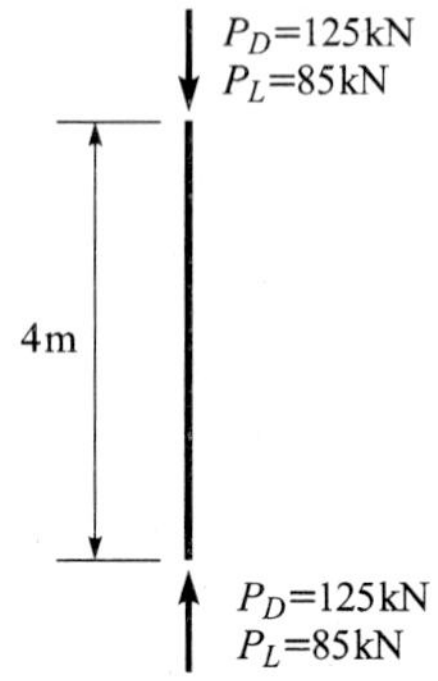

그림 【6.8】의 보-기둥

【6.9】 그림과 같이 하중을 받는 단면이 SM275 강재의 H－298×149×5.5×8인 보-기둥이 강축에 대해 휨을 받고 있다. $C_b = 1.0$을 가정하여 단면의 적정성을 검토하라. $C_b = 1.0$을 가정하고 $L_x = L_y = 5.0\text{m}$이다.

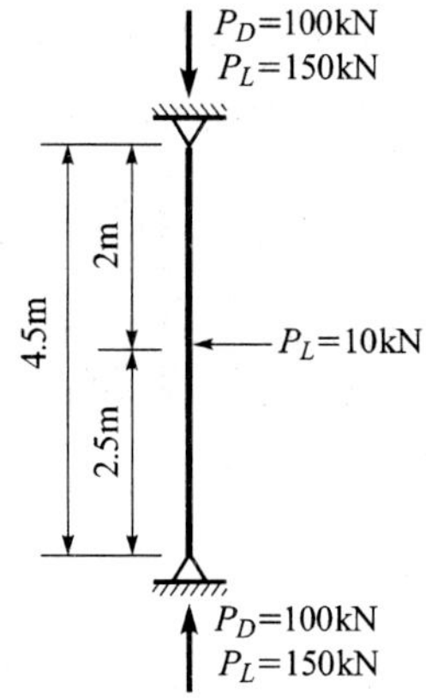

그림 【6.9】의 보-기둥

CHAPTER 7 합성부재설계

CHAPTER 7. 합성부재설계

7.1 개요

강재와 콘크리트의 합성구조는 현대 건축물과 교량 등에 널리 사용되고 있다. 합성부재는 H형강과 같은 강재의 보와 바닥 슬래브인 콘크리트가 합성된다. 일례로 그림 7.1의 합성 T형보는 압축측에 콘크리트, 인장측에 강재가 각각 하중을 부담하게 된다.

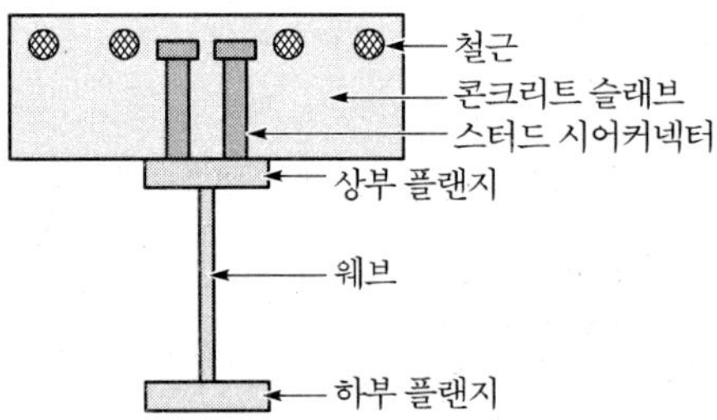

그림 7.1 합성 T형보

강재나 콘크리트의 각 재료가 지닌 특성을 조합하여 매우 효율적이고 경제적인 합성구조를 얻게 된다. 그러나 합성구조의 실제 장점은 콘크리트와 강재의 효율적인 접합에 있다고 볼 수 있다. 접합을 통해 전달되는 힘에 의해 합성구조들은 일체로 독립적인 거동을 하게 된다.

건축물의 고층화는 강재보와 콘크리트 슬래브의 합성구조에 의해 층고를 줄이거나 경제적인 설계를 위한 바닥시스템들이 활용되고 있다. 강구조 건축물의 바닥시스템은 강재보 상부에 바닥판을 얹어서 시공하기 때문에 전체적인 건물의 층고가 증가하므로 경제적으로 불리한 요인이 되고 있다. 그러나 최근 들어 사용되는 층고 절감형 바닥시스템은 강재, 철근콘크리트 그리고 PC의 구조적인 특성을 합성하여 층고를 줄이는 다음과 같은 합성구조시스템들이 사용되고 있다.

(1) 슬림플로어 시스템(slim-floor system)

이 시스템은 일반적인 합성슬래브와는 달리 H형강이나 각형강관의 하부 플랜지에 PC바닥판을 삽입하여 층고를 상대적으로 줄일 수 있는 방법이다. 슬래브 두께의 감소 및 합성보의 강성 증가에 의해 보 춤을 줄일 수 있으며, 이로 인한 건물전체의 높이를 감소시킬 수 있다(그림 7.2). 즉, 이 시스템은 슬래브의 두께를 줄이고 합성보의 강성 증가를 통해 보 춤을 줄일 수 있는 역학적인 성질이 있다.

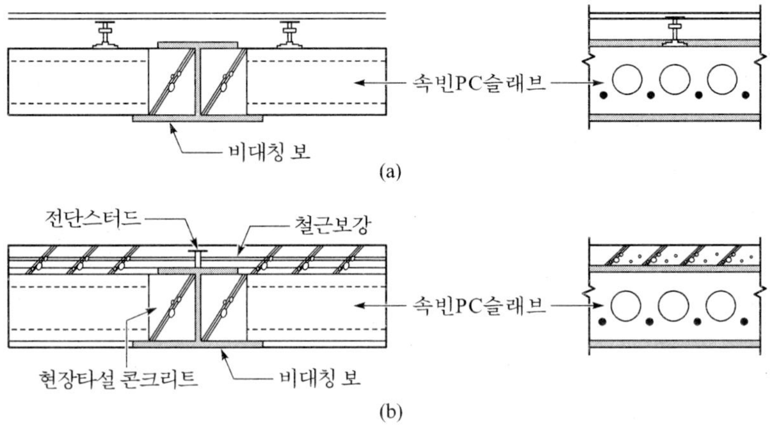

그림 7.2 층고절감형 슬림플로어 시스템 : (a) 비대칭보+속빈 PC 슬래브(부분합성보), (b) 비대칭보+속빈 PC 슬래브(완전합성보)

(2) 데크플레이트를 사용한 합성슬래브 구조

데크플레이트와 콘크리트를 합성한 슬래브 시스템으로서 데크플레이트는 콘크리트 타설 시에 거푸집 역할을 하고 경화 후에는 콘크리트와 일체가 되어 인장철근의 역할을 하게 된다. 따라서 데크플레이트 바닥구조는 다른 바닥판 시스템 보다 경량이며 데크플레이트 자체가 시공하중을 지지하므로 콘크리트 타설 이후 후속공사를 즉시 수행할 수 있는 장점이 있다.

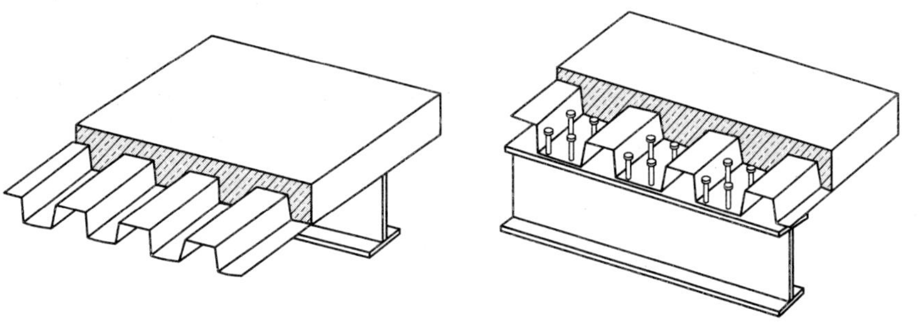

그림 7.3 데크플레이트

(3) TEC Beam

CT형강 하부 플랜지 위에 철근콘크리트를 타설하고 강재의 웨브에 전단스터드를 용접하여 콘크리트와 강재를 결합하게 하고 PC보 부분과 상부 슬래브 부분은 스터럽으로 결합한 보로서 층고를 낮추려는 목적으로 제안된 공법으로 CT형 철골 단면을 사용한 합성보의 구조적인 장점과 PC조립에 의한 시공성 향상을 목적으로 개발된 시스템으로 그림 7.4와 같은 종류들이 있다.

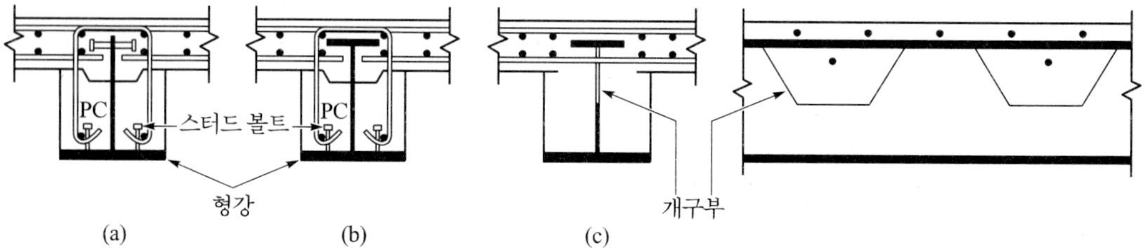

그림 7.4 TEC Beam 합성바닥시스템 : (a) TEC Beam, (b) A TEC Beam, (c) iTECH Beam

(4) 프리플렉스 합성보 (preflex composite beam)

프리플렉스 합성보는 강재보에 미리 휨 하중을 재하시킨 후, 하부플랜지에 고강도 콘크리트를 타설하여 콘크리트부위에 압축프리스트레스를 도입하는 일종의 프리텐션공법으로서 강재와 콘크리트의 구조적 장점을 최대로 활용한 합성보이다. 강재보와 하부 플랜지의 콘크리트의 합성작용으로 보 전체의 강성이 커지게 된다.

기둥에 작용하는 축력과 휨 혹은 그들 두 하중을 합성기둥의 강재와 콘크리트가 동시에 분담하게 된다. 합성기둥은 콘크리트에 매입된 강재 단면이나 콘크리트로 충전된 속빈 구조단면을 일컫는다. 합성 휨부재는 강재 보와 콘크리트 슬래브, 그리고 이들 부재의 접촉면에 스터드앵커로 구성된다. 이 경우에 슬래브는 커버플레이트로 작용하며 보다 경량의 강재를 사용할 수 있게 된다.

이 장에서는 콘크리트와 강재에 의한 합성부재로써 합성보와 합성기둥의 역학적인 거동과 설계방법, 콘크리트 슬래브와 강재보 사이에 작용하는 전단력에 저항하는 스터드앵커에 대한 설계방법을 소개한다.

7.2 합성보의 설계

강재보는 건물이나 교량과 같은 구조물에서 콘크리트 슬래브를 지지한다. 때로는 강재보와 기둥들이 내화를 목적으로 콘크리트 내에 매입되기도 한다. 슬래브와 보 사이에 기계적인 커넥터가 없다할지라도 그림 7.5와 같이 부착과 마찰에 의해 합성보로서 거동을 한다. 그러나 콘크리트 슬래브 하단과 강재보의 상단 사이에 커넥터에 의한 강재보는 콘크리트와 합성작용을 하지 않을 때 보다 처짐을 줄일 수 있다. 안전하게 매입한 경우를 제외하곤 마찰과 부착은 일반적으로 신뢰할 수 있는 합성 거동을 하지 않는다. 따라서, 기계적인 스터드앵커들이 슬래브와 보가 일체로 거동하도록 사용된다. 이들 커넥터들은 강재보 상부의 플랜지에 용접되어 콘크리트 슬래브 내에 묻혀 일체로 된다. 많은 종류의 커넥터들이 있으며, 가장 보편적으로 사용되는 스터드앵커는 경량의 휴대용 스터드 총에 의해 강판의 플랜지 플레이트에 전기적으로 용융되는 머리가 둥근 스터드이다. 합성보의 예들을 그림 7.6에 나타내었다. 합성보의 최대 휨강도나 모멘트 재하능력은 모든 재료들이 완전히 항복하고 무한의 연성을 지닌다는 가정 하에서 소성해석에 의해 유도된다. 휨을 받는 합성부재는 스터드앵커 또는 ㄷ형강으로 구성된 강재앵커(전단연결재)가 있는 합성보, 매입형 합성부재 및 충전형 합성부재로 구분된다.

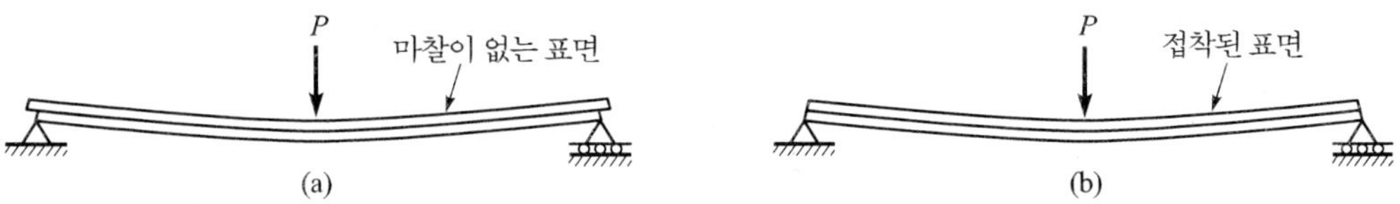

그림 7.5 합성부재와 비합성부재의 처짐 ; (a) 비합성의 거동, (b) 완전한 합성 거동

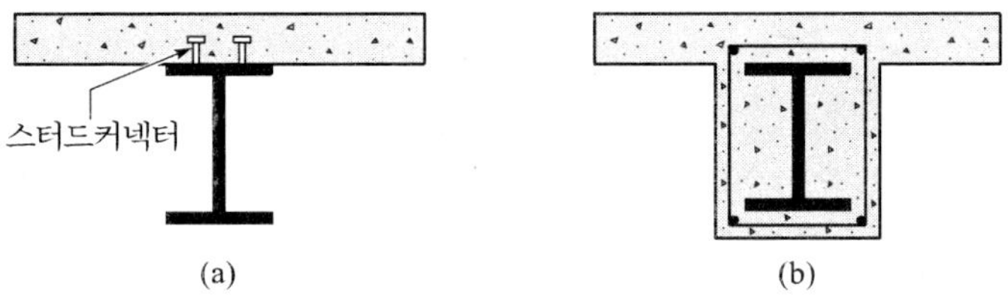

그림 7.6 합성보의 종류 ; (a) 노출형, (b) 매입형

7.2.1 유효 폭

슬래브 내에 실제 응력분포는 전단지연에 의해 일정하게 분포하지 않는다. 그림 7.7에서 보는 바와 같이 강재보의 위치에서 가장 큰 응력을, 보 사이에서 가장 작은 응력을 보인다. 복잡한 응력 분포를 단순화하기 위하여 유효 폭 b_e 위에 등분포로 응력이 작용한다고 가정한다. 보 중심을 기준으로 좌우 각 방향에 대한 콘크리트 슬래브의 유효 폭은 다음 중에서 최소값으로 한다.

① 보 스팬(지지점의 중심간)의 1/8
② 보 중심선에서 인접보 중심선까지 거리의 1/2
③ 보 중심선에서 슬래브 가장자리까지의 거리

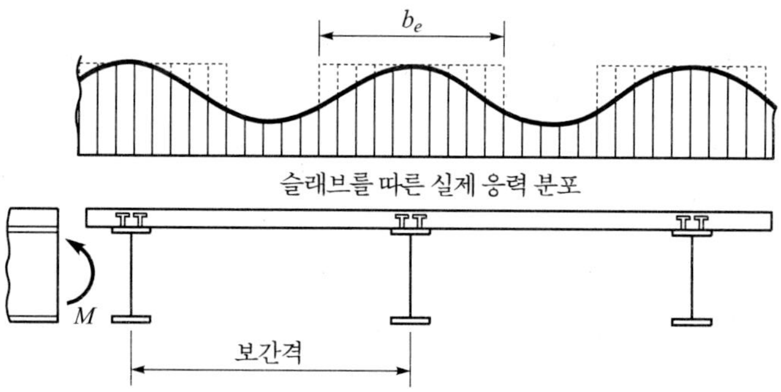

그림 7.7 유효폭

7.2.2 국부좌굴에 대한 충전형 합성단면의 분류

압축력을 받는 충전형 합성부재의 단면은 조밀, 비조밀, 세장으로 분류한다. 압축강재요소 중 최대폭두께비가 λ_p를 초과하지 않으면 조밀로, λ_p를 초과하고 λ_r를 초과하지 않으면 비조밀로, λ_r를 초과하는 요소가 있으면 세장으로 분류한다. 최대허용 폭두께비를 표 7.1에 나타내었다.

휨을 받는 충전형 합성부재의 단면은 최대폭두께비가 λ_p를 초과하지 않으면 조밀로, λ_p를 초과하고 λ_r를 초과하지 않으면 비조밀로, λ_r를 초과하는 요소가 있으면 세장으로 분류한다. 최대허용 폭두께비를 표 7.2에 나타내었다.

표 7.1 압축력을 받는 충전형합성부재의 압축강재요소에 대한 판폭두께비 제한

구 분	판폭 두께비	λ_p 조밀/비조밀	λ_r 비조밀/세장	$\lambda_{\max}$ 최대허용
각형강관*	b/t	$2.26\sqrt{\frac{E}{F_y}}$	$2.26\sqrt{\frac{E}{F_y}}$	$2.26\sqrt{\frac{E}{F_y}}$
원형강관	D/t	$\frac{0.15E}{F_y}$	$\frac{0.19E}{F_y}$	$\frac{0.31E}{F_y}$

*은 사각형 강관 및 두께가 일정한 용접사각형강관

표 7.1 압축력을 받는 충전형합성부재의 압축강재요소에 대한 판폭두께비 제한

구 분	판폭 두께비	λ_p 조밀/비조밀	λ_r 비조밀/세장	$\lambda_{\max}$ 최대허용
각형강관*의 플랜지	b/t	$2.26\sqrt{\frac{E}{F_y}}$	$3.00\sqrt{\frac{E}{F_y}}$	$5.00\sqrt{\frac{E}{F_y}}$
각형강관*의 웨브	h/t	$3.00\sqrt{\frac{E}{F_y}}$	$5.70\sqrt{\frac{E}{F_y}}$	$5.70\sqrt{\frac{E}{F_y}}$
원형강관	D/t	$\frac{0.09E}{F_y}$	$\frac{0.31E}{F_y}$	$\frac{0.31E}{F_y}$

*은 사각형 강관 및 두께가 일정한 용접사각형강관

7.2.3 노출형 합성보의 정모멘트에 대한 설계휨강도

합성보의 휨내력을 결정할 때에 콘크리트의 인장강도를 무시한다. 소성해석법에 의하면 강재가 인장이나 압축에서 항복강도 F_y에 이르고 콘크리트가 압축에서 $0.85f_{ck}$의 압축응력에 달할 때를 가정하여 부재의 강도를 계산한다. 여기서, f_{ck}는 콘크리트의 압축강도를 나타낸다. 휨내력을 결정하기 위해 우선 단면에 대해 선형의 변형률 분포를 가정하고 콘크리트의 최대 압축변형률은 0.003으로 가정하며, 단면 내에 응력은 응력과 변형률 관계로부터 계산된다. 콘크리트의 응력은 크기가 같은 장방형 응력블록으로 가정하여 저항모멘트가 계산된다.

합성보에 대한 실험을 수행한 결과들에 의하면 탄성이론에 의한 모멘트 내력은 매우 안정적인 값을 나타내는 것으로 알려졌다. 그러나 실제의 모멘트 내력은 강재 단면이 모두 항복을 하고 콘크리트 슬래브의 압축 영역이 $0.85f_{ck}$의 응력을 보일 때에 매우 근사적인 값을 나타냈다. 소성해석을 위한 유효 단면적은 강재보와 유효 슬래브로 구성된다(그림 7.8(a) 참조). 정모멘트 구간의 설계휨강도 $\phi_b M_n$은 슬래브의 구속효과에 의해 횡좌굴을 고려할 필요는 없다. 설계휨강도는 웨브의 판폭두께비 값에 따라 다음과 같이 구분된다.

(1) $h/t_w \le 3.76\sqrt{E/F_{yf}}$ 인 경우

$\phi_b = 0.9$ 이며, 소성이론에 근거한 강재보의 모멘트 내력을 유도할 때에 세 개의 완전한 소성응력 분포를 고려할 수 있다. 공칭휨강도는 합성단면의 항복한계상태에 대해 소성응력 분포로부터 산정한다(소성모멘트). 강재보가 인장측에서 완전히 항복하고 콘크리트 슬래브의 인장 부분이 무시되는 경우(그림 7.8(b)), 강재보의 플랜지에 소성 중립축이 있는 경우(그림 7.8(c)), 강재보의 웨브에 소성 중립축이 있는 경우(그림 7.8(d))로 대별된다.

소성 중립축은 강재가 부담하는 인장력과 콘크리트가 부담하는 압축력의 관계로부터 유도된다. 이들 힘은 각각 다음으로 표현된다

$$C = 0.85 f_{ck} a b_e \tag{7 · 1a}$$

$$T = F_y A_s \tag{7 · 1b}$$

여기서, a는 압축측 콘크리트 장방형응력블록의 높이를, f_{ck}는 콘크리트 압축강도를 나타낸다. 평형조건을 식 (7 · 1a)과 (7 · 1b)에 사용하면

$$a = \frac{A_s F_y}{0.85 f_{ck} b_e} \tag{7 · 2}$$

만약 a가 슬래브 두께 t_c 보다 작다면 소성 중립축은 콘크리트 슬래브에 위치하며, 크다면 강재에 위치하게 된다.

소성 중립축이 강재에 위치할 경우, 플랜지나 웨브에 소성 중립축이 있는 경우로 구분된다. 그림 7.8(c)에서와 같이 압축 플랜지 상부로부터의 거리를 y_p라 하면 압축측 콘크리트와 강재 플랜지가 부담하는 압축력은 다음으로 계산된다.

$$C = 0.85 f_{ck} a t_c + A_f F_y \tag{7 · 3a}$$

$$T = F_y A_s - A_f F_y \tag{7 · 3b}$$

여기서, A_f는 압축력을 분담하는 압축측 플랜지의 해당단면적을 나타낸다. 식 (7 · 3a)과 (7 · 3b)를 같다고 하여 A_f는 다음으로 계산된다.

$$A_f = \frac{F_y A_s - 0.85 f_{ck} b_e t_c}{2F_y} \tag{7 · 4a}$$

만약 압축측 플랜지의 전단면이 압축력을 부담한다면

$$P_{yw} = C \tag{7 · 4b}$$

여기서, P_{yw}는 웨브가 부담하는 인장력으로 $P_{yw} = F_y A_s - 2F_y A_{sf}$이 된다. A_{sf}는 플랜지의 단면적이 된다.

식 (7 · 4b)로부터

$C > P_{yw}$일 경우, 소성 중립축은 플랜지 내에 위치

$$y_p = \frac{A_f}{b_f} \tag{7 · 5a}$$

$C \le P_{yw}$일 경우, 소성 중립축은 웨브 내에 위치

$$y_p = t_f + \frac{A_s - A_{sf}}{t_w} \tag{7 · 5b}$$

소성 중립축 위치에 따라 휨내력은 다음과 같이 산정된다.

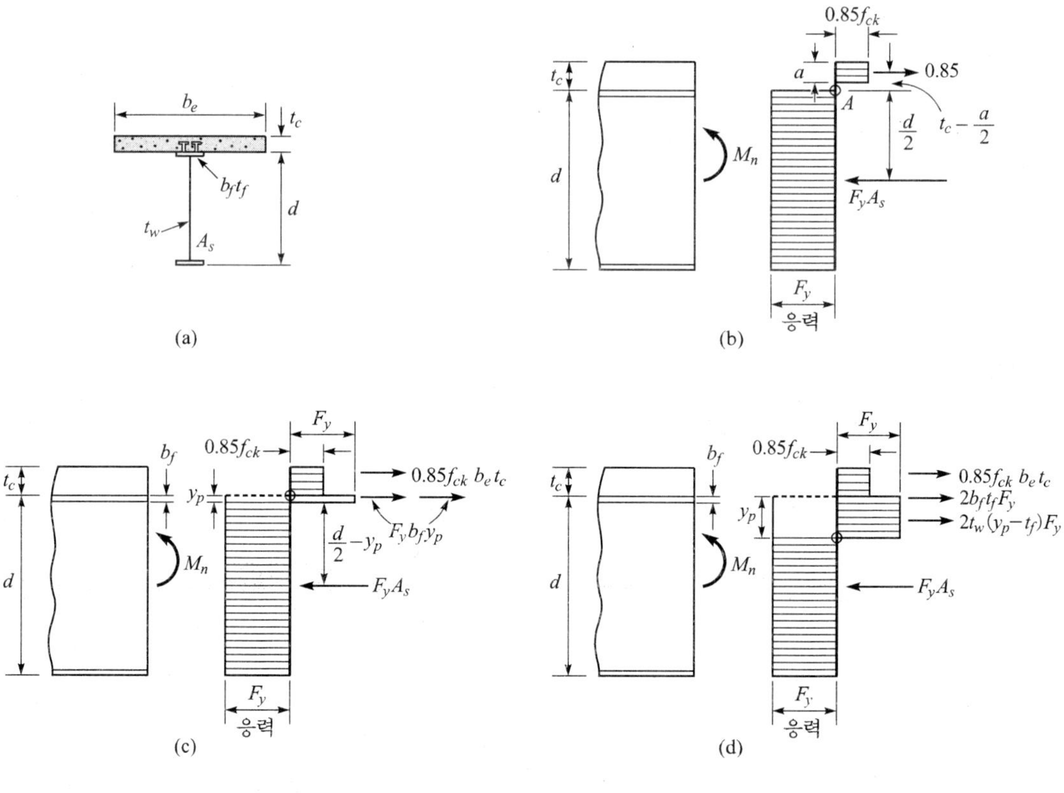

그림 7.8 합성단면의 소성 능력 ; (a) 소성해석을 위한 단면, (b) 인장측에 완전항복 상태의 강재와 균열이 발생한 콘크리트, (c) 상부 플랜지에 소성 중립축이 있는 경우, (d) 웨브에 소성 중립축이 있는 경우

① 강재가 인장측에서 완전히 항복할 경우 ($C_e = P_y$, 중립축이 슬래브 내에 위치할 경우)

콘크리트의 압축합력 $0.85f_{ck}b_e a$이 슬래브의 상부로부터 $a/2$에 위치하며, 슬래브 내에 인장인 콘크리트를 무시하면 강재의 합력 $F_y A_s$이 강재보의 도심에 작용한다. 이들 두 힘의 평형상태는 다음과 같다.

$$F_y A_s = 0.85 f_{ck} b_e a \qquad (7 \cdot 6)$$

여기서, b_e는 슬래브의 유효폭을, a는 압축측 콘크리트 응력블록의 높이를, A_s는 인장에 해당하는 강재의 단면적을 나타낸다. 이 식으로부터 압축연단으로부터의 깊이 a는 다음과 같이 계산된다.

$$a = \frac{F_y A_s}{0.85 f_{ck} b_e} \qquad (7 \cdot 7)$$

모멘트 내력은 다음으로 계산된다.

$$M_n = \left(0.5d + h_r + t_c - \frac{0.5P_y}{0.85 f_{ck} b_e}\right) P_y \qquad (7 \cdot 8)$$

② 상부 플랜지에 중립축이 위치할 경우($P_{yw} < C_e < P_y$)에 모멘트 내력은 다음과 같다.

$$M_n = 0.5(d - y_p)P_y + (h_r + 0.5t_c + 0.5y_p)C_e \qquad (7 \cdot 9)$$

③ 웨브 내에 중립축이 위치할 경우($C_e \leq P_{yw}$)에 모멘트 내력은 다음과 같다.

$$M_n = M_{ps} + (0.25d + h_r + 0.5t_c)C_e \qquad (7 \cdot 10)$$

여기서, C_e : 슬래브의 유효압축력으로서 다음 식 중의 최소값, N

$C_e = A_s F_y$

$C_e = 0.85 f_{ck} b_e t_c$: 보 중간에서의 정모멘트의 경우

$C_e = 1.3 f_{ck} b_c t_c$: 기둥면에서의 정모멘트의 경우

$C_e = \sum Q_n$

P_y : 강재보 전체단면의 항복축력 ($= A_s F_y$), N

P_{yw} : 강재보 웨브단면의 항복축력 ($= (d - 2t_f)t_w F_{yw}$), N

M_{ps} : 강재보의 소성모멘트 ($= Z_p F_y$), N · mm

$\sum Q_n$: 최대 정모멘트 점과 모멘트가 0인 점 사이에 있는 스터드앵커의 공칭전단강도의 합, N

h_r : 데크플레이트 골의 높이, mm

데크플레이트가 없는 경우, $h_r = 0$

t_c : 콘크리트 슬래브의 유효두께, mm

b_e : 콘크리트 슬래브의 유효 폭, mm

b_c : H형강 기둥 또는 합성기둥에서 콘크리트 슬래브가 접한 폭, mm

(2) $h/t_w > 3.76\sqrt{E/F_{yf}}$

$\phi_b = 0.9$이며, M_n은 합성단면의 탄성응력분포로부터 산정한다. 공칭휨강도는 동바리의 영향을 고려하여 항복한계상태에 대해 탄성응력은 중첩하여 산정한다(항복모멘트). 단, 동바리를 설치하지 않을 경우, 콘크리트 경화 전의 탄성응력과 경화 후의 탄성응력을 누가하는 방법으로 응력을 검토한 후 M_n을 산정한다.

예제 7.1

그림 7.9와 같은 단면을 갖는 합성보의 공칭모멘트를 결정하라. 단, SS275강재이며, $F_y = 275\text{MPa}$, $f_{ck} = 24\text{ MPa}$이다.

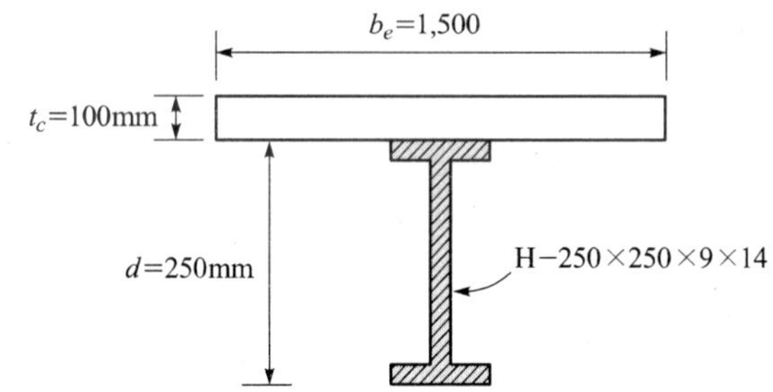

그림 7.9 합성보

풀이

(1) 중립축 위치 산정

H−250×250×9×14의 단면적 $A_s = 9{,}218\text{mm}^2$

슬래브의 두께: $t_c = 100\text{mm}$

$C_e = A_s F_y = 9{,}218 \times 275 \times 10^{-3} = 2{,}535.0\text{kN}$ 혹은

$C_e = 0.85 f_{ck} b_e t_c = 0.85 \times 24 \times 1{,}500 \times 100 \times 10^{-3} = 3{,}060.0\text{kN}$이므로

$C_e = 2{,}535.0\text{kN}$

$P_y = A_s F_y = C_e$이므로 중립축은 슬래브에 위치

(2) 공칭모멘트:

$$M_n = \left(0.5d + h_r + t_c - \frac{0.5P_y}{0.85f_{ck}b_e}\right)P_y$$
$$= \left(0.5\times 250 + 0 + 100 - \frac{0.5\times 9{,}218\times 275}{0.85\times 24\times 1{,}500}\right)\times 9{,}218\times 275\times 10^{-6} = 465.4\ \text{kN}\cdot\text{m}$$

예제 7.2

그림 7.10과 같은 단면을 갖는 합성보의 공칭모멘트를 결정하라.
단, SS275강재이며, $F_y = 275\text{MPa}$이다.

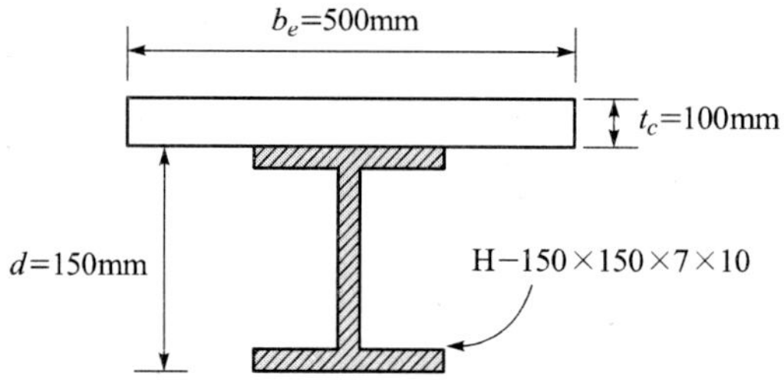

그림 7.10 합성보

풀이

(1) 중립축 위치 산정

$C_e = A_s F_y = 4{,}014\times 275\times 10^{-3} = 1{,}103.9\,\text{kN}$ 혹은

$C_e = 0.85 f_{ck} b_e t_c = 0.85\times 21\times 500\times 100\times 10^{-3} = 892.5\,\text{kN}$이므로

$C_e = 892.5\,\text{kN}$

$P_y = A_s F_y = 1{,}103.9\,\text{kN}$

$P_{yw} = (d - 2t_f)t_w F_y = (150 - 2\times 10)\times 7\times 275\times 10^{-3} = 250.3\,\text{kN}$

$P_{yw} < C_e < P_y$이므로 중립축은 상부 플랜지 내에 위치

$$A_f = \frac{P_y - C_e}{2F_y} = \frac{(1{,}103.9 - 892.5)}{2\times 275} = 384.4\ \text{mm}^2$$

$$y_p = \frac{A_f}{b_f} = \frac{384.4}{150} = 2.6\ \text{mm}$$

(2) 공칭모멘트:

$$M_n = 0.5(d - t_f)P_y + (h_r + 0.5t_c + 0.5y_p)C_e$$
$$= 0.5\times (150 - 2\times 10)\times 1{,}103.9\times 10^{-3}$$

$$+(0+0.5\times 100+0.5\times 2.6)\times 1{,}103.9\times 10^{-3}=128.4\,\text{kN}\cdot\text{m}$$

* 위 식에서 y_p를 대신하여 t_f를 사용하면 $M_n=132.5\text{kN}\cdot\text{m}$가 되어 큰 차이를 나타내지 않으므로 플랜지 내에 중립축이 위치할 경우에 y_p를 대신하여 t_f를 사용할 수 있다.

7.2.4 노출형 합성보의 부모멘트에 대한 설계휨강도

부모멘트에 대한 설계휨강도 $\phi_b M_n$은 강재단면만을 사용하여 구하거나 $\phi_b=0.9$를 사용하여 항복한계상태(소성모멘트)에 대해 합성단면의 소성응력분포로부터 구한다. 이 경우에 다음의 조건을 충족하여야 한다.

① 강재보는 조밀단면이며 적절히 횡지지되어야 한다.

② 부모멘트 구간에서 콘크리트 슬래브와 강재보에 강재앵커로 결합되어야 한다.

③ 유효폭 내의 강재보에 평행한 슬래브철근은 적절히 정착되어야 한다.

부모멘트 영역에 있는 합성단면의 공칭소성모멘트 저항력은 다음과 같이 산정된다.

$$M_n = T(d_1+d_2)+P_{yc}(d_3-d_2) \qquad (7\cdot 11)$$

여기서, P_{yc} : 강재단면의 압축강도 $P_{yc}=F_yA_s$(N)

d_1 : 길이방향 슬래브 철근의 중심으로부터 강재단면의 상단까지의 거리 (mm)

d_2 : 강재단면의 인장력 중심으로부터 강재단면의 상단까지의 거리 (mm)

d_3 : P_{yc}로부터 강재단면의 상단까지의 거리 (mm)

철근의 인장력 T는 다음 식에서 얻은 값 중에서 최소값으로 한다.

$$T=F_{yr}A_r \qquad (7\cdot 12a)$$

$$T=\sum Q_n \qquad (7\cdot 12b)$$

여기서, A_r : 슬래브의 유효 폭 안에 있고 적절하게 정착된 강재보에 평행한 슬래브 철근의 단면적 (mm^2)

F_{yr} : 슬래브 철근의 설계기준항복강도 (MPa)

$\sum Q_n$: 부모멘트가 최대가 되는 위치와 모멘트가 0인 위치 사이에 있는 스터드 앵커의 공칭강도의 합 (N)

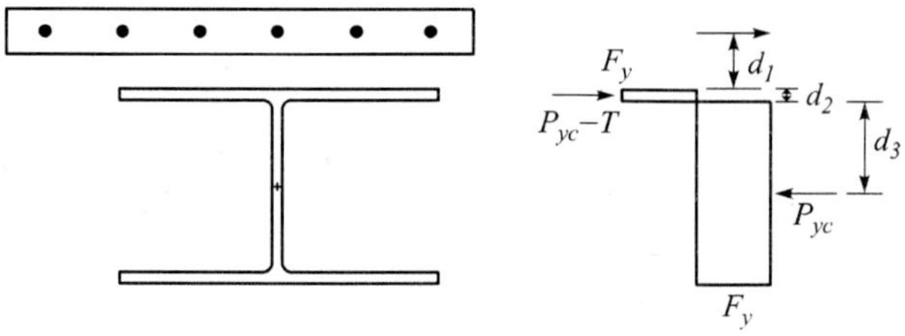

그림 7.11 부모멘트를 받는 합성보

예제 7.3

그림 7.12와 같은 단면의 공칭강도를 결정하라. 단면은 H−250×125×6×9이며, SS275의 강재가 사용되었다. 인장측에 배근된 철근 12−D13은 $F_{yr}=300\text{MPa}$가 사용되었다.

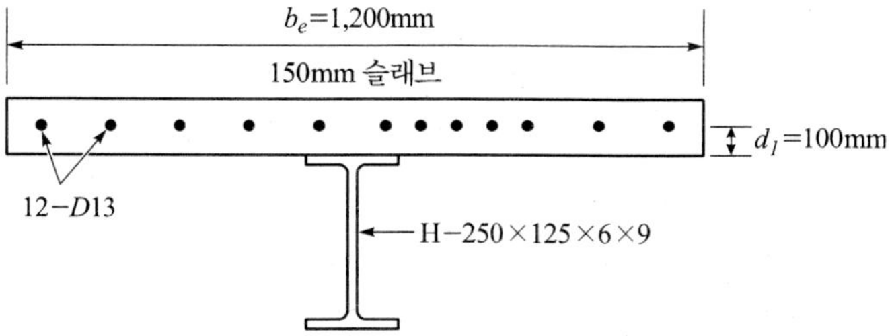

그림 7.12 합성보

풀이

(1) 강재의 단면성능

$A_s=3.766\text{mm}^2$, $t_f=9\text{mm}$, $b_f=125\text{mm}$, $d=250\text{mm}$, $t_w=6\text{mm}$ $F_y=275\text{MPa}$,

(2) 소성중심축의 위치

유효폭 슬래브 내에 있는 철근의 항복내력 (인장측 콘크리트 무시)

$T=A_rF_{yr}=12\times127\times300\times10^{-3}=457.2\text{kN}$

(3) 강재보 전체단면의 항복축력

$P_y=A_sF_y=3{,}766\times275\times10^{-3}=1{,}035.7\text{kN}$

(4) 강재보 웨브 단면의 항복축력

$P_{yw}=(d-2t_f)t_wF_{yw}=(250-2\times9)\times6\times275\times10^{-3}=382.8\text{kN}$

$P_{yw}<T<P_y$이므로 소성중립축은 플랜지 내에 있다.

(5) 설계 휨모멘트

$\phi_bM_n=\phi_b[0.5(d-t_f)P_y+(d_1+0.5t_f)T]$

$=0.9\times[0.5\times(250-9)\times1{,}035.7+(100+0.5\times9)\times457.2]\times10^{-3}=155.3\text{kN}\cdot\text{m}$

예제 7.4

예제 7.3 에서 슬래브에 배근된 철근이 6－D13이라면 이 합성단면의 설계강도를 재결정하라.

풀이

(1) 소성중심축의 위치

슬래브의 유효 폭 내에 있는 철근의 항복내력

$T = A_r F_{yr} = 6 \times 127 \times 300 \times 10^{-3} = 228.6\,\text{kN}$

(2) 강재보 전체단면의 항복축력

$P_y = A_s F_y = 3{,}766 \times 275 \times 10^{-3} = 1{,}035.7\,\text{kN}$

(3) 강재보 웨브 단면의 항복축력

$P_{yw} = (d - 2t_f)t_w F_{yw} = (250 - 2 \times 9) \times 6 \times 275 \times 10^{-3} = 382.8\,\text{kN}$

$P_{yw} > T$이므로 소성중립축은 웨브 내에 있다.

(4) 설계 휨모멘트

강재보의 소성모멘트

$M_{ps} = Z_p F_y = 366{,}000 \times 275 \times 10^{-6} = 100.7\ \text{kN} \cdot \text{m}$

$$\phi_b M_n = \phi_b \left[M_{ps} + (0.25d + d_1)\,T \right]$$
$$= 0.9 \times \left[100.7 + (0.25 \times 250 + 100) \times 228.6 \times 10^{-3} \right] = 124.1\,\text{kN} \cdot \text{m}$$

7.2.5 매입형 합성보의 설계휨강도

슬래브와 일체로 콘크리트에 완전하게 매입된 강재보는 스터드앵커가 없어도 완전합성으로 간주하며, 횡좌굴을 고려하지 않아도 된다. 정모멘트 및 부모멘트의 설계휨강도 $\phi_b M_n$은 다음과 같이 산정된다. $\phi_b = 0.9$이다.

매입형 합성부재의 설계휨강도는 $\phi_b = 0.9$를 사용하여 다음 방법에 의한 산정한다.

① 항복한계상태(항복모멘트): 동바리의 효과를 고려하여 합성단면에 작용하는 탄성응력을 중첩하여 산정한다.

② 강재단면의 항복한계상태(소성모멘트): 강재단면만의 소성응력부포를 사용하여 구한다.

③ 합성단면에 작용하는 소성응력분포를 사용하여 구하거나 변형률적합법을 사용하여 구한다. 매입형 합성부재는 강재앵커를 사용해야 한다.

7.2.6 충전형 합성부재의 설계휨강도

충전형 합성단면은 국부좌굴에 의해 분류한다. 충전형 합성단면의 설계휨강도는 $\phi_b = 0.9$를 사용하며 공칭휨강도는 다음과 같이 구한다.

① 조밀단면

$$M_n = M_p \tag{7 · 13a}$$

여기서, M_p: 합성단면의 소성응력분포로부터 구한 모멘트 (N · mm)

② 비조밀단면

$$M_n = M_p - (M_p - M_y)\left(\frac{\lambda - \lambda_p}{\lambda_r - \lambda_p}\right) \tag{7 · 13b}$$

여기서, λ, λ_p와 λ_r은 표 7.1의 판폭 두께비 제한값에 의한다.

M_y: 인장플랜지의 항복과 압축플랜지의 첫 항복에 대응하는 항복모멘트 (N · mm) 첫 항복에서의 저항능력은 $0.7f_{ck}$의 최대콘크리트압축응력과 f_y의 최대강재응력의 선형탄성응력분포로 가정하여 계산한다.

③ 세장단면

공칭휨강도는 첫 항복모멘트로부터 구한다. 압축플랜지응력은 식 (7 · 29) 또는 식 (7 · 30)으로부터 구한 국부좌굴응력 F_{cr}로 제한한다. 콘크리트응력분포는 최대압축응력을 $0.7f_{ck}$로 한 선형탄성응력분포로 한다.

7.2.7 전단연결재 설계

재하 중에 콘크리트 슬래와 강재보 사이에 발생하는 수평전단력은 마찰에 의해 저항한다. 완전한 합성단면은 콘크리트와 강재의 접합면에서 미끄럼이 발생하지 않는다. 강재와 콘크리트 사이에 약간의 부착이 발생하면 소요되는 전단강도를 예측하기 쉽지 않을 것이다. 매입형 합성보를 제외하고는 기계적인 스터드앵커가 필요하다. 스터드앵커로는 주로 둥근 스터드가 사용된다. 스터드앵커의 직경은 강재단면의 웨브판과 직접 연결된 플랜지 부분에 용접하는 경우 이외에 플랜지두께의 2.5배를 초과할 수 없다. 용접 후 밑면에서 머리 최상단까지의 스터드앵커길이는 몸체 직경의 4배 이상으로 한다.

안전한 합성단면을 얻기 위해서는 완전한 상호작용이 일어나도록 스터드앵커는 강성이 매우 커야 한다. 그림 7.13의 등분포하중을 받는 보의 전단력도에 의하면 전단력의 크기가 작은 경간 중앙 보다는 전단력이 큰 경간의 단부 가까이에 소요되는 스터드앵커의 수가 더 많아야 한다.

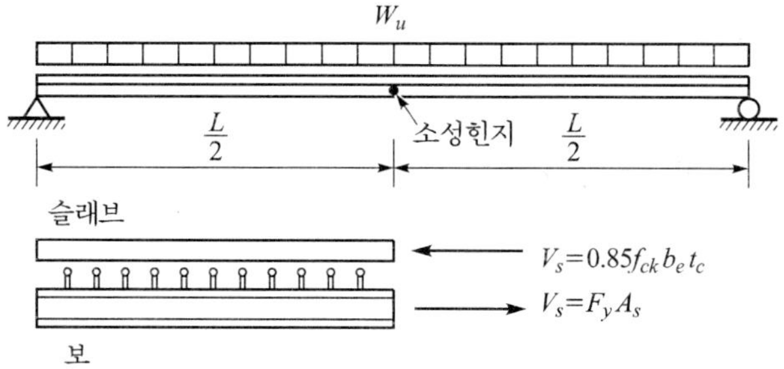

그림 7.13 스터드앵커에서 힘의 분포

1) 정모멘트 구간에서의 하중전달

매입형 합성단면을 제외하고는 강재보와 슬래브면 사이의 전체수평전단력은 강재앵커에 의해 전달된다고 가정한다. 콘크리트 슬래브와 강재보 사이의 접촉면에서 전단력을 전달하도록 스터드앵커를 일정하게 배열하여야 한다. 그림 7.13에서 보는 바와 같이 경간 중앙으로부터 모멘트가 0인 경간 단부까지는 슬래브 내에 발생한 압축력을 거리 $L/2$ 내의 강재보로 전달하기 위해 스터드앵커가 필요하다. 최대 정모멘트가 발생한 위치와 모멘트가 0인 점 사이에 수평 전단력 V'는 다음 중 작은 값을 사용한다.

① 강재단면의 인장항복

$$V' = F_y A_s \qquad (7 \cdot 14a)$$

② 콘크리트 압괴

$$V' = 0.85 f_{ck} A_c \qquad (7 \cdot 14b)$$

③ 강재앵커의 강도

$$V' = \sum Q_n \qquad (7 \cdot 14c)$$

여기서, A_c : 유효폭 내의 콘크리트 단면적 (mm^2)

A_s : 강재단면적 (mm^2)

$\sum Q_n$: 정모멘트가 최대가 되는 위치와 모멘트가 0이 되는 위치 사이의 강재앵커 공칭강도의 합 (N)

2) 부모멘트 구간에서의 하중전달

연속합성보에서 부모멘트구간의 슬래브 내에 있는 길이방향철근이 강재보와 합성으로 작용하는 경우, 부모멘트가 최대가 되는 위치와 모멘트가 0이 되는 위치 사이의 총수평전단력 V'는 슬래브철근의 항복과 전단연결재의 강도 등의 2가지 한계상태로부터 구한 값 중에서 작은 값으로 한다.

① 슬래브철근의 인장항복 한계상태

$$V' = F_{yr} A_r \tag{7 · 15}$$

여기서, A_r : 콘크리트 슬래브의 유효폭 내에 있는 적절하게 정착된 길이방향 철근의 단면적 (mm^2)

F_{yr} : 철근의 설계기준항복강도 (MPa)

② 강재앵커의 강도

$$V' = \sum Q_n \tag{7 · 16}$$

스터드앵커는 연성적이므로 한 개의 스터드앵커가 항복하중에 달하여 소성적으로 변형을 일으키는 동안에 계속하여 하중을 지지한다. 정적인 재하동안 스터드앵커는 최대 모멘트와 모멘트가 0인 점 사이에 일정하게 간격을 유지하여야 한다. 피로형태의 재하의 경우에 스터드앵커는 전단력도의 변화에 따라 간격이 결정된다.

최대 모멘트와 모멘트가 0인 점 사이에 스터드앵커의 수는 다음과 같이 산정된다.

$$N_1 = \frac{V'}{Q_n} \tag{7 · 17}$$

콘크리트 슬래브 또는 합성슬래브에 매입된 스터드앵커 1개의 공칭전단강도 Q_n은 다음과 같이 산정한다.

$$Q_n = 0.5 A_{sa} \sqrt{f_{ck} E_c} \le R_g R_p A_{sa} F_u \tag{7 · 18}$$

여기서, A_{sa} : 스터드앵커의 단면적 (mm^2)

E_c : 콘크리트의 탄성계수 (MPa)

F_u : 스터드앵커의 설계기준인장강도 (MPa)

다음의 경우에 대해 $R_g = 1.0$을 취한다.

가. 데크플레이트의 골방향이 강재보에 직각이며 골내에 용접되는 스터드앵커의 개수가 1개인 경우

나. 스터드앵커가 일렬로 강재에 직접 용접된 경우

다. 데크플레이트의 골방향이 강재보와 평행하며 스터드애어가 데크를 통해 일렬로 용접되고 골의 평균폭과 골의 높이의 비가 1.5 이상인 경우

다음의 경우에 대해 $R_g = 0.85$을 취한다.

가. 데크플레이트의 골방향이 강재보에 직각이며 골 당 스터드앵커의 개수가 2개인 경우

나. 데크플레이트의 골방향이 강재보와 평행하며, 스터드앵커가 데크를 통해 용접되며 골의 평균폭과 골의 높이의 비가 1.5 보다 작으며 스터드앵커의 개수가 1개인 경우

다음의 경우에 대해 $R_g = 0.7$을 취한다.

데크플레이트의 골방향이 강재보에 직각이며 골 내에 용접되는 스터드앵커의 개수가 3개 이상인 경우

다음의 경우에 대해 $R_p = 0.75$을 취한다.

가. 형강에 직접 용접된 스터드앵커

나. 데크플레이트의 골방향이 강재보에 직각인 합성슬래브에 용접되고 $e_{mid-ht} \geq 50\text{mm}$인 스터드앵커의 경우

다. 데크플레이트의 골방향이 강재보와 평행한 합성슬래브에 매입되는 스터드앵커가 데크플레이트를 통해 용접되거나 거더의 채움재로 (큰보와 작은보와 데크플레이트 사이의 길쭉한 틈에) 사용되는 평판을 통하여 용접되는 경우

다음의 경우에 대해 $R_p = 0.6$을 취한다.

데크플레이트의 골방향이 강재보에 직각인 합성슬래브에 용접되고 $e_{mid-ht} < 50\text{mm}$인 스터드앵커의 경우

e_{mid-ht}: 데크골의 중간높이에서 스터드몸체 외면으로부터 스터드앵커의 하중저항 방향(즉 단순보에서 최대모멘트가 있는 방향)에 있는 데크플레이트웨브까지의 순거리(mm)

표 7.3에 여러 슬래브 조건에 대한 R_g와 R_p의 값을 나타내었다.

표 7.3 R_g와 R_p의 값

<table>
<tr><th colspan="3">조 건</th><th>R_g</th><th>R_p</th></tr>
<tr><td colspan="3">데크플레이트를 사용하지 않은 경우</td><td>1.0</td><td>0.75</td></tr>
<tr><td rowspan="2">데크플레이트의 골방향이 강재보와 평행한 경우</td><td colspan="2">$\frac{\omega_r}{h_r} \geq 1.5$</td><td>1.0</td><td>0.75</td></tr>
<tr><td colspan="2">$\frac{\omega_r}{h_r} < 1.5$</td><td>0.85**</td><td>0.75</td></tr>
<tr><td rowspan="6">데크플레이트의 골방향이 강재보에 직각인 경우에 데크플레이트의 골당 스터드앵커의 개수</td><td rowspan="3">약한 위치의 스터드앵커</td><td>1개</td><td>1.0</td><td>0.6</td></tr>
<tr><td>2개</td><td>0.85</td><td>0.6</td></tr>
<tr><td>3개 이상</td><td>0.7</td><td>0.6</td></tr>
<tr><td rowspan="3">강한 위치의 스터드앵커</td><td>1개</td><td>1.0</td><td>0.75</td></tr>
<tr><td>2개</td><td>0.85</td><td>0.75</td></tr>
<tr><td>3개 이상</td><td>0.7</td><td>0.75</td></tr>
</table>

h_r : 리브의 공칭높이 (mm)

ω_r : 콘크리트 리브 또는 헌치의 평균폭 (mm)

** : 스터드가 1개인 경우
약한 위치의 스터드앵커: $e_{mid-ht} < 50\text{mm}$인 경우
강한 위치의 스터드앵커: $e_{mid-ht} \geq 50\text{mm}$인 경우

정 또는 부모멘트가 최대로 되는 위치와 모멘트가 0이 되는 위치 사이에 배열되는 강재앵커의 소요개수는 총수평전단력을 강재앵커의 공칭강도로 나눈 값으로 구한다. 집중하중이 작용하는 위치와 이와 가장 가까운 모멘트가 0이 되는 위치 사이에 강재앵커의 소요개수는 집중하중이 작용하는 위치의 최대모멘트를 받을 수 있도록 충분한 수를 사용한다. 스터드앵커의 중심간 간격은 합성보의 길이방향으로는 스터드직경의 6배 이상이 되어야 하며, 직각방향으로는 직경의 4배 이상이 되어야 한다. 다만, 골방향이 강재보에 직각인 데크플레이트의 골 내에 설치되는 경우, 중심간 간격은 모든 방향으로 스터드직경의 4배 이상이 되어야 한다. 강재앵커의 중심간 간격은 슬래브 총두께의 8배 또는 900mm를 초과할 수 없다.

예제 7.5

그림 7.14와 같이 등분포하중을 받는 단순지지보가 완전합성보에 필요한 $\phi 13$ 스터드앵커의 수를 결정하라. 단, SS275의 강재와 $F_u = 450\,\text{MPa}$인 스터드앵커, $F_y = 275\text{MPa}$, $f_{ck} = 21\,\text{MPa}$이다.

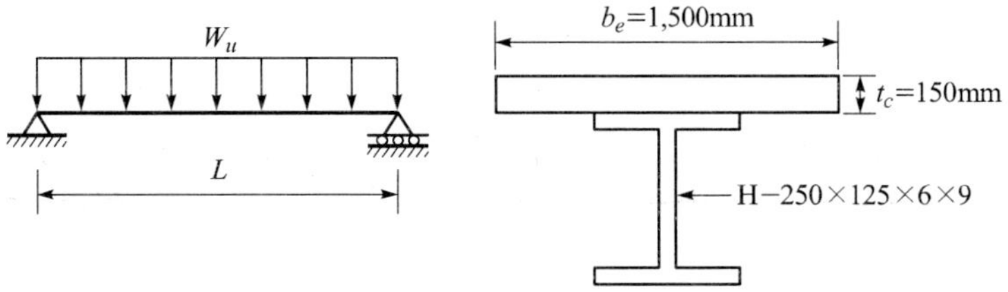

그림 7.14 **예제 7.5** 의 완전합성보

풀이

(1) 스터드앵커의 단면적

$$A_{sa} = \frac{\pi d_s^2}{4} = \frac{\pi \times 13^2}{4} = 132.7\,\text{mm}^2$$

(2) 콘크리트의 탄성계수

$$E_c = 4{,}700\sqrt{f_{ck}} = 4{,}700 \times \sqrt{21} = 21{,}538.1\,\text{MPa}$$

(3) 스터드앵커의 공칭강도 Q_n

$$Q_n = 0.5 A_{sa}\sqrt{f_{ck}E_c} = 0.5 \times 132.7 \times \sqrt{21 \times 21{,}538.1} \times 10^{-3} = 44.6\,\text{kN}$$

$$< R_g R_p A_{sa} F_u = 1.0 \times 0.75 \times 132.7 \times 450 \times 10^{-3} = 44.8\,\text{kN}$$

(4) 수평전단력

$$V' = F_y A_s = 275 \times 3766 \times 10^{-3} = 1{,}035.7\,\text{kN}$$

$$< 0.85 f_{ck} b_e t_c = 0.85 \times 21 \times 1500 \times 150 \times 10^{-3} = 4{,}016.3\,\text{kN}$$

(5) 스터드앵커의 개수

$$N = \frac{1{,}035.7}{44.6} = 23.22$$

경간의 1/2의 길이에 대해 $\phi 13$인 스터드앵커를 24개 배열

7.2.8 처짐

합성보의 설계전단강도는 강재보의 웨브만에 의해 계산된다. 합성보의 처짐은 탄성이론에 의해 산정하며 콘크리트 타설시 안전성과 건물 사용시 사용성을 유지하여야 한다. 합성보의 처짐은 시공 중 동바리 설치 여부에 따라 다르게 산정된다. 슬래브 내에 콘크리트의

크리프나 건조수축은 처짐에 영향을 미친다. 처짐은 균열이 있는 탄성의 환산단면 2차모멘트를 사용하여 산정되며, 동바리를 설치하지 않은 경우는 강재단면만의 단면 2차모멘트를 사용하게 된다. 콘크리트가 경화하는 동안 동바리에 의해 강재보를 지지하는 경우에 합성단면은 고정하중과 활하중을 분담하며, 동바리가 설치되지 않는다면 강재보는 고정하중만을 부담하게 된다.

동바리없이 시공이 된다면 합성보의 처짐은 강재보만에 의한 고정하중의 처짐과 합성단면의 활하중에 의한 처짐의 합이 된다. 이때, 고정하중에 의한 처짐은 강재보만의 단면 2차모멘트 I_s를, 활하중에 의한 처짐은 유효단면 2차모멘트 I_e를 사용한다. 콘크리트 슬래브의 경화동안 동바리가 설치되었다면 합성단면은 전체하중을 부담하며, 유효단면 2차모멘트 I_e를 사용한다.

$$I_e = I_s + \sqrt{\frac{\sum Q_n}{V'}}\,(I_{tr} - I_s) \qquad (7 \cdot 19)$$

여기서, I_{tr}은 콘크리트 슬래브를 강재로 환산한 단면2차모멘트를 나타낸다.

예제 7.6

그림 7.15와 같은 바닥판 구조에서 합성보를 설계하라. 단, 강재보와 콘크리트 슬래브가 70% 불완전합성보로서, SM420($F_y = 420\,\text{MPa}$) 강재, $f_{ck} = 24\text{MPa}$, 탄성계수비 $n = 10$이며, 등분포의 고정하중과 적재하중이 각각 2kN/m와 5kN/m가 각각 작용하며 슬래브 두께는 100mm이다. 콘크리트의 양생 후에 0.5kN/m의 고정하중이 추가로 작용할 경우에 처짐을 산정하라.

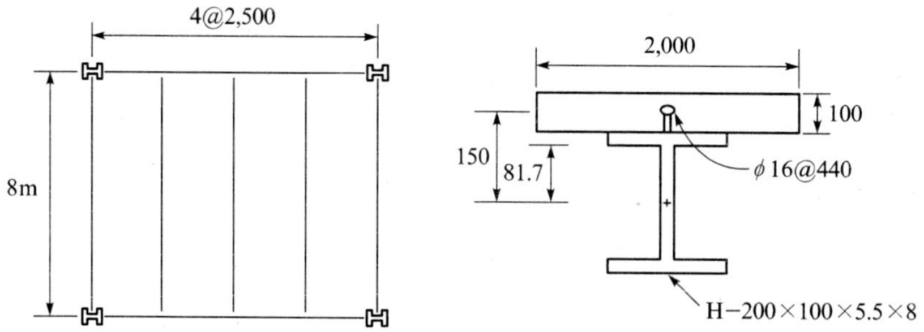

그림 7.15 **예제 7.6** 의 바닥판과 합성보

풀이

(1) 계수하중

$$w_u = 1.2w_D + 1.6w_L = 1.2\times 2 + 1.6\times 5 = 10.4\text{kN/m}$$

(2) 계수모멘트

$$M_u = \frac{1}{8}w_u L^2 = \frac{1}{8}\times 10.4\times 8^2 = 83.2\text{kN}\cdot\text{m}$$

(3) 유효 폭의 산정

$$b_e = \frac{L}{8}\times 2 = \frac{8{,}000}{8}\times 2 = 2{,}000\text{mm} \rightarrow \text{지배}$$

$$b_e = \frac{L_1}{2}\times 2 = \frac{2{,}500}{2}\times 2 = 2{,}500\text{mm}$$

(4) 소성중립축이 슬래브 내에 있다고 가정하고 춤 $d = 200\text{mm}$ 인 강재를 사용한다면

$$\phi_b M_n = M_u = \left(0.5d + t_c - \frac{0.5P_y}{0.85f_{ck}b_e}\right)P_y \text{로부터}$$

$2.16A_{s.req.}^2 - 42{,}100A_{s.req.} + 8.32\times 10^7 = 0$, 소요단면적 $A_{s.req.} = 2{,}231.8\text{mm}^2$

$\text{H}-200\times 100\times 5.5\times 8(A_s = 2{,}716.0\text{mm}^2)$ 사용

(5) 소성중립축이 슬래브 내에 있는지 여부 검토

$C_e = A_sF_y = 2{,}716\times 420\times 10^{-3} = 1{,}140.7\text{kN}$ 지배

$C_e = 0.85f_{ck}b_et_c = 0.85\times 24\times 2{,}000\times 100\times 10^{-3} = 4{,}080\text{kN}$

따라서, $P_y = C_e$ 이므로 중립축은 슬래브 내에 있음

(6) 설계내력의 검토

웨브의 판폭두께비

$$h/t_w = 200/5.5 = 36.4 \ \langle\ 3.76\sqrt{E/F_y} = 3.76\sqrt{\frac{210{,}000}{420}} = 84.1$$

중립축은 슬래브 내에 있으므로

$$\phi_b M_n = \phi_b\left(0.5d + t_c - \frac{0.5P_y}{0.85f_{ck}b_e}\right)P_y$$

$$= 0.85\left(0.5\times 200 + 100 - \frac{0.5\times 2{,}716\times 420}{0.85\times 24\times 2{,}000}\right)\times 2{,}716\times 420\times 10^{-6}$$

$$= 180.4\text{kN}\cdot\text{m}\ \rangle\ M_u \quad \text{만족}$$

(7) 스터드앵커의 설계

총수평전단력

$V' = F_yA_s = 420\times 2{,}716\times 10^{-3} = 1{,}140.7\text{kN}$ 지배

$V' = 0.85f_{ck}b_et_c = 0.85\times 24\times 2{,}000\times 100\times 10^{-3} = 4{,}080\text{kN}$

스터드앵커의 단면적 ($\phi 16$ 스터드 커넥터 사용)

$$A_{sa} = \frac{\pi d_s^2}{4} = \frac{\pi \times 16^2}{4} = 201.0\,\text{mm}^2$$

콘크리트의 탄성계수

$E_c = E_s/n = 210{,}000/10 = 21{,}000\,\text{MPa}$

스터드앵커의 공칭강도 V_{sn}

$$Q_n = 0.5A_{sa}\sqrt{f_{ck}E_c} = 0.5 \times 201.0 \times \sqrt{21 \times 21{,}000} \times 10^{-3} = 66.7\text{kN}$$

$$\langle R_g R_p A_{sa} F_u = 1.0 \times 0.75 \times 201.0 \times 520 \times 10^{-3} = 78.4\,\text{kN}$$

스터드앵커의 개수 (70% 불완전한 합성보)

$$N = \frac{0.7V'}{Q_n} = \frac{0.7 \times 1{,}140.7882.7}{66.7} = 12.0$$

경간의 1/2의 길이에 대해 ϕ16인 스터드앵커 12개를 330mm 간격으로 1열 배열

(8) 처짐 검토

사용하중에 의한 모멘트

고정하중: $M_D = \frac{1}{8}w_D L^2 = \frac{1}{8} \times 2 \times 8^2 = 16\,\text{kN} \cdot \text{m}$

적재하중: $M_L = \frac{1}{8}w_L L^2 = \frac{1}{8} \times 5 \times 8^2 = 40\,\text{kN} \cdot \text{m}$

동바리를 설치하지 않을 경우에 고정하중은 강재보만이 부담하므로

$$\Delta_{DL} = \frac{5w_D L^4}{384E_s I_s} = \frac{5 \times 2 \times (8 \times 1{,}000)^4}{384 \times 210{,}000 \times 1.84 \times 10^7} = 27.6\,\text{mm}$$

유효단면 2차모멘트

	등가 단면적 (A, mm^2)	강재 보의 도심으로부터의 거리 (y, mm)	Ay(mm^3)	Ay^2(mm^4)	I_0(mm^4)
슬래브	20,000*	150	3.0×10^6	4.5×10^8	1.67×10^7
강재 보	2,716	0	0	0	1.84×10^7
합계	22,716		3.0×10^6	4.5×10^8	3.51×10^7

* $A_{slab} = 2{,}000 \times 100/10 = 20{,}000\,\text{mm}^2$

$I_x = I_0 + Ay^2 = 3.51 \times 10^7 + 4.5 \times 10^8 = 4.85 \times 10^8\,\text{mm}^4$

도심: $\bar{y} = \frac{\sum Ay}{\sum A} = \frac{3.0 \times 10^6}{22{,}716} = 81.7\,\text{mm}$

강재 보의 도심으로부터 81.7mm에 위치

$I_{tr} = I_x - A\bar{y}^2 = 4.85 \times 10^8 - 22{,}716 \times 81.7^2 = 2.4 \times 10^8\text{mm}^4$

유효단면2차모멘트의 산정

$$\sum Q_n = \frac{L/2}{s} V_{sn} = \frac{8{,}000/2}{330} \times 66.7 = 808.5\,\mathrm{kN}$$

$$I_e = I_s + \sqrt{\frac{\sum Q_n}{V'}}\,(I_{tr} - I_s)$$

$$= 1.84 \times 10^7 + \sqrt{\frac{808.5}{1{,}140.7}}\,(2.4 \times 10^8 - 1.84 \times 10^7) = 2.05 \times 10^8 \mathrm{mm}^4$$

활하중에 의한 처짐

$$\Delta_L = \frac{5 w_L L^4}{384 E_s I_e} = \frac{5 \times 5 \times (8 \times 10^3)^4}{384 \times 210{,}000 \times 2.05 \times 10^8} = 6.2\,\mathrm{mm} < \frac{L}{350} = \frac{8{,}000}{350} = 22.8\,\mathrm{mm}$$

고정하중과 적재하중에 의한 처짐

$$\delta = \frac{5 w_D L^4}{384 E_s I_s} + \frac{5(\widehat{w_D} + w_L) L^4}{384 E_s I_e}$$

$$= \frac{5 \times 2 \times (8 \times 10^3)^4}{384 \times 210{,}000 \times 1.84 \times 10^7} + \frac{5 \times (0.5 + 5) \times (8 \times 10^3)^4}{384 \times 210{,}000 \times 2.13 \times 10^8} = 34.2\,\mathrm{mm}$$

$$> \frac{L}{250} = \frac{8{,}000}{250} = 32\,\mathrm{mm}$$

부적정하여 단면의 재설계가 필요함.

예제 7.7

그림 7.16과 같은 합성보의 휨내력을 검토하라. SS275 강재로써 H−200×100×5.5×8인 강재 보와 두께가 100mm인 콘크리트의 합성보로 $f_{ck} = 21\mathrm{MPa}$이며, 스터드 앵커 1개당 44kN을 부담하며, ϕ13 스터드앵커가 400mm 간격으로 5개 설치되었다.

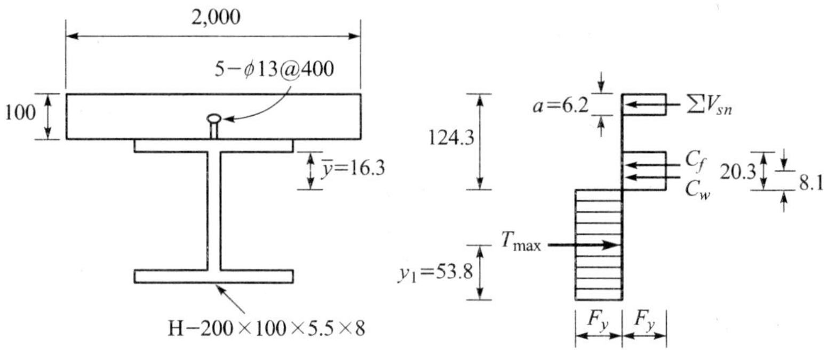

그림 7.16 **예제 7.7** 의 합성보

풀이

(1) 스터드앵커의 공칭강도

$\sum Q_n = 5 \times 44 = 220\,\text{kN}$

(2) 강재보의 최대강도

$T_{\max} = A_s F_y = 2{,}716 \times 275 \times 10^{-3} = 746.9\,\text{kN} > \sum Q_n$ 이므로 소성중립축은 강재보 내에 있음.

(3) 소성중립축

$C_f = A_f F_y = 100 \times 8 \times 275 \times 10^{-3} = 220.0\,\text{kN}$

$T_{\max} - C_f = 746.9 - 220.0 = 526.9\,\text{kN} > \sum Q_n$ 이므로 소성중립축은 웨브 내에 있음.

(4) 평형방정식

$\sum V_{sn} + C_f + C_w = T_{\max} - C_f - C_w$

$2C_w = T_{\max} - 2C_f - \sum Q_n = (746.9 - 2 \times 220.0 - 220) = 86.9\,\text{kN}$

$C_w = 43.5\,\text{kN}$

$C_w = t_w F_y \times$(플랜지 내부 안쪽으로부터의 거리, $\bar{y}$)이므로

$\bar{y} = \dfrac{C_w}{t_w F_y} = \dfrac{43.5 \times 10^3}{5.5 \times 275} = 28.8\,\text{mm}$

슬래브 상단으로부터의 거리

$y_p = t_c + t_f + \bar{y} = 100 + 8 + 28.8 = 136.8\,\text{mm}$

(5) 강재의 하단으로부터 강재보의 도심 y_1

	면적 (A,mm^2)	팔의 길이 (y,mm)	Ay(mm^3)
강재 보	2,716	100	271,600
플랜지	$-100 \times 8 = -800$	$200 - 8/2 = 196$	$-156{,}800$
웨브	$-5.5 \times 28.8 = -158.4$	$200 - 8 - 28.8/2 = 177.6$	$-28{,}131.8$
합계	1,826.1		86,668.2

$y_1 = \dfrac{86{,}668.2}{1{,}757.6} = 49.3\,\text{mm}$

(6) 유효 폭

$b_e = 2{,}000\,\text{mm}$

(7) 공칭모멘트

스터드앵커가 저항하는 내력은 콘크리트가 부담하는 압축력과 동등하다고 볼 수 있으므로

$\sum Q_n = 0.85 f_{ck} a b_e$ 로부터

$$a=\frac{\sum V_{sn}}{0.85f_{ck}b_e}=\frac{220\times 10^3}{0.85\times 21\times 2{,}000}=6.2\,\text{mm}$$

$$M_n=\sum Q_n\left(d-y_1+t_c-\frac{a}{2}\right)+C_f\left(d-y_1-\frac{t_f}{2}\right)+C_w\left(d-y_1-t_f-\frac{\bar{y}}{2}\right)$$

$$=220\times\left(200-49.353.8+100-\frac{6.2}{2}\right)\times 10^{-3}+220.0\times\left(200-49.3-\frac{8}{2}\right)\times 10^{-3}$$

$$+43.5\times\left(200-49.3-8-\frac{28.8}{2}\right)\times 10^{-3}=92.3\,\text{kN}\cdot\text{m}$$

설계모멘트

$\phi_b M_n=0.85\times 92.3=78.5\,\text{kN}\cdot\text{m}$

7.3 합성기둥

합성기둥은 고층 사무소건물 등에 널리 사용되고 있다. 합성기둥은 철강요소와 콘크리트 요소가 조합하여 압축력에 저항하는 압축부재이다. 합성기둥은 단면에 따라 여러 형태로 분류된다. 예를 들어 그림 7.17에 매입형의 H형강과 강관 충전콘크리트 기둥을 나타내고 있다.

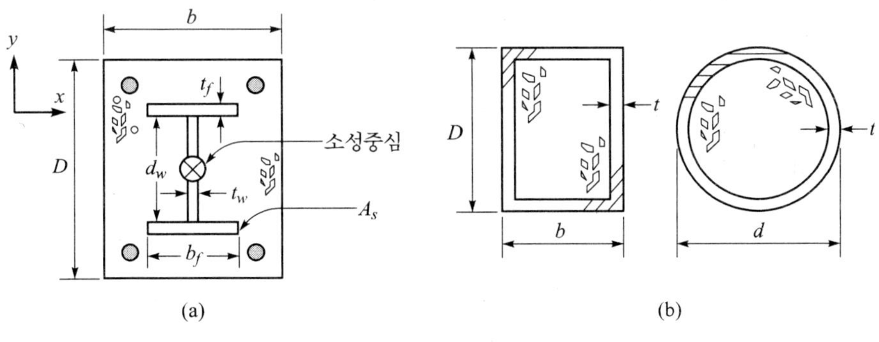

그림 7.17 합성기둥 ; (a) 매입형, (b) 충전형

H형강은 최초에 내화를 목적으로 콘크리트에 의해 피복되었으나 점차로 내력을 증가시키게 되었다. 따라서 합성기둥은 소정의 설계하중을 위해 필요한 강재의 양을 줄이고 철근콘크리트 기둥과 비교하여 단면의 크기를 줄일 수 있으며, 결과적으로 바닥판의 공간을 보다 넓게 활용할 수 있게 되었다.

그림 7.16(a)의 매입형 기둥은 H형강과 콘크리트에 대해 2축 대칭의 단면을 갖는다. 강축(x축)과 약축(y축)에 대해 편심으로 하중이 작용하더라도 해석은 1축에 대해 실시하고 상관식에 의해 2축 휨으로 확대된다. 매입형의 단주는 재료의 강도와 관련된 축하중과 휨에 저항하는 단면의 재하능력인 단면강도(section strength)에 의해 지배된다. 반면에 매입형의 장주는 재료의 강도와 강성의 성질뿐만 아니라 부재의 기하학적인 특성에 의해 불안정성이 평가되는 부재강도(member strength)에 의해 지배된다. 사용하중 하에서 시간에 따른 크리프와 건조수축은 지속적인 하중의 작용으로 합성기둥의 변형은 증가하게 된다.

강구조물은 철근콘크리트 부재 보다는 불안정성에 의해 파괴가 진행될 수 있다. 그리고 단면강도에 의해 부재의 내력이 지배되는 세장비의 영역이 작기 때문에 강구조 설계는 휨좌굴이나 부재의 형태에 불안정성이 고려되어야 한다. 철근콘크리트 기둥의 단면설계는 주로 단면강도에 의해 지배되며, 합성기둥은 철근콘크리트 기둥과 유사한 요인들에 의해 지배되며, 합성기둥은 철근콘크리트 기둥 보다 세장하므로 파괴시에 부재의 강도가 지배적이다.

7.3.1 매입형 합성기둥

(1) 구조제한

매입형 합성부재는 다음과 같은 조건을 만족해야 한다.

① 강재코어의 단면적은 합성기둥 총단면적의 1% 이상으로 한다.

② 강재코아를 매입한 콘크리트는 연속된 길이방향철근과 띠철근 또는 나선철근으로 보강되어야 한다. 횡방향철근의 중심간 간격은 직경 D10의 철근을 사용할 경우에는 300mm 이하, 직경 D13 이상의 철근을 사용할 경우에는 400mm 이하로 한다. 이형철근망이나 용접철근을 사용할 경우에는 철근에 준하는 등가단면적을 가져야 한다. 횡방향철근의 최대간격은 강재 코어의 설계기준항복강도가 450MPa 이하인 경우에는 부재단면에서 최소크기의 0.5배를 초과할 수 없으며 강재코어의 설계기준공칭항복강도가 450MPa를 초과하는 경우에는 부재단면에서 최소크기의 0.25배를 초과할 수 없다.

③ 연속된 길이방향철근의 최소철근비 ρ_{sr}는 0.004로 하며 다음과 같은 식으로 얻는다.

$$\rho_{sr} = \frac{A_{sr}}{A_g} \tag{7 · 20}$$

여기서, A_{sr} : 연속길이방향철근의 단면적 (mm^2)

A_g : 합성부재의 총단면적 (mm^2)

(2) 설계압축강도

축하중을 받는 2축대칭 매입형합성부재의 설계압축강도 $\phi_c P_n$은 기둥세장비에 따른 휨좌굴한계상태로부터 다음과 같이 구한다. $\phi_c = 0.75$이다.

① $\dfrac{P_{no}}{P_e} \leq 2.25$인 경우

$$P_n = P_{no}\left[0.658^{\left(\frac{P_{no}}{P_e}\right)}\right] \qquad (7 \cdot 21)$$

② $\dfrac{P_{no}}{P_e} > 2.25$인 경우

$$P_n = 0.877 P_e \qquad (7 \cdot 22)$$

여기서, $P_{no} = F_y A_s + F_{yr} A_{sr} + 0.85 f_{ck} A_c$

$P_e = \pi^2 (EI_{eff})/(KL)^2$

여기서, A_s : 강재단면적 (mm^2)

A_c : 콘크리트 단면적 (mm^2) 단, 강재코어의 설계기준공칭항복강도가 450 MPa를 초과할 경우는 $A_c = A_{ce}$로 산정해야 한다,

A_{ce} : 매입합성기둥의 경우 피복두께와 띠철근 직경을 제외한 심부콘크리트의 유효단면적 (mm^2)

A_{sr} : 연속된 길이방향철근의 단면적 (mm^2)

E_c : 콘크리트의 탄성계수 (MPa)

E_s : 강재의 탄성계수 (MPa)

E_{sr} : 철근의 탄성계수 (MPa)

f_{ck} : 콘크리트의 설계기준압축강도 (MPa)

F_y : 강재의 설계기준항복강도 (MPa)

F_{yr} : 철근의 설계기준항복강도 (MPa)

I_c : 콘크리트단면의 단면2차모멘트 (mm^4)

I_s : 강재단면의 단면2차모멘트 (mm^4)

I_{sr} : 철근단면의 단면2차모멘트 (mm^4)

K : 부재의 유효좌굴길이계수

L : 부재의 횡지지길이 (mm)

ω_c : 콘크리트의 단위체적당 무게 $\left(1,500 \le \omega_c \le 2,500\text{kg/m}^3\right)$

EI_{eff} : 합성단면의 유효강성, $(\text{N} \cdot \text{mm}^2)$ 단, 강재코어의 설계기준공칭항복강도가 450MPa를 초과하여도 합성단면의 유효강성 산정에는 콘크리트 전체 단면적(A_c)을 사용한다.

$$EI_{eff} = E_s I_s + 0.5 E_{sr} I_{sr} + C_1 E_c I_c \qquad (7 \cdot 23)$$

$$C_1 = 0.1 + 2\left(\frac{A_s}{A_c + A_s}\right) \le 0.3 \qquad (7 \cdot 24)$$

(3) 상세요구사항

① 강재단면과 길이방향 철근 사이의 순간격은 철근직경의 1.5배 이상 또는 40mm 중 큰 값 이상으로 한다.

② 플랜지에 대한 콘크리트 순피복두께는 플랜지폭의 1/6 이상으로 한다.

③ 2개 이상의 형강재를 조립한 합성단면의 경우 형강재들은 콘크리트가 경화하기 전에 가해진 하중에 의해 각각의 형강재가 독립적으로 좌굴하는 것을 막기 위해 띠판 등과 같은 부재들로 서로 연결되어야 한다.

7.3.2 충전형 합성기둥

강관의 단면적은 합성부재 총단면적의 1% 이상으로 하고 국부좌굴효과를 고려하여야 한다. $\phi_c = 0.75$이다.

(1) 설계압축강도

축하중을 받는 2축대칭 충전형 합성부재의 설계압축강도는 다음과 같으며, 휨좌굴한계상태로부터 구한다.

① 조밀단면

$$P_{no} = P_p \qquad (7 \cdot 25)$$

여기서, $P_p = F_y A_s + F_{yr} A_{sr} + C_2 f_{ck} A_c$

C_2 : 사각형단면에서는 0.85,

원형단면에서는 $0.85\left(1+1.56\dfrac{f_y t}{D_c f_{ck}}\right)$로 한다.

여기서, $D_c = D-2t$, t: 강관의 두께

A_{sr} : 연속길이방향철근의 단면적 (mm^2),

F_{yr} : 철근의 설계기준항복강도 (MPa)

② 비조밀단면

$$P_{no} = P_p - \frac{P_p - P_y}{(\lambda_r - \lambda_p)^2}(\lambda - \lambda_p)^2 \tag{7 · 26}$$

여기서, λ, λ_p와 λ_r은 표 7.1의 판폭 두께비 제한값에 의한다.

$$P_y = F_y A_s + 0.7 f_{ck}\left(A_c + A_{sr}\frac{E_{sr}}{E_c}\right) \tag{7 · 27}$$

③ 세장단면

$$P_{no} = F_{cr} A_s + 0.7 f_{ck}\left(A_c + A_{sr}\frac{E_{sr}}{E_c}\right) \tag{7 · 28}$$

여기서, 사각형단면 : $F_{cr} = \dfrac{9E_s}{(b/t)^2}$ (7 · 29)

원형단면 : $F_{cr} = \dfrac{0.72F_y}{\left[(D/t)(F_y/E_s)\right]^{0.2}}$ (7 · 30)

합성단면의 유효강성은 다음으로 산정된다.

$$EI_{eff} = E_s I_s + 0.5 E_{sr} I_{sr} + C_3 E_c I_c \tag{7 · 31}$$

여기서, C_3는 충전형합성압축부재의 유효강성을 구하기 위한 계수

$$C_3 = 0.6 + 2\left(\frac{A_s}{A_c + A_s}\right) \le 0.9 \tag{7 · 32}$$

예제 7.8

ㅁ$-100\times100\times4.5$인 각형강관의 충전형 합성기둥의 설계강도를 결정하라.
단, $F_y=275$ MPa, $f_{ck}=24$MPa, $E_s=210$GPa, 기둥은 단순지지로 길이가 4m이다.

풀이

(1) ㅁ$-100\times100\times4.5$ 각형강관의 단면성능

$A_s=1{,}667\text{mm}^2$, $r_s=38.7\text{mm}$

(2) 강관의 폭두께비

$$\frac{b}{t}=\frac{100}{4.5}=22.2 \quad < \; 2.26\sqrt{\frac{210{,}000}{275}}=62.4 \quad \text{조밀단면}$$

(3) 설계압축강도

콘크리트의 면적: $A_c=(100-2\times4.5)^2=8{,}281\,\text{mm}^2$

$$\phi P_{no}=\phi(F_yA_s+F_{yr}A_{sr}+C_2f_{ck}A_c)$$
$$=0.75(275\times1{,}667+0.85\times24\times8{,}281)\times10^{-3}=470.6\text{ kN}$$

예제 7.9

그림 7.18과 같이 길이가 4m인 H$-100\times100\times6\times8$의 형강이 140×140mm의 기둥 단면에 매입된 합성기둥의 설계강도를 결정하라.
단, $F_y=275$ MPa, $f_{ck}=21$MPa, $E_s=210$GPa, 기둥은 단순지지로 길이가 4m이다.

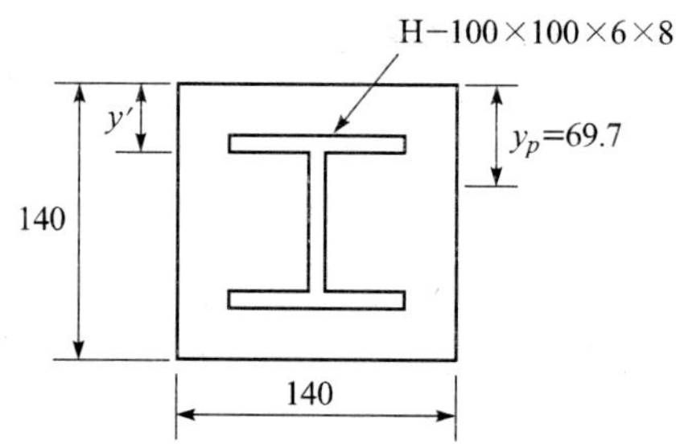

그림 7.17 예제 7.9의 매입형 합성기둥

풀이

(1) H$-100\times100\times6\times8$ 형강의 단면성능

$A_s=2.19\times10^3\text{mm}^2$, $I_y=I_s=1.34\times10^6\text{mm}^4$,

$r_s=24.7\text{mm}$ (약축에 대한 단면 2차반경)

(2) 합성단면의 유효강성

$$C_1=0.1+2\left(\frac{A_s}{A_c+A_s}\right)=0.1+2\left(\frac{2.19\times10^3}{140\times140}\right)=0.32>0.3$$

$$C_1=0.3$$

$$EI_{eff} = E_s I_s + 0.5 E_{sr} I_{sr} + C_1 E_c I_c$$
$$= 210{,}000 \times 1.34 \times 10^6 + 0.3 \times 23{,}025.2 \times 30.7 \times 10^6 = 4.9 \times 10^{11}\mathrm{N \cdot mm^2}$$

(3) 설계압축강도

콘크리트의 탄성계수: $E_c = 4{,}700\sqrt{f_{ck}} = 4{,}700\sqrt{24} = 23{,}025.2\,\mathrm{MPa}$

콘크리트의 면적: $A_c = 140 \times 140 - 2{,}190 = 17{,}410\,\mathrm{mm}^2$

$$P_{no} = F_y A_s + F_{yr} A_{sr} + 0.85 f_{ck} A_c$$
$$= (275 \times 2.19 \times 10^3 + 0.85 \times 21 \times 17.410) \times 10^{-3} = 913.0\text{ kN}$$

$$P_e = \frac{\pi^2 EI_{eff}}{(KL)^2} = \frac{\pi^2 \times 4.9 \times 10^{11}}{(4 \times 10^3)^2} \times 10^{-3} = 302.2\text{ kN}$$

$$\frac{P_{no}}{P_e} = \frac{913.0}{302.2} = 3.02 > 2{,}25$$

$$\phi P_n = \phi 0.877 P_e = 0.75 \times 0.877 \times 302.2 = 198.8\text{ kN}$$

예제 7.10

예제 7.9 의 합성기둥에 고정하중과 적재하중에 의한 하중과 강축에 관한 모멘트가 각각 $P_D = 30\mathrm{kN}$과 $P_L = 40\mathrm{kN}$, $M_D = 1.6\mathrm{kN \cdot m}$과 $M_L = 3.5\mathrm{kN \cdot m}$이 작용할 때에 단면의 타당성을 검토하라.

풀이

(1) 계수하중

$$P_u = 1.2P_D + 1.6P_L = 1.2 \times 30 + 1.6 \times 40 = 100.0\,\mathrm{kN}$$
$$M_u = 1.2M_D + 1.6M_L = 1.2 \times 1.6 + 1.6 \times 3.5 = 7.52\,\mathrm{kN \cdot m}$$

(2) 휨내력

$$\frac{P_u}{\phi_c P_n} = \frac{100.0}{0.75 \times 265.0} = 0.5 > 0.2 \text{ 이므로}$$

콘크리트의 효과를 무시하고 강재만을 고려

$$M_{ry} = ZF_y = 87{,}600 \times 275 \times 10^{-6} = 24.1\,\mathrm{kN \cdot m}$$

(3) 합성기둥 검토

$$\frac{P_r}{\phi_c P_n} + \frac{8}{9}\left(\frac{M_{rx}}{M_{cx}} + \frac{M_{ry}}{M_{cy}}\right) = \frac{100.0}{0.75 \times 265.0} + \frac{7.52}{0.75 \times 24.1} = 0.87 < 1 \quad \text{만족}$$

7.4 베이스 플레이트의 설계

기둥의 베이스 플레이트는 기둥을 따라 작용하는 집중하중을 콘크리트 주각이나 바닥판으로 분포시키는 역할을 한다. 콘크리트 지점이 파괴되는 것을 막기 위해서 작용하는 힘을 분산시켜야 한다. 또 다른 관점으로 베이스 플레이트와 기둥을 콘크리트 기초에 연결하거나 정착시켜야 한다.

그림 7.19에 축하중을 받는 베이스 플레이트를 나타내고 있다. H형강의 기둥이 플레이트의 중앙에 위치하고 플레이트는 콘크리트 기초 상단의 중앙에 위치한다. 그림 7.19와 같이 플레이트의 면적 $B\times N$이 $b\times d$의 강재판 보다 넓어야 하며, m과 n에 의한 등분포로 하중을 받는 캔틸레버로서 설계된다.

베이스 플레이트와 앵커볼트의 설계는 가장 마지막 공정에 해당하지만 현장에서는 가장 먼저 수행하는 공정이다. 따라서, 기둥의 베이스 플레이트와 접합부 설계는 최적경로의 일부에 해당한다. 베이스 플레이트의 접합부는 들어올림이 작거나 없이 축압축력에 대해 설계된다.

베이스 플레이트설계는 전단력과 모멘트에 대해 종종 별도로 진행된다. 전단력과 모멘트 사이에 중요한 상관관계가 없는 것으로 가정한다. 앵커로드(anchor rod)로 보강된 베이스 플레이트 접합부에 대한 거동과 힘의 분포는 기둥에 소성힌지가 형성되거나, 베이스 플레이트에 소성 메커니즘이 형성되거나 지압에 의해 콘크리트가 압괴되거나 앵커로드의 콘크리트 인발강도에 달할 때까지 탄성적이다. 만약 콘크리트 인발강도가 다른 한계상태값들 중에서 가장 작은 값 보다 크다고 한다면 연성적인 거동을 나타낸다. 그러나 콘크리트 파괴를 방지하는 기초를 설계하는 것이 가능하지 않다. 정하중을 받는 구조물에서 강도가 소요강도보다 크다면 연성이 필요치 않으며 앵커로드의 인장 혹은 전단강도의 한계상태로 설계한다.

축하중을 받는 베이스 플레이트에 대해 지압응력 f_{pu}은 등분포로 분포한다.

$$f_{pu} = \frac{P_u}{BN} \qquad (7 \cdot 33)$$

여기서, P_u : 소요 축압축력

B : 베이스 플레이트 폭

N : 베이스 플레이트 길이

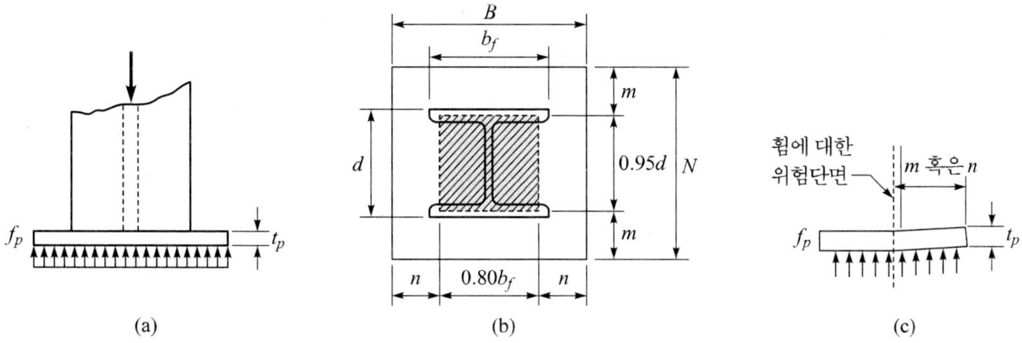

그림 7.19 베이스플레이트의 설계 ; (a) 지내응력, (b) 위험단면, (c) 모멘트 산정

이 지압력은 그림 7.19(b)에서와 같이 가정된 위험단면에 베이스 플레이트의 휨을 발생시킨다. 이 지압력은 또한 기둥 플랜지 사이에 베이스 플레이트에 휨을 발생시킨다. 베이스 플레이트의 소요강도는 다음으로 산정된다.

$$M_{pl} = f_{pu}\frac{l^2}{2} \tag{7 · 34}$$

여기서, 위험 베이스 플레이트 캔틸레버 길이 l은 m, n, $\lambda_{n'}$ 중 큰 값을 택한다.

$$m = \frac{N - 0.95d}{2} \tag{7 · 35}$$

$$n = \frac{B - 0.8b_f}{2} \tag{7 · 36}$$

$$\lambda_{n'} = \lambda\frac{\sqrt{db_f}}{4} \tag{7 · 37}$$

여기서, b_f : 기둥 플랜지 폭

d : 기둥 춤

n' : 기둥 웨브 혹은 플랜지에서 항복선 이론 캔틸레버 거리

$$\lambda = \frac{2\sqrt{X}}{1+\sqrt{1-X}} \le 1 \tag{7 · 38}$$

$$X = \left\{\frac{4db_f}{(d+b_f)^2}\right\}\frac{P_u}{\phi_c P_p} \tag{7 · 39}$$

여기서, $P_p = 0.85 f_{ck} A_1 \sqrt{\dfrac{A_2}{A_1}}$ (7 · 40)

A_1 : 베이스플레이트 면적 (mm²)

A_2 : 베이스플레이트와 닮은 꼴의 콘크리트 지지부분의 최대면적 (mm²)

$\lambda = 1$을 취하는 것이 보수적이다.

항복한계상태에 대해 베이스 플레이트의 소요최소두께는 다음으로 산정된다.

$$t_{\min} = l\sqrt{\frac{2P_u}{\phi F_y BN}} \quad (7 \cdot 41)$$

여기서, ϕ: 휨저항계수, 0.90

F_y : 베이스 플레이트의 규정된 최소항복응력

l은 m, n, $\lambda_{n'}$ 중 최대값이기 때문에 m, n, $\lambda_{n'}$를 최소화하면 가장 얇은 베이스 플레이트가 된다. 이는 m과 n을 대략 같도록 베이스 플레이트 사이즈를 배분하여 얻어진다.

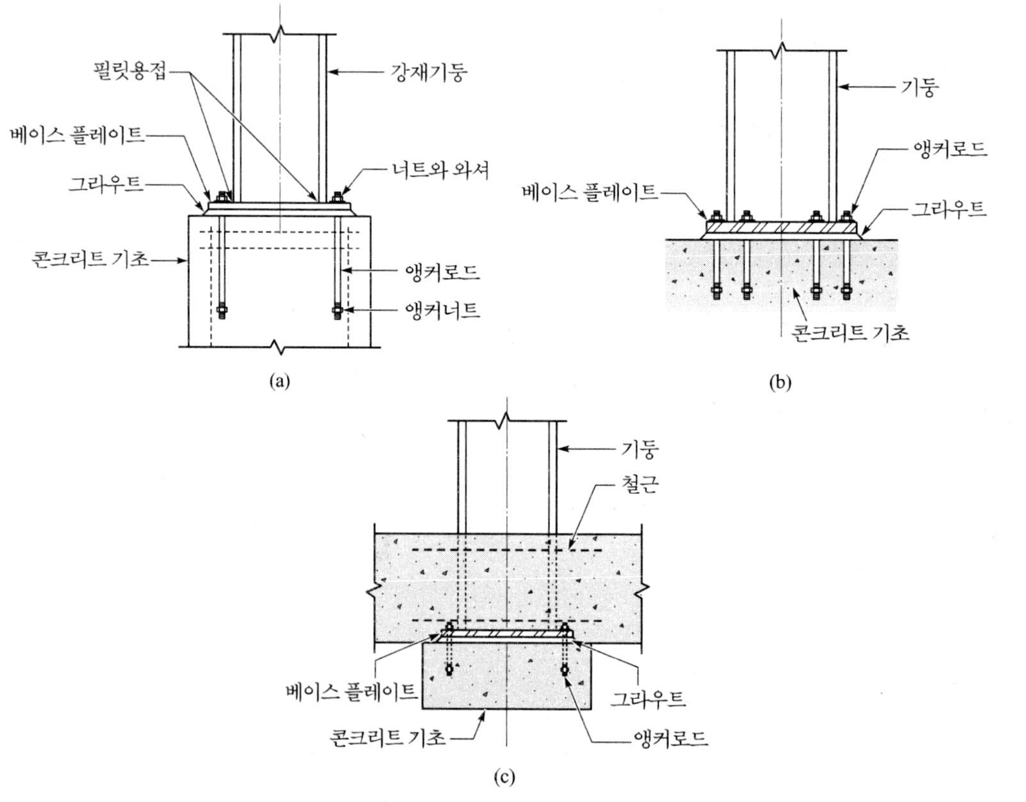

그림 7.20 베이스플레이트 상세 : (a) 상세 1, (b) 상세 2, (c) 상세 3

주각부는 기둥의 하중과 모멘트를 기초에 전달할 수 있도록 설계되어야 한다. 그림 7.20에 베이스플레이트의 상세 예들을 나타내고 있다. 콘크리트의 설계지압강도 $\phi_c P_p (\phi_c = 0.65)$는 콘크리트압괴의 한계상태에 대해 다음과 같이 산정한다.

(1) 콘크리트 총단면이 지압을 받을 경우

$$P_p = 0.85 f_{ck} A_1 \tag{7·42}$$

(2) 콘크리트 단면의 일부분이 지압을 받는 경우

$$P_p = 0.85 f_{ck} A_1 \sqrt{A_2 / A_1} \le 1.7 f_{ck} A_1 \tag{7·43}$$

여기서, A_1 : 베이스 플레이트의 면적 (mm^2)

A_2 : 베이스 플레이트와 닮은 꼴의 콘크리트 지지부분의 최대면적 (mm^2)

앵커볼트는 주각부의 베이스 플레이트를 통해 전달되는 인장 및 전단하중에 대해 저항할 수 있도록 설계해야 한다. 베이스 플레이트의 설계과정은 다음과 같다.

① 계수하중 P_u 결정

② 플레이트의 소요면적 A_{bp} 산정

$$A_{bp} = \frac{P_u}{1.7 \phi_B f_{ck}} \tag{7·44}$$

③ m과 n이 대략 같도록 $B \times N$의 플레이트 크기 산정

$$N = \sqrt{A_{bp}} + \Delta \tag{7·45}$$

$$\Delta = 0.5(0.95d - 0.80b_f) \tag{7·46}$$

$$B = \frac{A_{bp}}{N} \tag{7·47}$$

④ m과 n 결정

⑤ 플레이트의 소요두께 t_p 산정

$$t_p = (m\text{과 } n \text{ 중 큰 값}) \times \sqrt{\frac{2P_u}{0.90 F_y BN}} \tag{7·48}$$

⑥ 주각의 크기 산정

$$A_g = 4NB \tag{7·49}$$

⑦ 기둥의 플랜지 사이에 플레이트의 휨 검토

예제 7.11

H－150×150×7×10의 강재 기둥에 축하중으로서 280kN의 고정하중, 230kN의 활하중이 작용할 때, 베이스 플레이트를 설계하라. SS275 강재와 $f_{ck}=21\text{MPa}$의 콘크리트를 가정하라.

풀이

(1) 계수하중

$$P_u = 1.2P_D + 1.6P_L = 1.2\times 280 + 1.6\times 230 = 704\,\text{kN}$$

(2) 플레이트의 소요면적

$$A_{bp} = \frac{P_u}{1.7\phi_c f_{ck}} = \frac{704\times 10^3}{1.7\times 0.65\times 21} = 30{,}338.3\,\text{mm}^2$$

$$\Delta = 0.5(0.95d - 0.80b_f) = 0.5\times(0.95\times 150 - 0.8\times 150) = 11.25\,\text{mm}$$

$N = \sqrt{A_{bp}} + \Delta = \sqrt{30{,}338.3} + 11.25 = 185.4\,\text{mm}$ ---→190 mm 로 설계

$B = \dfrac{A_{bp}}{N} = \dfrac{30{,}338.3}{185.4} = 163.6\,\text{mm}$ ---→170 mm 로 설계

m과 n 결정

$$m = \frac{[190-(0.95\times 150)]}{2} = 23.8\,\text{mm}$$

$$n = \frac{[170-(0.8\times 150)]}{2} = 25\,\text{mm}$$

(3) 베이스 플레이트의 두께

$$t_p = (m\text{과 } n \text{ 중 큰 값})\times\sqrt{\frac{2P_u}{0.90F_yBN}}$$

$$= 25\times\sqrt{\frac{2\times 704\times 10^3}{0.9\times 275\times 170\times 190}} = 10.5\,\text{mm}$$

베이스 플레이트의 두께를 13mm로 함.

(4) 주각부의 면적

$$A_g = 4NB = 4\times 190\times 170 = 129{,}200\,\text{mm}^2$$

예제 7.13

고정하중 300 kN, 활하중 500kN이 작용하는 압연형강 H－250×250×9×14의 기둥에 대해 베이스 플레이트를 설계하라. 사용강재는 SM420이며, 베이스플레이트 하부에 콘크리트 페데스탈을 가정하고 플레이트 보다 각 방향으로 100mm 크며, 콘크리트의 압축강도는 $f_{ck}=24\text{ MPa}$이다.

풀이

(1) 계수하중

$$P_u = 1.2P_D + 1.6P_L = 1.2 \times 300 + 1.6 \times 500 = 1{,}160 \text{ kN}$$

(2) 소요 베이스플레이트 면적

$$A_1 = \frac{P_u}{\phi_c(0.85)f_{ck}} = \frac{1{,}160 \times 10^3}{0.65(0.85) \times 24} = 87{,}481.1 \text{ mm}^2$$

정방형의 베이스플레이트($B \times N$)를 가정하면 m과 n은 거의 일치하게 된다.

$0.8b_f = 0.8 \times 250 = 200\text{mm}$

$0.95d = 0.95 \times 250 = 237.5 \text{ mm}$

$B = 300\text{mm}$, $N = 320\text{mm}$라 가정하면 페데스탈은 $400\text{mm} \times 420\text{mm}$가 된다.

$$\sqrt{\frac{A_2}{A_1}} = \sqrt{\frac{300 \times 320}{87{,}481.1}} = 1.04 < 2.0$$

$$\text{소요 } A_1 = \frac{87{,}481.1}{1.00} = 87{,}481.1\text{mm}^2$$

$B = 300 \text{ mm}$, $N = 320 \text{ mm}$

(3) 플레이트 두께

$$m = \frac{N - 0.95d}{2} = \frac{320 - 0.95 \times 250}{2} = 41.25 \text{ mm}$$

$$n = \frac{B - 0.8b_f}{2} = \frac{300 - 0.8 \times 250}{2} = 50 \text{ mm}$$

$$P_p = 0.85 f_{ck} A_1 \sqrt{\frac{A_2}{A_1}} = 0.85 \times 24 \times 300 \times 320 \sqrt{\frac{400 \times 420}{300 \times 320}} \times 10^{-3} = 2{,}590.7 \text{ kN}$$

$$X = \left\{\frac{4db_f}{(d+b_f)^2}\right\}\frac{P_u}{\phi_c P_p} = \left[\frac{4 \times 250 \times 250}{(250+250)^2}\right]\frac{1{,}160}{0.65 \times 2{,}590.7} = 0.69$$

$$\lambda = \frac{2\sqrt{X}}{1 + \sqrt{1-X}} = \frac{2\sqrt{0.69}}{1 + \sqrt{1-0.69}} = 1.06 > 1 \quad \rightarrow \quad \lambda = 1.0$$

$$\lambda_{n'} = \lambda\frac{\sqrt{db_f}}{4} = 1.0 \times \frac{\sqrt{250 \times 250}}{4} = 62.5\text{mm}$$

그러므로 m, n, $\lambda_{n'}$ 중 최대값인 $l = 62.5\text{mm}$

$$t_{\min} = l\sqrt{\frac{2P_u}{\phi F_y BN}} = 62.5\sqrt{\frac{2 \times 1{,}160 \times 10^3}{0.90 \times 275 \times 300 \times 320}} = 19.5 \text{ mm}$$

베이스 플레이트 두께는 22mm로 설계

연습문제

【7.1】 그림과 같은 단면의 축강성과 휨강성을 결정하라. 단, SS275 강재를 가정하고 $E_c = 25{,}000\text{MPa}$, $E_s = 210{,}000\text{MPa}$이다.

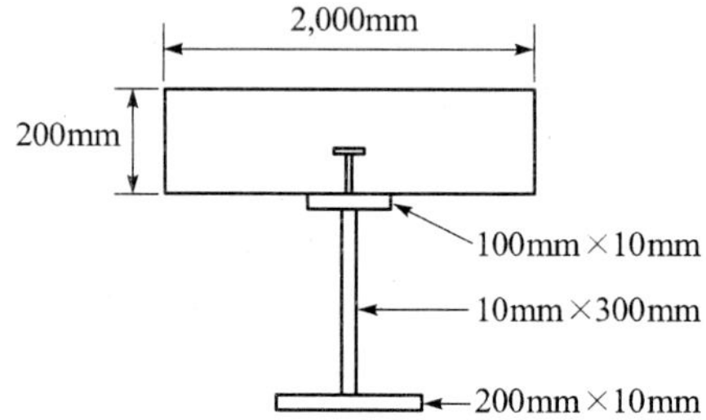

그림 【7.1】 합성보 단면

【7.2】 직경이 19 mm 인 스터드앵커의 공칭전단내력을 결정하라. 단, $f_{ck} = 24\text{MPa}$, $R_q = 1$을 사용하라.

【7.3】 그림과 같은 합성보의 공칭모멘트를 결정하라. SS275 강재를 가정하고 $f_{ck} = 25\text{MPa}$와 $n = 10$을 사용하라.

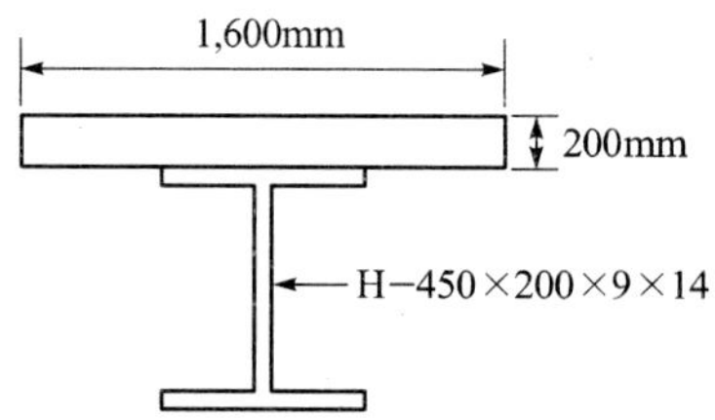

그림 【7.3】 합성보 단면

【7.4】 그림과 같은 합성보의 공칭모멘트를 결정하라. SS275 강재를 가정하고 $f_{ck} = 20\text{MPa}$와 $n = 10$을 사용하라.

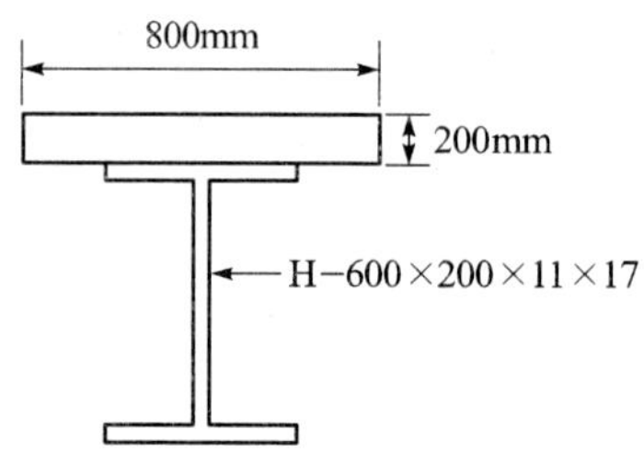

그림 【7.4】 합성보 단면

【7.5】 그림과 같은 하중을 받는 단순지지보가 60% 부분합성한 불완전 합성보에 필요한 $\phi16$ 스터드앵커의 수를 결정하라. 단, $F_y = 275\,\text{MPa}$, $f_{ck} = 24\text{MPa}$이다.

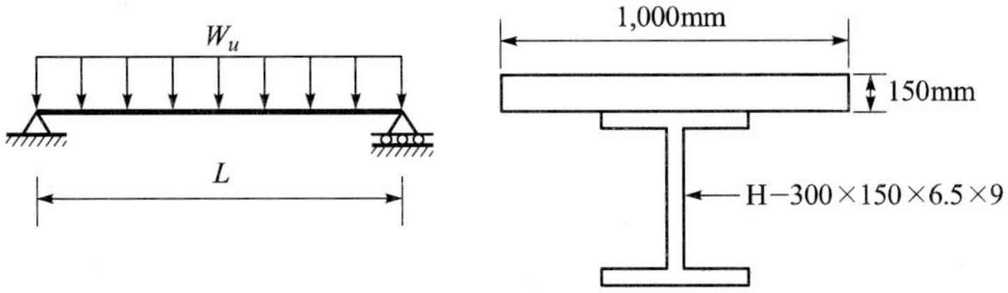

그림 【7.5】 합성보의 스터드앵커 설계

【7.6】 그림과 같은 합성보의 휨내력을 결정하라. SS275 강재로써 H−250×125×6×9인 강재 보와 두께가 120mm인 콘크리트의 합성보로 $f_{ck} = 21\text{MPa}$이며, $\phi13$ 스터드 커넥터가 300mm 간격으로 6개 설치되었다.

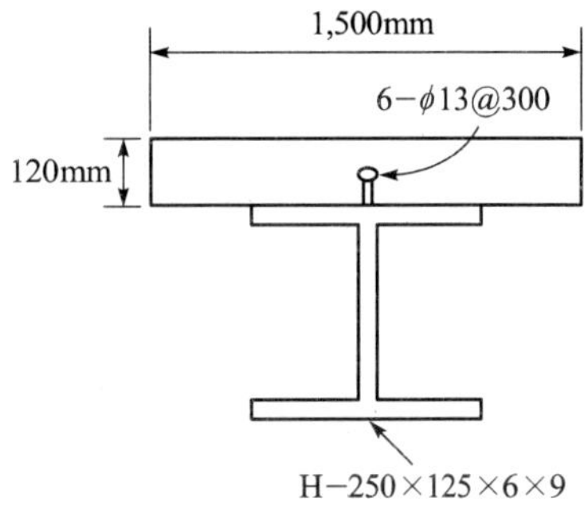

그림 【7.6】 합성보

【7.7】 주어진 조건과 그림의 단면을 참고하여 다음을 결정하라.

> 스팬길이: 6m
> 스팬간격: 2.5m
> 리브춤: 65mm
> 탑핑콘크리트 두께: 45mm
> $f_{ck} = 23.5\,\text{MPa}$
> SM420 H−150×75×5×7

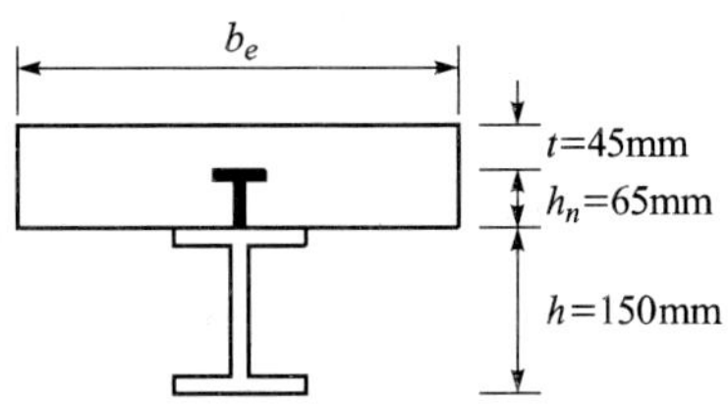

그림 【7.7】 합성보

(1) 유효폭
(2) 소성 중립축
(3) 환산단면 2차모멘트와 수평전단력

(4) 데크플레이트의 골방향이 강재보에 직각인 경우의 스터드앵커의 간격과 소요갯수
(5) 설계휨강도
(6) 유효단면2차모멘트

【7.8】 주어진 조건과 그림의 단면을 참고하여 다음을 결정하라.

스팬길이: 9m
스팬간격: 3.2m
리브춤: 65mm
탑핑콘크리트 두께: 45mm
$f_{ck} = 23.5\,\text{MPa}$
SM420 H−396×199×7×11

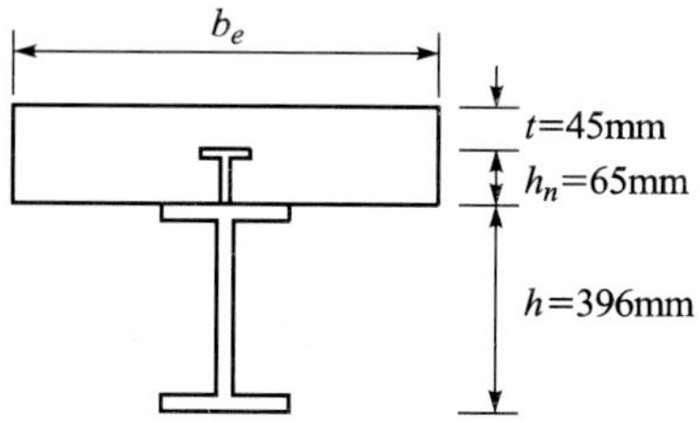

그림 【7.8】 합성보

(1) 유효폭
(2) 소성 중립축
(3) 환산단면 2차모멘트와 수평전단력
(4) 데크플레이트의 골방향이 강재보에 직각인 경우의 스터드앵커의 간격과 소요갯수
(5) 설계휨강도
(6) 유효단면2차모멘트

【7.9】 그림과 같은 매입형 합성기둥에 대해 다음을 결정하라.

기둥의 단면:
700×700mm,
H−400×400×20×30(SM420)
내부철근: 12−D32($f_y = 400\text{MPa}$)
$f_{ck} = 23.5\,\text{MPa}$
띠철근: D10@200
유효좌굴길이: 4.5m

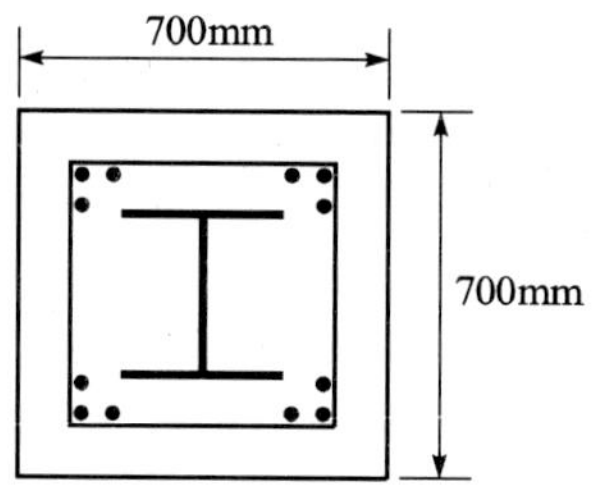

그림 【7.9】 합성기둥

(1) 단면2차반경, 합성항복강도, 합성탄성계수
(2) 설계압축강도, 순수 휨을 받는 경우에 설계휨강도

【7.10】 그림과 같은 매입형 합성기둥에 대해 다음을 결정하라.

기둥의 단면:

$850 \times 850\,\text{mm}$,

$\text{H}-500 \times 500 \times 25 \times 35\,(\text{SM420})$

내부철근: 12-D32($f_y = 400\text{MPa}$)

$f_{ck} = 24\,\text{MPa}$

띠철근: D10@200

유효좌굴길이: 6.5m

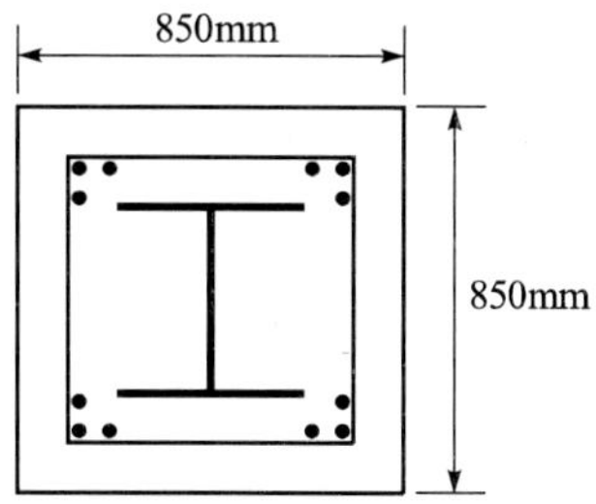

그림 【7.10】 합성기둥

(1) 단면2차반경, 합성항복강도, 합성탄성계수

(2) 설계압축강도, 순수 휨을 받는 경우에 설계휨강도

【7.11】 9,000kN의 중심축하중을 받는 주각의 베이스플레이트를 SM420 강재로 설계하라. 단, 기초의 크기는 $2{,}500 \times 2{,}500\,\text{mm}$이며, 기둥의 단면은 $\text{H}-498 \times 432 \times 40 \times 70$, $f_{ck} = 21\,\text{MPa}$이다.

CHAPTER 8 접합부(Connection) 설계

CHAPTER 8. 접합부(Connection) 설계

8.1 개요

역사적으로 주요한 구조물파괴의 대부분은 접합부에 있는 것으로 보고되고 있다. 접합방법의 선택 및 설계는 재하형태, 강도 및 강성, 경제성 그리고 조립의 난이도와 관계된다. 강구조설계기준에서는 용접, 볼트 및 고장력볼트에 의한 3가지 형태의 파스너 접합에 대해 규정하고 있다. 또한 강재의 접합은 골조 시공비에 직접적으로 영향을 미치며 동일하게 반복되는 접합부설계 비용을 절약할 수 있다. 대부분의 접합은 공장에서 제작한 부재들을 현장에서 접합하게 된다. 일반적으로 공장에서는 부재들을 용접하여 제작하고 현장에서는 제작된 부재들을 볼트접합한다.

볼트접합은 마찰형(slip-critical type)과 지압형(bearing type)으로 구분된다. 접합부에 미끄러짐은 구조물의 사용성에 해를 입힐 수 있다. 마찰접합은 피로하중이나 하중의 심한 변환, 과대크기의 구멍이나 슬롯구멍, 용접과 볼트의 하중분담, 축하중이나 축하중과 전단력의 조합하중의 접합부에 적용된다. 마찰접합부는 접합부에 미끄러짐과 지압파괴에 의해 파괴된다. 지압형은 압축력을 받는 접합부나 가새보강된 부재의 접합부에 사용된다.

용접접합은 구조물의 조립과 설치에 중요한 역할을 한다. 재료, 용접구성, 사용에 따른 요구조건에 따라 적절하게 용접과정을 택하게 된다. 재료의 용접성은 열간 그리고 냉간 균열의 발생을 최소화하기 위해 충분한 실험으로 평가되어야 한다. 이 장에서는 부재들 사이에 볼트접합부와 용접접합부, 패널존 등의 설계 방법을 소개한다.

8.2 보 접합방법

모든 접합은 재하를 통해 부재들 사이에 초기 각도의 변화로 구속정도를 판별한다. 구속의 정도에 따라 완전구속(full restraint, FR)과 부분구속(partial restraint, PR)으로 구분한다. 단순접합(simple connection)은 구속을 무시할 수 있는 부분구속에 해당한다. 이 접합은 유연하고 회전에 자유로운 것으로 가정하므로 모멘트에 저항하지 않는다. 반강접합(semirigid connection) 혹은 유연모멘트접합(flexible moment connection)은 단순과 강접합 사이에 해당하는 구속으로 각도변화에 저항하는 부분구속으로 정의된다.

완전강접합도 아니고 완전유연접합이 아닐 때, 모든 접합은 부분구속접합이 된다. 과거에는 완전 강접합에 의한 모멘트에 대한 특정접합 시에 모멘트의 비로써 접합을 분류하였다. 대략 단순접합은 0~20%, 반강접합은 20~90%, 강접합 혹은 모멘트접합은 90~100% 강성을 지닌 것으로 설정하였다. 이들 접합에 대해 그림 8.1에서 모멘트-회전 사이에 관계를 나타내고 있다. 모멘트 증가에 따라 회전이 증가하는 것을 곡선에서 볼 수 있다.

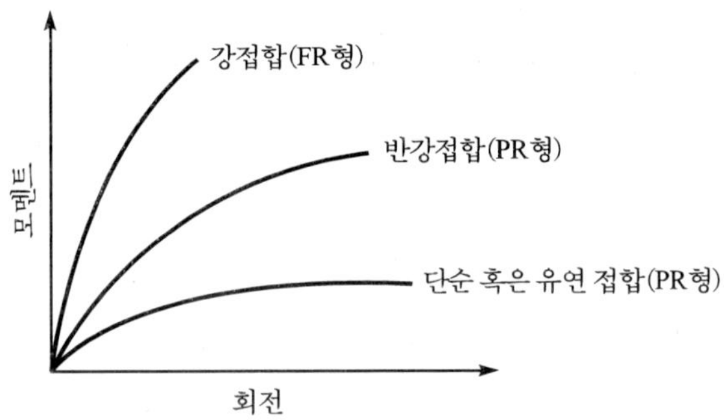

그림 8.1 접합부에 대한 모멘트-회전 관계

단순접합은 단순보에서와 같이 매우 유연하며 재하 시에 보 단부들에서 자유로운 회전을 허용한다. 약간의 모멘트 저항이 있을지라도 무시하며 단지 전단에 저항한다고 가정한다. 그림 8.2에 단순접합의 사례들을 나타내고 있다.

① 단순접합부는 무시할 정도로 작은 모멘트를 전달한다. 단순접합부는 구조해석 시에 회전이 구속되지 않는 것으로 가정한다.

② 설계도서에서 별도 지정이 없는 한 작은 보, 큰 보 또는 트러스 부재에 단순접합은 회전에 대해 유연하게 설계해야 하며, 접합부에서 전달하는 축력 및 전단력에 대해서만 설계하는 것을 허용한다.

③ 단순접합부는 부재의 단부 회전을 허용한다. 구조해석을 통해 소요 회전을 흡수할 수 있는 충분한 회전성능을 갖고 있어야 한다. 보의 단부 회전을 허용하는 접합부 자체의 제한적 비탄성 변형은 허용한다.

전단접합 혹은 단순접합은 강구조 건축물에서 가장 많이 사용되는 접합형태이다. 이 접합은 휨모멘트를 전달하지 않으며 부재의 단부회전을 허용한다. 전단접합은 플랜지에 접합없이 지지되는 부재의 웨브에서 접합된다. 안착접합은 지지되는 보의 플랜지에 접합하는 전단접합의 유형이다. 전단접합에 ㄱ형강은 볼트나 용접에 의해 지지하는 부재에 부착되어야 한다. 단일플레이트접합이 가장 경제적일 지라도 때때로 그 접합부들이 편심으로 평가될 수 있다. 단일 ㄱ형강 접합은 유연한 접합을 위해 단부회전을 허용한다. 단일형강접합은 2중의 ㄱ형강접합 보다 더 낮은 재하능력을 보인다.

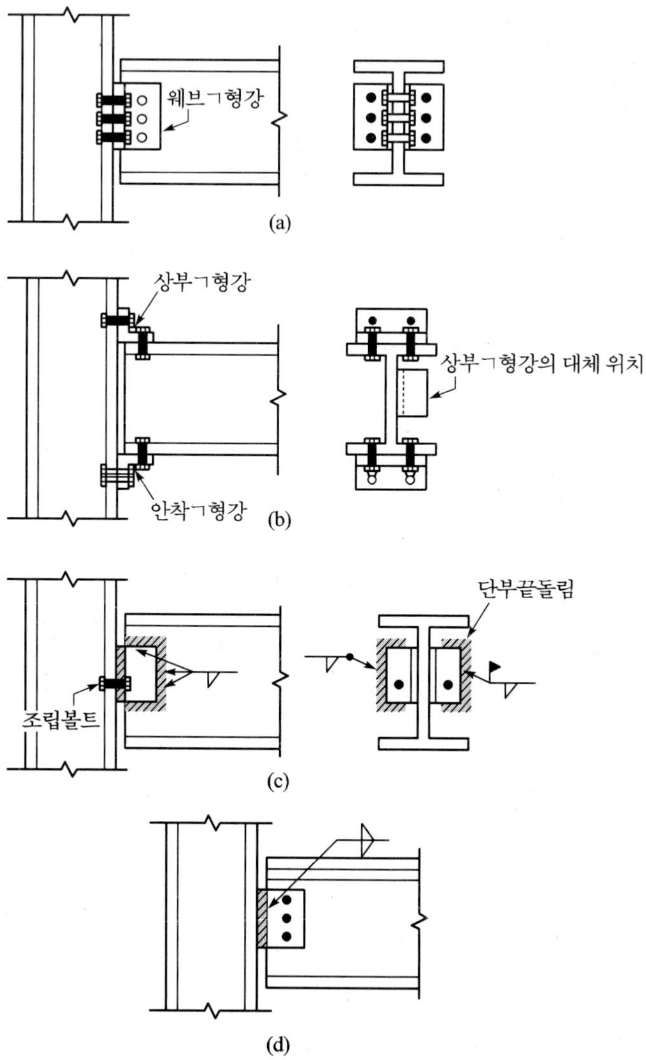

그림 8.2 단순접합 : (a) 골조부 단순접합, (b) 안착부 단순접합,
(c) 골조부 단순접합, (d) 단일 플레이트 혹은 전단단순접합

표준볼트접합의 7가지 형태를 그림 8.3에 나타내었다. 이들 접합은 전단력만을 저항하기 위해 설계된다. 그림 8.3(a)는 보 사이의 접합을 나타내고 있다. 2개의 보를 접합할 때, 상부플랜지의 높이를 일치시키는 것이 필요하다. 그림 8.3(b)에서는 상부플랜지를 절단하여 보에 접합한다. 이때, 전단블록에 대한 영향이 검토되어야 한다. 중저층 건축물에 대해 그림 8.3(a)와 (b)와 같은 단순 골조접합들이 작은 보와 큰보의 연결, 보와 기둥의 연결에 사용된다.

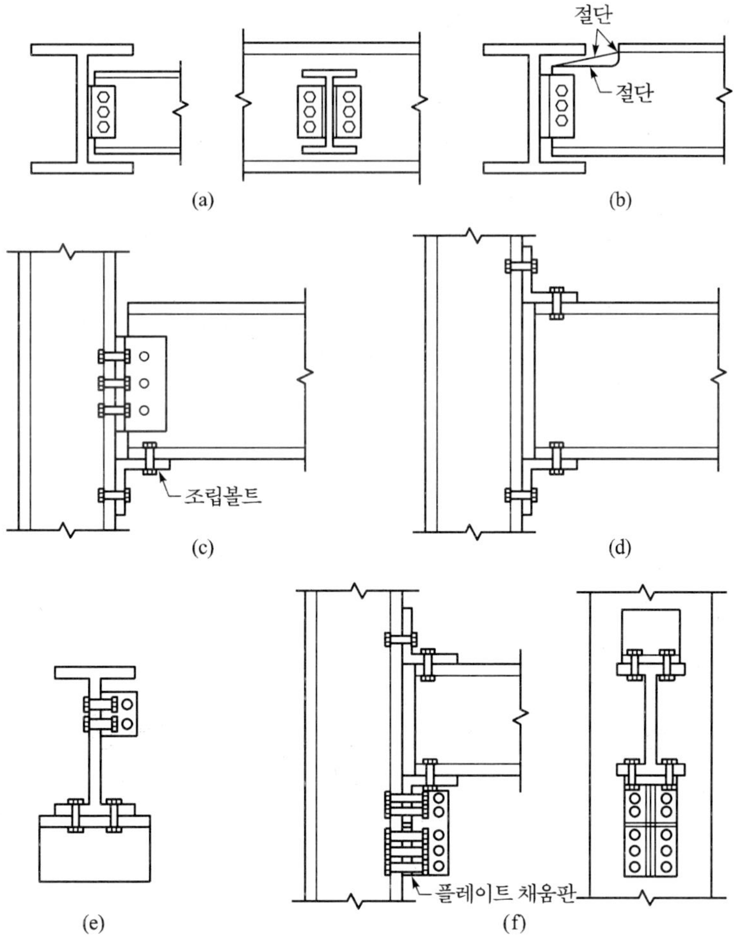

그림 8.3 표준볼트접합 : (a) 골조접합, (b) 상부플랜지 절단의 골조접합, (c) 안착부 골조접합, (d) 상하부 안착골조접합, (e) 안착형강골조접합, (f) 보강형강에 의한 골조접합

보와 기둥 사이에 단순접합은 그림 8.3과 같이 골조에 접합되거나 형강에 의해 안착되어야 한다. 그림 8.3(c)의 골조 접합은 공장에서 2개의 웨브 형강들을 보의 웨브에 접합하고 현장에서 형강과 보를 볼트로 접합한다. 조립하는 동안 보를 지지하는 조립형강(erection seat)을 사용하는 것이 편리하다. 안착에 의한 접합은 조립형강과 유사한 보 하부에 형강으로 접합하게 된다. 이 접합은 공장에서 이루어진다. 보 상부에 설치하는 또 다른 형강은 현장에서 설치한다. 이와 같은 형강에 의한 안착접합을 그림 8.3(d)에 나타내었다.

그림 8.3(c), (d), (e)에서와 같은 접합방법에 의해 지지되는 하중의 크기는 안착형강의 수평다리의 휨강도에 의해 극히 제한된다. 보다 큰 재하능력을 발휘하기 위해 그림 8.3(f)에서와 같이 보강형강을 사용하는 것이 필요하다.

이들 표준접합부가 가능한 작은 모멘트를 저항하기 위하여 접합부를 구성하는 형강은 경량이며 유연하여야 한다. 그림 8.4는 골조접합과 안착접합된 단부에서 회전에 의한 이론적인 변형형상을 나타내고 있다. 이들 접합은 모멘트에 저항한다. 보의 단부들이 아랫방향으로 회전을 할 때 상부볼트에 발생하는 인장력으로 회전에 저항한다. 만약 이 접합부에서 모멘트 저항을 무시한다면 보수적인 보 크기가 될 것이다.

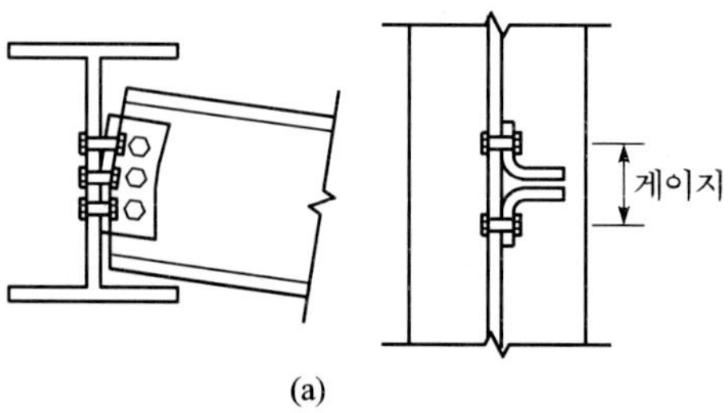

(a)

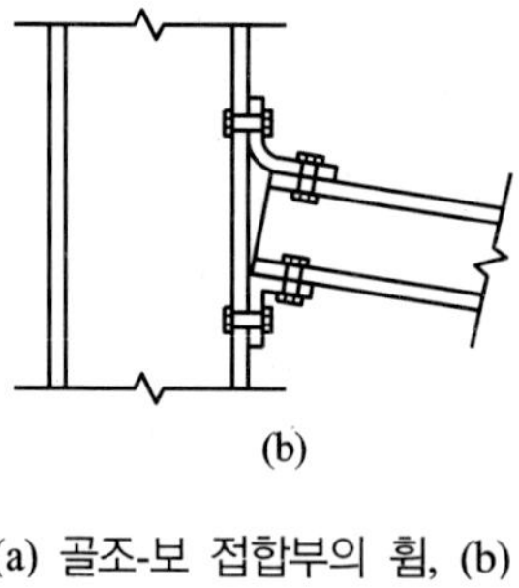

(b)

그림 8.4 (a) 골조-보 접합부의 휨, (b) 안축보 접합부의 휨

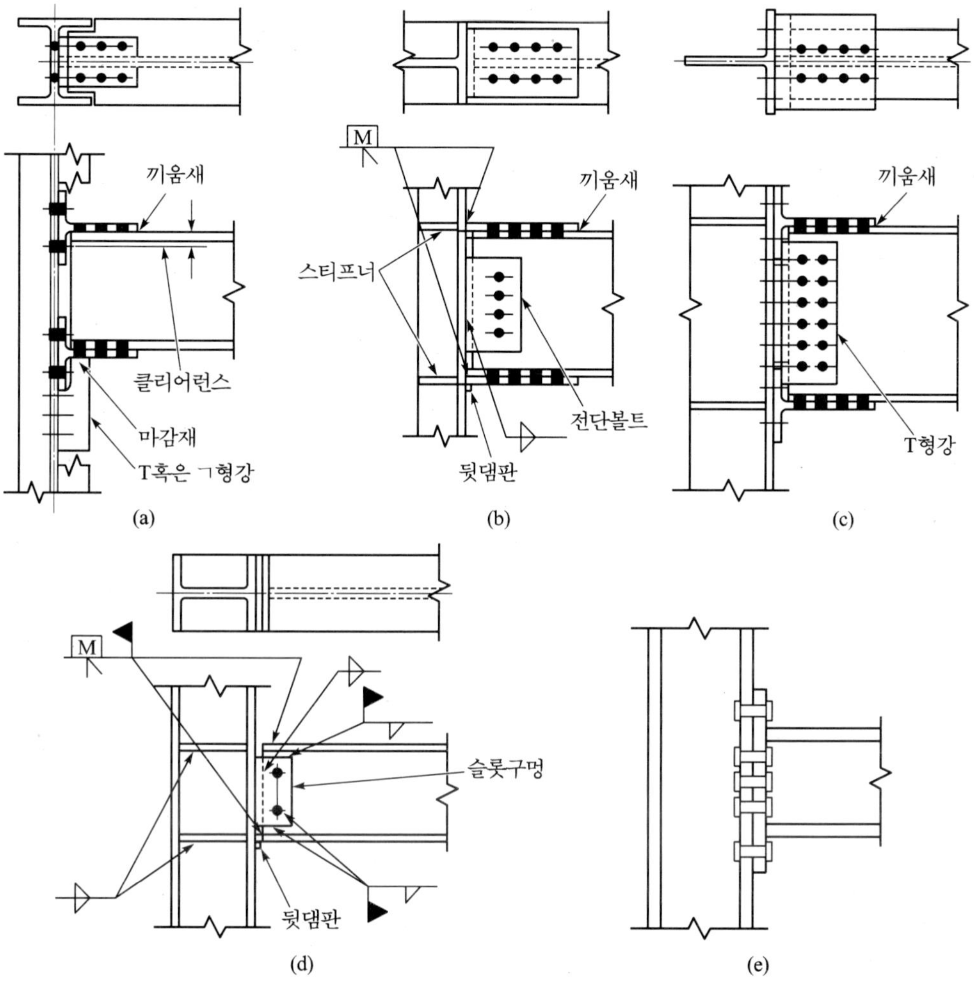

그림 8.5 모멘트 접합 : (a) 끼움새를 사용한 모멘트접합 1, (b) 끼움새를 사용한 모멘트 접합 2, (c) 끼움새를 사용한 모멘트접합 3, (d) 강재 조립 모멘트 접합, (e) 단부 플레이트에 의한 모멘트

모멘트접합은 강접합이라고도 한다. 모멘트접합은 지지되는 부재의 일부 혹은 전체 모멘트능력을 분담한다. 이 접합은 하중의 전단성분을 또한 부담하도록 설계된다. 모멘트접합은 지지되는 그리고 지지하는 부재들 사이에 하중전달의 연속성을 나타낸다. 지지하는 그리고 지지받는 부재들 사이에 상대적인 회전은 무시할 수 있다. 지지되는 부재의 플랜지는 접합요소나 혹은 지지하는 부재에 직접적으로 접합된다.

강접합은 이론적으로 보단부에서 어떠한 회전도 허용하지 않으며 단부모멘트의 약 100%를 전달한다. 이런 형태의 접합은 고층구조물의 내풍설계에 사용되며, 골조 사이에 연속성(continuity)을 유지하게 된다. 강접합의 사례를 그림 8.5에 나타내었다. 회전에 충분히 저항하기 위해 웨브에 스티프너를 설치하는 경우도 있다. 그림 8.5(d)는 강재조립에 많이 사용하는 모멘트접합을, 그림 8.5(e)는 단부플레이트 접합을 나타내고 있다. 그림 8.5(a)~(c)에서 끼움쇠를 사용하고 있다. 끼움쇠는 접합에서 위치를 조정하기위해 사용되는 얇은 강재띠를 나타낸다.

① 모멘트접합부는 모멘트를 전달한다. 접합부의 회전이 무시할 정도로 작은 완전 모멘트접합부와 무시하지 못할 정도인 부분 모멘트접합부가 있다.

② 완전 모멘트접합부는 구조해석 시 접합부에서 회전이 발생하지 않는 것으로 가정한다. 완전 모멘트접합부는 강도한계상태에서 접합되는 부재들 사이의 각도가 원상태로 유지될 수 있도록 충분한 강도와 강성을 갖고 있어야 한다.

③ 부분 모멘트 접합부는 구조해석 시 접합부의 하중-회전각 관계를 포함시켜야 한다. 부분 모멘트접합부는 접합부 요소들이 강도한계상태에서 충분한 강도와 변형용량을 갖고 있어야 한다.

④ 작은 보, 큰 보 및 트러스 부재의 모멘트접합은 축력과 전단력뿐만 아니라 접합부의 휨강성으로 인하여 유발되는 모멘트와의 조합력에 대해서 설계하여야 한다.

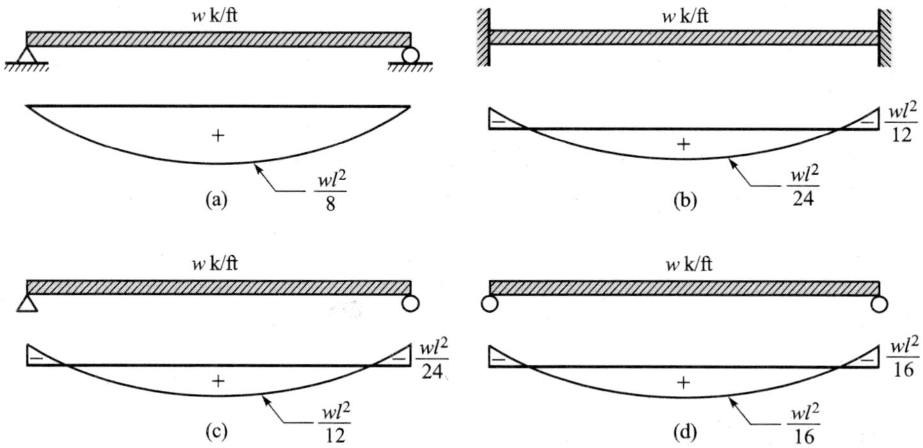

그림 8.6 강성변화에 따른 모멘트 변화 : (a) 단순단부접합(0%), (b) 강접합(100% 강성), (c) 반강접합(50% 강성), (d) 반강접합 (75% 강성)

반강접합 혹은 유연모멘트접합은 단부회전에 크게 저항하는 접합으로 단부에 모멘트반력이 발생한다. 설계단계에서는 단순이나 강접합으로 가정하여 설계가 이루어지며 그 사이의 접합상태는 고려하지 않는다. 그림 8.6은 등분포하중을 받는 보에서 접합부의 강성율(%)에 따른 모멘트 분포를 나타내고 있다. 단부 접합형태에 따라 최대모멘트가 크게 변하는 것을 볼 수 있다. 실제로 반강접합이 많이 사용되고 있으나, 구조계산 시에 이를 감안하여 감소된 모멘트를 취하는 경우는 없다.

그림 8.7에 큰 모멘트에 저항할 수 있는 3가지 형태의 반강접합방법을 나타내고 있다. 그림 8.7(a)에 단부플레이트 접합은 보 단부에 위치하여 기둥과 보 사이에 많은 볼트접합에 의해 모멘트 저항을 현저하게 증가시킨다. 그림 8.7(c)는 합성구조에서 많이 사용되는 반강접합을 나타내고 있다. 모멘트저항은 보 플랜지 상부에 철근콘크리트 슬래브와 웨브에 ㄱ형강에 의한 보강접합을 통해 모멘트저항을 하게 된다.

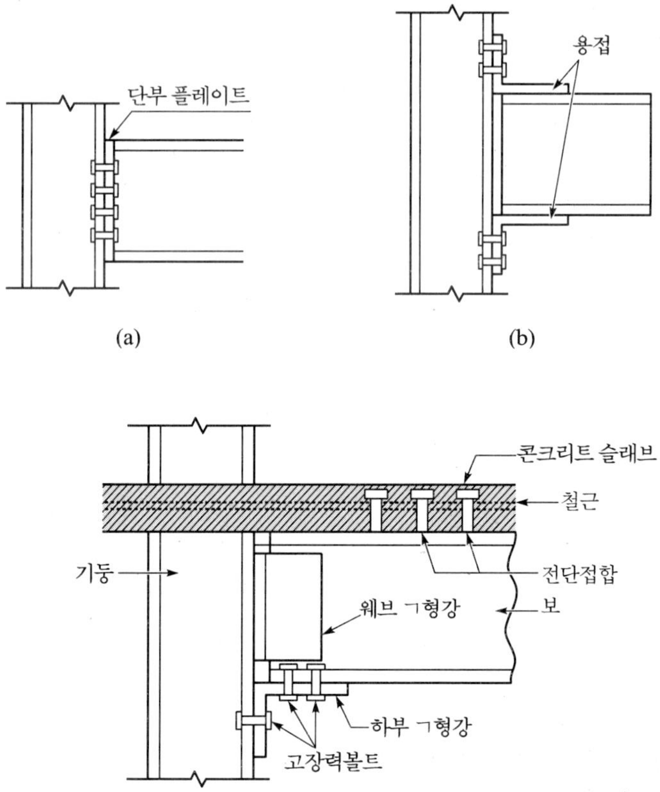

그림 8.7 반강접합 모멘트 접합부: (a) 단부플레이트 접합, (b) 상부와 안착용 ㄱ형강의 접합, (c) 합성접합

8.3 보 이음설계

보의 연결은 상하 플랜지와 웨브의 양측면에 연결판을 사용하여 접합하고 힘을 전달한다.

1) 플랜지 접합부

그림 8.8에서와 같이 상하플랜지 각각에 사용되는 연결판에 작용하는 힘은 휨모멘트와 축력에 의한 힘의 합이 된다.

$$F_f = F_{f,M} + F_{f,N} = \left[\frac{M}{I} z_f + \frac{N}{A}\right] A_f \qquad (8 \cdot 1)$$

여기서, F_f : 해당 플랜지 연결판에 작용하는 힘

M : 휨모멘트

N : 축력

$F_{f,M}$: 휨에 의해 발생한 휨응력

$F_{f,N}$: 축력에 의해 발생한 축응력

I : 보의 단면 2차모멘트

A : 보의 단면적

A_f : 해당 플랜지의 단면적

z_f : 보 단면의 중심축으로부터 해당 플랜지 단면의 중심까지의 거리

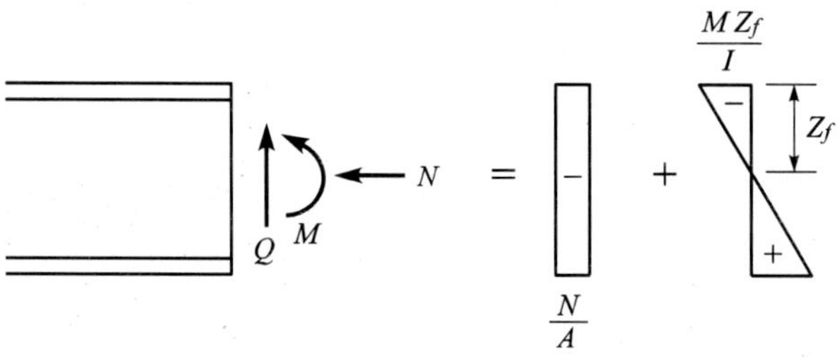

그림 8.8 플랜지의 응력분포

2) 웨브 접합부

웨브 접합부에서는 그림 8.9에서와 같이 보가 부담하는 전단력, 그리고 축력과 모멘트를 웨브가 분담하도록 힘을 전달하게 된다. 이들 힘은 볼트군의 중심에 작용하는 수평방향의 힘, 수직방향의 힘, 그리고 모멘트 및 이로 인한 볼트 1개당 받는 힘으로 다음과 같이 표현된다.

가. 수직방향의 힘

플랜지에 의해 전달되는 전단력은 매우 작으므로 무시하고 보의 전체 전단력 V_s을 웨브가 부담하는 것으로 가정한다.

$$V_s = Q_{web} \approx Q \tag{8・2}$$

여기서, Q_w : 웨브가 부담하는 전단력

볼트 1개당 부담하는 전단하중 $\rho_{1z,V}$은 다음으로 산정된다.

$$\rho_{1z,V} = \frac{V_s}{n_b n_s} \tag{8・3}$$

n_b : 볼트의 개수

n_s : 볼트이음의 전단면 수

웨브가 부담하는 휨응력은 단면 전체에 발생하는 평균응력(F_{ave})과 휨에 의해 발생하는 응력($F_{w,M}$)의 합으로 표현된다.

$$F_w = \frac{M}{I} z_{up} = F_{w,M} + F_{ave} = \frac{M}{I}\frac{(z_{up} - z_{lo})}{2} + \frac{M}{I}\frac{(z_{up} + z_{lo})}{2} \tag{8・4}$$

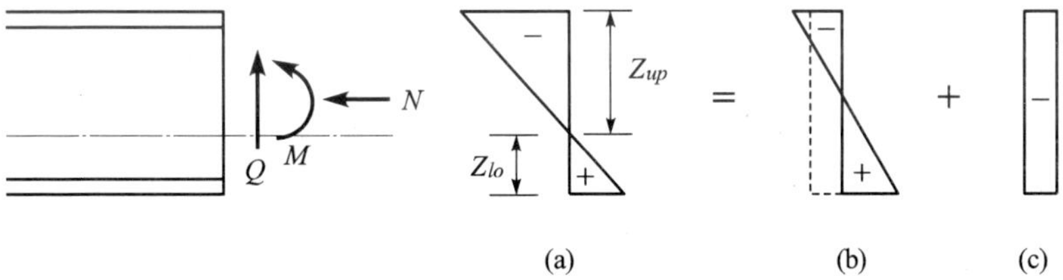

그림 8.9 웨브의 응력분포: (a) F_w, (b) $F_{w,M}$, (c) F_{ave}

나. 수평방향의 힘

수평방향으로 작용하는 보의 축력 중 일부는 웨브가 분담하고 전달한다. 보 단면의 중심이 웨브 단면의 중심과 일치하지 않을 경우에는 휨모멘트 평형을 이루지 못하므로 웨브의 수평방향 힘을 또한 고려해야 한다.

$$H_s = \left[\frac{N}{A} + \frac{M}{I}\frac{z_{up} + z_{lo}}{2}\right] A_w \tag{8・5}$$

여기서, H_s : 수평방향의 힘

$$\rho_{1x,H} = \frac{H_s}{n_b n_s} \tag{8 · 6}$$

A_w : 웨브의 단면적

z_{up}: 보 단면의 중심축으로부터 웨브 단면의 상단까지의 거리

z_{lo} : 보 단면의 중심축으로부터 웨브 단면의 하단까지의 거리

$\rho_{1x,H}$: H_s의 작용에 의한 볼트 1개가 부담하는 수평방향 힘

다. 모멘트

연결부 중심에서의 휨모멘트 중 웨브가 분담하는 휨모멘트, 볼트 군의 중심과 접합부 중심과의 편심거리 e_Q가 클 경우 전단력에 의해 발생하는 모멘트의 증가분을 더하여 구한다.

$$M_w = M\frac{I_w}{I} \tag{8 · 7}$$

$$M_s = M_w + Qe_Q \tag{8 · 8}$$

여기서, M_s : 볼트의 하중 작용점을 볼트 군의 중심으로 하였을 때 볼트에 작용하는 우력모멘트

M_s가 작용할 때 접합부가 탄성거동을 한다고 하고 연결된 전체가 볼트군의 중심을 기준으로 미세한 각 θ만큼 동일하게 회전한다고 가정할 수 있다. 또한 볼트의 반력 ρ_i는 접합 회전에 의한 변위의 크기에 비례하며 다음과 같이 나타낼 수 있다.

$$M_i = r_i\rho_i = r_iKr_i\theta = K\theta r_i^2 \tag{8 · 9}$$

$$M_s = \sum M_i = \sum K\theta r_i^2 \tag{8 · 10}$$

여기서, M_i : i번째 볼트 반력에 의해 발생한 볼트군 중심에서의 모멘트

r_i : 볼트군의 중심으로부터 i번째 볼트 중심까지의 거리

이로부터 미지의 상수 $K\theta = \frac{M_s}{\sum r_i^2}$ 및 $\rho_i = Kr_i\theta$가 된다. 따라서, j번째 볼트의 반력은 다음과 같이 얻을 수 있다.

$$\rho_j = \frac{\lambda_s r_j}{\sum r_i^2} = \frac{M_s r_j}{\sum\left(x_i^2 + z_i^2\right)} \tag{8 · 11}$$

ρ_j를 수평성분과 수직성분으로 구분하면 다음으로 나타낼 수 있다.

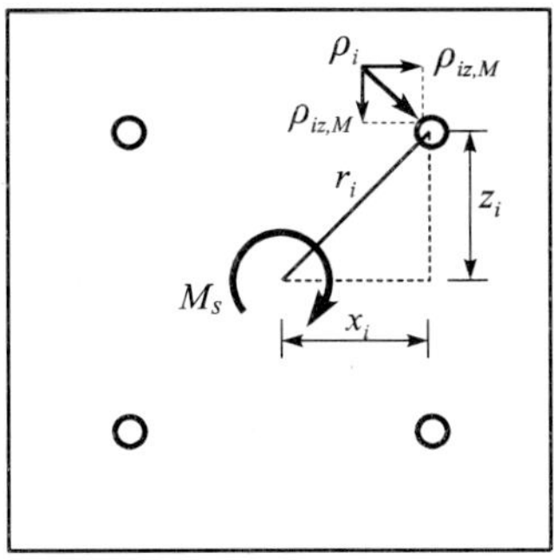

그림 8.10 모멘트로 발생한 볼트에 작용하는 힘 성분

$$\rho_{jx} = \frac{M_s z_j}{\sum(x_i^2 + z_i^2)}, \quad \rho_{jz} = \frac{M_s x_j}{\sum(x_i^2 + z_i^2)} \tag{8 · 12}$$

볼트의 최대반력은 볼트군의 중심에서 가장 멀리 떨어져 있는 최외각 볼트에서 발생하므로 볼트 1개당 부담하는 힘은 다음과 같이 얻을 수 있다.

$$\rho_{1x,M} = \frac{M_s z_e}{\sum(x_i^2 + z_i^2)} \frac{1}{n_s} \tag{8 · 13a}$$

$$\rho_{1z,M} = \frac{M_s x_e}{\sum(x_i^2 + z_i^2)} \frac{1}{n_s} \tag{8 · 13b}$$

여기서, $\rho_{1x,M}$: M_s에 의한 최외측 볼트 1개의 1개 전단면에 대한 수평방향 힘

$\rho_{1z,M}$: M_s에 의한 최외측 볼트 1개의 1개 전단면에 대한 수직방향 힘

x_i : 볼트 군의 중심으로부터 i번째 볼트 중심까지의 수평거리

z_i : 볼트 군의 중심으로부터 i번째 볼트 중심까지의 수직거리

x_e : 볼트 군의 중심으로부터 최외측 볼트 중심까지의 수평거리

y_e : 볼트 군의 중심으로부터 최외측 볼트 중심까지의 수직거리

이상으로부터 외측 볼트 1개가 받는 힘의 수직과 수평성분으로부터 힘의 합력을 다음과 같이 얻을 수 있다.

$$\rho_b = \sqrt{(\rho_{1x,H} + \rho_{1x,M})^2 + (\rho_{1z,V} + \rho_{1z,M})^2} \tag{8 · 14}$$

예제 8.1

그림 8.11의 계수 휨모멘트 200kN · m와 계수 전단력 700kN이 작용하는 압연형강 H−346×174×6×9인 보 단면을 4개의 플레이트에 의한 이음을 설계하라. 사용강재는 SM275이며, M20(F8T)의 지압접합된 고장력볼트를 가정하라. 나사부가 전단면에 포함되지 않을 경우로 가정하라.

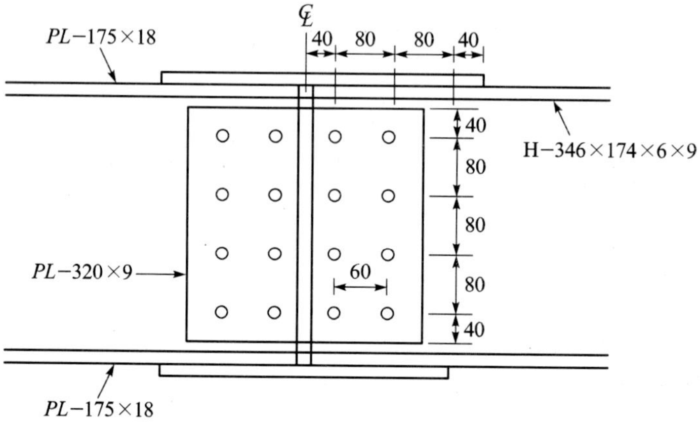

그림 8.11 **예제 8.1**의 보 이음

풀이

(1) 설계강도

$Z_x = 7.16 \times 10^5\,\mathrm{mm}^3$

$\phi_b M_n = \phi_b M_p = 0.90 Z_x F_y = 0.9 \times 7.16 \times 10^5 \times 275 \times 10^{-6} = 177.2\,\mathrm{kN \cdot m}$

$\phi_v V_n = \phi_v (0.6F_y) A_w = 1.0 \times 0.6 \times 275 \times 346 \times 6 \times 10^{-3} = 342.5\,\mathrm{kN}$

(2) 웨브 플레이트 두께 설계

웨브 내에 2면전단에 대한 설계하중

$F_{nv} = 400\mathrm{MPa},\ A_b = \pi(20)^2/4 = 314\,\mathrm{mm}^2$

$\phi R_n = \phi F_{nv} m A_b = 0.75 \times 400 \times 2 \times 314 \times 10^{-3} = 188.4\,\mathrm{kN}$

소요볼트 수 $\dfrac{700}{188.4} = 3.7 \ \rightarrow$ 4개

* 전단력만을 고려하여 4개의 볼트가 소요되지만 웨브는 모멘트의 일부를 분담하므로 그림에서와 같이 4개의 볼트를 2열(60 mm 간격)로 배열한다. 볼트간격을 80mm으로, 연단거리를 40mm로 하여 플레이트의 춤을 320mm로 한다.

순단면적을 따른 전단파단에 근거한 웨브 플레이트 두께

$$A_{nv} = \frac{V_u}{\phi(0.6F_u)} = \frac{700 \times 10^3}{0.75(0.6 \times 410)} = 3{,}794.0\,\mathrm{mm}^2$$

전단파단한계에 근거한 1개의 플레이트에 대한 두께

$$t=\frac{A_{nv}}{2[320-4(20+2)]}=\frac{3{,}794.0}{2[320-4(20+2)]}=8.17\text{ mm}\ \rightarrow\ t=9\text{mm}\text{로 설계}$$

(3) 플랜지 이음판설계

플랜지 이음판은 인장부재로 설계

이음판의 폭은 보의 플랜지 폭과 유사하게 175mm으로 설계, 두께를 15mm로 가정

파단과 항복한계상태를 근거로 설계

$$F_{fl}=\frac{M_u}{\text{팔의 길이}}=\frac{200\times10^6}{346+15}\times10^{-3}=554.0\text{ kN}$$

이음판의 항복: $\phi T_n=\phi A_g F_y\ \rightarrow\ A_g=\dfrac{T_u}{\phi F_y}=\dfrac{554.0\times10^3}{0.9\times275}=2{,}238.4\text{ mm}^2$

이음판의 파단: $\phi T_n=\phi A_n F_u\ \rightarrow\ A_n=\dfrac{T_u}{\phi F_u}=\dfrac{554.0\times10^3}{0.75\times410}=1{,}801.6\text{ mm}^2$

$$A_n\le0.85A_g\ \rightarrow\ A_g=\frac{A_n}{0.85}=\frac{1{,}801.6}{0.85}=2{,}119.5\text{mm}^2$$

이음판의 면적 $A_g=2{,}238.4\text{ mm}^2$

소요두께; $t=\dfrac{A_n}{[175-2(20+2)]}=\dfrac{0.85\times2{,}238.4}{[175-2(20+2)]}=14.5\text{ mm}\ \rightarrow\ t=18\text{ mm}$ 설계

(4) 플랜지 볼트 (1면전단)

$L_c=80-(20+2)=58\text{ mm}$ (내부 볼트)

$L_c=40-(20+2)/2=29\text{ mm}$

1면전단에 대한 설계전단강도:

$$\phi R_n=188.4/2=94.2\text{ kN}$$

$$\phi R_n=\phi(2.4d_b tF_u)=0.75\times(2.4\times20\times18\times410)\times10^{-3}=265.7\text{ kN}$$

볼트 수 $=\dfrac{554.0}{94.2}=5.88\ \rightarrow$ 6개

PL -175×18에 볼트를 2열로 각 열에 3개를 배열

(5) 웨브 볼트

인장플랜지 플레이트의 중심에서 항복에 달했을 때, 웨브 플레이트가 부담하는 모멘트

$$\phi_b M_n=\phi_b\left(\frac{td^2}{6}\right)F_y\left(\frac{320/2}{(346/2+18/2)}\right)$$

$$=0.9\left(\frac{2\times9\times320^2}{6}\right)\times275\times\left[\frac{160}{182}\right]\times10^{-6}=66.8\text{ kN}\cdot\text{m}$$

플랜지에서 가장 가까운 위치의 웨브 볼트의 분담하중의 적정성 검토 (볼트군 중심으로 부터)

$$\sum x^2+\sum y^2=8\times30^2+4\times40^2+4\times120^2=71{,}200\text{ mm}^2$$

$$R_{ux} = \frac{My}{\sum x^2 + \sum y^2} = \frac{66.8 \times 10^3 \times 120}{71{,}200} = 112.6\,\text{kN}\ (\rightarrow)$$

$$R_{uy} = \frac{Mx}{\sum x^2 + \sum y^2} = \frac{66.8 \times 10^3 \times 30}{71{,}200} = 28.1\,\text{kN}\ (\downarrow)$$

$$R_{uv} = \frac{P}{\sum N} = \frac{700}{8} = 87.5\ \text{kN}\ (\downarrow)$$

$$R_u = \sqrt{(R_{uy} + R_{uv})^2 + R_{ux}^2} = \sqrt{(28.1 + 87.5)^2 + 112.6^2} = 161.4\ \text{kN}$$

최외각 볼트의 강도

$$\phi R_n = \phi(2.4 d_b t F_u) = 0.75 \times (2.4 \times 20 \times 9 \times 410) \times 10^{-3} = 132.8\ \text{kN}$$

$R_u > \phi R_n$ 이므로 불만족 재설계가 필요

예제 8.2

그림 8.12의 계수 축하중 $P_u = 50\text{kN}$, 계수휨모멘트 $M_u = 120\text{kN} \cdot \text{m}$가 보와 기둥 접합부에 작용하고 있다. 가셋플레이트 PL $-200 \times 500 \times 6$에 M20(F10T)의 고장력볼트로 접합되어 있을 때 접합설계의 적정성을 검토하라. 단, SS275 강재를 가정하라.

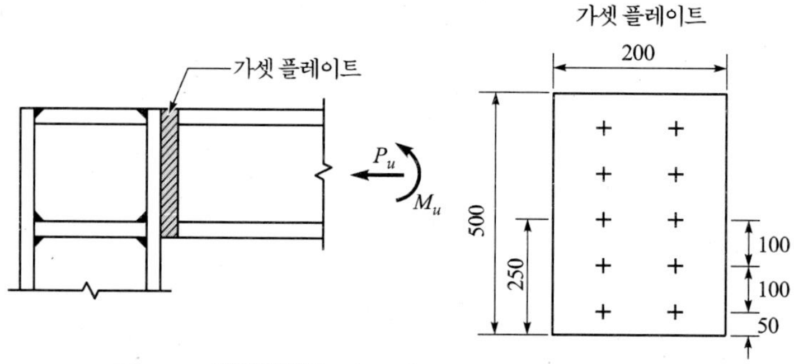

그림 8.12 **예제 8.2** 의 보와 기둥 접합부 (단위: mm)

풀이

(1) 응력 분포

중립축이 $150\text{mm} < y_c < 250\text{mm}$ 에 위치한다고 가정

볼트 i열에서의 응력

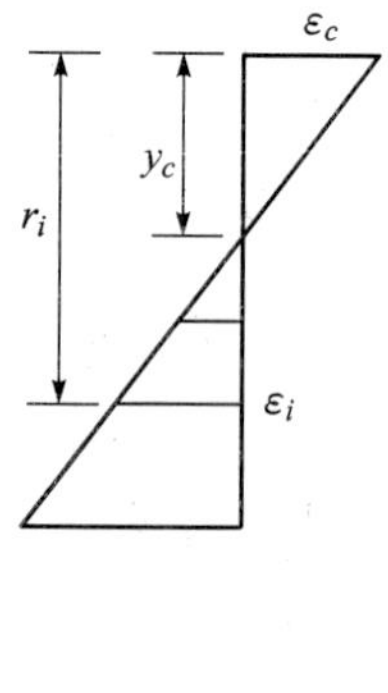

$$f_i = \frac{r_i - y_c}{y_c} E\epsilon_c = \frac{r_i - y_c}{y_c} f_c$$

여기서, r_i는 압축연단으로부터 i열 볼트까지의 거리를, y_c는 압축연단으로부터 중립축까지의 거리, ϵ_c와 f_c는 압축연단에서의 변형률과 응력을, E는 탄성계수를 나타낸다.

(2) 힘의 평형

압축력: $C=\dfrac{1}{2}E\epsilon_c by_c=\dfrac{1}{2}f_c by_c$

인장력: $T=\sum_{i=1}^{k}f_i A_{si}$,

여기서, k는 볼트의 배열 수를 나타낸다.

평형방정식: $P_u=C-T$

$$50\times10^3=\frac{1}{2}f_c(200)y_c-\frac{2(\pi\times20^2/4)f_c}{y_c}\left[(450-y_c)+(350-y_c)+(250-y_c)\right] \qquad Ⓐ$$

(3) 모멘트 평형

$$M_u=C\left(\frac{2}{3}\right)y_c+\sum_{i=1}^{k}\frac{(r_i-y_c)^2}{y_c}f_c A_{si}$$

$$120\times10^6=\frac{1}{2}f_c(200)y_c\left(\frac{2}{3}\right)y_c+\frac{f_c}{y_c}\times2\left(\frac{\pi\times20^2}{4}\right)\left[(450-y_c)^2+(350-y_c)^2+(250-y_c)^2\right] \qquad Ⓑ$$

(4) 식 Ⓐ와 Ⓑ를 연립하여 풀면 중립축 위치 $y_c=76.9\text{ mm}$이므로 가정을 위배하므로 중립축 위치를 $50<y_c<150\text{mm}$로 가정

(5) 힘과 모멘트 평형방정식

$$50\times10^3=\frac{1}{2}f_c(200)y_c-\frac{2(\pi\times20^2/4)f_c}{y_c}\left[(450-y_c)+(350-y_c)+(250-y_c)+(150-y_c)\right] \qquad Ⓒ$$

$$120\times10^6= \qquad Ⓓ$$

$$\frac{1}{2}f_c(200)y_c\left(\frac{2}{3}\right)y_c+\frac{f_c}{y_c}\times2\left(\frac{\pi\times20^2}{4}\right)\left[(450-y_c)^2+(350-y_c)^2+(250-y_c)^2+(150-y_c)^2\right]$$

식 Ⓒ와 Ⓓ를 연립하여 풀면 $y_c=79.5\text{ mm}$이므로 가정을 충족

(6) 단면2차모멘트

$$I=\frac{1}{3}(200)(79.5)^2+2\frac{\pi(20)^2}{4}\left[(450-79.5)^2+(350-79.5)^2+(250-79.5)^2+(150-79.5)^2\right]$$
$$=1.54\times10^8\text{mm}$$

(7) 최대 인장응력

$$f_{\max}=\frac{M_u y_{\max}}{I}+\frac{P_u}{A}=\frac{120\times10^6}{1.54\times10^8}(450-79.5)-\frac{50\times10^3}{200\times79.5+6\times\dfrac{\pi(20)^2}{4}}=285.9\text{ MPa}$$

$f_{\max}>f_y$ 이므로 $f_{\max}=235\text{ MPa}$

(8) 최대 인장력 $P_{\max}=f_{\max}A_g=235\times\dfrac{\pi(20)^2}{4}\times10^{-3}=73.8\text{ kN}$

인장측 최대 인장력이 $\phi P_{\max}=0.9\times73.8=66.4\text{kN}$에 저항하므로 작용하는 계수 축하중보다 크므로 접합부 설계는 적정함.

8.4 패널존 설계

패널존은 구조물의 에너지소산모드와 직접적으로 관련된다. 기둥의 양쪽 플랜지에 접합된 보에 모멘트의 크기가 다를 경우에 보-기둥 패널존에서 기둥 웨브 내에 큰 전단력이 생긴다. 그림 8.13(a)는 계수하중 하에 3경간, 2층의 강접합된 무보강골조를 나타낸다. 강접합 골조의 일부인 보는 중력하중과 수평하중으로부터 발생한 단부모멘트에 저항한다. 그림 8.13(b)는 2개의 보에 대한 모멘트분포를 나타내며, 단부 ①과 ②는 골조의 절점 J에 접합되어 있다. 계수하중의 중력성분과 수평성분을 별도로 나타내고 있다. 수평하중으로써 기둥의 바람방향으로 풍하중에 의한 모멘트가 중력 모멘트에 추가된다. 절점 J에 접합된 부재들에 작용하는 힘들을 그림 8.13(c)와 (d)에 나타내고 있다. 상부 스티프너와 기둥웨브에 작용하는 수평방향힘의 평형은 다음으로 주어진다.

$$V_{uz} = P_{uf1} - P_{uf2} - V_{uc} \tag{8 · 15}$$

여기서, $$P_{uf1} = \frac{M_{u1}}{d_{m1}}, \tag{8 · 16a}$$

$$P_{uf2} = \frac{M_{u2}}{d_{m2}}, \tag{8 · 16b}$$

$$M_{u1} = M_{u1,G} + M_{u1,H}, \tag{8 · 16c}$$

$$M_{u2} = M_{u2,G} + M_{u2,H} \tag{8 · 16d}$$

여기서, $M_{u1,G}$: 골조에 계수중력하중에 의한 단부 1에 모멘트

$M_{u1,H}$: 골조에 계수수평하중에 의한 단부 1에 모멘트

$M_{u2,G}$: 골조에 계수중력하중에 의한 단부 2에 모멘트

$M_{u2,H}$: 골조에 계수수평하중에 의한 단부 2에 모멘트

V_{uc} : 기둥 상부 접합부에 작용하는 전단력

V_{uz} : 웨브 패널존에 작용하는 전단력

d_{m1}, d_{m2} : 모멘트 접합에 플랜지 힘 사이의 거리

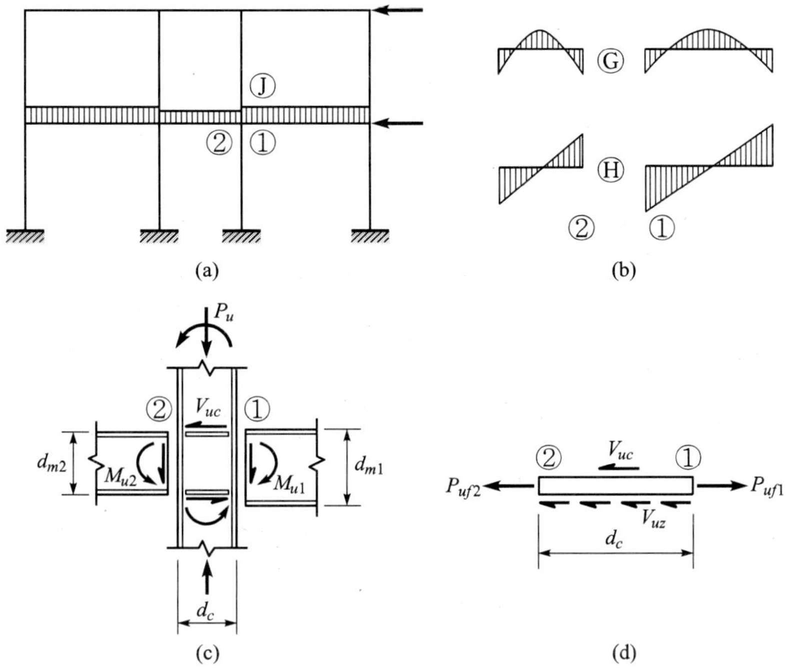

그림 8.13 내부 기둥에 패널존 웨브 전단력 : (a) 완전구속골조, (b) 중력과 횡하중 하에 보단부 1과 2에서의 모멘트, (c) 내부 보-기둥 접합부에 작용하는 힘, (d) 상부 스티프너와 기둥 웨브에 작용하는 힘

전단력과 압축력을 받는 웨브 패널존의 설계강도 $\phi R_n (\phi = 0.90)$은 다음에 의해 산정한다.

가. 골조 안정성에 대한 패널존 변형의 효과가 해석에서 고려되지 않을 때

① $P_r \le 0.4P_c$일 때

$$R_n = 0.60F_y d_c t_w \quad (8 \cdot 17)$$

② $P_r > 0.4P_c$일 때

$$R_n = 0.60F_y d_c t_w \left(1.4 - \frac{P_r}{P_c}\right) \quad (8 \cdot 18)$$

나. 골조 안정성에 대한 소성 패널존 변형을 포함하는 것이 해석에서 고려될 때

① $P_r \le 0.75P_c$일 때

$$R_n = 0.60F_y d_c t_w \left(1 + \frac{3b_{cf}t_{cf}^2}{d_b d_c t_w}\right) \quad (8 \cdot 19)$$

② $P_r > 0.4P_c$일 때

$$R_n = 0.60F_y d_c t_w \left(1 + \frac{3b_{cf}t_{cf}^2}{d_b d_c t_w}\right)\left(1.9 - \frac{1.2P_r}{P_c}\right) \qquad (8 \cdot 20)$$

여기서, A : 기둥 횡단면적 (mm^2)

b_{cf} : 기둥 플랜지의 폭 (mm)

d_b : 보 깊이 (mm)

F_y : 기둥 웨브의 명시된 최소 항복강도 (MPa)

P_c : P_y(N)

P_r : 소요강도 (N)

P_y : F_yA, 기둥의 축방향 항복강도 (N)

t_{cf} : 기둥 플랜지의 두께 (mm)

t_w : 기둥 웨브의 두께 (mm)

예제 8.3

그림 8.14와 같은 계수하중을 받는 패널존의 전단강도를 검토하라. 사용강재는 SM275이며, 기둥부재는 H－400×400×13×21이며, 보 부재는 H－340×250×9×14이다. 기둥에는 500kN의 계수 축하중과 150kN의 계수 전단하중이 작용하며, 보 단부에는 200kN · m의 계수 휨모멘트가 작용하고 있다.

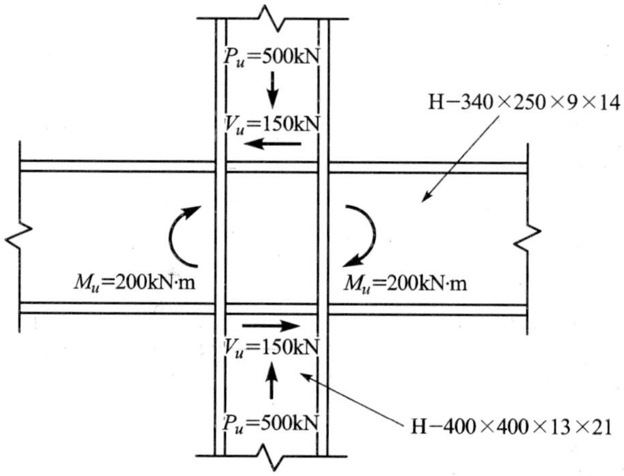

그림 8.14 **예제 8.3** 의 패널 존

풀이

(1) 단면형상

기둥: $H-400\times400\times13\times21$, $A=2.187\times10^4\,\mathrm{mm}^2$, $r=22\mathrm{mm}$

보: $H-340\times250\times9\times14$, $r=20\mathrm{mm}$

(2) 패널 존의 전단강도

$P_y=F_yA=275\times2.187\times10^4\times10^{-3}=6{,}014.3\,\mathrm{kN}$

$0.4P_y=0.4\times6{,}014.3=2{,}405.7\mathrm{kN}\ >\ P_u$

$\phi R_n=\phi F_wA_w=\phi(0.6F_y)(d_ct_w)=0.9\times0.6\times275\times400\times13\times10^{-3}=772.2\,\mathrm{kN}$

(3) 페널 존의 전단보강 여부 검토

$$V_u=\frac{2M_u}{d_b-t_f}-V=\frac{2\times200\times10^3}{340-14}-150=1{,}077.0\,\mathrm{kN}\ >\phi R_n(=772.2\,\mathrm{kN})$$

그러므로 전단보강이 필요

(4) 전단보강용 2중플레이트 보강설계(설계강도= V_u)

$V_u=\phi(0.6F_y)(d_ct)$ 로부터

$$t\geq\frac{V_u}{\phi(0.6F_y)d_c}=\frac{1{,}077.0\times10^3}{0.9\times0.6\times275\times400}=18.1\,\mathrm{mm}$$

전단에 저항하기 위한 단면의 두께가 18.1mm 이며, 웨브 두께를 뺀 나머지인 두께가 5.1mm 인 플레이트가 필요. 따라서, 패널 존 양면에 필릿용접에 필요한 5mm 두께의 플레이트와 $s=5\mathrm{mm}$ 로 용접설계

(5) 보강판의 설계

가로길이: $400-2\times21-2\times22-2\times5=304\mathrm{mm}$

세로길이: $340-2\times14-2\times20-2\times5=262\mathrm{mm}$

$2PL-304\times262\times5$을 $s=5\mathrm{mm}$ 로 필릿용접

예제 8.4

그림 8.15와 같이 SM275강재의 단면이 H－350×350×12×19인 기둥과 단면이 H－390×300×10×16인 보 단면의 적정성을 검토하라. 보의 플레이트에 이중집중하중 $P_{uf}=400\text{kN}$이다.

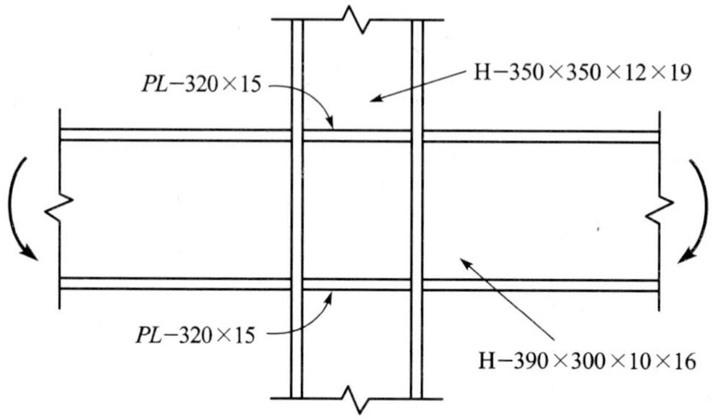

그림 8.15 **예제 8.4**의 패널 존

풀이

(1) 단면의 형상

기둥단면: H－350×350×12×19, $A=1.739\times10^4\text{mm}^2$, $r=20\text{mm}$

플렌지의 플레이트 두께: 15mm, 폭: 320mm

플렌지 플레이트 중심간 거리: 350＋15＝365mm

보 단면: H－390×300×10×16, $r=22\text{mm}$, $k=t_f+r=16+22=38\text{mm}$

$h_c=390-2(16+22)=314\text{ mm}$

(2) 플랜지의 국부휨에 기둥강도

$\phi R_n=\phi 6.25t_f^2F_{yf}=0.9\times6.25\times19^2\times275\times10^{-3}=558.4\text{ kN}>P_{uf}(=400\text{ kN})$ 만족

기둥의 웨브 국부항복강도

$\phi R_n=\phi(5k+N)F_{yw}t_w=1.0(5\times38+16)\times275\times12\times10^{-3}=679.8\text{ kN}>P_{uf}(=400\text{ kN})$ 만족

웨브압축좌굴의 한계상태에 설계강도

$$\phi R_n=\phi\frac{24t_w^3\sqrt{EF_{yw}}}{h}=0.9\frac{24\times12^3\sqrt{210{,}000\times275}}{314}\times10^{-3}=903.3\text{ kN}$$

$>P_{uf}(=400\text{ kN})$ 만족

8.5 기타 접합부 구조제한

기둥의 이음 및 선단밀착접합에 대한 구조제한사항은 다음과 같다.

① 기둥이 지압판으로 지지되거나 또는 이음부에서 선단지지되도록 가공된 경우에는 모든 부분들이 안전하게 제 위치를 유지할 수 있도록 충분한 연결재들이 있어야 한다.

② 기둥 이외의 압축부재가 선단지지 되도록 가공된 경우에는 이음판과 연결재들이 모든 부분을 제 위치에 유지할 수 있도록 배치되어야 하며, 다음 조건 중 하나에 따라 설계되어야 한다. 두 가지 조건 중 엄격하지 않은 조건의 적용도 허용된다.

가. 소요압축강도의 50%에 해당하는 축방향인장력

나. 소요압축강도의 2%에 해당하는 횡방향하중으로 인한 휨모멘트와 전단력, 횡방향하중은, 부재에 작용하는 다른 하중을 제외하고 이음부에 작용시켜야 한다. 부재는 핀 연결된 것으로 가정하여 이음부의 전단과 휨모멘트를 정한다.

접합부의 설계강도는 45kN 이상이어야 한다. 다만, 연결재, 또는 띠장은 제외한다.

연습문제

【8.1】 단면이 H－298×149×5.5×8인 기둥과 H－248×124×5×8인 보가 플레이트에 1면전단접합되었을 때, 접합부를 설계하라. 단, 강재와 형강은 SM275이며, 플레이트는 6mm 사이즈의 필릿용접되었으며, M22(F10T) 고장력볼트를 사용하며, 지점에 고정하중 $R_D = 10$ kN과 활하중 $R_L = 50$ kN을 가정하라.

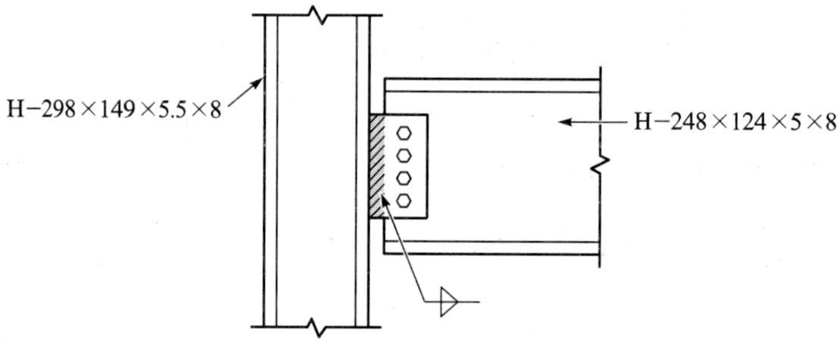

그림 【8.1】의 접합부

【8.2】 단면이 H－346×174×6×9인 보의 플랜지가 기둥에 그루브 용접한 모멘트저항접합부를 설계하라. SM275강재를 가정하고 단부에 반력으로 고정하중 $R_D = 30$ kN과 활하중 $R_L = 170$ kN, 고정하중에 의한 모멘트 $M_D = 30$ kN · m, 활하중에 의한 모멘트 $M_L = 100$ kN · m을 가정하라.

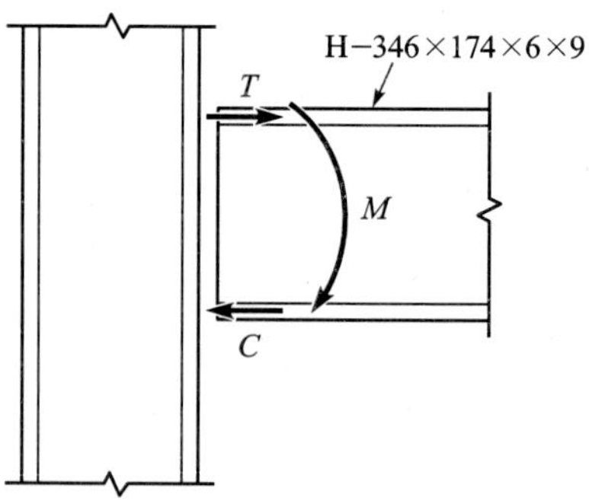

그림 【8.2】의 모멘트저항접합부

【8.3】 그림과 같은 SM275강재의 브래킷에 대해 필릿용접의 사이즈를 결정하라. $P_D = 45\,\text{kN}$의 고정하중, $P_L = 170\text{kN}$의 활하중이 작용하고 있다.

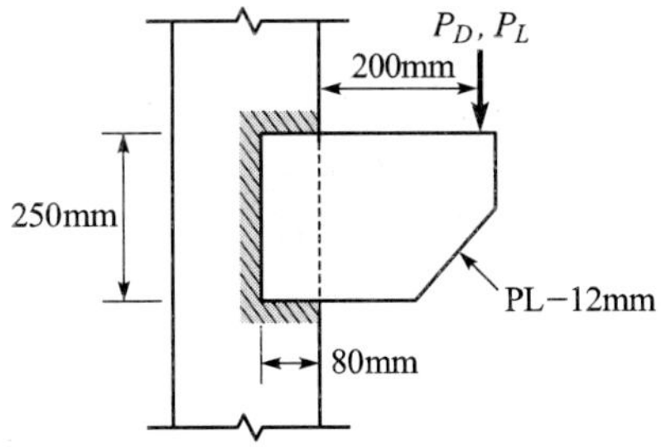

그림 【8.3】의 브래킷

【8.4】 그림과 같은 플레이트에 대해 완전용입 그루브 용접의 강도를 결정하라. 플레이트 사용강재의 항복강도 $F_y = 300\text{MPa}$이다.

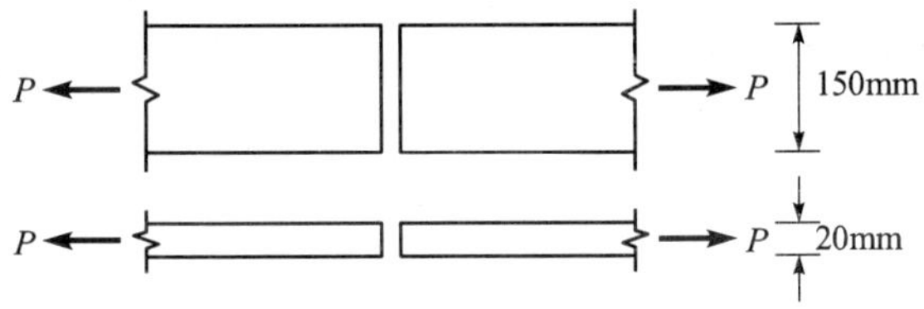

그림 【8.4】의 플레이트 용접

【8.5】 $P_D = 60\,\text{kN}$의 고정하중, $P_L = 200\text{kN}$의 활하중이 작용할 때, 그림의 플레이트의 필릿용접의 최대 사이즈를 결정하라.

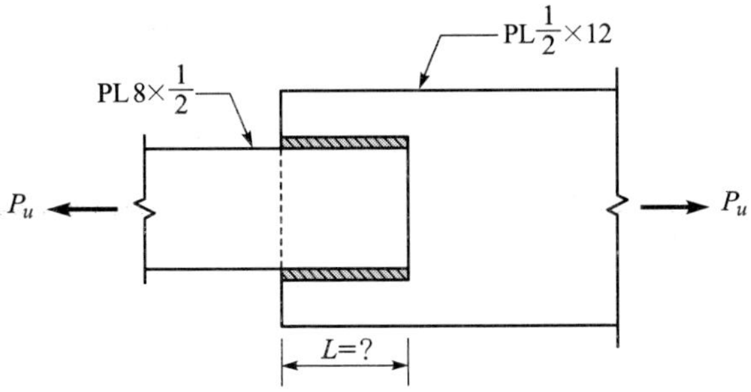

그림 【8.5】의 플레이트 용접

【8.6】 그림과 같이 필릿용접접합을 할 때에 저항할 수 있는 단위길이당 최대 힘을 산정하라.

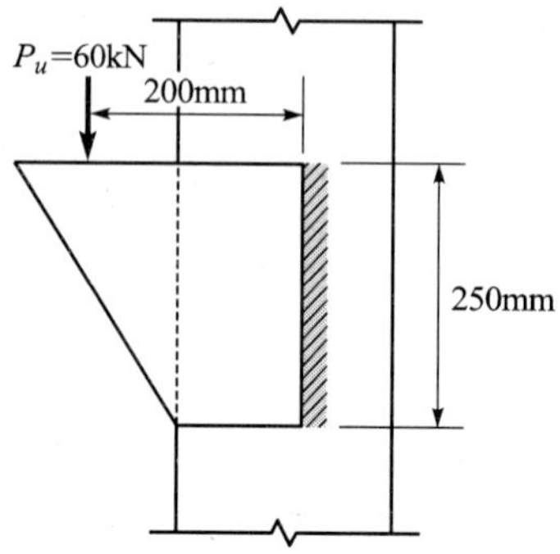

그림 【8.6】의 필릿용접

【8.7】 그림의 내부기둥에 대한 최대 패널존 전단력을 산정하라. 각 층의 중간높이에 변곡점이 있는 것을 가정하라. SM275 강재의 H−340×250×9×14 보가 H−300×300×10×15의 기둥 플랜지에 그루브용접되어 있다. 각 보에 고정하중과 활하중에 의한 모멘트가 각각 $M_D = 30$ kN · m와 $M_L = 100$ kN · m이다.

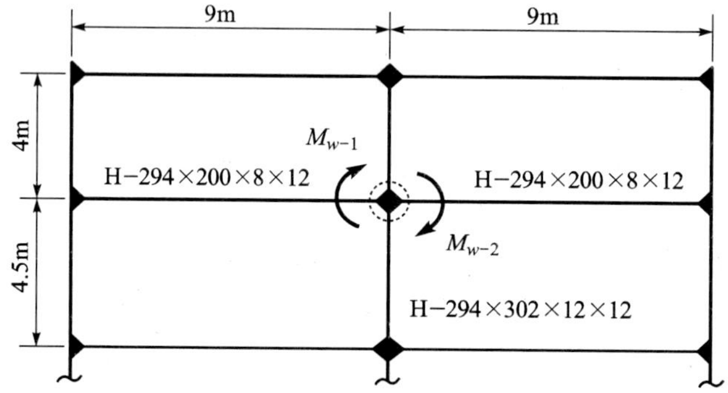

그림 【8.7】의 골조

【8.8】 그림과 같은 SM275 강재의 H－340×250×9×14 보가 H－300×300×10×15의 기둥이 모멘트접합으로 설계하라. 단부에 계수모멘트 $M_u = 200$ kN · m이며, 접합은 M22(F10T)의 고장력볼트를 가정하라.

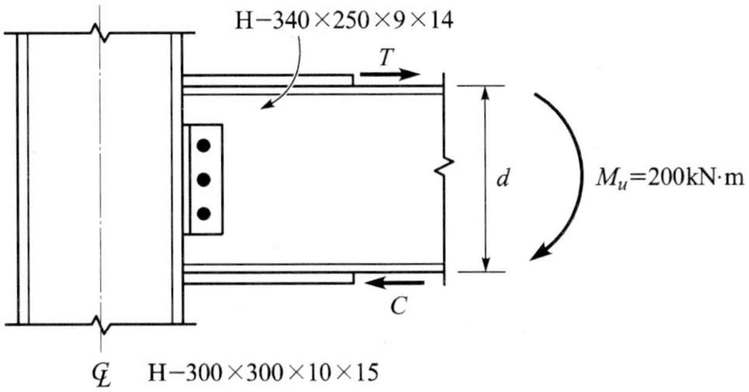

그림 【8.8】의 접합부

【8.9】 앞선 문제 【8.8】의 접합부에서 플랜지를 용접한 완전구속모멘트접합으로 설계하라.

부 록 부재일람표 및 각종 제원

부록 1 부재일람표

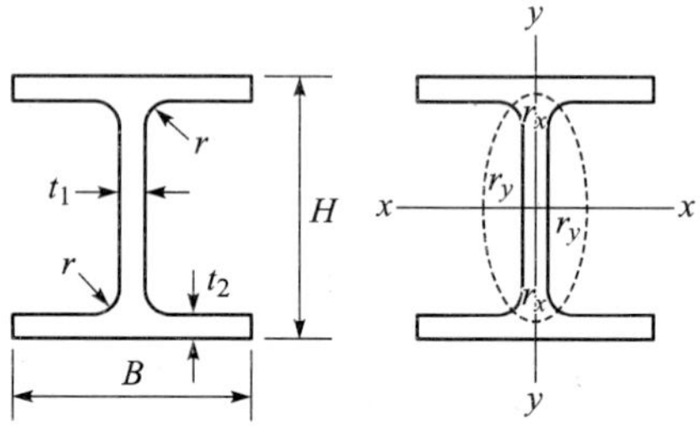

부 표 1.1 H형강의 표준치수와 단면성능

치수(mm)					단면적 (mm²)	단위중량 (N/mm)	단면2차모멘트 (mm⁴)		단면2차반경 (mm)		단면계수 (mm³)	
공칭치수	$H \times B$	t_1	t_2	r			I_x	I_y	r_x	r_y	S_x	S_y
100×50	100×50	5	7	8	1.1850×10^3	9.11×10^{-2}	1.87×10^6	1.48×10^5	3.96×10^1	1.12×10^1	3.75×10^4	5.92×10^3
100×100	100×100	6	8	10	2.1900×10^3	1.69×10^{-1}	3.83×10^6	1.34×10^6	4.18×10^1	2.47×10^1	7.65×10^4	2.67×10^4
125×60	125×60	6	8	9	1.6840×10^3	1.29×10^{-1}	4.13×10^6	2.92×10^5	4.95×10^1	1.32×10^1	6.61×10^4	9.73×10^3
125×125	125×125	6.5	9	10	3.0310×10^3	2.33×10^{-1}	8.47×10^6	2.93×10^6	5.29×10^1	3.11×10^1	1.36×10^5	4.70×10^4
150×75	150×75	5	7	8	1.7850×10^3	1.37×10^{-1}	6.66×10^6	4.95×10^5	6.11×10^1	1.66×10^1	8.88×10^4	1.32×10^4
150×100	148×100	6	9	11	2.6840×10^3	2.07×10^{-1}	1.02×10^7	1.51×10^6	6.17×10^1	2.37×10^1	1.38×10^5	3.01×10^4
150×150	150×150	7	10	11	4.0140×10^3	3.09×10^{-1}	1.64×10^7	5.63×10^6	6.39×10^1	3.75×10^1	2.19×10^5	7.51×10^4
175×90	175×90	5	8	9	2.3040×10^3	1.77×10^{-1}	1.21×10^7	9.75×10^5	7.26×10^1	2.06×10^1	1.39×10^5	2.17×10^4
175×175	175×175	7.5	11	12	5.1210×10^3	3.94×10^{-1}	2.88×10^7	9.84×10^6	7.50×10^1	4.38×10^1	3.30×10^5	1.12×10^5
200×100	198×99	4.5	7	11	2.3180×10^3	1.78×10^{-1}	1.58×10^7	1.14×10^6	8.26×10^1	2.21×10^1	1.60×10^5	2.30×10^4
	200×100	5.5	8	11	2.7160×10^3	2.09×10^{-1}	1.84×10^7	1.34×10^6	8.24×10^1	2.22×10^1	1.84×10^5	2.68×10^4
200×150	194×150	6	9	13	3.9010×10^3	3.00×10^{-1}	2.69×10^7	5.07×10^6	8.30×10^1	3.61×10^1	2.77×10^5	6.76×10^4
200×200	200×200	8	12	13	6.3530×10^3	4.89×10^{-1}	4.72×10^7	1.60×10^7	8.62×10^1	5.02×10^1	4.72×10^5	1.60×10^5
	200×204	12	12	13	7.1530×10^3	5.51×10^{-1}	4.98×10^7	1.70×10^7	8.35×10^1	4.88×10^1	4.98×10^5	1.67×10^5
250×125	248×124	5	8	12	3.2680×10^3	2.52×10^{-1}	3.54×10^7	2.55×10^6	1.04×10^2	2.79×10^1	2.85×10^5	4.11×10^4
	250×125	6	9	12	3.7660×10^3	2.90×10^{-1}	4.05×10^7	2.94×10^6	1.04×10^2	2.79×10^1	3.24×10^5	4.70×10^4
250×175	244×175	7	11	16	5.6240×10^3	4.32×10^{-1}	6.12×10^7	9.84×10^6	1.04×10^2	4.18×10^1	5.02×10^5	1.13×10^5
250×250	250×250	9	14	16	9.2180×10^3	7.10×10^{-1}	1.08×10^8	3.65×10^7	1.08×10^2	6.29×10^1	8.67×10^5	2.92×10^5
	250×255	14	14	16	1.0470×10^4	8.06×10^{-1}	1.15×10^8	3.88×10^7	1.05×10^2	6.09×10^1	9.19×10^5	3.04×10^5
300×150	298×149	5.5	8	13	4.0800×10^3	3.14×10^{-1}	6.32×10^7	4.42×10^6	1.24×10^2	3.29×10^1	4.24×10^5	5.93×10^4
	300×150	6.5	9	13	4.6780×10^3	3.60×10^{-1}	7.21×10^7	5.08×10^6	1.24×10^2	3.29×10^1	4.81×10^5	6.77×10^4
300×200	294×200	8	12	18	7.2400×10^3	5.57×10^{-1}	1.13×10^8	1.60×10^7	1.25×10^2	4.71×10^1	7.71×10^5	1.60×10^5
300×300	294×302	12	12	18	1.0770×10^4	8.28×10^{-1}	1.69×10^8	5.52×10^7	1.25×10^2	7.16×10^1	1.15×10^6	3.65×10^5
	300×300	10	15	18	1.1980×10^4	9.21×10^{-1}	2.04×10^8	6.75×10^7	1.31×10^2	7.51×10^1	1.36×10^6	4.50×10^5
	300×305	15	15	18	1.3480×10^4	1.04×10^0	2.15×10^8	7.10×10^7	1.26×10^2	7.26×10^1	1.44×10^6	4.66×10^5
350×175	346×174	6	9	14	5.2680×10^3	4.06×10^{-1}	1.11×10^8	7.92×10^6	1.45×10^2	3.88×10^1	6.41×10^5	9.10×10^4
	350×175	7	11	14	6.3140×10^3	4.86×10^{-1}	1.36×10^8	9.84×10^6	1.47×10^2	3.95×10^1	7.75×10^5	1.12×10^5
350×250	340×250	9	14	20	1.0150×10^4	7.81×10^{-1}	2.17×10^8	3.65×10^7	1.46×10^2	6.00×10^1	1.28×10^6	2.92×10^5

부 표 1.1 H형강의 표준치수와 단면성능 (계속)

치수(mm)					소성단면계수 (mm³)		뒤틀림 상수 C_w (mm⁶)	비틀림 상수 J (mm⁴)	휨단면 성능 r_{ts} (mm)	소성한계 비지지길이 Lp (mm)		비탄성한계 비지지길이 L_r (mm)	
공칭치수	$H \times B$	t_1	t_2	r	Z_x	Z_y				$F_y=$ 235 MP	$F_y=$ 325 MP	$F_y=$ 235 MP	$F_y=$ 325 MP
100×50	100×50	5	7	8	4.41×10^4	9.52×10^3	3.20×10^8	1.50×10^4	13.6	582	495	3139	2319
100×100	100×100	6	8	10	8.76×10^4	4.12×10^4	2.84×10^9	4.02×10^4	28.4	1284	1092	7493	5491
125×60	125×60	6	8	9	7.76×10^4	1.57×10^4	9.99×10^8	2.83×10^4	16.1	686	583	3466	2577
125×125	125×125	6.5	9	10	1.54×10^5	7.19×10^4	9.86×10^9	7.05×10^4	35.4	1617	1375	8331	6147
150×75	150×75	5	7	8	1.02×10^5	2.08×10^4	2.53×10^9	2.28×10^4	20.0	863	734	3272	2528
150×100	148×100	6	9	11	1.57×10^5	4.67×10^4	7.30×10^9	5.80×10^4	27.6	1232	1048	5483	4112
150×150	150×150	7	10	11	2.46×10^5	1.15×10^5	2.76×10^{10}	1.15×10^5	42.4	1949	1658	9242	6864
175×90	175×90	5	8	9	1.57×10^5	3.37×10^4	6.80×10^9	3.73×10^4	24.2	1071	911	3831	2980
175×175	175×175	7.5	11	12	3.69×10^5	1.71×10^5	6.62×10^{10}	1.77×10^5	49.5	2277	1936	10156	7588
200×100	198×99	4.5	7	11	1.80×10^5	3.57×10^4	1.04×10^{10}	2.82×10^4	26.1	1149	977	3589	2882
	200×100	5.5	8	11	2.10×10^5	4.19×10^4	1.23×10^{10}	4.43×10^4	26.4	1154	981	3898	3079
200×150	194×150	6	9	13	3.09×10^5	1.04×10^5	4.34×10^{10}	8.56×10^4	41.2	1877	1596	6589	5115
200×200	200×200	8	12	13	5.26×10^5	2.44×10^5	1.41×10^{11}	2.60×10^5	56.4	2610	2219	11082	8323
	200×204	12	12	13	5.66×10^5	2.57×10^5	1.50×10^{11}	3.36×10^5	56.6	2537	2157	12113	9011
250×125	248×124	5	8	12	3.19×10^5	6.36×10^4	3.67×10^{10}	5.20×10^4	32.8	1450	1233	4346	3522
	250×125	6	9	12	3.66×10^5	7.31×10^4	4.27×10^{10}	7.75×10^4	33.1	1450	1233	4618	3695
250×175	244×175	7	11	16	5.58×10^5	1.73×10^5	1.34×10^{11}	1.81×10^5	47.8	2173	1848	7479	5833
250×250	250×250	9	14	16	9.61×10^5	4.44×10^5	5.08×10^{11}	5.11×10^5	70.5	3270	2780	12990	9841
	250×255	14	14	16	1.04×10^6	4.68×10^5	5.40×10^{11}	6.70×10^5	70.6	3166	2692	14155	10604
300×150	298×149	5.5	8	13	4.75×10^5	9.18×10^4	9.29×10^{10}	6.65×10^4	38.9	1710	1454	4906	4028
	300×150	6.5	9	13	5.42×10^5	1.05×10^5	1.08×10^{11}	9.87×10^4	39.2	1710	1454	5142	4180
300×200	294×200	8	12	18	8.59×10^5	2.47×10^5	3.18×10^{11}	2.77×10^5	54.1	2448	2082	8012	6322
300×300	294×302	12	12	18	1.28×10^6	5.60×10^5	1.10×10^{12}	5.03×10^5	82.3	3722	3165	12891	10052
	300×300	10	15	18	1.50×10^6	6.84×10^5	1.37×10^{12}	7.65×10^5	84.1	3904	3320	14225	10928
	300×305	15	15	18	1.61×10^6	7.16×10^5	1.44×10^{12}	9.90×10^5	83.8	3774	3209	15241	11569
350×175	346×174	6	9	14	7.16×10^5	1.40×10^5	2.25×10^{11}	1.08×10^5	45.6	2017	1715	5704	4695
	350×175	7	11	14	8.68×10^5	1.74×10^5	2.83×10^{11}	1.93×10^5	46.4	2053	1746	6119	4967
350×250	340×250	9	14	20	1.41×10^6	4.47×10^5	9.70×10^{11}	5.33×10^5	68.2	3119	2652	10111	7977

부 표 1.1 H형강의 표준치수와 단면성능 (계속)

치수(mm)					단면적 (mm^2)	단위중량 (N/mm)	단면2차모멘트 (mm^4)		단면2차반경 (mm)		단면계수 (mm^3)	
공칭치수	$H \times B$	t_1	t_2	r			I_x	I_y	r_x	r_y	S_x	S_y
350×350	344×348	10	16	20	1.4600×10^{4}	1.13×10^{0}	3.33×10^{8}	1.12×10^{8}	1.51×10^{2}	8.78×10^{1}	1.94×10^{6}	6.46×10^{5}
	350×350	12	19	20	1.7390×10^{4}	1.34×10^{0}	4.03×10^{8}	1.36×10^{8}	1.52×10^{2}	8.84×10^{1}	2.30×10^{6}	7.76×10^{5}
400×200	396×199	7	11	16	7.2160×10^{3}	5.55×10^{-1}	2.00×10^{8}	1.45×10^{7}	1.67×10^{2}	4.48×10^{1}	1.01×10^{6}	1.45×10^{5}
	400×200	8	13	16	8.4120×10^{3}	6.47×10^{-1}	2.37×10^{8}	1.74×10^{7}	1.68×10^{2}	4.54×10^{1}	1.19×10^{6}	1.74×10^{5}
400×300	390×300	10	16	22	1.3600×10^{4}	1.05×10^{0}	3.87×10^{8}	7.21×10^{7}	1.69×10^{2}	7.28×10^{1}	1.98×10^{6}	4.81×10^{5}
	388×402	15	15	22	1.7850×10^{4}	1.37×10^{0}	4.90×10^{8}	1.63×10^{8}	1.66×10^{2}	9.54×10^{1}	2.52×10^{6}	8.09×10^{5}
	394×398	11	18	22	1.8680×10^{4}	1.44×10^{0}	5.61×10^{8}	1.89×10^{8}	1.73×10^{2}	1.01×10^{2}	2.85×10^{6}	9.51×10^{5}
	400×400	13	21	22	2.1870×10^{4}	1.69×10^{0}	6.66×10^{8}	2.24×10^{8}	1.75×10^{2}	1.01×10^{2}	3.33×10^{6}	1.12×10^{6}
	400×408	21	21	22	2.5070×10^{4}	1.93×10^{0}	7.09×10^{8}	2.38×10^{8}	1.68×10^{2}	9.75×10^{1}	3.54×10^{6}	1.17×10^{6}
400×400	414×405	18	28	22	2.9540×10^{4}	2.27×10^{0}	9.28×10^{8}	3.10×10^{8}	1.77×10^{2}	1.02×10^{2}	4.48×10^{6}	1.53×10^{6}
	428×407	20	35	22	3.6070×10^{4}	2.77×10^{0}	1.19×10^{9}	3.94×10^{8}	1.82×10^{2}	1.04×10^{2}	5.57×10^{6}	1.93×10^{6}
	458×417	30	50	22	5.2860×10^{4}	4.07×10^{0}	1.87×10^{9}	6.05×10^{8}	1.88×10^{2}	1.07×10^{2}	8.17×10^{6}	2.90×10^{6}
	498×432	45	70	22	7.7010×10^{4}	5.93×10^{0}	2.98×10^{9}	9.44×10^{8}	1.97×10^{2}	1.11×10^{2}	1.20×10^{6}	4.37×10^{6}
450×200	446×199	8	12	18	8.4300×10^{3}	6.49×10^{-1}	2.87×10^{8}	1.58×10^{7}	1.85×10^{2}	4.33×10^{1}	1.29×10^{6}	1.59×10^{5}
	450×200	9	14	18	9.6760×10^{3}	7.45×10^{-1}	3.35×10^{8}	1.87×10^{7}	1.86×10^{2}	4.40×10^{1}	1.49×10^{6}	1.87×10^{5}
450×300	440×300	11	18	24	1.5740×10^{4}	1.22×10^{0}	5.61×10^{8}	8.11×10^{7}	1.89×10^{2}	7.18×10^{1}	2.55×10^{6}	5.41×10^{5}
500×200	496×199	9	14	20	1.0130×10^{4}	7.79×10^{-1}	4.19×10^{8}	1.84×10^{7}	2.03×10^{2}	4.27×10^{1}	1.69×10^{6}	1.85×10^{5}
	500×200	10	16	20	1.1420×10^{4}	8.78×10^{-1}	4.78×10^{8}	2.14×10^{7}	2.05×10^{2}	4.33×10^{1}	1.91×10^{6}	2.14×10^{5}
	506×201	11	19	20	1.3130×10^{4}	1.01×10^{0}	5.65×10^{8}	2.58×10^{7}	2.07×10^{2}	4.43×10^{1}	2.23×10^{6}	2.57×10^{5}
500×300	482×300	11	15	26	1.4550×10^{4}	1.12×10^{0}	6.04×10^{8}	6.76×10^{7}	2.04×10^{2}	6.82×10^{1}	2.50×10^{6}	4.51×10^{5}
	488×300	11	18	26	1.6350×10^{4}	1.25×10^{0}	7.10×10^{8}	8.11×10^{7}	2.08×10^{2}	7.04×10^{1}	2.91×10^{6}	5.41×10^{5}
600×200	596×199	10	15	22	1.2050×10^{4}	9.27×10^{-1}	6.87×10^{8}	1.98×10^{7}	2.39×10^{2}	4.05×10^{1}	2.31×10^{6}	1.99×10^{5}
	600×200	11	17	22	1.3440×10^{4}	1.04×10^{0}	7.76×10^{8}	2.28×10^{7}	2.40×10^{2}	4.12×10^{1}	2.59×10^{6}	2.28×10^{5}
	606×201	12	20	22	1.5250×10^{4}	1.18×10^{0}	9.04×10^{8}	2.72×10^{7}	2.43×10^{2}	4.22×10^{1}	2.98×10^{6}	2.71×10^{5}
600×300	582×300	12	17	28	1.7450×10^{4}	1.34×10^{0}	1.03×10^{9}	7.67×10^{7}	2.43×10^{2}	6.63×10^{1}	3.53×10^{6}	5.11×10^{5}
	588×300	12	20	28	1.9250×10^{4}	1.48×10^{0}	1.18×10^{9}	9.02×10^{7}	2.48×10^{2}	6.85×10^{1}	4.02×10^{6}	6.01×10^{5}
	594×302	14	23	28	2.2240×10^{4}	1.72×10^{0}	1.37×10^{9}	1.06×10^{8}	2.49×10^{2}	6.90×10^{1}	4.62×10^{6}	7.01×10^{5}
700×300	692×300	13	20	28	2.1150×10^{4}	1.63×10^{0}	1.72×10^{9}	9.02×10^{7}	2.86×10^{2}	6.53×10^{1}	4.98×10^{6}	6.02×10^{5}
	700×300	13	24	28	2.3550×10^{4}	1.81×10^{0}	2.01×10^{9}	1.08×10^{8}	2.93×10^{2}	6.78×10^{1}	5.76×10^{6}	7.22×10^{5}
800×300	792×300	14	22	28	2.4340×10^{4}	1.87×10^{0}	2.54×10^{9}	9.93×10^{7}	3.22×10^{2}	6.39×10^{1}	6.41×10^{6}	6.62×10^{5}
	800×300	14	26	28	2.6740×10^{4}	2.06×10^{0}	2.92×10^{9}	1.17×10^{8}	3.30×10^{2}	6.62×10^{1}	7.29×10^{6}	7.82×10^{5}
900×300	890×299	15	23	28	2.7090×10^{4}	2.09×10^{0}	3.45×10^{9}	1.03×10^{8}	3.57×10^{2}	6.16×10^{1}	7.76×10^{6}	6.88×10^{5}
	900×300	16	28	28	3.0980×10^{4}	2.38×10^{0}	4.11×10^{9}	1.26×10^{8}	3.64×10^{2}	6.39×10^{1}	9.14×10^{6}	8.43×10^{5}
	912×302	18	34	28	3.6400×10^{4}	2.80×1^{0}	4.98×10^{9}	1.57×10^{8}	3.70×10^{2}	6.56×10^{1}	1.09×10^{7}	1.04×10^{6}

부 표 1.1 H형강의 표준치수와 단면성능 (계속)

치수(mm)					소성단면계수 (mm^3)		뒤틀림 상수 C_w (mm^6)	비틀림 상수 J (mm^4)	휨단면 성능 r_{ts} (mm)	소성한계 비지지길이 L_p (mm)		비탄성한계 비지지길이 L_r (mm)	
공칭치수	H×B	t_1	t_2	r	Z_x	Z_y				$F_y=$ 235 MPa	$F_y=$ 325 MPa	$F_y=$ 235 MPa	$F_y=$ 325 MPa
350×350	344×348	10	16	20	2.12×10^{6}	9.80×10^{5}	3.01×10^{12}	1.05×10^{6}	97.3	4564	3881	15540	12068
	350×350	12	19	20	2.55×10^{6}	1.18×10^{6}	3.73×10^{12}	1.78×10^{6}	99.0	4595	3908	17789	13528
400×200	396×199	7	11	16	1.13×10^{6}	2.24×10^{5}	5.37×10^{11}	2.19×10^{5}	52.6	2329	1980	6668	5467
	400×200	8	13	16	1.33×10^{6}	2.68×10^{5}	6.51×10^{11}	3.57×10^{5}	53.2	2360	2007	7079	5732
400×300	390×300	10	16	22	2.19×10^{6}	7.33×10^{5}	2.52×10^{12}	9.39×10^{5}	82.5	3784	3218	12210	9638
	388×402	15	15	22	2.80×10^{6}	1.24×10^{6}	5.67×10^{12}	1.31×10^{6}	109.8	4959	4217	16665	13081
	394×398	11	18	22	3.12×10^{6}	1.44×10^{6}	6.68×10^{12}	1.71×10^{6}	111.7	5250	4464	17620	13717
	400×400	13	21	22	3.67×10^{6}	1.70×10^{6}	8.04×10^{12}	2.73×10^{6}	112.9	5250	4464	19727	15070
	400×408	21	21	22	3.99×10^{6}	1.79×10^{6}	8.55×10^{12}	3.62×10^{6}	112.9	5068	4310	21449	16179
400×400	414×405	18	28	22	5.03×10^{6}	2.33×10^{6}	1.15×10^{13}	6.62×10^{6}	115.5	5302	4509	25341	18806
	428×407	20	35	22	6.31×10^{6}	2.94×10^{6}	1.52×10^{13}	1.26×10^{7}	117.9	5406	4597	31204	22862
	458×417	30	50	22	9.54×10^{6}	4.44×10^{6}	2.52×10^{13}	3.80×10^{7}	122.9	5562	4730	45281	32863
	498×432	45	70	22	1.45×10^{7}	6.72×10^{6}	4.32×10^{13}	1.10×10^{8}	410.2	5770	4906	651446	471051
450×200	448×199	8	12	18	1.45×10^{6}	2.47×10^{5}	7.44×10^{11}	3.01×10^{5}	51.6	2251	1914	6501	5338
	450×200	9	14	18	1.69×10^{6}	2.91×10^{5}	8.89×10^{11}	4.68×10^{5}	52.3	2287	1945	6879	5587
450×300	440×300	11	18	24	2.82×10^{6}	8.28×10^{5}	3.61×10^{12}	1.35×10^{6}	81.9	3732	3174	12080	9542
500×200	496×199	9	14	20	1.91×10^{6}	2.90×10^{5}	1.07×10^{12}	4.78×10^{5}	51.2	2220	1887	6534	5350
	500×200	10	16	20	2.18×10^{6}	3.35×10^{5}	1.25×10^{12}	7.02×10^{5}	52.0	2251	1914	6903	5595
	506×201	11	19	20	2.54×10^{6}	4.01×10^{5}	1.53×10^{12}	1.13×10^{6}	53.1	2303	1958	7485	5975
500×300	482×300	11	15	26	2.79×10^{6}	6.95×10^{5}	3.69×10^{12}	8.76×10^{5}	79.5	4065	3457	10520	8531
	488×300	11	18	26	3.23×10^{6}	8.30×10^{5}	4.48×10^{12}	1.37×10^{6}	80.9	3660	3112	11320	9053
600×200	596×199	10	15	22	2.65×10^{6}	3.15×10^{5}	1.67×10^{12}	6.36×10^{5}	49.9	2105	1790	6198	5110
	600×200	11	17	22	2.98×10^{6}	3.61×10^{5}	1.94×10^{12}	9.06×10^{5}	50.7	2142	1821	6482	5303
	606×201	12	20	22	3.43×10^{6}	4.29×10^{5}	2.34×10^{12}	1.40×10^{6}	51.7	2194	1865	6927	5601
600×300	582×300	12	17	28	3.96×10^{6}	7.93×10^{5}	6.12×10^{12}	1.30×10^{6}	78.3	3446	2931	10139	8269
	588×300	12	20	28	4.49×10^{6}	9.28×10^{5}	7.28×10^{12}	1.92×10^{6}	79.8	3561	3028	10781	8698
	594×302	14	23	28	5.20×10^{6}	1.08×10^{6}	8.64×10^{12}	2.95×10^{6}	80.9	3587	3050	11611	9230
700×300	692×300	13	20	28	5.63×10^{6}	9.36×10^{5}	1.02×10^{13}	2.08×10^{6}	78.0	3394	2886	10031	8196
	700×300	13	24	28	6.46×10^{6}	1.12×10^{6}	1.23×10^{13}	3.24×10^{6}	79.6	3524	2997	10727	8657
800×300	792×300	14	22	28	7.29×10^{6}	1.04×10^{6}	1.47×10^{13}	2.81×10^{6}	77.2	3322	2825	9807	8038
	800×300	14	26	28	8.24×10^{6}	1.22×10^{6}	1.75×10^{13}	4.20×10^{6}	78.8	3441	2926	10414	8448
900×300	890×299	15	23	28	8.91×10^{6}	1.08×10^{6}	1.94×10^{13}	3.37×10^{6}	75.9	3202	2723	9490	7811
	900×300	16	28	28	1.05×10^{7}	1.32×10^{6}	2.40×10^{13}	5.54×10^{6}	77.6	3322	2825	10142	8250
	912×302	18	34	28	1.25×10^{7}	1.63×10^{6}	3.03×10^{13}	9.55×10^{6}	79.6	3410	2900	11124	8897

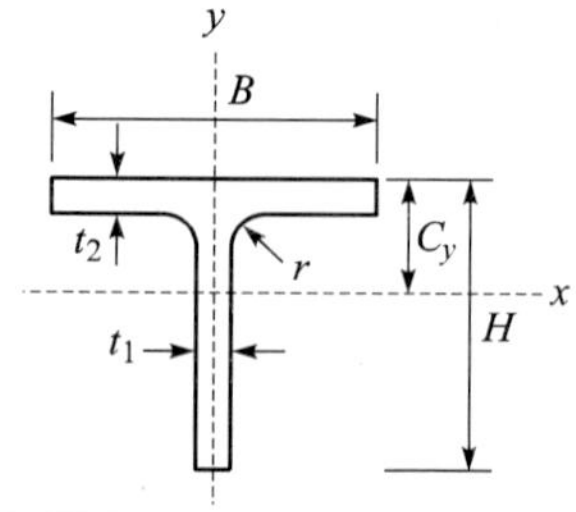

부 표 1.2 T형강의 표준치수와 단면성능

치 수 (mm)				단면적	단위중량	단면2차모멘트 (mm^4)		단면2차반경 (mm)		단면계수 (mm^3)		도심(mm)
H	B	t_1	t_2	(mm^2)	(N/mm)	I_x	I_y	r_x	r_y	S_x	S_y	C_y
50	100	6	8	1.1000×10^{3}	8.43×10^{-2}	1.61×10^{5}	6.69×10^{5}	1.21×10^{1}	2.47×10^{1}	4.03×10^{3}	1.34×10^{4}	10.0
62.5	125	6.5	9	1.5200×10^{3}	1.17×10^{-1}	3.50×10^{5}	1.47×10^{6}	1.52×10^{1}	3.11×10^{1}	6.91×10^{3}	2.35×10^{4}	11.9
75	75	5	7	8.9300×10^{2}	6.87×10^{-2}	4.26×10^{5}	2.47×10^{5}	2.18×10^{1}	1.66×10^{1}	7.46×10^{3}	6.59×10^{3}	17.9
75	100	6	9	1.3400×10^{3}	1.03×10^{-1}	5.17×10^{5}	7.53×10^{5}	1.96×10^{1}	2.37×10^{1}	8.84×10^{3}	1.51×10^{4}	15.5
100	100	5.5	8	1.3600×10^{3}	1.05×10^{-1}	1.14×10^{6}	6.70×10^{5}	2.90×10^{1}	2.22×10^{1}	1.48×10^{4}	1.34×10^{4}	22.9
97	150	6	9	1.9500×10^{3}	1.50×10^{-1}	1.25×10^{6}	2.54×10^{6}	2.53×10^{1}	3.61×10^{1}	1.58×10^{4}	3.38×10^{4}	17.9
100	200	8	12	3.1800×10^{3}	2.44×10^{-1}	1.84×10^{6}	8.01×10^{6}	2.41×10^{1}	5.02×10^{1}	2.23×10^{4}	8.01×10^{4}	17.3
100	204	12	12	3.5800×10^{3}	2.75×10^{-1}	2.56×10^{6}	8.51×10^{6}	2.67×10^{1}	4.88×10^{1}	3.24×10^{4}	8.34×10^{4}	20.9
104	202	10	16	4.1900×10^{3}	3.21×10^{-1}	2.51×10^{6}	1.10×10^{7}	2.45×10^{1}	5.13×10^{1}	2.95×10^{4}	1.09×10^{5}	19.1
124	124	5	8	1.6300×10^{3}	1.25×10^{-1}	2.08×10^{6}	1.27×10^{6}	3.57×10^{1}	2.79×10^{1}	2.13×10^{4}	2.05×10^{4}	26.3
125	125	6	9	1.8800×10^{3}	1.25×10^{-1}	2.48×10^{6}	1.47×10^{6}	3.63×10^{1}	2.79×10^{1}	2.56×10^{4}	2.35×10^{4}	27.8
122	175	7	11	2.8100×10^{3}	2.17×10^{-1}	2.89×10^{6}	4.92×10^{6}	3.20×10^{1}	4.18×10^{1}	2.91×10^{4}	5.63×10^{4}	22.7
122	252	11	11	4.1000×10^{3}	3.16×10^{-1}	4.45×10^{6}	1.47×10^{7}	3.29×10^{1}	5.98×10^{1}	4.53×10^{4}	1.17×10^{5}	23.9
124	249	8	13	4.2400×10^{3}	3.25×10^{-1}	3.64×10^{6}	1.67×10^{7}	2.93×10^{1}	6.29×10^{1}	3.49×10^{4}	1.34×10^{5}	19.8
125	250	9	14	4.6100×10^{3}	3.55×10^{-1}	4.12×10^{6}	1.82×10^{7}	2.99×10^{1}	6.29×10^{1}	3.95×10^{4}	1.46×10^{5}	20.8
125	255	14	14	5.2300×10^{3}	4.03×10^{-1}	5.89×10^{6}	1.94×10^{7}	3.36×10^{1}	6.09×10^{1}	5.94×10^{4}	1.52×10^{5}	25.8
149	149	5.5	8	2.0400×10^{3}	1.57×10^{-1}	3.93×10^{6}	2.21×10^{6}	4.39×10^{1}	3.29×10^{1}	3.38×10^{4}	2.97×10^{4}	32.6
150	150	6.5	9	2.3400×10^{3}	1.80×10^{-1}	4.64×10^{6}	2.54×10^{6}	4.45×10^{1}	3.29×10^{1}	4.00×10^{4}	3.38×10^{4}	34.1
147	200	8	12	3.6200×10^{3}	2.78×10^{-1}	5.72×10^{6}	8.02×10^{6}	3.97×10^{1}	4.71×10^{1}	4.82×10^{4}	8.02×10^{4}	28.3
149	201	9	14	4.1700×10^{3}	3.20×10^{-1}	6.62×10^{6}	9.49×10^{6}	3.99×10^{1}	4.71×10^{1}	5.52×10^{4}	9.44×10^{4}	29.1
147	302	12	12	5.3800×10^{3}	4.15×10^{-1}	8.58×10^{6}	2.76×10^{7}	3.99×10^{1}	7.16×10^{1}	7.23×10^{4}	1.83×10^{5}	28.4
149	299	9	14	5.5400×10^{3}	4.26×10^{-1}	7.15×10^{6}	3.12×10^{7}	3.59×10^{1}	7.51×10^{1}	5.70×10^{4}	2.09×10^{5}	23.6
150	300	10	15	5.9900×10^{3}	4.61×10^{-1}	7.98×10^{6}	3.38×10^{7}	3.65×10^{1}	7.51×10^{1}	6.37×10^{4}	2.25×10^{5}	24.7
150	305	15	15	6.7400×10^{3}	5.18×10^{-1}	4.11×10^{7}	3.55×10^{7}	4.05×10^{1}	7.26×10^{1}	9.25×10^{4}	2.33×10^{5}	30.3
152	301	11	17	6.7400×10^{3}	5.18×10^{-1}	9.03×10^{6}	3.87×10^{7}	3.66×10^{1}	7.57×10^{1}	7.14×10^{4}	2.57×10^{5}	25.5
173	174	6	9	2.6300×10^{3}	2.03×10^{-1}	6.79×10^{6}	3.96×10^{6}	5.08×10^{1}	3.88×10^{1}	5.00×10^{4}	4.55×10^{4}	37.1
175	175	7	11	3.1600×10^{3}	2.43×10^{-1}	8.15×10^{6}	4.92×10^{6}	5.08×10^{1}	3.95×10^{1}	5.93×10^{4}	5.62×10^{4}	37.5
168	249	8	12	4.4100×10^{3}	3.39×10^{-1}	8.81×10^{6}	1.54×10^{7}	4.47×10^{1}	5.92×10^{1}	6.40×10^{4}	1.24×10^{5}	30.2
170	250	9	14	5.0800×10^{3}	3.90×10^{-1}	1.02×10^{7}	1.83×10^{7}	4.48×10^{1}	6.00×10^{1}	7.31×10^{4}	1.46×10^{5}	30.9
172	348	10	16	7.3000×10^{3}	5.62×10^{-1}	1.23×10^{7}	5.62×10^{7}	4.11×10^{1}	8.78×10^{1}	8.47×10^{4}	3.23×10^{5}	26.7
172	354	16	16	8.3300×10^{3}	6.41×10^{-1}	1.80×10^{7}	5.92×10^{7}	4.65×10^{1}	8.43×10^{1}	1.31×10^{5}	3.35×10^{5}	34.0
175	350	12	19	8.6900×10^{3}	6.68×10^{-1}	1.52×10^{7}	6.79×10^{7}	4.18×10^{1}	8.84×10^{1}	1.04×10^{5}	3.88×10^{5}	28.6
198	199	7	11	3.6100×10^{3}	2.77×10^{-1}	1.19×10^{7}	7.23×10^{6}	5.76×10^{1}	4.48×10^{1}	7.64×10^{4}	7.27×10^{4}	41.7
200	200	8	13	4.2100×10^{3}	3.23×10^{-1}	1.40×10^{7}	8.68×10^{6}	5.76×10^{1}	4.54×10^{1}	8.86×10^{4}	8.68×10^{4}	42.3
193	299	9	14	6.0100×10^{3}	4.62×10^{-1}	1.53×10^{7}	3.12×10^{7}	5.04×10^{1}	7.21×10^{1}	9.55×10^{4}	2.09×10^{5}	33.3
195	300	10	16	6.8000×10^{3}	5.23×10^{-1}	1.73×10^{7}	3.60×10^{7}	5.05×10^{1}	7.28×10^{1}	1.08×10^{5}	2.40×10^{5}	34.1
223	199	8	12	4.2200×10^{3}	3.24×10^{-1}	1.88×10^{7}	7.90×10^{6}	6.67×10^{1}	4.33×10^{1}	1.09×10^{5}	7.94×10^{4}	51.0
225	200	9	14	4.8400×10^{3}	3.72×10^{-1}	2.16×10^{7}	9.36×10^{6}	6.68×10^{1}	4.40×10^{1}	1.24×10^{5}	9.36×10^{4}	51.5
217	299	10	15	6.7500×10^{3}	5.19×10^{-1}	2.35×10^{7}	3.35×10^{7}	5.89×10^{1}	7.04×10^{1}	1.33×10^{5}	2.24×10^{5}	40.4
220	300	11	18	7.8700×10^{3}	6.06×10^{-1}	2.68×10^{7}	4.06×10^{7}	5.84×10^{1}	7.68×10^{1}	1.49×10^{5}	2.70×10^{5}	40.5
248	199	9	14	5.0600×10^{3}	3.89×10^{-1}	2.84×10^{7}	9.22×10^{6}	7.49×10^{1}	4.27×10^{1}	1.50×10^{5}	9.26×10^{4}	59.0
250	200	10	16	5.7100×10^{3}	4.39×10^{-1}	3.21×10^{7}	1.07×10^{7}	7.50×10^{1}	4.33×10^{1}	1.69×10^{5}	1.07×10^{5}	59.6
253	201	11	19	6.5700×10^{3}	5.05×10^{-1}	3.67×10^{7}	1.29×10^{7}	7.48×10^{1}	4.43×10^{1}	1.90×10^{5}	1.28×10^{5}	59.5
241	300	11	15	7.2800×10^{3}	5.60×10^{-1}	3.42×10^{7}	3.38×10^{7}	6.85×10^{1}	6.82×10^{1}	1.78×10^{5}	2.25×10^{5}	49.2
244	300	11	18	8.1800×10^{3}	6.29×10^{-1}	3.62×10^{7}	4.06×10^{7}	6.66×10^{1}	7.07×10^{1}	1.84×10^{5}	2.70×10^{5}	46.6
298	199	10	15	6.0200×10^{3}	4.64×10^{-1}	5.19×10^{7}	9.89×10^{6}	9.29×10^{1}	4.05×10^{1}	2.36×10^{5}	9.94×10^{4}	77.9
300	200	11	17	6.7200×10^{3}	5.17×10^{-1}	5.81×10^{7}	1.14×10^{7}	9.30×10^{1}	4.12×10^{1}	2.62×10^{5}	1.14×10^{5}	78.4
303	201	12	20	7.6200×10^{3}	5.86×10^{-1}	6.57×10^{7}	1.36×10^{7}	9.28×10^{1}	4.22×10^{1}	2.92×10^{5}	1.35×10^{5}	77.9
306	202	13	23	8.5300×10^{3}	6.57×10^{-1}	7.34×10^{7}	1.59×10^{7}	9.27×10^{1}	4.31×10^{1}	3.22×10^{5}	1.57×10^{5}	77.9

부 표 1.2 T형강의 표준치수와 단면성능 (계속)

치수(mm)				y_p (mm)	소성단면계수 (mm³)		뒤틀림 상수 C_w (mm⁶)	비틀림 상수 J (mm⁴)	y_o (mm)
H	B	t_1	t_2		Z_x	Z_y			
50	100	6	8	5.30×10^0	7.10×10^3	2.04×10^4	4.14×10^6	2.04×10^4	6.0
62.5	125	6.5	9	5.90×10^0	1.21×10^4	3.57×10^4	1.14×10^7	3.57×10^4	7.4
75	75	5	7	5.80×10^0	1.29×10^4	1.03×10^4	2.27×10^6	1.16×10^4	14.4
75	100	6	9	6.50×10^0	1.55×10^4	2.31×10^4	7.16×10^6	2.94×10^4	11.0
100	100	5.5	8	6.50×10^0	2.55×10^4	2.07×10^4	7.64×10^6	2.24×10^4	18.9
97	150	6	9	6.30×10^0	2.67×10^4	5.14×10^4	2.18×10^7	4.31×10^4	13.4
100	200	8	12	7.80×10^0	3.88×10^4	1.21×10^5	1.08×10^8	1.31×10^5	11.3
100	204	12	12	8.60×10^0	5.52×10^4	1.28×10^5	1.42×10^8	1.72×10^5	14.9
104	202	10	16	1.02×10^1	5.26×10^4	1.65×10^5	2.59×10^8	3.08×10^5	11.1
124	124	5	8	6.30×10^0	3.63×10^4	3.15×10^4	1.28×10^7	2.62×10^4	22.3
125	125	6	9	7.30×10^0	4.39×10^4	3.62×10^4	2.04×10^7	3.91×10^4	23.3
122	175	7	11	7.70×10^0	4.93×10^4	8.56×10^4	6.46×10^7	9.10×10^4	17.2
122	252	11	11	7.90×10^0	7.69×10^4	1.78×10^5	2.06×10^8	1.64×10^5	18.4
124	249	8	13	8.30×10^0	6.06×10^4	2.03×10^5	2.59×10^8	2.02×10^5	13.3
125	250	9	14	9.00×10^0	6.87×10^4	2.21×10^5	3.31×10^8	2.57×10^5	13.8
125	255	14	14	1.00×10^1	1.01×10^5	2.33×10^5	4.41×10^8	3.41×10^5	18.8
149	149	5.5	8	6.60×10^0	5.81×10^4	4.55×10^4	2.59×10^7	3.35×10^4	28.6
150	150	6.5	9	7.60×10^0	6.91×10^4	5.21×10^4	4.06×10^7	4.98×10^4	29.6
147	200	8	12	8.70×10^0	8.16×10^4	1.22×10^5	1.36×10^8	1.39×10^5	22.3
149	201	9	14	1.00×10^1	9.37×10^4	1.44×10^5	2.13×10^8	2.18×10^5	22.1
147	302	12	12	8.70×10^0	1.22×10^5	2.78×10^5	4.65×10^8	2.55×10^5	22.4
149	299	9	14	9.00×10^0	9.79×10^4	3.16×10^5	5.67×10^8	3.08×10^5	16.6
150	300	10	15	9.80×10^0	1.10×10^5	3.41×10^5	7.13×10^8	3.85×10^5	17.2
150	305	15	15	1.08×10^1	1.57×10^5	3.56×10^5	9.36×10^8	5.03×10^5	22.8
152	301	11	17	1.10×10^1	1.24×10^5	3.89×10^5	1.04×10^9	5.57×10^5	17.0
173	174	6	9	7.30×10^0	8.56×10^4	6.96×10^4	5.54×10^7	5.44×10^4	32.6
175	175	7	11	8.80×10^0	1.01×10^5	8.62×10^4	9.59×10^7	9.70×10^4	32.0
168	249	8	12	8.50×10^0	1.08×10^5	1.89×10^5	2.46×10^8	1.71×10^5	24.2
170	250	9	14	9.80×10^0	1.24×10^5	2.21×10^5	3.85×10^8	2.68×10^5	23.9
172	348	10	16	1.02×10^1	1.46×10^5	4.88×10^5	1.32×10^9	5.30×10^5	18.7
172	354	16	16	1.15×10^1	2.22×10^5	5.11×10^5	1.76×10^9	7.07×10^5	26.0
175	350	12	19	1.22×10^1	1.80×10^5	5.87×10^5	2.26×10^9	8.96×10^5	19.1
198	199	7	11	8.80×10^0	1.31×10^5	1.11×10^5	1.41×10^8	1.10×10^5	36.2
200	200	8	13	1.02×10^1	1.51×10^5	1.33×10^5	2.25×10^8	1.80×10^5	35.8
193	299	9	14	9.70×10^0	1.61×10^5	3.17×10^5	6.40×10^8	3.19×10^5	26.3
195	300	10	16	1.10×10^1	1.82×10^5	3.64×10^5	9.50×10^8	4.72×10^5	26.1
223	199	8	12	1.02×10^1	1.89×10^5	1.22×10^5	2.40×10^8	1.52×10^5	45.0
225	200	9	14	1.17×10^1	2.15×10^5	1.44×10^5	3.62×10^8	2.36×10^5	44.5
217	299	10	15	1.09×10^1	2.24×10^5	3.40×10^5	8.82×10^8	4.06×10^5	32.9
220	300	11	18	1.27×10^1	2.53×10^5	4.11×10^5	1.44×10^9	6.77×10^5	31.5
248	199	9	14	1.23×10^1	2.62×10^5	1.43×10^5	4.34×10^8	2.41×10^5	52.0
250	200	10	16	1.39×10^1	2.93×10^5	1.66×10^5	6.21×10^8	3.54×10^5	51.6
253	201	11	19	1.59×10^1	3.28×10^5	1.99×10^5	9.21×10^8	5.68×10^5	50.0
241	300	11	15	1.16×10^1	3.03×10^5	3.44×10^5	1.10×10^9	4.41×10^5	41.7
244	300	11	18	1.31×10^1	3.10×10^5	4.12×10^5	1.57×10^9	6.88×10^5	37.6
298	199	10	15	1.46×10^1	4.22×10^5	1.56×10^5	8.66×10^8	3.20×10^5	70.4
300	200	11	17	1.63×10^1	4.67×10^5	1.79×10^5	1.19×10^9	4.60×10^5	69.9
303	201	12	20	1.84×10^1	5.15×10^5	2.12×10^5	1.66×10^9	7.05×10^5	67.9
306	202	13	23	2.06×10^1	5.64×10^5	2.47×10^5	2.26×10^9	1.03×10^6	66.4

[주] y_o : 단면의 도심에서 전단중심까지의 거리

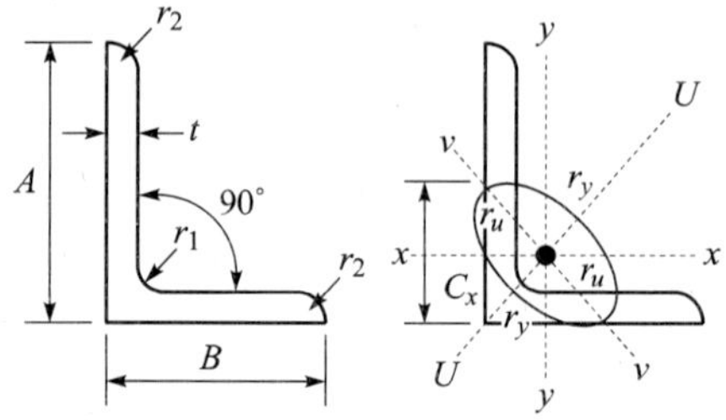

표 1.3 등변ㄱ형강의 표준치수와 단면성능

치수(mm)				단면적	단위중량	단면2차모멘트 (mm^4)			단면2차반경 (mm)			단면계수 (mm^3)	도심 (mm)
$A\times B$	t	r_1	r_2	(mm^2)	(Nf/mm)	$I_x=I_y$	I_u	I_v	$r_x=r_y$	r_u	r_v	$S_x=S_y$	$C_x=C$
40×40	3	4.5	2	2.3360×10^{2}	1.79×10^{-2}	3.53×10^{4}	5.60×10^{4}	1.45×10^{4}	1.23×10^{1}	1.55×10^{1}	7.90×10^{0}	1.21×10^{3}	10.9
40×40	5	4.5	3	3.7550×10^{2}	2.89×10^{-2}	5.42×10^{4}	8.59×10^{4}	2.25×10^{4}	1.20×10^{1}	1.51×10^{1}	7.70×10^{0}	1.91×10^{3}	11.7
45×45	4	6.5	3	3.4920×10^{2}	2.69×10^{-2}	6.50×10^{4}	1.03×10^{5}	2.69×10^{4}	1.36×10^{1}	1.72×10^{1}	8.80×10^{0}	2.00×10^{3}	12.4
50×50	4	6.5	3	3.8920×10^{2}	3.00×10^{-2}	9.06×10^{4}	1.44×10^{5}	3.74×10^{4}	1.53×10^{1}	1.92×10^{1}	9.80×10^{0}	2.49×10^{3}	13.7
50×50	6	6.5	4.5	5.6440×10^{2}	4.34×10^{-2}	1.26×10^{5}	2.00×10^{5}	5.24×10^{4}	1.50×10^{1}	1.88×10^{1}	9.60×10^{0}	3.55×10^{3}	14.4
60×60	4	6.5	3	4.6920×10^{2}	3.61×10^{-2}	1.60×10^{5}	2.54×10^{5}	6.62×10^{4}	1.85×10^{1}	2.33×10^{1}	1.19×10^{1}	3.66×10^{3}	16.1
60×60	5	6.5	3	5.8020×10^{2}	4.46×10^{-2}	1.96×10^{5}	3.12×10^{5}	8.06×10^{4}	1.84×10^{1}	2.32×10^{1}	1.18×10^{1}	4.52×10^{3}	16.6
65×65	6	8.5	4	7.5270×10^{2}	5.79×10^{-2}	2.94×10^{5}	4.66×10^{5}	1.21×10^{5}	1.98×10^{1}	2.49×10^{1}	1.27×10^{1}	6.27×10^{3}	18.1
65×65	8	8.5	6	9.7610×10^{2}	7.51×10^{-2}	3.68×10^{5}	5.83×10^{5}	1.53×10^{5}	1.94×10^{1}	2.44×10^{1}	1.25×10^{1}	7.97×10^{3}	18.8
70×70	6	8.5	4	8.1270×10^{2}	6.25×10^{-2}	3.71×10^{5}	5.89×10^{5}	1.53×10^{5}	2.14×10^{1}	2.69×10^{1}	1.37×10^{1}	7.33×10^{3}	19.4
75×75	6	8.5	4	8.7270×10^{2}	6.71×10^{-2}	4.61×10^{5}	7.32×10^{5}	1.90×10^{5}	2.30×10^{1}	2.90×10^{1}	1.47×10^{1}	8.47×10^{3}	20.6
75×75	9	8.5	6	1.2690×10^{3}	9.76×10^{-2}	6.44×10^{5}	1.02×10^{6}	2.67×10^{5}	2.25×10^{1}	2.84×10^{1}	1.45×10^{1}	1.21×10^{4}	21.7
75×75	12	8.5	6	1.6560×10^{3}	1.27×10^{-1}	8.19×10^{5}	1.29×10^{6}	3.45×10^{5}	2.22×10^{1}	2.79×10^{1}	1.44×10^{1}	1.57×10^{4}	22.9
80×80	6	8.5	4	9.3270×10^{2}	7.17×10^{-2}	5.64×10^{5}	8.96×10^{5}	2.32×10^{5}	2.46×10^{1}	3.10×10^{1}	1.58×10^{1}	9.70×10^{3}	21.9
90×90	6	10	5	1.0550×10^{3}	8.11×10^{-2}	8.07×10^{5}	1.29×10^{6}	3.23×10^{5}	2.77×10^{1}	3.50×10^{1}	1.75×10^{1}	1.23×10^{4}	24.2
90×90	7	10	5	1.2220×10^{3}	9.40×10^{-2}	9.30×10^{5}	1.48×10^{6}	3.83×10^{5}	2.76×10^{1}	3.48×10^{1}	1.77×10^{1}	1.42×10^{4}	24.6
90×90	10	10	7	1.7000×10^{3}	1.30×10^{-1}	1.25×10^{6}	1.99×10^{6}	5.16×10^{5}	2.71×10^{1}	3.42×10^{1}	1.74×10^{1}	1.95×10^{4}	25.8
90×90	13	10	7	2.1710×10^{3}	1.67×10^{-1}	1.56×10^{6}	2.48×10^{6}	6.53×10^{5}	2.68×10^{1}	3.38×10^{1}	1.73×10^{1}	2.48×10^{4}	26.9
100×100	7	10	5	1.3620×10^{3}	1.05×10^{-1}	1.29×10^{6}	2.05×10^{6}	5.31×10^{5}	3.08×10^{1}	3.88×10^{1}	1.97×10^{1}	1.77×10^{4}	27.1
100×100	10	10	7	1.9000×10^{3}	1.46×10^{-1}	1.75×10^{6}	2.78×10^{6}	7.19×10^{5}	3.03×10^{1}	3.83×10^{1}	1.95×10^{1}	2.44×10^{4}	28.3
100×100	13	10	7	2.4310×10^{3}	1.87×10^{-1}	2.20×10^{6}	3.48×10^{6}	9.10×10^{5}	3.00×10^{1}	3.78×10^{1}	1.93×10^{1}	3.11×10^{4}	29.4
120×120	8	12	5	1.8760×10^{3}	1.44×10^{-1}	2.58×10^{6}	4.10×10^{6}	1.06×10^{6}	3.71×10^{1}	4.68×10^{1}	2.38×10^{1}	2.95×10^{4}	32.4
130×130	9	12	6	2.2740×10^{3}	1.75×10^{-1}	3.66×10^{6}	5.83×10^{6}	1.50×10^{6}	4.01×10^{1}	5.06×10^{1}	2.57×10^{1}	3.87×10^{4}	35.3
130×130	12	12	8.5	2.9760×10^{3}	2.29×10^{-1}	4.67×10^{6}	7.43×10^{6}	1.92×10^{6}	3.96×10^{1}	5.00×10^{1}	2.54×10^{1}	4.99×10^{4}	36.4
130×130	15	12	8.5	3.6750×10^{3}	2.82×10^{-1}	5.68×10^{6}	9.02×10^{6}	2.34×10^{6}	3.93×10^{1}	4.95×10^{1}	2.53×10^{1}	6.15×10^{4}	37.6
150×150	12	14	7	3.4770×10^{3}	2.68×10^{-1}	7.40×10^{6}	1.18×10^{7}	3.04×10^{6}	4.61×10^{1}	5.82×10^{1}	2.96×10^{1}	6.82×10^{4}	41.4
150×150	15	14	10	4.2740×10^{3}	3.29×10^{-1}	8.88×10^{6}	1.41×10^{7}	3.65×10^{6}	4.56×10^{1}	5.75×10^{1}	2.92×10^{1}	8.26×10^{4}	42.4
150×150	19	14	10	5.3380×10^{3}	4.11×10^{-1}	1.09×10^{7}	1.73×10^{7}	4.51×10^{6}	4.52×10^{1}	5.69×10^{1}	2.91×10^{1}	1.03×10^{5}	44.0
175×175	12	15	11	4.0520×10^{3}	3.12×10^{-1}	1.17×10^{7}	1.86×10^{7}	4.79×10^{6}	5.37×10^{1}	6.78×10^{1}	3.44×10^{1}	9.16×10^{4}	47.3
175×175	15	15	11	5.0210×10^{3}	3.86×10^{-1}	1.44×10^{7}	2.29×10^{7}	5.88×10^{6}	5.35×10^{1}	6.75×10^{1}	3.42×10^{1}	1.14×10^{5}	48.5
200×200	15	17	12	5.7750×10^{3}	4.44×10^{-1}	2.18×10^{7}	3.47×10^{7}	8.91×10^{6}	6.14×10^{1}	7.75×10^{1}	3.93×10^{1}	1.50×10^{5}	54.7
200×200	20	17	12	7.6000×10^{3}	5.85×10^{-1}	2.82×10^{7}	4.49×10^{7}	1.16×10^{7}	6.09×10^{1}	7.68×10^{1}	3.90×10^{1}	1.97×10^{5}	56.7
200×200	25	17	12	9.3750×10^{3}	7.21×10^{-1}	3.42×10^{7}	5.42×10^{7}	1.41×10^{7}	6.04×10^{1}	7.61×10^{1}	3.88×10^{1}	2.42×10^{5}	58.7
250×250	25	24	12	1.1940×10^{4}	9.18×10^{-1}	6.95×10^{7}	1.10×10^{8}	2.86×10^{7}	7.63×10^{1}	9.62×10^{1}	4.89×10^{1}	3.88×10^{5}	71.0
250×250	35	24	18	1.6260×10^{4}	1.25×10^{0}	9.11×10^{7}	1.44×10^{8}	3.79×10^{7}	7.48×10^{1}	9.42×10^{1}	4.83×10^{1}	5.19×10^{5}	74.5

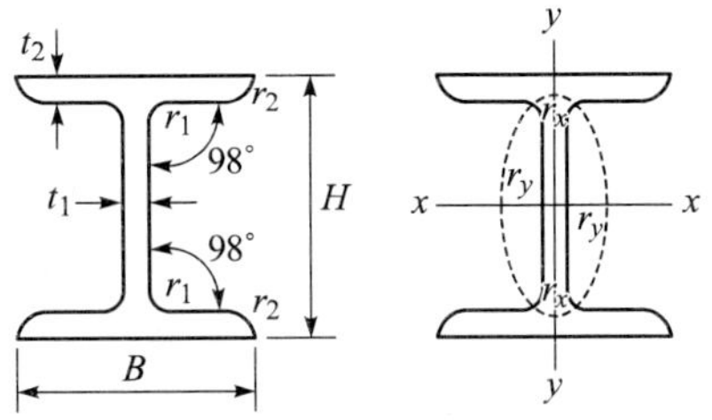

부 표 1.4 I 형강의 표준치수와 단면성능

치 수 (mm)					단면적 (mm^2)	단위중량 (N/mm)	단면2차모멘트 (mm^4)		단면2차반경 (mm)		단면계수 (mm^3)	
$H \times B$	t_1	t_2	r_1	r_2			I_x	I_y	r_x	r_y	S_x	S_y
100×75	5	8	7	3.5	1.6430×10^{3}	1.26×10^{-1}	2.83×10^{6}	4.83×10^{5}	4.15×10^{1}	1.72×10^{1}	5.65×10^{4}	1.29×10^{4}
125×75	5.5	9.5	9	4.5	2.0450×10^{3}	1.58×10^{-1}	5.40×10^{6}	5.90×10^{5}	5.14×10^{1}	1.70×10^{1}	8.64×10^{4}	1.57×10^{4}
150×75	5.5	9.5	9	4.5	2.1830×10^{3}	1.68×10^{-1}	8.20×10^{6}	5.91×10^{5}	6.13×10^{1}	1.65×10^{1}	1.09×10^{5}	1.58×10^{4}
150×125	8.5	14	13	6.5	4.6150×10^{3}	3.55×10^{-1}	1.78×10^{7}	3.95×10^{6}	6.21×10^{1}	2.92×10^{1}	2.37×10^{5}	6.31×10^{4}
180×100	6	10	10	5	3.0060×10^{3}	2.31×10^{-1}	1.67×10^{7}	1.41×10^{6}	7.46×10^{1}	2.17×10^{1}	1.86×10^{5}	2.82×10^{4}
200×100	7	10	10	5	3.3060×10^{3}	2.55×10^{-1}	2.18×10^{7}	1.42×10^{6}	8.11×10^{1}	2.07×10^{1}	2.18×10^{5}	2.84×10^{4}
200×150	9	16	15	7.5	6.4160×10^{3}	4.94×10^{-1}	4.49×10^{7}	7.71×10^{6}	8.37×10^{1}	3.47×10^{1}	4.49×10^{5}	1.03×10^{5}
250×125	7.5	12.5	12	6	4.8790×10^{3}	3.75×10^{-1}	5.19×10^{7}	3.45×10^{6}	1.03×10^{2}	2.66×10^{1}	4.15×10^{5}	5.52×10^{4}
250×125	10	19	21	10.5	7.0730×10^{3}	5.44×10^{-1}	7.34×10^{7}	5.60×10^{6}	1.02×10^{2}	3.81×10^{1}	5.87×10^{5}	8.96×10^{4}
300×150	8	13	12	6	6.1580×10^{3}	4.73×10^{-1}	9.50×10^{7}	6.00×10^{6}	1.24×10^{2}	3.12×10^{1}	6.33×10^{5}	8.00×10^{4}
300×150	10	18.5	19	9.5	8.3470×10^{3}	6.42×10^{-1}	1.27×10^{8}	8.86×10^{6}	1.24×10^{2}	3.26×10^{1}	8.49×10^{5}	1.18×10^{5}
300×150	11.5	22	23	11.5	9.7880×10^{3}	7.53×10^{-1}	1.47×10^{8}	1.12×10^{7}	1.23×10^{2}	3.38×10^{1}	9.81×10^{5}	1.49×10^{5}
350×150	9	15	13	6.5	7.4580×10^{3}	5.73×10^{-1}	1.52×10^{8}	7.15×10^{6}	1.43×10^{2}	3.10×10^{1}	8.71×10^{5}	9.54×10^{4}
350×150	12	24	25	12.5	1.1110×10^{4}	8.55×10^{-1}	2.25×10^{8}	1.23×10^{7}	1.42×10^{2}	3.33×10^{1}	1.28×10^{6}	1.64×10^{5}
400×150	10	18	17	8.5	9.1730×10^{3}	7.06×10^{-1}	2.40×10^{8}	8.87×10^{6}	1.62×10^{2}	3.11×10^{1}	1.20×10^{6}	1.18×10^{5}
400×150	12.5	25	27	13.5	1.2210×10^{4}	9.39×10^{-1}	3.17×10^{8}	1.29×10^{7}	1.61×10^{2}	3.25×10^{1}	1.58×10^{6}	1.72×10^{5}
450×175	11	20	19	9.5	1.1680×10^{4}	8.99×10^{-1}	3.92×10^{8}	1.55×10^{7}	1.83×10^{2}	3.64×10^{1}	1.74×10^{6}	1.77×10^{5}
450×175	13	26	27	13.5	1.4610×10^{4}	1.13×10^{0}	4.88×10^{8}	2.10×10^{7}	1.83×10^{2}	3.79×10^{1}	2.17×10^{6}	2.40×10^{5}
600×190	13	25	25	12.5	1.6940×10^{4}	1.30×10^{0}	9.32×10^{8}	2.54×10^{7}	2.41×10^{2}	3.87×10^{1}	3.27×10^{6}	2.67×10^{5}
600×190	16	35	38	19	2.2450×10^{4}	1.72×10^{0}	1.30×10^{9}	3.70×10^{7}	2.40×10^{2}	4.06×10^{1}	4.33×10^{6}	3.90×10^{5}

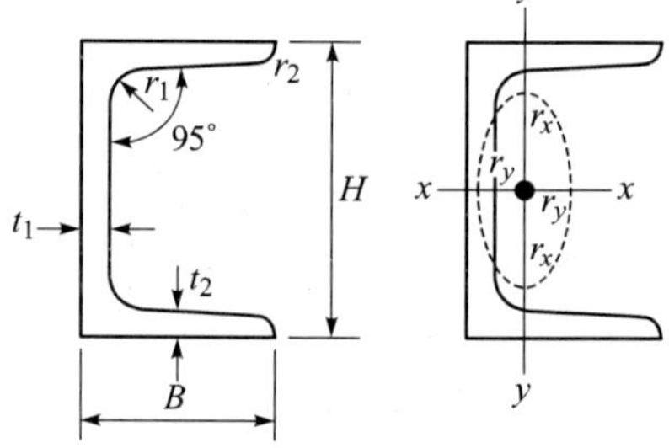

부 표 1.5 ㄷ형강의 표준치수와 단면성능

치 수 (mm)					단면적 (mm²)	단위중량 (N/mm)	단면 2차모멘트 (mm⁴)		단면2차반경 (mm)		단면계수 (mm³)		도심 (mm)
$H \times B$	t_1	t_2	r_1	r_2			I_x	I_y	r_x	r_y	S_x	S_y	C_y
75×40	5	7	8	4	8.8180×10^2	6.78×10^{-2}	7.59×10^5	1.24×10^5	2.93×10^1	1.19×10^1	2.02×10^4	4.54×10^3	12.7
100×50	5	7.5	8	4	1.1920×10^3	9.17×10^{-2}	1.89×10^6	2.69×10^5	3.98×10^1	1.50×10^1	3.78×10^4	7.82×10^3	15.5
125×65	6	8	8	4	1.7110×10^3	1.31×10^{-1}	4.25×10^6	6.55×10^5	4.99×10^1	1.96×10^1	6.80×10^4	1.44×10^4	19.4
150×75	6.5	10	10	5	2.3710×10^3	1.82×10^{-1}	8.64×10^6	1.22×10^6	6.04×10^1	2.27×10^1	1.15×10^5	2.36×10^4	23.1
150×75	9	12.5	15	7.5	3.0590×10^3	2.35×10^{-1}	1.05×10^7	1.47×10^6	5.86×10^1	2.19×10^1	1.40×10^5	2.83×10^4	23.1
180×75	7	10.5	11	5.5	2.7200×10^3	2.10×10^{-1}	1.38×10^7	1.37×10^6	7.73×10^1	2.24×10^1	1.54×10^5	2.55×10^4	21.5
200×70	7	10	11	5.5	2.6920×10^3	2.07×10^{-1}	6.12×10^7	1.13×10^6	7.77×10^1	2.04×10^1	1.62×10^5	2.18×10^4	18.5
200×80	7.5	11	12	6	3.1330×10^3	2.41×10^{-1}	1.95×10^7	1.77×10^6	7.89×10^1	2.38×10^1	1.95×10^5	3.08×10^4	22.4
200×90	8	13.5	14	7	3.8650×10^3	2.97×10^{-1}	2.49×10^7	2.86×10^6	8.03×10^1	2.72×10^1	2.49×10^5	4.59×10^4	27.7
250×90	9	13	14	7	4.4070×10^3	3.39×10^{-1}	4.18×10^7	3.06×10^6	9.74×10^1	2.64×10^1	3.35×10^5	4.65×10^4	24.2
250×90	11	14.5	17	8.5	5.1170×10^3	3.94×10^{-1}	4.69×10^7	3.42×10^6	9.57×10^1	2.58×10^1	3.75×10^5	5.17×10^4	23.9
300×90	9	13	14	7	4.8570×10^3	3.73×10^{-1}	6.44×10^7	3.25×10^6	1.15×10^2	2.59×10^1	4.29×10^5	4.80×10^4	22.3
300×90	10	15.5	19	9.5	5.5740×10^3	4.29×10^{-1}	7.40×10^7	3.73×10^6	1.15×10^2	2.59×10^1	4.94×10^5	5.60×10^4	23.3
300×90	12	16	19	9.5	6.1900×10^3	4.76×10^{-1}	7.87×10^7	3.91×10^6	1.13×10^2	2.51×10^1	5.25×10^5	5.79×10^4	22.5
330×100	10.5	16	18	9	6.9390×10^3	5.34×10^{-1}	1.45×10^8	5.57×10^6	1.45×10^2	2.83×10^1	7.62×10^5	7.33×10^4	24.1
380×100	13	16.5	18	9	7.8960×10^3	6.08×10^{-1}	1.56×10^8	5.84×10^6	1.41×10^2	2.72×10^1	8.22×10^5	7.58×10^4	22.9
380×100	13	20	24	10	8.5710×10^3	6.60×10^{-1}	1.76×10^8	6.71×10^6	1.43×10^2	2.80×10^1	9.24×10^5	8.95×10^4	25.0

부 표 1.6 일반구조용 탄소강 강관의 표준치수와 단면성능

바깥지름 (mm)	두께 (mm)	중량 (N/mm)	단면적 (mm²)	단면2차모멘트 (mm⁴)	단면계수 (mm³)	단면2차반경 (mm)
21.7	2.0	9.53×10^{-3}	1.2380×10^2	6.07×10^3	5.60×10^2	7.00×10^0
27.2	2.0	1.22×10^{-2}	1.5830×10^2	1.26×10^4	9.30×10^2	8.90×10^0
	2.3	1.38×10^{-2}	1.7990×10^2	1.41×10^4	1.03×10^3	8.80×10^0
34.0	2.3	1.76×10^{-2}	2.2910×10^2	2.89×10^4	1.70×10^3	1.12×10^1
42.7	2.3	2.24×10^{-2}	2.9190×10^2	5.97×10^4	2.80×10^3	1.43×10^1
	2.8	2.70×10^{-2}	3.5100×10^2	7.02×10^4	3.29×10^3	1.41×10^1

부 표 1.6 일반구조용 탄소강 강관의 표준치수와 단면성능 (계속)

바깥지름 (mm)	두께 (mm)	중량 (N/mm)	단면적 (mm^2)	단면2차모멘트 (mm^4)	단면계수 (mm^3)	단면2차반경 (mm)
48.6	2.3	2.58×10^{-2}	3.3450×10^{2}	8.99×10^{4}	3.70×10^{3}	1.64×10^{1}
	2.8	3.10×10^{-2}	4.0290×10^{2}	1.06×10^{5}	4.36×10^{3}	1.62×10^{1}
	3.2	3.51×10^{-2}	4.5640×10^{2}	1.18×10^{5}	4.86×10^{3}	1.61×10^{1}
60.5	2.3	3.23×10^{-2}	4.2050×10^{2}	1.78×10^{5}	5.90×10^{3}	2.06×10^{1}
	3.2	4.43×10^{-2}	5.7600×10^{2}	2.37×10^{5}	7.84×10^{3}	2.03×10^{1}
	4.0	5.46×10^{-2}	7.1000×10^{2}	2.85×10^{5}	9.41×10^{3}	2.00×10^{1}
76.3	2.8	4.98×10^{-2}	6.4650×10^{2}	4.37×10^{5}	1.15×10^{4}	2.60×10^{1}
	3.2	5.65×10^{-2}	7.3490×10^{2}	4.92×10^{5}	1.29×10^{4}	2.59×10^{1}
	4.0	6.99×10^{-2}	9.0850×10^{2}	5.95×10^{5}	1.56×10^{4}	2.56×10^{1}
89.1	2.8	5.84×10^{-2}	7.5910×10^{2}	7.07×10^{5}	1.59×10^{4}	3.05×10^{1}
	3.2	6.64×10^{-2}	8.6360×10^{2}	7.98×10^{5}	1.79×10^{4}	3.04×10^{1}
	4.0	8.22×10^{-2}	1.0690×10^{3}	9.70×10^{5}	2.18×10^{4}	3.01×10^{1}
101.6	3.2	7.60×10^{-2}	9.8920×10^{2}	1.20×10^{6}	2.36×10^{4}	3.48×10^{1}
	4.0	9.44×10^{-2}	1.2260×10^{3}	1.46×10^{6}	2.38×10^{4}	3.45×10^{1}
	5.0	1.17×10^{-1}	1.5170×10^{3}	1.77×10^{6}	3.49×10^{4}	3.42×10^{1}
114.3	3.2	8.59×10^{-2}	1.1170×10^{3}	1.72×10^{6}	3.02×10^{4}	3.93×10^{1}
	3.6	9.63×10^{-2}	1.2520×10^{3}	1.92×10^{6}	3.36×10^{4}	3.92×10^{1}
	4.5	1.20×10^{-1}	1.5520×10^{3}	2.34×10^{6}	4.10×10^{4}	3.89×10^{1}
	5.6	1.47×10^{-1}	1.9120×10^{3}	2.83×10^{6}	4.96×10^{4}	3.85×10^{1}
139.8	3.6	1.19×10^{-1}	1.5400×10^{3}	3.57×10^{6}	5.11×10^{4}	4.82×10^{1}
	4.0	1.31×10^{-1}	1.7070×10^{3}	3.94×10^{6}	5.63×10^{4}	4.80×10^{1}
	4.5	1.47×10^{-1}	1.9130×10^{3}	4.38×10^{6}	6.27×10^{4}	4.79×10^{1}
	6.0	1.94×10^{-1}	2.5220×10^{3}	5.66×10^{6}	8.09×10^{4}	4.74×10^{1}
165.2	4.5	1.74×10^{-1}	2.2720×10^{3}	7.34×10^{6}	8.89×10^{4}	5.68×10^{1}
	5.0	1.94×10^{-1}	2.5160×10^{3}	8.08×10^{6}	9.78×10^{4}	5.67×10^{1}
	6.0	2.31×10^{-1}	3.0010×10^{3}	9.52×10^{6}	1.15×10^{5}	5.63×10^{1}
	7.0	2.68×10^{-1}	3.4790×10^{3}	1.09×10^{7}	1.32×10^{5}	5.60×10^{1}
190.7	4.5	2.03×10^{-1}	2.6320×10^{3}	1.14×10^{7}	1.20×10^{5}	6.59×10^{1}
	5.0	2.24×10^{-1}	2.9170×10^{3}	1.26×10^{7}	1.32×10^{5}	6.57×10^{1}
	6.0	2.68×10^{-1}	3.4820×10^{3}	1.49×10^{7}	1.56×10^{5}	6.53×10^{1}
	7.0	3.11×10^{-1}	4.0400×10^{3}	1.71×10^{7}	1.79×10^{5}	6.50×10^{1}
216.3	4.5	2.30×10^{-1}	2.9940×10^{3}	1.68×10^{7}	1.55×10^{5}	7.49×10^{1}
	6.0	3.05×10^{-1}	3.9610×10^{3}	2.19×10^{7}	2.03×10^{5}	7.44×10^{1}
	7.0	3.54×10^{-1}	4.6030×10^{3}	2.52×10^{7}	2.33×10^{5}	7.40×10^{1}
	8.0	4.03×10^{-1}	5.2350×10^{3}	2.84×10^{7}	2.63×10^{5}	7.37×10^{1}
267.4	6.0	3.79×10^{-1}	4.9270×10^{3}	4.21×10^{7}	3.15×10^{5}	9.24×10^{1}
	7.0	4.41×10^{-1}	5.7270×10^{3}	4.86×10^{7}	3.63×10^{5}	9.21×10^{1}
	8.0	5.02×10^{-1}	6.5190×10^{3}	5.49×10^{7}	4.11×10^{5}	9.18×10^{1}
	9.0	5.63×10^{-1}	7.3060×10^{3}	6.11×10^{7}	4.57×10^{5}	9.14×10^{1}
318.5	6.0	4.53×10^{-1}	5.8910×10^{3}	7.19×10^{7}	4.52×10^{5}	1.11×10^{2}
	7.0	5.27×10^{-1}	6.8500×10^{3}	8.31×10^{7}	5.52×10^{5}	1.10×10^{2}
	8.0	6.01×10^{-1}	7.8040×10^{3}	9.41×10^{7}	5.91×10^{5}	1.10×10^{2}
	9.0	6.73×10^{-1}	8.7510×10^{3}	1.05×10^{8}	6.59×10^{5}	1.09×10^{2}
355.6	6.3	5.32×10^{-1}	6.9130×10^{3}	1.05×10^{8}	5.93×10^{5}	1.24×10^{2}
	8.0	6.72×10^{-1}	8.7360×10^{3}	1.32×10^{8}	7.42×10^{5}	1.23×10^{2}
	9.0	7.54×10^{-1}	9.8000×10^{3}	1.47×10^{8}	8.28×10^{5}	1.23×10^{2}
	12.0	1.00×10^{0}	1.1240×10^{4}	1.91×10^{8}	1.08×10^{6}	1.22×10^{2}
405.4	9.0	8.64×10^{-1}	1.1240×10^{4}	2.22×10^{8}	1.09×10^{6}	1.41×10^{2}
	12.0	1.15×10^{0}	1.4870×10^{4}	2.89×10^{8}	1.42×10^{6}	1.40×10^{2}
	16.0	1.51×10^{0}	1.9620×10^{4}	3.74×10^{8}	1.84×10^{6}	1.38×10^{2}
	19.0	1.78×10^{0}	2.3120×10^{4}	4.35×10^{8}	2.14×10^{6}	1.37×10^{2}

부 표 1.6 일반구조용 탄소강 강관의 표준치수와 단면성능 (계속)

바깥지름 (mm)	두께 (mm)	중량 (N/mm)	단면적 (mm^2)	단면2차모멘트 (mm^4)	단면계수 (mm^3)	단면2차반경 (mm)
457.2	9.0	9.75×10^{-1}	1.2670×10^4	3.18×10^8	1.40×10^6	1.58×10^2
	12.0	1.29×10^0	1.6780×10^4	4.16×10^8	1.82×10^6	1.57×10^2
	16.0	1.71×10^0	2.2180×10^4	5.40×10^8	2.36×10^6	1.56×10^2
	19.0	2.01×10^0	2.6160×10^4	6.29×10^8	2.75×10^6	1.55×10^2
500	9.0	1.07×10^0	1.3880×10^4	4.18×10^8	1.67×10^6	1.74×10^2
	12.0	1.41×10^0	1.8400×10^4	5.48×10^8	2.19×10^6	1.73×10^2
	14.0	1.65×10^0	2.1380×10^4	6.32×10^8	2.53×10^6	1.72×10^2
508.0	9.0	1.09×10^0	1.4110×10^4	4.39×10^8	1.73×10^6	1.76×10^2
	12.0	1.44×10^0	1.8700×10^4	5.75×10^8	2.26×10^6	1.75×10^2
	14.0	1.68×10^0	2.1730×10^4	6.63×10^8	2.61×10^6	1.75×10^2
	16.0	1.90×10^0	2.4730×10^4	7.49×10^8	2.95×10^6	1.74×10^2
	19.0	2.24×10^0	2.9190×10^4	8.74×10^8	3.44×10^6	1.73×10^2
	22.0	2.59×10^0	3.3590×10^4	9.94×10^8	3.91×10^6	1.72×10^2
558.8	9.0	1.20×10^0	1.5550×10^4	5.88×10^8	2.10×10^6	1.94×10^2
	12.0	1.59×10^0	2.0610×10^4	7.71×10^8	2.76×10^6	1.93×10^2
	16.0	2.10×10^0	2.7280×10^4	1.01×10^9	3.60×10^6	1.92×10^2
	19.0	2.48×10^0	3.2220×10^4	1.18×10^9	4.21×10^6	1.91×10^2
	22.0	2.85×10^0	3.7100×10^4	1.34×10^9	4.79×10^6	1.90×10^2
600	9.0	1.28×10^0	1.6710×10^4	7.30×10^8	2.43×10^6	2.09×10^2
	12.0	1.71×10^0	2.2170×10^4	9.58×10^8	3.20×10^6	2.08×10^2
	14.0	1.98×10^0	2.5770×10^4	1.11×10^9	3.69×10^6	2.07×10^2
	16.0	2.25×10^0	2.9360×10^4	1.25×10^9	4.18×10^6	2.07×10^2
609.6	9.0	1.30×10^0	1.6980×10^4	7.66×10^8	2.51×10^6	2.12×10^2
	12.0	1.73×10^0	2.2530×10^4	1.01×10^9	3.30×10^6	2.11×10^2
	14.0	2.02×10^0	2.6200×10^4	1.16×10^9	3.81×10^6	2.11×10^2
	16.0	2.29×10^0	2.9840×10^4	1.32×10^9	4.32×10^6	2.10×10^2
	19.0	2.71×10^0	3.2550×10^4	1.54×10^9	5.05×10^6	2.09×10^2
	22.0	3.13×10^0	4.0610×10^4	1.76×10^9	5.76×10^6	2.08×10^2
700	9.0	1.50×10^0	1.9540×10^4	1.17×10^9	3.33×10^6	2.44×10^2
	12.0	2.00×10^0	2.5940×10^4	1.54×10^9	4.39×10^6	2.43×10^2
	14.0	2.32×10^0	3.0170×10^4	1.78×10^9	5.07×10^6	2.43×10^2
	16.0	2.65×10^0	3.4380×10^4	2.01×10^9	5.75×10^6	2.42×10^2
711.2	9.0	1.53×10^0	1.9850×10^4	1.22×10^9	3.44×10^6	2.48×10^2
	12.0	2.03×10^0	2.6360×10^4	1.61×10^9	4.53×10^6	2.47×10^2
	14.0	2.36×10^0	3.0660×10^4	1.86×10^9	5.24×10^6	2.47×10^2
	16.0	2.69×10^0	3.4940×10^4	2.12×10^9	5.94×10^6	2.46×10^2
	19.0	3.18×10^0	4.1320×10^4	2.48×10^9	6.96×10^6	2.45×10^2
	22.0	3.67×10^0	4.7630×10^4	2.83×10^9	7.96×10^6	2.44×10^2
812.8	9.0	1.74×10^0	2.2730×10^4	1.84×10^9	4.52×10^6	2.84×10^2
	12.0	2.32×10^0	3.0190×10^4	2.42×10^9	5.96×10^6	2.83×10^2
	14.0	2.70×10^0	3.5130×10^4	2.80×10^9	6.90×10^6	2.82×10^2
	16.0	3.08×10^0	4.0050×10^4	3.18×10^9	7.82×10^6	2.82×10^2
	19.0	3.65×10^0	4.7380×10^4	3.73×10^9	9.19×10^6	2.81×10^2
	22.0	4.20×10^0	5.4660×10^4	4.28×10^9	1.05×10^7	2.80×10^2
914.4	12.0	2.62×10^0	3.4020×10^4	3.46×10^9	7.58×10^6	3.19×10^2
	14.0	3.05×10^0	3.9600×10^4	4.01×10^9	8.78×10^6	3.18×10^2
	16.0	3.47×10^0	4.5160×10^4	4.56×10^9	9.97×10^6	3.18×10^2
	19.0	4.12×10^0	5.3450×10^4	5.36×10^9	1.17×10^7	3.17×10^2
	22.0	4.74×10^0	6.1650×10^4	6.14×10^9	1.34×10^7	3.15×10^2
1016.0	12.0	2.91×10^0	3.7850×10^4	4.77×10^9	9.39×10^6	3.55×10^2
	14.0	3.39×10^0	4.4070×10^4	5.53×10^9	1.09×10^7	3.54×10^2
	16.0	3.87×10^0	5.0270×10^4	6.28×10^9	1.24×10^7	3.54×10^2
	19.0	4.58×10^0	5.9510×10^4	7.40×10^9	1.46×10^7	3.52×10^2
	22.0	5.28×10^0	6.8700×10^4	8.49×10^9	1.67×10^7	3.52×10^2

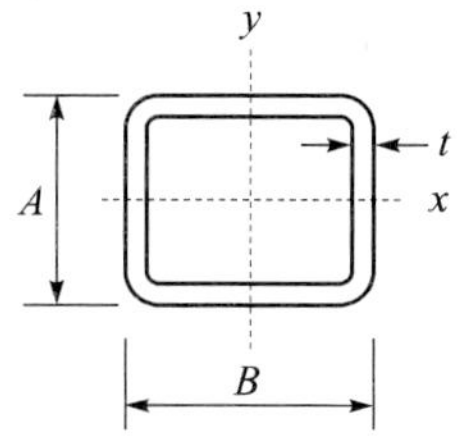

부 표 1.7 각형강관의 표준치수와 단면성능

치 수(mm)		단면적	단위중량	단면2차모멘트	단면계수	단면2차반경
변의길이 $A\times B$	두께 t	(mm²)	(N/mm)	(mm⁴)	(mm³)	(mm)
300×300	6.0	6.9930×10^{3}	5.36×10^{-1}	9.96×10^{7}	6.64×10^{5}	1.20×10^{2}
300×300	4.5	5.2670×10^{3}	4.05×10^{-1}	7.63×10^{7}	5.08×10^{5}	1.20×10^{2}
250×250	8.0	7.5790×10^{3}	5.83×10^{-1}	7.32×10^{7}	5.85×10^{5}	9.82×10^{1}
250×250	6.0	5.7630×10^{3}	4.43×10^{-1}	5.67×10^{7}	4.54×10^{5}	9.92×10^{1}
250×250	5.0	4.8360×10^{3}	3.72×10^{-1}	4.81×10^{7}	3.84×10^{5}	9.97×10^{1}
200×200	8.0	5.9790×10^{3}	4.60×10^{-1}	3.62×10^{7}	3.62×10^{5}	7.78×10^{1}
200×200	6.0	4.5630×10^{3}	3.51×10^{-1}	2.83×10^{7}	2.83×10^{5}	7.88×10^{1}
175×175	6.0	3.9630×10^{3}	3.05×10^{-1}	1.86×10^{7}	2.13×10^{5}	6.86×10^{1}
175×175	5.0	3.3360×10^{3}	2.57×10^{-1}	1.59×10^{7}	1.82×10^{5}	6.91×10^{1}
150×150	6.0	3.3630×10^{3}	2.59×10^{-1}	1.15×10^{7}	1.53×10^{5}	5.84×10^{1}
150×150	5.0	2.8360×10^{3}	2.19×10^{-1}	9.82×10^{6}	1.31×10^{5}	5.89×10^{1}
150×150	4.5	2.5670×10^{3}	1.97×10^{-1}	8.96×10^{6}	1.20×10^{5}	5.91×10^{1}
125×125	6.0	2.7630×10^{3}	2.13×10^{-1}	6.41×10^{6}	1.03×10^{5}	4.82×10^{1}
125×125	5.0	2.3360×10^{3}	1.79×10^{-1}	5.53×10^{6}	8.84×10^{4}	4.86×10^{1}
125×125	4.5	2.1170×10^{3}	1.63×10^{-1}	5.06×10^{6}	8.09×10^{4}	4.89×10^{1}
125×125	3.2	1.5330×10^{3}	1.18×10^{-1}	3.76×10^{6}	6.01×10^{4}	4.95×10^{1}
100×100	4.5	1.6670×10^{3}	1.28×10^{-1}	2.49×10^{6}	4.99×10^{4}	3.87×10^{1}
100×100	4.0	1.4950×10^{3}	1.15×10^{-1}	2.26×10^{6}	4.53×10^{4}	3.89×10^{1}
100×100	3.2	1.2130×10^{3}	9.33×10^{-2}	1.87×10^{6}	3.75×10^{4}	3.93×10^{1}
100×100	2.3	8.8520×10^{2}	6.81×10^{-2}	1.40×10^{6}	2.79×10^{4}	3.97×10^{1}
90×90	3.2	1.0850×10^{3}	8.34×10^{-2}	1.35×10^{6}	2.99×10^{4}	3.52×10^{1}
90×90	2.3	7.9320×10^{2}	6.11×10^{-2}	1.01×10^{6}	2.24×10^{4}	3.56×10^{1}
80×80	3.2	9.5670×10^{2}	7.36×10^{-2}	9.27×10^{5}	2.32×10^{4}	3.11×10^{1}
75×75	3.2	8.9270×10^{2}	6.87×10^{-2}	7.55×10^{5}	2.01×10^{4}	2.91×10^{1}
75×75	2.3	6.5520×10^{2}	5.04×10^{-2}	5.71×10^{5}	1.52×10^{4}	2.95×10^{1}
60×60	3.2	7.0070×10^{2}	5.39×10^{-2}	3.69×10^{5}	1.23×10^{4}	2.30×10^{1}
60×60	2.3	5.1720×10^{2}	3.98×10^{-2}	2.83×10^{5}	9.44×10^{3}	2.34×10^{1}
60×60	1.6	3.6720×10^{2}	2.82×10^{-2}	2.07×10^{5}	6.89×10^{3}	2.37×10^{1}
50×50	3.2	5.7270×10^{2}	4.41×10^{-2}	2.04×10^{5}	8.16×10^{3}	1.89×10^{1}
50×50	2.3	4.2520×10^{2}	3.27×10^{-2}	1.59×10^{5}	6.34×10^{3}	1.93×10^{1}
50×50	1.6	3.0320×10^{2}	2.33×10^{-2}	1.17×10^{5}	4.68×10^{3}	1.96×10^{1}

부 표 1.7 각형강관의 표준치수와 단면성능 (계속)

치 수(mm)		단면적	단위중량	단면2차모멘트 (mm^4)		단면계수 (mm^3)		단면2차반경 (mm)	
변의길이 $A\times B$	두께 t	(mm^2)	(N/mm)	I_x	I_y	S_x	S_y	i_x	i_y
200×100	6.0	3.3630×10^{3}	2.59×10^{-1}	1.70×10^{7}	5.77×10^{6}	1.70×10^{5}	1.15×10^{5}	7.12×10^{1}	4.14×10^{1}
200×100	4.5	2.5670×10^{3}	1.97×10^{-1}	1.33×10^{7}	4.55×10^{6}	1.33×10^{5}	9.09×10^{4}	7.20×10^{1}	4.21×10^{1}
150×100	6.0	2.7630×10^{3}	2.13×10^{-1}	8.35×10^{6}	4.44×10^{6}	1.11×10^{5}	8.88×10^{4}	5.50×10^{1}	4.01×10^{1}
150×100	4.5	2.1170×10^{3}	1.63×10^{-1}	6.85×10^{6}	3.52×10^{6}	8.77×10^{4}	7.04×10^{4}	5.58×10^{1}	4.08×10^{1}
150×80	6.0	2.5230×10^{3}	1.94×10^{-1}	7.10×10^{6}	2.64×10^{6}	9.47×10^{4}	6.61×10^{4}	5.31×10^{1}	3.24×10^{1}
150×80	5.0	2.1360×10^{3}	1.65×10^{-1}	6.14×10^{6}	2.30×10^{6}	8.19×10^{4}	5.75×10^{4}	5.36×10^{1}	3.28×10^{1}
150×80	4.5	1.9370×10^{3}	1.49×10^{-1}	5.63×10^{6}	2.11×10^{6}	7.50×10^{4}	5.29×10^{4}	5.39×10^{1}	3.30×10^{1}
125×75	4.0	1.4950×10^{3}	1.15×10^{-1}	3.11×10^{6}	1.44×10^{6}	4.97×10^{4}	3.75×10^{4}	4.56×10^{1}	3.07×10^{1}
125×75	3.2	1.2130×10^{3}	9.33×10^{-2}	2.57×10^{6}	1.17×10^{6}	4.11×10^{4}	3.11×10^{4}	4.60×10^{1}	3.10×10^{1}
125×75	2.3	8.8520×10^{2}	6.81×10^{-2}	1.92×10^{6}	8.75×10^{5}	3.06×10^{4}	2.33×10^{4}	4.65×10^{1}	3.14×10^{1}
125×40	2.3	7.2420×10^{2}	5.58×10^{-2}	1.31×10^{6}	2.16×10^{5}	2.09×10^{4}	1.08×10^{4}	4.25×10^{1}	1.73×10^{1}
125×40	1.6	5.1120×10^{2}	3.93×10^{-2}	9.44×10^{5}	1.58×10^{5}	1.51×10^{4}	7.91×10^{3}	4.30×10^{1}	1.76×10^{1}
100×50	3.2	8.9270×10^{2}	6.87×10^{-2}	1.12×10^{6}	3.80×10^{5}	2.25×10^{4}	1.52×10^{4}	3.55×10^{1}	2.06×10^{1}
100×50	2.3	6.5520×10^{2}	5.04×10^{-2}	8.48×10^{5}	2.90×10^{5}	1.70×10^{4}	1.16×10^{4}	3.60×10^{1}	2.10×10^{1}
100×40	2.3	6.0920×10^{2}	4.68×10^{-2}	7.39×10^{5}	1.75×10^{5}	1.48×10^{4}	8.77×10^{3}	3.48×10^{1}	1.70×10^{1}
100×40	1.6	4.3120×10^{2}	3.31×10^{-2}	5.35×10^{5}	1.29×10^{5}	1.07×10^{4}	6.44×10^{3}	3.52×10^{1}	1.73×10^{1}
100×20	2.3	5.1720×10^{2}	3.98×10^{-2}	5.19×10^{5}	3.64×10^{4}	1.04×10^{4}	3.64×10^{3}	3.17×10^{1}	8.39×10^{0}
100×20	1.6	3.6720×10^{2}	2.82×10^{-2}	3.81×10^{5}	2.78×10^{4}	7.61×10^{3}	2.78×10^{3}	3.22×10^{1}	8.70×10^{0}
90×45	3.2	7.9670×10^{2}	6.13×10^{-2}	8.02×10^{5}	2.70×10^{5}	1.78×10^{4}	1.20×10^{4}	3.17×10^{1}	1.84×10^{1}
90×45	2.6	6.5760×10^{2}	5.06×10^{-2}	6.77×10^{5}	2.29×10^{5}	1.50×10^{4}	1.02×10^{4}	3.21×10^{1}	1.87×10^{1}
90×45	2.3	5.8620×10^{2}	4.51×10^{-2}	6.10×10^{5}	2.08×10^{5}	1.36×10^{4}	9.22×10^{3}	3.23×10^{1}	1.88×10^{1}
75×45	3.2	7.0070×10^{2}	5.39×10^{-2}	5.08×10^{5}	2.28×10^{5}	1.35×10^{4}	1.01×10^{4}	2.69×10^{1}	1.80×10^{1}
75×45	2.3	5.1720×10^{2}	3.98×10^{-2}	3.89×10^{5}	1.76×10^{5}	1.04×10^{4}	7.82×10^{3}	2.74×10^{1}	1.84×10^{1}
75×45	2.0	4.5370×10^{2}	3.49×10^{-2}	3.45×10^{5}	1.57×10^{5}	9.20×10^{3}	6.96×10^{3}	2.76×10^{1}	1.86×10^{1}
75×45	1.6	3.6720×10^{2}	2.82×10^{-2}	2.84×10^{5}	1.29×10^{5}	7.56×10^{3}	3.75×10^{3}	2.78×10^{1}	1.88×10^{1}
75×20	2.3	4.0220×10^{2}	3.10×10^{-2}	2.37×10^{5}	2.73×10^{4}	6.31×10^{3}	2.73×10^{3}	2.43×10^{1}	8.24×10^{0}
75×20	1.6	2.8720×10^{2}	2.21×10^{-2}	1.76×10^{5}	2.10×10^{4}	4.69×10^{3}	2.10×10^{3}	2.47×10^{1}	8.55×10^{0}
60×30	3.2	5.0870×10^{2}	3.91×10^{-2}	2.14×10^{5}	7.08×10^{4}	7.15×10^{3}	4.72×10^{3}	2.05×10^{1}	1.18×10^{1}
60×30	2.3	3.7920×10^{2}	2.92×10^{-2}	1.68×10^{5}	5.65×10^{4}	5.61×10^{3}	3.76×10^{3}	2.11×10^{1}	1.22×10^{1}
60×30	1.6	2.7120×10^{2}	2.09×10^{-2}	1.25×10^{5}	4.25×10^{4}	4.16×10^{3}	2.83×10^{3}	2.15×10^{1}	1.25×10^{1}
50×20	2.3	2.8720×10^{2}	2.21×10^{-2}	8.00×10^{4}	1.83×10^{4}	3.20×10^{3}	1.83×10^{3}	1.67×10^{1}	7.98×10^{0}
50×20	1.6	2.0720×10^{2}	1.60×10^{-2}	6.08×10^{4}	1.42×10^{4}	2.43×10^{3}	1.42×10^{3}	1.71×10^{1}	8.29×10^{0}

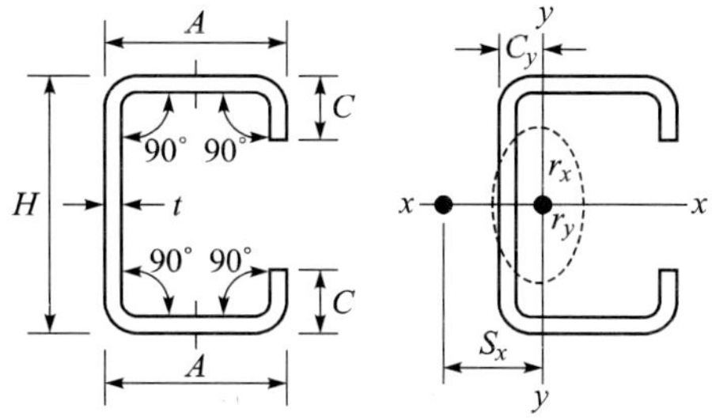

부 표 1.8 립ㄷ형강의 표준치수와 단면성능

치 수 (mm)		단면적 (mm²)	단위중량 (N/mm)	중심위치 (mm)		단면2차모멘트 (mm⁴)		단면2차반경 (mm)		단면계수 (mm³)		전단중심 (mm)	
$H\times A\times C$	t			C_x	C_y	I_x	I_y	r_x	r_y	S_x	S_y	$\overline{S_x}$	$\overline{S_y}$
250×75×25	4.5	1.8920×10^{3}	1.46×10^{-1}	0	20.7	1.69×10^{7}	1.29×10^{6}	9.44×10^{1}	2.62×10^{1}	1.35×10^{5}	2.38×10^{4}	51.0	0
200×75×25	4.5	1.6670×10^{3}	1.28×10^{-1}	0	23.2	9.90×10^{6}	1.21×10^{6}	7.61×10^{1}	2.69×10^{1}	9.90×10^{4}	2.33×10^{4}	56.0	0
	4.0	1.4950×10^{3}	1.15×10^{-1}	0	23.2	8.95×10^{6}	1.10×10^{6}	7.74×10^{1}	2.72×10^{1}	8.95×10^{4}	2.13×10^{4}	57.0	0
	3.2	1.2130×10^{3}	9.33×10^{-2}	0	23.3	7.36×10^{6}	9.23×10^{5}	7.70×10^{1}	2.76×10^{1}	7.36×10^{4}	1.78×10^{4}	57.0	0
200×75×20	4.5	1.6220×10^{3}	1.24×10^{-1}	0	21.9	9.63×10^{6}	1.09×10^{6}	7.71×10^{1}	2.60×10^{1}	9.63×10^{4}	2.06×10^{4}	53.0	0
	4.0	1.4555×10^{3}	1.12×10^{-1}	0	21.9	8.71×10^{6}	1.00×10^{6}	7.74×10^{1}	2.62×10^{1}	8.71×10^{4}	1.89×10^{4}	53.0	0
	3.2	1.1810×10^{3}	9.08×10^{-2}	0	21.9	7.16×10^{6}	8.41×10^{5}	7.79×10^{1}	2.67×10^{1}	7.16×10^{4}	1.58×10^{4}	54.0	0
150×75×25	4.5	1.4420×10^{3}	1.11×10^{-1}	0	26.5	5.01×10^{6}	1.09×10^{6}	5.90×10^{1}	2.75×10^{1}	6.69×10^{4}	2.25×10^{4}	63.0	0
	4.0	1.2950×10^{3}	1.00×10^{-1}	0	26.5	4.55×10^{6}	9.98×10^{5}	5.93×10^{1}	2.78×10^{1}	6.06×10^{4}	2.06×10^{4}	63.0	0
	3.2	1.0530×10^{3}	8.10×10^{-2}	0	26.6	3.75×10^{6}	8.36×10^{5}	5.97×10^{1}	2.82×10^{1}	5.00×10^{4}	1.73×10^{4}	64.0	0
150×75×20	4.5	1.3970×10^{3}	1.08×10^{-1}	0	25.0	4.89×10^{6}	9.92×10^{5}	5.92×10^{1}	2.66×10^{1}	6.52×10^{4}	1.98×10^{4}	60.0	0
	4.0	1.2550×10^{3}	9.65×10^{-2}	0	25.1	4.45×10^{6}	9.10×10^{5}	5.95×10^{1}	2.69×10^{1}	5.93×10^{4}	1.82×10^{4}	58.0	0
	3.2	1.0210×10^{3}	7.85×10^{-2}	0	25.1	3.66×10^{6}	7.64×10^{5}	5.99×10^{1}	2.74×10^{1}	4.89×10^{4}	1.53×10^{4}	51.0	0
150×65×20	4.0	1.1750×10^{3}	9.04×10^{-2}	0	21.1	4.01×10^{6}	6.37×10^{5}	5.84×10^{1}	2.33×10^{1}	5.35×10^{4}	1.45×10^{4}	50.0	0
	3.2	9.5670×10^{2}	7.36×10^{-2}	0	21.1	3.32×10^{6}	5.38×10^{5}	5.89×10^{1}	2.37×10^{1}	4.43×10^{4}	1.22×10^{4}	51.0	0
	2.3	7.0120×10^{2}	5.39×10^{-2}	0	21.2	2.48×10^{6}	4.11×10^{5}	5.94×10^{1}	2.42×10^{1}	3.30×10^{4}	9.37×10^{3}	52.0	0
150×50×20	4.5	1.1720×10^{3}	9.02×10^{-2}	0	15.4	3.68×10^{6}	3.57×10^{5}	5.60×10^{1}	1.75×10^{1}	4.90×10^{4}	1.05×10^{4}	37.0	0
	3.2	8.6070×10^{2}	6.62×10^{-2}	0	15.4	2.80×10^{6}	2.83×10^{5}	5.71×10^{1}	1.81×10^{1}	3.74×10^{4}	8.19×10^{3}	38.0	0
	2.3	6.3220×10^{2}	4.86×10^{-2}	0	15.5	2.10×10^{6}	2.19×10^{5}	5.77×10^{1}	1.86×10^{1}	2.80×10^{4}	6.33×10^{3}	38.0	0
125×50×20	4.5	1.0590×10^{3}	8.15×10^{-2}	0	16.8	2.38×10^{6}	3.35×10^{5}	4.74×10^{1}	1.78×10^{1}	3.80×10^{4}	1.00×10^{4}	40.0	0
	4.0	9.5480×10^{2}	7.35×10^{-2}	0	16.8	2.17×10^{6}	3.31×10^{5}	4.77×10^{1}	1.81×10^{1}	3.47×10^{4}	9.38×10^{3}	40.0	0
	3.2	7.8070×10^{2}	6.01×10^{-2}	0	16.8	1.81×10^{6}	2.66×10^{5}	4.82×10^{1}	1.85×10^{1}	2.90×10^{4}	8.02×10^{3}	40.0	0
	2.3	5.7470×10^{2}	4.42×10^{-2}	0	16.9	1.37×10^{6}	2.06×10^{5}	4.88×10^{1}	1.89×10^{1}	2.19×10^{4}	6.22×10^{3}	41.0	0

부 표 1.8 립ㄷ형강의 표준치수와 단면성능 (계속)

치 수 (mm)		단면적	단위중량	중심위치 (mm)		단면2차모멘트 (mm^4)		단면2차반경 (mm)		단면계수 (mm^3)		전단중심 (mm)	
$H\times A\times C$	t	(mm^2)	(N/mm)	C_x	C_y	I_x	I_y	r_x	r_y	S_x	S_y	$\overline{S_x}$	$\overline{S_y}$
120×60×25	4.5	1.1720×10^{3}	9.02×10^{-2}	0	22.5	2.52×10^{6}	5.80×10^{5}	4.63×10^{1}	2.22×10^{1}	4.19×10^{4}	1.55×10^{4}	53.0	0
120×60×20	3.2	8.2870×10^{2}	6.38×10^{-2}	0	21.2	1.86×10^{6}	4.09×10^{5}	4.74×10^{1}	2.22×10^{1}	3.10×10^{4}	1.05×10^{4}	49.0	0
	2.3	6.0920×10^{2}	4.68×10^{-2}	0	21.3	1.40×10^{6}	3.13×10^{5}	4.79×10^{1}	2.27×10^{1}	2.33×10^{4}	8.10×10^{3}	51.0	0
120×40×20	3.2	7.0070×10^{2}	5.39×10^{-2}	0	13.2	1.44×10^{6}	1.53×10^{5}	4.53×10^{1}	1.48×10^{1}	2.40×10^{4}	5.71×10^{3}	34.0	0
100×50×20	4.5	9.4690×10^{2}	7.28×10^{-2}	0	18.6	1.39×10^{6}	3.09×10^{5}	3.82×10^{1}	1.81×10^{1}	2.77×10^{4}	9.82×10^{3}	43.0	0
	4.0	8.5480×10^{2}	6.58×10^{-2}	0	18.6	1.27×10^{6}	2.87×10^{5}	3.85×10^{1}	1.83×10^{1}	2.54×10^{4}	9.13×10^{3}	43.0	0
	3.2	7.0070×10^{2}	5.39×10^{-2}	0	18.6	1.07×10^{6}	2.45×10^{5}	3.90×10^{1}	1.87×10^{1}	2.13×10^{4}	7.81×10^{3}	44.0	0
	2.8	6.2050×10^{2}	4.77×10^{-2}	0	18.6	9.98×10^{5}	2.32×10^{5}	3.96×10^{1}	1.91×10^{1}	2.00×10^{4}	7.44×10^{3}	43.0	0
	2.3	5.1720×10^{2}	3.98×10^{-2}	0	18.6	8.07×10^{5}	1.90×10^{5}	3.95×10^{1}	1.92×10^{1}	1.61×10^{4}	6.06×10^{3}	44.0	0
	2.0	4.5370×10^{2}	3.49×10^{-2}	0	18.6	7.14×10^{5}	1.69×10^{5}	3.97×10^{1}	1.93×10^{1}	1.43×10^{4}	5.40×10^{3}	44.0	0
	1.6	3.6720×10^{2}	2.82×10^{-2}	0	18.7	5.84×10^{5}	1.40×10^{5}	3.99×10^{1}	1.95×10^{1}	1.17×10^{4}	4.47×10^{3}	45.0	0
90×45×20	3.2	6.3670×10^{2}	4.90×10^{-2}	0	17.2	7.69×10^{5}	1.83×10^{5}	3.48×10^{1}	1.69×10^{1}	1.71×10^{4}	6.57×10^{3}	41.0	0
	2.3	4.7120×10^{2}	3.63×10^{-2}	0	17.3	5.86×10^{5}	1.42×10^{5}	3.53×10^{1}	1.74×10^{1}	1.30×10^{4}	5.14×10^{3}	41.0	0
	1.6	3.3520×10^{2}	2.58×10^{-2}	0	17.3	4.26×10^{5}	1.05×10^{5}	3.56×10^{1}	1.77×10^{1}	9.46×10^{3}	5.80×10^{3}	42.0	0
75×45×15	2.3	4.1370×10^{2}	3.19×10^{-2}	0	17.2	3.71×10^{5}	1.18×10^{5}	3.00×10^{1}	1.69×10^{1}	9.90×10^{3}	4.24×10^{3}	40.0	0
	2.0	3.6370×10^{2}	2.80×10^{-2}	0	17.2	3.30×10^{5}	1.05×10^{5}	3.01×10^{1}	1.70×10^{1}	8.79×10^{3}	3.76×10^{3}	40.0	0
	1.6	2.9520×10^{2}	2.27×10^{-2}	0	17.2	2.71×10^{5}	8.71×10^{4}	3.03×10^{1}	1.72×10^{1}	7.24×10^{3}	3.13×10^{3}	41.0	0
75×35×15	2.3	3.6770×10^{2}	2.83×10^{-2}	0	12.9	3.10×10^{5}	6.58×10^{4}	2.91×10^{1}	1.34×10^{1}	8.28×10^{3}	2.98×10^{3}	31.0	0
70×40×25	1.6	3.0320×10^{2}	2.33×10^{-2}	0	18.0	2.20×10^{5}	8.00×10^{4}	2.69×10^{1}	1.62×10^{1}	6.29×10^{3}	3.64×10^{3}	44.0	0
60×30×10	2.3	2.8720×10^{2}	2.21×10^{-2}	0	10.6	1.56×10^{5}	3.32×10^{4}	2.33×10^{1}	1.07×10^{1}	5.20×10^{3}	1.71×10^{3}	25.0	0
	2.0	2.5370×10^{2}	1.95×10^{-2}	0	10.6	1.40×10^{5}	3.01×10^{4}	2.35×10^{1}	1.09×10^{1}	4.65×10^{3}	1.55×10^{3}	25.0	0
	1.6	2.0720×10^{2}	1.60×10^{-2}	0	10.6	1.16×10^{5}	2.56×10^{4}	2.37×10^{1}	1.11×10^{1}	3.88×10^{3}	1.32×10^{3}	25.0	0

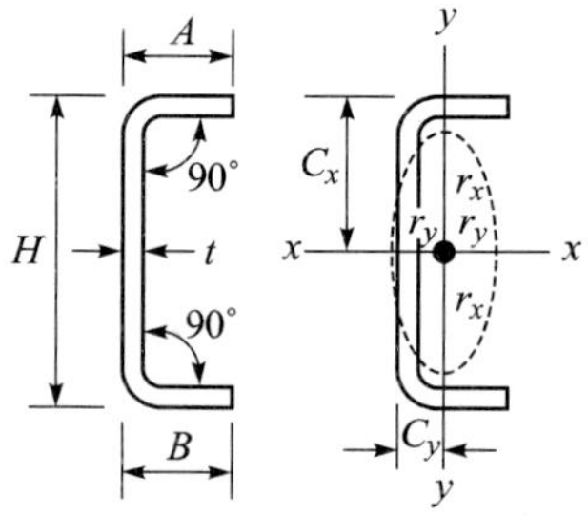

부 표 1.9 경ㄷ형강의 표준치수와 단면성능

치수 (mm)		단면적	단위중량	중심위치 (mm)		단면2차모멘트 (mm^4)		단면2차반경 (mm)		단면계수 (mm^3)		전단중심 (mm)	
H×A×B	t	(mm^2)	(N/mm)	C_x	C_y	I_x	I_y	r_x	r_y	S_x	S_y	$\overline{S_x}$	$\overline{S_y}$
450×75×75	6.0	3.4820×10^{3}	2.68×10^{-1}	0	1.19×10^{1}	8.40×10^{7}	1.22×10^{6}	1.55×10^{2}	1.87×10^{1}	3.74×10^{5}	1.94×10^{4}	2.70×10^{1}	0
	4.5	2.6330×10^{3}	2.03×10^{-1}	0	1.13×10^{1}	6.43×10^{7}	9.43×10^{5}	1.56×10^{2}	1.89×10^{1}	2.86×10^{5}	1.48×10^{4}	2.70×10^{1}	0
400×75×75	6.0	3.1820×10^{3}	2.45×10^{-1}	0	1.28×10^{1}	6.23×10^{7}	1.20×10^{6}	1.40×10^{2}	1.94×10^{1}	3.12×10^{5}	1.92×10^{4}	2.90×10^{1}	0
	4.5	2.4080×10^{3}	1.85×10^{-1}	0	1.21×10^{1}	4.78×10^{7}	9.22×10^{5}	1.41×10^{2}	1.96×10^{1}	2.39×10^{5}	1.47×10^{4}	2.90×10^{1}	0

부 표 1.9 경ㄷ형강의 표준치수와 단면성능 (계속)

치수 (mm) H×A×B	t	단면적 (mm^2)	단위중량 (N/mm)	중심위치 (mm) C_x	C_y	단면2차모멘트 (mm^4) I_x	I_y	단면2차반경 (mm) r_x	r_y	단면계수 (mm^3) S_x	S_y	전단중심 (mm) $\overline{S_x}$	$\overline{S_y}$
350×50×50	4.5	1.9580×10^{3}	1.51×10^{-1}	0	7.50×10^{0}	2.75×10^{7}	2.75×10^{5}	1.19×10^{2}	1.19×10^{1}	1.57×10^{5}	6.48×10^{3}	1.60×10^{1}	0
	4.0	1.7470×10^{3}	1.34×10^{-1}	0	7.30×10^{0}	2.47×10^{7}	2.48×10^{5}	1.19×10^{2}	1.19×10^{1}	1.41×10^{5}	5.81×10^{3}	1.60×10^{1}	0
300×50×50	4.5	1.7330×10^{3}	1.33×10^{-1}	0	8.20×10^{0}	1.85×10^{7}	2.68×10^{5}	1.03×10^{2}	1.24×10^{1}	1.23×10^{5}	6.41×10^{3}	1.80×10^{1}	0
	4.0	1.5470×10^{3}	1.19×10^{-1}	0	8.00×10^{0}	1.66×10^{7}	2.41×10^{5}	1.04×10^{2}	1.25×10^{1}	1.11×10^{5}	5.74×10^{3}	1.80×10^{1}	0
250×75×75	6.0	2.2820×10^{3}	1.75×10^{-1}	0	1.66×10^{1}	1.94×10^{7}	1.07×10^{6}	9.23×10^{1}	2.71×10^{1}	1.55×10^{5}	1.84×10^{4}	3.70×10^{1}	0
250×50×50	4.5	1.5080×10^{3}	1.16×10^{-1}	0	9.10×10^{0}	1.16×10^{7}	2.59×10^{5}	8.78×10^{1}	1.31×10^{1}	9.30×10^{4}	6.31×10^{3}	2.00×10^{1}	0
	4.0	1.3470×10^{3}	1.04×10^{-1}	0	8.80×10^{0}	1.05×10^{7}	2.33×10^{5}	8.81×10^{1}	1.32×10^{1}	8.37×10^{4}	5.66×10^{3}	2.00×10^{1}	0
200×75×75	6.0	1.9820×10^{3}	1.53×10^{-1}	0	1.87×10^{1}	1.13×10^{7}	1.01×10^{6}	7.56×10^{1}	2.25×10^{1}	1.13×10^{5}	1.79×10^{4}	4.10×10^{1}	0
200×50×50	4.5	1.2830×10^{3}	9.90×10^{-2}	0	1.03×10^{1}	6.66×10^{6}	2.46×10^{5}	7.20×10^{1}	1.38×10^{1}	6.66×10^{4}	6.19×10^{3}	2.20×10^{1}	0
	4.0	1.1470×10^{3}	8.82×10^{-2}	0	1.00×10^{1}	6.00×10^{6}	2.22×10^{5}	7.23×10^{1}	1.39×10^{1}	6.00×10^{4}	5.55×10^{3}	2.20×10^{1}	0
	3.2	9.6230×10^{2}	7.12×10^{-2}	0	9.70×10^{0}	4.90×10^{6}	1.82×10^{5}	7.28×10^{1}	1.40×10^{1}	4.90×10^{4}	4.51×10^{3}	2.30×10^{1}	0
150×75×75	6.0	1.6820×10^{3}	1.29×10^{-1}	0	2.15×10^{1}	5.73×10^{6}	9.19×10^{5}	5.84×10^{1}	2.34×10^{1}	7.64×10^{4}	1.72×10^{4}	4.60×10^{1}	0
	4.5	1.2830×10^{3}	9.90×10^{-2}	0	2.08×10^{1}	4.48×10^{6}	7.14×10^{5}	5.91×10^{1}	2.36×10^{1}	5.98×10^{4}	1.32×10^{4}	4.60×10^{1}	0
	4.0	1.1470×10^{3}	8.82×10^{-2}	0	2.06×10^{1}	4.04×10^{6}	6.42×10^{5}	5.93×10^{1}	2.36×10^{1}	5.39×10^{4}	1.18×10^{4}	4.60×10^{1}	0
150×50×50	4.5	1.5080×10^{3}	8.14×10^{-2}	0	1.20×10^{1}	3.29×10^{6}	2.28×10^{5}	5.58×10^{1}	1.47×10^{1}	4.39×10^{4}	5.99×10^{3}	2.60×10^{1}	0
	3.2	7.6630×10^{2}	5.90×10^{-2}	0	1.14×10^{1}	2.44×10^{6}	1.69×10^{5}	5.64×10^{1}	1.48×10^{1}	3.25×10^{4}	4.37×10^{3}	2.60×10^{1}	0
	2.3	5.5760×10^{2}	4.29×10^{-2}	0	1.10×10^{1}	1.81×10^{6}	1.25×10^{5}	5.69×10^{1}	1.50×10^{1}	2.41×10^{4}	3.20×10^{3}	2.60×10^{1}	0
120×40×40	3.2	6.0630×10^{2}	4.66×10^{-2}	0	9.40×10^{0}	1.22×10^{6}	8.43×10^{4}	4.48×10^{1}	1.18×10^{1}	2.03×10^{4}	2.75×10^{3}	2.10×10^{1}	0
100×50×50	3.2	6.0630×10^{2}	4.66×10^{-2}	0	1.40×10^{1}	9.36×10^{5}	1.49×10^{5}	3.93×10^{1}	1.57×10^{1}	1.87×10^{4}	4.15×10^{3}	3.10×10^{1}	0
	2.3	4.4260×10^{2}	3.40×10^{-2}	0	1.36×10^{1}	6.99×10^{5}	1.11×10^{5}	3.97×10^{1}	1.58×10^{1}	1.40×10^{4}	3.04×10^{3}	3.10×10^{1}	0
100×40×40	3.2	5.4230×10^{2}	4.17×10^{-2}	0	1.03×10^{1}	7.86×10^{5}	7.99×10^{4}	3.81×10^{1}	1.21×10^{1}	1.57×10^{4}	2.69×10^{3}	2.20×10^{1}	0
	2.3	3.9660×10^{2}	3.05×10^{-2}	0	9.90×10^{0}	5.89×10^{5}	5.96×10^{4}	3.85×10^{1}	1.23×10^{1}	1.18×10^{4}	1.98×10^{3}	2.20×10^{1}	0
80×40×40	2.3	3.5060×10^{2}	2.70×10^{-2}	0	1.11×10^{1}	3.49×10^{5}	5.56×10^{4}	3.16×10^{1}	1.26×10^{1}	8.73×10^{3}	1.92×10^{3}	2.40×10^{1}	0
60×30×30	2.3	2.5860×10^{2}	1.99×10^{-2}	0	8.60×10^{0}	1.42×10^{5}	2.27×10^{4}	2.34×10^{1}	9.40×10^{0}	4.72×10^{3}	1.06×10^{3}	1.80×10^{1}	0
	1.6	1.8360×10^{2}	1.41×10^{-2}	0	8.20×10^{0}	1.03×10^{5}	1.64×10^{4}	2.37×10^{1}	9.50×10^{0}	3.45×10^{3}	7.50×10^{2}	1.80×10^{1}	0
40×40×40	3.2	3.5030×10^{2}	2.70×10^{-2}	0	1.51×10^{1}	9.21×10^{4}	5.72×10^{4}	1.62×10^{1}	1.28×10^{1}	4.60×10^{3}	2.30×10^{3}	3.00×10^{1}	0
	2.3	2.5860×10^{2}	1.99×10^{-2}	0	1.46×10^{1}	7.13×10^{4}	3.54×10^{4}	1.66×10^{1}	1.17×10^{1}	3.57×10^{3}	1.39×10^{3}	3.00×10^{1}	0
38×15×15	1.6	1.0040×10^{2}	7.72×10^{-3}	0	4.00×10^{0}	2.04×10^{4}	2.00×10^{3}	1.42×10^{1}	4.50×10^{0}	1.07×10^{3}	1.80×10^{2}	8.00×10^{0}	0
19×12×12	1.6	6.0390×10^{1}	4.65×10^{-3}	0	4.10×10^{0}	3.20×10^{3}	8.00×10^{2}	7.20×10^{0}	3.70×10^{0}	3.30×10^{2}	1.10×10^{2}	8.00×10^{0}	0
150×75×30	6.0	1.4120×10^{3}	1.09×10^{-1}	6.33×10^{1}	1.56×10^{1}	4.06×10^{4}	5.64×10^{5}	5.36×10^{1}	2.00×10^{1}	4.69×10^{4}	9.49×10^{3}	2.20×10^{1}	4.50×10^{1}
100×50×15	2.3	3.6210×10^{2}	2.78×10^{-2}	3.91×10^{1}	9.40×10^{0}	4.64×10^{5}	4.96×10^{4}	3.58×10^{1}	1.17×10^{1}	7.62×10^{3}	1.22×10^{3}	1.20×10^{1}	3.00×10^{1}
75×40×15	3.2	3.8230×10^{2}	2.94×10^{-2}	3.91×10^{1}	8.00×10^{0}	2.10×10^{5}	3.93×10^{4}	2.34×10^{1}	1.01×10^{1}	4.68×10^{3}	1.23×10^{3}	1.20×10^{1}	2.10×10^{1}
	2.3	2.8160×10^{2}	2.17×10^{-2}	3.01×10^{1}	8.10×10^{0}	2.08×10^{5}	3.12×10^{4}	2.72×10^{1}	1.05×10^{1}	4.63×10^{3}	9.80×10^{2}	1.20×10^{1}	2.10×10^{1}
50×25×10	2.3	1.7810×10^{2}	1.37×10^{-2}	1.97×10^{1}	5.40×10^{0}	5.59×10^{4}	7.90×10^{3}	1.77×10^{1}	6.70×10^{0}	1.84×10^{3}	4.00×10^{2}	7.00×10^{0}	1.50×10^{1}
40×40×15	3.2	2.7030×10^{2}	2.08×10^{-2}	1.46×10^{1}	1.14×10^{1}	5.71×10^{4}	3.68×10^{4}	1.45×10^{1}	1.17×10^{1}	2.24×10^{3}	1.29×10^{3}	1.40×10^{1}	1.20×10^{1}

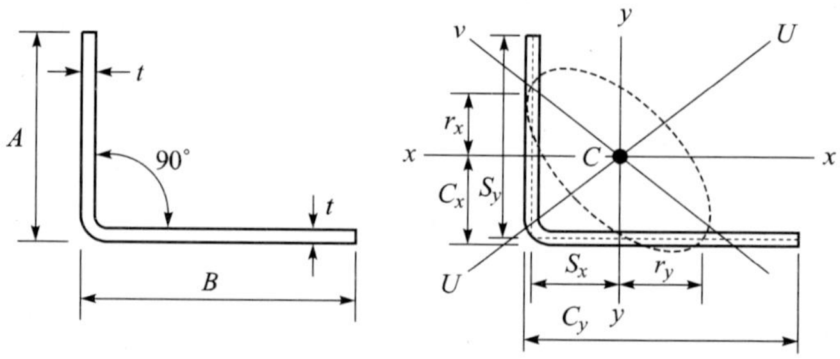

부 표 1.10 경ㄱ형강의 표준치수와 단면성능

치 수 (mm)		단면적 (mm^2)	단위중량 (N/mm)	중심위치 (mm)		단면2차모멘트 (mm^4)				단면2차반경 (mm)			
$A\times$	t			C_x	C_y	I_x	I_y	I_u	I_v	r_x	r_y	r_u	r_v
60×60	3.2	3.6720×10^2	2.82×10^{-2}	1.65×10^1	1.65×10^1	1.31×10^5	1.31×10^5	2.13×10^5	5.03×10^4	1.89×10^1	1.89×10^1	2.41×10^1	1.17×10^1
50×50	3.2	3.0320×10^2	2.33×10^{-2}	1.40×10^1	1.40×10^1	7.47×10^4	7.47×10^4	2.11×10^5	2.83×10^4	1.57×10^1	1.57×10^1	2.00×10^1	9.70×10^0
	3.2	2.2130×10^2	1.71×10^{-2}	1.36×10^1	1.36×10^1	5.54×10^4	5.54×10^4	8.94×10^4	2.13×10^4	1.58×10^1	1.58×10^1	2.01×10^1	9.80×10^0
40×40	3.2	2.3920×10^2	1.84×10^{-2}	1.15×10^1	1.15×10^1	3.72×10^4	3.72×10^4	6.04×10^4	1.39×10^4	1.25×10^1	1.25×10^1	1.59×10^1	7.60×10^0
30×30	3.2	1.7520×10^2	1.35×10^{-2}	9.00×10^0	9.00×10^0	1.50×10^4	1.50×10^4	2.45×10^4	5.40×10^3	9.20×10^0	9.20×10^0	1.18×10^1	5.60×10^0
75×30	3.2	3.1920×10^2	2.46×10^{-2}	2.86×10^1	2.86×10^0	1.89×10^5	1.94×10^4	1.96×10^5	1.47×10^4	2.43×10^1	7.80×10^0	2.48×10^1	6.20×10^0

치 수 (mm)		단면적 (mm^2)	단위중량 (N/mm)	$\tan\alpha$	단면계수 (mm^3)		전단중심 (mm)	
$A\times B$	t				S_x	S_y	$\overline{S_x}$	$\overline{S_y}$
60×60	3.2	3.6720×10^2	2.82×10^{-2}	1.00	3.02×10^3	3.02×10^3	1.49×10^1	1.49×10^1
50×50	3.2	3.0320×10^2	2.33×10^{-2}	1.00	2.07×10^3	2.07×10^3	1.24×10^1	1.24×10^1
	3.2	2.2130×10^2	1.71×10^{-2}	1.00	1.52×10^3	1.52×10^3	1.24×10^1	1.24×10^1
40×40	3.2	2.3920×10^2	1.84×10^{-2}	1.00	1.30×10^3	1.30×10^3	9.90×10^0	9.90×10^0
30×30	3.2	1.7520×10^2	1.35×10^{-2}	1.00	7.10×10^2	7.10×10^2	7.40×10^0	7.40×10^0
75×30	3.2	3.1610×10^2	2.46×10^{-2}	0.198	4.07×10^3	8.00×10^2	4.10×10^0	2.70×10^1

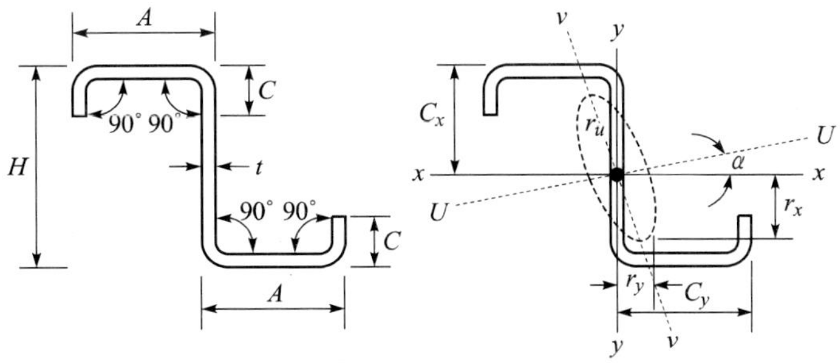

부 표 1.11 립Z형강의 표준치수와 단면성능

치수 (mm) H×A×C	t	단면적 (mm²)	단위중량 (N/mm)	중심위치 (mm) C_x	C_y	단면2차모멘트 (mm⁴) I_x	I_y	I_u	I_v	단면2차반경 (mm) r_x	r_y	r_u	r_v
100×50	3.2	6.0630×10^{2}	4.66×10^{-2}	5.00×10^{1}	4.84×10^{1}	9.36×10^{5}	2.42×10^{5}	1.09×10^{6}	8.70×10^{4}	3.93×10^{1}	2.00×10^{1}	4.24×10^{1}	1.20×10^{1}
×50	2.3	4.4260×10^{2}	3.40×10^{-2}	5.00×10^{1}	4.88×10^{1}	6.99×10^{5}	1.79×10^{5}	8.12×10^{5}	6.53×10^{4}	3.97×10^{1}	2.01×10^{1}	4.28×10^{1}	1.21×10^{1}
75×30 ×30	3.2	3.9830×10^{2}	3.07×10^{-2}	3.75×10^{1}	2.84×10^{1}	3.16×10^{5}	4.91×10^{4}	3.45×10^{5}	2.00×10^{4}	2.82×10^{1}	1.11×10^{1}	2.94×10^{1}	7.10×10^{0}
60×30 ×30	2.3	2.5860×10^{2}	1.99×10^{-2}	3.00×10^{1}	2.88×10^{1}	1.42×10^{5}	3.69×10^{4}	1.65×10^{5}	1.31×10^{4}	2.34×10^{1}	1.19×10^{1}	2.53×10^{1}	7.10×10^{0}
40×20 ×20	2.3	1.6660×10^{2}	1.28×10^{-2}	2.00×10^{1}	1.88×10^{1}	3.86×10^{4}	1.03×10^{4}	4.54×10^{4}	3.50×10^{3}	1.52×10^{1}	7.90×10^{0}	1.65×10^{1}	4.60×10^{0}
75×40 ×30	2.3	3.1610×10^{2}	2.43×10^{-2}	3.49×10^{1}	3.13×10^{1}	2.68×10^{5}	6.15×10^{4}	3.06×10^{5}	2.39×10^{4}	2.91×10^{1}	1.40×10^{1}	3.11×10^{1}	8.65×10^{0}
75×30 ×20	2.3	2.7010×10^{2}	2.08×10^{-2}	3.44×10^{1}	2.09×10^{1}	2.07×10^{5}	2.25×10^{4}	2.19×10^{5}	1.08×10^{4}	2.77×10^{1}	9.13×10^{0}	2.85×10^{1}	6.31×10^{0}

치수 (mm) H×A×C	t	단면적 (mm²)	단위중량 (N/mm)	tan α	단면계수 (mm³) S_x	S_y	전단중심 (mm) $\overline{S_x}$	$\overline{S_y}$
100×50×50	3.2	6.0630×10^{2}	4.66×10^{-2}	0.427	1.87×10^{4}	5.00×10^{3}	0	0
	2.3	4.4260×10^{2}	3.40×10^{-2}	0.423	1.40×10^{4}	3.66×10^{3}	0	0
75×30×30	3.2	3.9830×10^{2}	3.07×10^{-2}	0.313	8.42×10^{3}	1.73×10^{3}	0	0
60×30×30	2.3	2.5860×10^{2}	1.99×10^{-2}	0.430	4.72×10^{3}	1.28×10^{3}	0	0
40×20×20	2.3	1.6660×10^{2}	1.28×10^{-2}	0.443	1.93×10^{3}	5.50×10^{2}	0	0
75×40×30	2.3	3.1610×10^{2}	2.43×10^{-2}	0.394	6.68×10^{3}	1.69×10^{3}	5.00×10^{-1}	1.38×10^{1}
75×30×20	2.3	2.7010×10^{2}	2.08×10^{-2}	0.245	5.10×10^{3}	8.39×10^{2}	3.00×10^{-1}	1.86×10^{1}

부록 2 압축재 휨좌굴강도

부 표 2.1 압축재의 휨좌굴강도(N/mm^2) ($F_y = 235$N/mm^2, $\phi_c = 0.9$)

$\frac{KL}{r}$	$\phi_c F_{cr}$	$\frac{KL}{r}$	$\phi_c F_{cr}$	$\frac{KL}{r}$	$\phi_c F_{cr}$	$\frac{KL}{r}$	$\phi_c F_{cr}$	$\frac{KL}{r}$	$\phi_c F_{cr}$
1	2.11×10^{2}	41	1.95×10^{2}	81	1.54×10^{2}	121	1.04×10^{2}	161	5.99×10^{1}
2	2.11×10^{2}	42	1.94×10^{2}	82	1.52×10^{2}	122	1.03×10^{2}	162	5.90×10^{1}
3	2.11×10^{2}	43	1.93×10^{2}	83	1.51×10^{2}	123	1.01×10^{2}	163	5.80×10^{1}
4	2.11×10^{2}	44	1.92×10^{2}	84	1.50×10^{2}	124	1.00×10^{2}	164	5.71×10^{1}
5	2.11×10^{2}	45	1.92×10^{2}	85	1.49×10^{2}	125	9.89×10^{1}	165	5.62×10^{1}
6	2.11×10^{2}	46	1.91×10^{2}	86	1.48×10^{2}	126	9.77×10^{1}	166	5.53×10^{1}
7	2.11×10^{2}	47	1.90×10^{2}	87	1.46×10^{2}	127	8.65×10^{1}	167	5.44×10^{1}
8	2.11×10^{2}	48	1.89×10^{2}	88	1.45×10^{2}	128	9.53×10^{1}	168	5.36×10^{1}
9	2.11×10^{2}	49	1.88×10^{2}	89	1.44×10^{2}	129	9.41×10^{1}	169	5.27×10^{1}
10	2.10×10^{2}	50	1.87×10^{2}	90	1.43×10^{2}	130	9.29×10^{1}	170	5.18×10^{1}
11	2.10×10^{2}	51	1.86×10^{2}	91	1.41×10^{2}	131	9.18×10^{1}	171	5.10×10^{1}
12	2.10×10^{2}	52	1.85×10^{2}	92	1.40×10^{2}	132	9.06×10^{1}	172	5.01×10^{1}
13	2.10×10^{2}	53	1.84×10^{2}	93	1.39×10^{2}	133	8.94×10^{1}	173	4.93×10^{1}
14	2.09×10^{2}	54	1.84×10^{2}	94	1.38×10^{2}	134	8.83×10^{1}	174	4.85×10^{1}
15	2.09×10^{2}	55	1.83×10^{2}	95	1.36×10^{2}	135	8.71×10^{1}	175	4.77×10^{1}
16	2.09×10^{2}	56	1.82×10^{2}	96	1.35×10^{2}	136	8.60×10^{1}	176	4.68×10^{1}
17	2.09×10^{2}	57	1.81×10^{2}	97	1.34×10^{2}	137	8.48×10^{1}	177	4.60×10^{1}
18	2.08×10^{2}	58	1.80×10^{2}	98	1.33×10^{2}	138	8.37×10^{1}	178	4.53×10^{1}
19	2.08×10^{2}	59	1.79×10^{2}	99	1.31×10^{2}	139	8.26×10^{1}	179	4.45×10^{1}
20	2.07×10^{2}	60	1.78×10^{2}	100	1.30×10^{2}	140	8.15×10^{1}	180	4.37×10^{1}
21	2.07×10^{2}	61	1.76×10^{2}	101	1.29×10^{2}	141	8.04×10^{1}	181	4.29×10^{1}
22	2.07×10^{2}	62	1.75×10^{2}	102	1.27×10^{2}	142	7.93×10^{1}	182	4.22×10^{1}
23	2.06×10^{2}	63	1.74×10^{2}	103	1.26×10^{2}	143	7.82×10^{1}	183	4.15×10^{1}
24	2.06×10^{2}	64	1.73×10^{2}	104	1.25×10^{2}	144	7.71×10^{1}	184	4.07×10^{1}
25	2.05×10^{2}	65	1.72×10^{2}	105	1.24×10^{2}	145	7.60×10^{1}	185	4.00×10^{1}
26	2.05×10^{2}	66	1.71×10^{2}	106	1.22×10^{2}	146	7.50×10^{1}	186	3.93×10^{1}
27	2.04×10^{2}	67	1.70×10^{2}	107	1.21×10^{2}	147	7.39×10^{1}	187	3.86×10^{1}
28	2.04×10^{2}	68	1.69×10^{2}	108	1.20×10^{2}	148	7.28×10^{1}	188	3.79×10^{1}
29	2.03×10^{2}	69	1.68×10^{2}	109	1.19×10^{2}	149	7.18×10^{1}	189	3.72×10^{1}
30	2.02×10^{2}	70	1.67×10^{2}	110	1.17×10^{2}	150	7.08×10^{1}	190	3.65×10^{1}
31	2.02×10^{2}	71	1.65×10^{2}	111	1.16×10^{2}	151	6.97×10^{1}	191	3.58×10^{1}
32	2.01×10^{2}	72	1.64×10^{2}	112	1.15×10^{2}	152	6.87×10^{1}	192	3.52×10^{1}
33	2.01×10^{2}	73	1.63×10^{2}	113	1.14×10^{2}	153	6.77×10^{1}	193	3.45×10^{1}
34	2.00×10^{2}	74	1.62×10^{2}	114	1.12×10^{2}	154	6.67×10^{1}	194	3.39×10^{1}
35	1.99×10^{2}	75	1.61×10^{2}	115	1.11×10^{2}	155	6.57×10^{1}	195	3.32×10^{1}
36	1.99×10^{2}	76	1.60×10^{2}	116	1.10×10^{2}	156	6.47×10^{1}	196	3.26×10^{1}
37	1.98×10^{2}	77	1.58×10^{2}	117	1.09×10^{2}	157	6.37×10^{1}	197	3.20×10^{1}
38	1.97×10^{2}	78	1.57×10^{2}	118	1.07×10^{2}	158	6.28×10^{1}	198	3.14×10^{1}
39	1.96×10^{2}	79	1.56×10^{2}	119	1.06×10^{2}	159	6.18×10^{1}	199	3.08×10^{1}
40	1.96×10^{2}	80	1.55×10^{2}	120	1.05×10^{2}	160	6.09×10^{1}	200	3.02×10^{1}

부 표 2.2 압축재의 휨좌굴강도$(\mathrm{N/mm^2})$ $(F_y = 315\mathrm{N/mm^2},\ \phi_c = 0.9)$

$\frac{KL}{r}$	$\phi_c F_{cr}$	$\frac{KL}{r}$	$\phi_c F_{cr}$	$\frac{KL}{r}$	$\phi_c F_{cr}$	$\frac{KL}{r}$	$\phi_c F_{cr}$	$\frac{KL}{r}$	$\phi_c F_{cr}$
1	2.83×10^2	41	2.54×10^2	81	1.85×10^2	121	1.09×10^2	161	6.16×10^1
2	2.83×10^2	42	2.53×10^2	82	1.83×10^2	122	1.07×10^2	162	6.09×10^1
3	2.83×10^2	43	2.51×10^2	83	1.81×10^2	123	1.06×10^2	163	6.01×10^1
4	2.83×10^2	44	2.50×10^2	84	1.79×10^2	124	1.04×10^2	164	5.94×10^1
5	2.83×10^2	45	2.48×10^2	85	1.77×10^2	125	1.02×10^2	165	5.87×10^1
6	2.83×10^2	46	2.47×10^2	86	1.75×10^2	126	1.01×10^2	166	5.80×10^1
7	2.83×10^2	47	2.45×10^2	87	1.73×10^2	127	9.90×10^1	167	5.73×10^1
8	2.82×10^2	48	2.44×10^2	88	1.71×10^2	128	9.75×10^1	168	5.66×10^1
9	2.82×10^2	49	2.42×10^2	89	1.69×10^2	129	9.60×10^1	169	5.59×10^1
10	2.82×10^2	50	2.41×10^2	90	1.67×10^2	130	9.45×10^1	170	5.53×10^1
11	2.81×10^2	51	2.39×10^2	91	1.65×10^2	131	9.31×10^1	171	5.46×10^1
12	2.81×10^2	52	2.38×10^2	92	1.63×10^2	132	9.17×10^1	172	5.40×10^1
13	2.80×10^2	53	2.36×10^2	93	1.61×10^2	133	9.03×10^1	173	5.34×10^1
14	2.80×10^2	54	2.34×10^2	94	1.59×10^2	134	8.89×10^1	174	5.27×10^1
15	2.79×10^2	55	2.33×10^2	95	1.57×10^2	135	8.76×10^1	175	5.21×10^1
16	2.79×10^2	56	2.31×10^2	96	1.56×10^2	136	8.63×10^1	176	5.16×10^1
17	2.78×10^2	57	2.29×10^2	97	1.54×10^2	137	8.51×10^1	177	5.10×10^1
18	2.78×10^2	58	2.28×10^2	98	1.52×10^2	138	8.39×10^1	178	5.04×10^1
19	2.77×10^2	59	2.26×10^2	99	1.50×10^2	139	8.27×10^1	179	4.98×10^1
20	2.76×10^2	60	2.24×10^2	100	1.48×10^2	140	8.15×10^1	180	4.93×10^1
21	2.75×10^2	61	2.22×10^2	101	1.46×10^2	141	8.03×10^1	181	4.87×10^1
22	2.75×10^2	62	2.21×10^2	102	1.44×10^2	142	7.92×10^1	182	4.82×10^1
23	2.74×10^2	63	2.19×10^2	103	1.42×10^2	143	7.81×10^1	183	4.77×10^1
24	2.73×10^2	64	2.17×10^2	104	1.40×10^2	144	7.70×10^1	184	4.72×10^1
25	2.72×10^2	65	2.15×10^2	105	1.38×10^2	145	7.60×10^1	185	4.67×10^1
26	2.71×10^2	66	2.13×10^2	106	1.36×10^2	146	7.49×10^1	186	4.62×10^1
27	2.70×10^2	67	2.12×10^2	107	1.34×10^2	147	7.39×10^1	187	4.57×10^1
28	2.69×10^2	68	2.10×10^2	108	1.33×10^2	148	7.29×10^1	188	4.52×10^1
29	2.68×10^2	69	2.08×10^2	109	1.31×10^2	149	7.19×10^1	189	4.47×10^1
30	2.67×10^2	70	2.06×10^2	110	1.29×10^2	150	7.10×10^1	190	4.42×10^1
31	2.66×10^2	71	2.04×10^2	111	1.27×10^2	151	7.00×10^1	191	4.38×10^1
32	2.65×10^2	72	2.02×10^2	112	1.25×10^2	152	6.91×10^1	192	4.33×10^1
33	2.64×10^2	73	2.00×10^2	113	1.23×10^2	153	6.82×10^1	193	4.29×10^1
34	2.63×10^2	74	1.98×10^2	114	1.22×10^2	154	6.73×10^1	194	4.24×10^1
35	2.62×10^2	75	1.97×10^2	115	1.20×10^2	155	6.65×10^1	195	4.20×10^1
36	2.61×10^2	76	1.95×10^2	116	1.18×10^2	156	6.56×10^1	196	4.16×10^1
37	2.59×10^2	77	1.93×10^2	117	1.16×10^2	157	6.48×10^1	197	4.11×10^1
38	2.58×10^2	78	1.91×10^2	118	1.14×10^2	158	6.40×10^1	198	4.07×10^1
39	2.57×10^2	79	1.89×10^2	119	1.13×10^2	159	6.32×10^1	199	4.03×10^1
40	2.55×10^2	80	1.87×10^2	120	1.11×10^2	160	6.24×10^1	200	3.99×10^1

부록 3 고장력볼트와 볼트의 설계강도, 게이지 및 피치

부 표 3.1 지압접합된 볼트 및 고력볼트의 설계강도

종류	볼트 호칭지름 (mm)	볼트 축지름 (mm)	볼트 구멍지름 (mm)	공칭 단면적 (mm^2)	설계인장 강도 (N)	설계전단강도(N)			
						1면전단		2면전단	
						나사부가 전단면에 포함된 경우	나사부가 전단면에 포함되지 않은 경우	나사부가 전단면에 포함된 경우	나사부가 전단면에 포함되지 않은 경우
F13T	M16	16	18	2.01×10^2	1.47×10^5	7.84×10^4	9.80×10^4	1.57×10^5	1.96×10^5
	M20	20	22	3.14×10^2	2.30×10^5	1.22×10^5	1.53×10^5	2.45×10^5	3.06×10^5
	M22	22	24	3.80×10^2	2.78×10^5	1.48×10^5	1.85×10^5	2.96×10^5	3.71×10^5
	M24	24	26	4.52×10^2	3.31×10^5	1.76×10^5	2.20×10^5	3.53×10^5	4.41×10^5
F10T	M16	16	18	2.01×10^2	1.13×10^5	6.03×10^4	7.54×10^4	1.21×10^5	1.51×10^5
	M20	20	22	3.14×10^2	1.77×10^5	9.42×10^4	1.18×10^5	1.88×10^5	2.36×10^5
	M22	22	24	3.80×10^2	2.14×10^5	1.14×10^5	1.43×10^5	2.28×10^5	2.85×10^5
	M24	24	26	4.52×10^2	2.54×10^5	1.36×10^5	1.70×10^5	2.71×10^5	3.39×10^5
F8T	M16	16	18	2.01×10^2	9.05×10^4	4.82×10^4	6.03×10^4	9.65×10^4	1.21×10^5
	M20	20	22	3.14×10^2	1.41×10^5	7.54×10^4	9.42×10^4	1.51×10^5	1.88×10^5
	M22	22	24	3.80×10^2	1.71×10^5	9.12×10^4	1.14×10^5	1.82×10^5	2.28×10^5
	M24	24	26	4.52×10^2	2.03×10^5	1.08×10^5	1.36×10^5	2.17×10^5	2.71×10^5
SS400 SM400	M16	16	지름+0.5	2.01×10^2	4.52×10^4	2.41×10^4		4.82×10^4	
	M20	20		3.14×10^2	7.07×10^4	3.77×10^4		7.54×10^4	
	M22	22		3.80×10^2	8.56×10^4	4.56×10^4		9.12×10^4	
	M24	24		4.52×10^2	1.02×10^5	5.42×10^4		1.08×10^5	

부 표 3.2 계수하중에 대한 고장력볼트의 설계미끄럼강도 (블라스트 후 페인트 칠하지 않은 표준구멍일 경우)

볼트의 등급	볼트의 호칭	공칭단면적 (mm^2)	설계볼트장력 T_0(kN)	설계미끄럼강도(kN)	
				1면 전단	2면전단
F8T	M 16	201	84	35.7	71.4
	M 20	314	132	56.1	112.2
	M 22	380	160	68.0	136.0
	M 24	452	190	80.8	161.5
F10T	M 16	201	106	45.1	90.1
	M 20	314	165	70.1	140.3
	M 22	380	200	85.0	170.0
	M 24	452	237	100.7	201.5
F13T	M 16	201	137	58.2	116.5
	M 20	314	214	91.0	181.9
	M 22	380	259	110.1	220.2
	M 24	452	308	130.9	261.8

볼트의 등급	볼트의 호칭	공칭단면적 (mm^2)	설계볼트장력 T_0(kN)	표준볼트장력 $1.1T_0$(kN)
F8T	M 16	201	84	93
	M 20	314	132	146
	M 22	380	160	176
	M 24	452	190	209
F10T	M 16	201	106	117
	M 20	314	165	182
	M 22	380	200	220
	M 24	452	237	261
F13T	M 16	201	137	151
	M 20	314	214	236
	M 22	380	259	285
	M 24	452	308	339

설계볼트장력은 볼트의 인장강도의 0.7배에 볼트의 유효단면적을 곱한값
볼트의 유효단면적은 공칭단면적의 0.75배

볼트 호칭지름 (mm)	볼트 축지름 (mm)	볼트구멍지름 (mm)	볼트의 축단면적 (mm^2)	허용전단력(N)	
				1면 전단	2면 전단
M12	12	12.5	1.13×10^2	1.00×10^4	1.99×10^4
M16	16	16.5	2.01×10^2	1.77×10^4	3.55×10^4
M20	20	20.5	3.14×10^2	2.77×10^4	5.54×10^4
M22	22	22.5	3.80×10^2	3.35×10^4	6.70×10^4
M24	24	24.5	4.52×10^2	3.99×10^4	7.98×10^4

부 표 3.3 고장력볼트 및 볼트의 피치, 게이지(mm)

(a) 게이지 (mm)

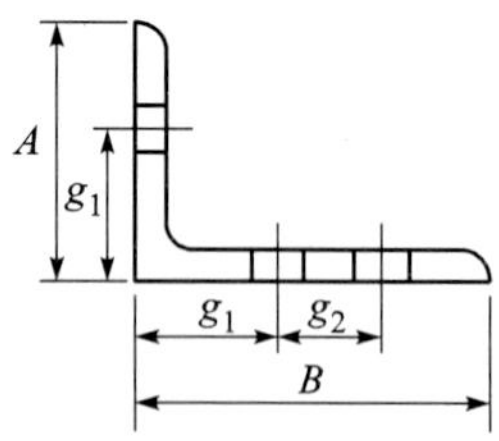

A 및 B	g_1	g_2	최대축지름
40	22		10
45	25		12
50[2)]	30		16
60	35		16
65	35		20
70	40		20
75	40		22
80	45		22
90	50		24
100	55		24
125	50	35	24
130	50	40	24
150	55	55	24
175	60	70	24
200	60	90	24

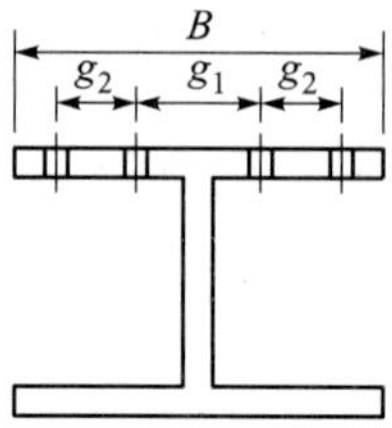

B	g_1	g_2	최대축지름
100[2)]	60		16
125	75		16
150	90		22
175	105		22
200	120		24
250	150		24
300[1)]	150	40	24
350	140	70	24
400	140	90	24

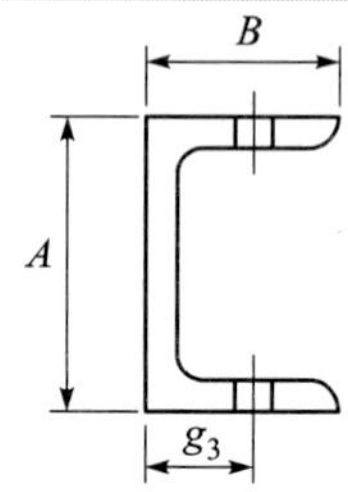

B	g_3	최대축지름
40	24	10
50	30	12
65	35	20
70	40	20
75	40	22
80	45	22
90	50	24
100	55	24

1) B = 300은 엇모배치로 한다.

2) g 및 최대축지름의 값은 강도상 지장이 없을 때 최소연단거리의 규정에 불구하고 사용할 수 있다.

(b) 피치 (mm)

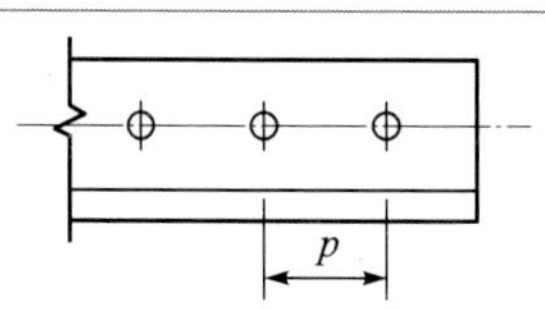

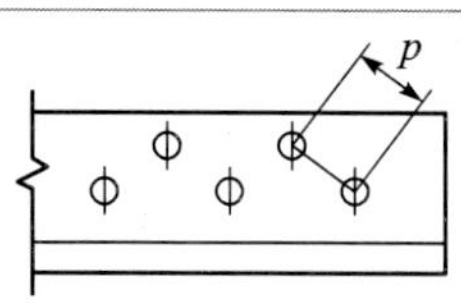

축지름 d		10	12	16	20	22	24	28
피치 P	표준	40	50	60	70	80	90	100
	최소	25	30	40	50	55	60	70

(c) 엇모배치의 게이지와 피치 (mm)

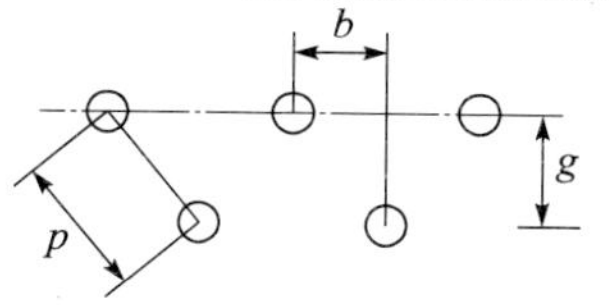

g	b		
	축 지 름		
	16	20	22
	p = 48	p = 60	p = 66
35	33	49	56
40	27	45	53
45	17	40	48
50		33	43
55		25	37
60			26
65			12

(d) 형강에 대한 엇모배치 (mm)

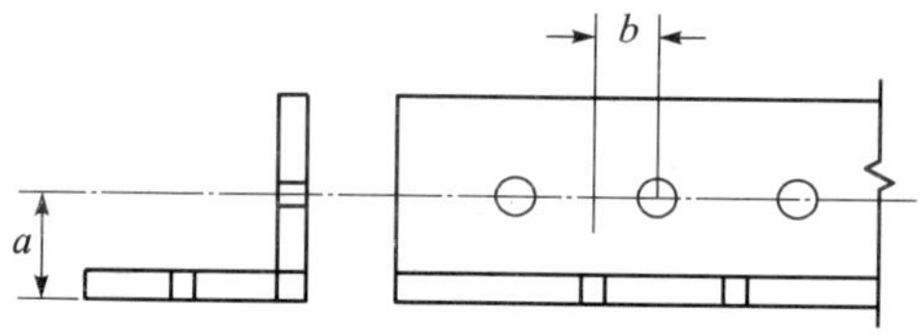

a	b			a	b		
	축지름				축지름		
	16	20	22		16	20	22
21	25	30	36	32	8	19	26
22	25	30	35	33		17	25
23	24	29	35	34		15	24
24	23	28	34	35		12	22
25	22	27	33	36		9	21
26	20	26	32	37			19
27	19	25	32	38			17
28	17	24	31	39			14
29	16	23	30	40			11
30	14	22	29	41			6
31	11	20	28	42			

찾아보기

영문 및 숫자

저자 소개

정창용 한림성심대학교 건축과 교수
공학박사, 건축구조기술사

은희창 강원대학교 건축공학과 교수
공학박사

이민수 (주)나라구조엔지니어링 대표
공학박사

이승국 (주)나라구조엔지니어링
공학석사

강구조설계 정가 18,000원

저자 : 정창용 · 은희창 · 이민수 · 이승국

발행인 : 임해진
발행처 : 도서출판 구미서관

인쇄 : 2018년 2월 2일 초판
발행 : 2018년 2월 9일 초판

등록 : 1979년 6월 29일 No.9-6호
주소 : 서울시 마포구 신촌로 2길 5-15 구미빌딩
전화 : 02-333-1101
팩스 : 02-335-2201
http://www.goomibook.com

ISBN 979-11-6257-010-4 (93540)